"十二五"职业教育国家规划教材
经全国职业教育教材审定委员会审定
高等职业教育农业农村部"十三五"规划教材

中兽医学

ZHONGSHOUYIXUE

第四版

陈玉库　刘根新　主编

中国农业出版社
北　京

内容简介

本教材是一部简明实用的职业技术教育教材，以中兽医学课程学生必须掌握的技能为主线选择教学内容，按照案例教学法（CBL）和以问题为基础的教学法（PBL）联合应用的体例编排，突出理论知识和实践技能的培养，充分体现了专业课教材的理实一体性。

编写时将课程分为中兽医基础、中药与方剂、针灸、中兽医临床四个项目，根据工作内容提炼出194个必须掌握的任务技能，辅以必备的理论知识。

本教材的特点是重点突出，条理清晰、通俗易懂，既注重传承临床适用的操作技能，又广泛吸收了当代研究成果和实践经验。撰写力求图文并茂，以图释文。既保持了中兽医学科的系统性，又突出了在生产中的实用性。

第四版编审人员

主　编　陈玉库　刘根新
副主编　王中杰　路卫星　王海梅　陈其云
　　　　马　霞
编　者（以姓氏笔画为序）
　　　　马　霞　王中杰　王海梅　邢玉娟
　　　　刘根新　孙　健　苏治国　邱树磊
　　　　张孝清　陈玉库　陈其云　郭振环
　　　　蒋　翔　路卫星　解慧梅
审　稿　胡元亮
行业、企业指导　王建国　闫宏强

第一版编审人员名单

主　编　姜聪文
编　者　王学明　王子轼
　　　　胡池恩　李　志
　　　　唐建国
主　审　杨致礼

第二版编审人员名单

主　编　姜聪文　陈玉库
编　者　（以姓名笔画为序）
　　　　李　志　陈玉库　张　涉
　　　　姜聪文　解跃雄
主　审　魏彦明　刘永明

第三版编审人员名单

主　编　姜聪文　陈玉库
副主编　刘根新　杨　云　张丁华
编　者　（以姓名笔画为序）
　　　　马　霞　王中杰　刘兴旺　刘根新
　　　　杨　云　张丁华　陈玉库　罗永华
　　　　姜聪文　徐　亮
审　稿　魏彦明
行业指导　李　岩　李范文

《中兽医学》第四版前言

本教材前三版皆被评为国家规划教材,自出版以来,受到全国涉农院校师生的一致好评。第四版修订时在保留前三版精华内容的基础上,根据《国家职业教育改革实施方案》,以及教育部《关于加强高职高专教育人才培养工作的意见》《关于加强高职专教育教材建设的若干意见》等文件的精神编写而成。目标以培养技术技能型人才为宗旨,突出专业课程教材的实用性、综合性和先进性。

教材编写时以完成职业任务为依据选择课程内容,并且以职业任务的逻辑顺序进行编排。围绕职业岗位(群)的典型工作任务,将需要掌握的各项技能分解为多个单一的实践训练课题。每一实践训练课题后附有相关理论,以支撑实践操作,从而将理论知识和实践技能有机地融为一体,实现"理实一体化"教学。让学生有计划地按照课题接受专门的技能训练,在技能训练的同时让学生知其所以然。同时,按照案例教学法(casebased learning,CBL)和以问题为基础的教学法(problem based learning,PBL)的体例编排,以培养学生独立思考、分析和解决临床问题的能力,提高课程的教学质量。

本教材的编者及其承担的主要任务是:陈玉库(江苏农牧科技职业学院)——绪论、中兽医保定方法;陈其云(玉溪农业职业技术学院)、张孝清(朔州职业技术学院)、苏治国(江苏农牧科技职业学院)——基本理论;马霞(河南牧业经济学院)、王中杰(山东畜牧兽医职业学院)、闫宏强(山东奥迪尔生物集团有限公司)、王海梅(贵州农业职业学院)、蒋翔(江苏农牧科技职业学院)——中药与方剂;陈玉库、郭振环(河南牧业经济学院)、邱树磊(江苏农牧科技职业学院)——针灸;路卫星(辽宁农业职业技术学院)、刘根新(甘肃畜牧工程职业技术学院)、孙健(北京农业职业学院)、王建国(山东省威海市环翠区动物疫病预防控制中心)、邢玉娟(江苏农牧科技职业学院)、解慧梅(江苏农牧科技职业学院)——中兽医临床。全书由陈玉库统稿,南京农业大学胡元亮教授审稿。

本教材为开展"理实一体化"教学所做的尝试,也意为抛砖引玉,企盼更新的观点、更好的教学方法问世。由于作者水平有限,错漏之处在所难免,希冀广大专家、读者不吝指正。

编 者
2019 年 6 月

第一版前言 《中兽医学》

本教材是根据《教育部关于加强高职高专教育人才培养工作的意见》和《关于加强高职高专教育教材的若干意见》的精神，在中国农业出版社的主持下，按照 2000 年 12 月"农林类高等职业技术教育教材"编写会议的要求，紧紧围绕以培养高等职业技术应用型人才为根本宗旨，充公体现专业课程教材的实用性、综合性、先进性原则而编写的一本高等职业技术教育教材，供全国高等职业技术学院、中等职业技术学校高职班畜牧兽医或兽医专业使用。

为适应我国经济和科技的迅速发展以及对农业人才的需要，编写过程中，我们尊重科学但不恪守学科性，尽量突破原有的学科和课程体系，重组教学内容，突出综合性和跨学科的特点，体现传统技术、现代技术和非技术要求的融合。既坚持突出基础理论知识的应用，又注重加强实践能力的培养，确保教材内容与现代科学技术"并行"。

本教材是在拟定的《中兽医基础教学大纲》和编写提纲的指导下，分工编写，集体审定的。全书经由姜聪文、王学明修改、统稿，甘肃农业大学原中兽医教研室主任杨致礼副教授主审定稿。各章节的执笔人分别是：绪论、第 1～5 章——王学明，第 6 章第 1～4 节、13～19 节——胡池恩，第 6 章第 5～12 节——李志；第 7～8 章——姜聪文；第 9～11 章——王子轼；实训指导——唐建国。

本教材以西北高等农牧院校试用教材《中兽医学》和全国中等农业学校教材《中兽医学》为主要参考书（因而也包含了上述两书的部分劳动成果），紧密结合生产实际、教学经验和临诊实践，以突出重点、简明扼要、通俗易懂、强化技能训练为主旨，全面、系统、形象地阐述了中兽医理、法、方、药的基本理论和基本技能。全书主要内容除绪论外，共分基础理论、常用中草药及方剂、针灸术、辨证基础与病证防治、实训指导共五篇 11 章，并附有思考与练习题。

《中兽医基础》的问世，除编写组成员的通力协作、共同努力外，承蒙全国部分农业职业技术学院（校）的同行、专家的指导，特别是甘肃农业大学原中兽医教研室主任杨致礼副教授对初稿多次提出了宝贵修改意见，甘肃省畜牧学校领导和中兽医专业的教师对本教材的编写工作给予了大力支持，在此一并致谢。

由于编者水平所限，经验不足，加之时间仓促，书中不当之处在所难免，诚恳希望各院（校）广大师生和读者不吝提出宝贵意见，以便再版时修订。

编 者
2001 年 3 月

《中兽医学》第二版前言

本教材是根据《教育部关于加强高职高专教育人才培养工作的意见》和《关于加强高职高专教育教材的若干意见》精神，紧紧围绕以培养高等职业技术应用型人才为根本宗旨，充分体现专业课程教材的实用性、综合性、先进性而编写的一本高等职业技术教育教材，供全国高等职业技术学院、中等职业技术学校高职班畜牧兽医或兽医专业使用。

为了适应我国经济和科技的迅速发展以及对农业人才的需要，在编写过程中，我们尊重科学但不恪守学科性，尽量突破原有的学科和课程体系，重组教学内容，突出综合性和跨学科的特点，体现传统技术、现代技术和非技术要求的融合。既坚持突出基础理论知识的应用，又注重加强实践能力的培养，确保教材内容与现代科学技术"并行"。

全书由姜聪文（甘肃畜牧工程职业技术学院）修改统稿，甘肃农业大学魏彦明教授主审定稿。各章节的执笔人分别是：绪论、第六章第一至九节姜聪文；第一至五章张涉（杨凌职业技术学院）；第六章第十至十九节李志（北京农业职业学院）、姜聪文；第七章、第八章陈玉库（江苏畜牧兽医职业技术学院）；第九章、第十章解跃雄（山西农业大学太原畜牧兽医学院）。

本教材紧密结合生产实际，突出重点、简明扼要、通俗易懂、强化技能训练，全面阐述了中兽医理、法、方、药的基本理论和基本技能。全书主要内容除绪论外，共分基础理论、常用中草药及方剂、针灸术、辨证基础与病证防治共四篇十章，并附有思考与练习题、实验实训、技能考核等内容。

本教材除编写组成员的通力协作、共同努力外，承蒙部分农业职业技术学院（校）的同行、专家的指导，特别是甘肃农业大学动物医学院临床兽医学系主任、博士生导师魏彦明教授、中国农业科学院兰州畜牧与兽药研究所刘永明研究员、甘肃农业大学动物医学院原中兽医教研室主任杨致礼副教授、甘肃畜牧工程职业技术学院中兽医专业的教师提出了宝贵的修改意见，对本教材的编写工作给予了大力支持，在此一并致谢。

由于编者水平有限，书中不当之处在所难免，诚恳希望各院（校）广大师生和读者不吝提出宝贵意见，以便再版时修订。

编 者
2006 年 2 月

第三版前言 《中兽医学》

本教材是根据《教育部关于加强高职高专教育人才培养工作的意见》和《关于加强高职高专教育教材建设的若干意见》的精神，经农业部教材评审委员会评审，在中国农业出版社的主持下，按照2013年11月"农林类高等职业技术教育教材"编写会议的要求修订编写的。本教材编写紧紧围绕培养高素质技能型人才的根本宗旨，体现了专业课程教材的实用性、综合性和先进性原则。

为了适应我国经济和生产力发展的实际需要，在修订中，针对高等职业院校课程设置的教学时数和学生的学习特点，调整了部分教学内容，注重基础理论，突出基本技能，确保职业教育教材的特色。本教材紧密结合生产实际，以突出重点、简明扼要、通俗易懂、强化技能训练为主旨，全面阐述了中兽医理、法、方、药的基本理论和基本技能。主要内容分为中兽医学概述、基础理论、中药与方剂的基本知识、常用中药及方剂、针灸、辨证论治基础及病症防治7个模块，按照项目、任务的方式编写，并设有思考与练习、实验实训、技能考核等内容。为了拓展学生的知识面，增加了阅读资料。

本教材依据《中兽医学》编写提纲，经编写组集体研讨后分工编写。全书由甘肃畜牧工程职业技术学院姜聪文教授修改统稿，甘肃农业大学魏彦明教授、国家林业局甘肃濒危动物保护中心李岩（高级兽医师）、甘肃省绵羊繁育技术推广站李范文（高级兽医师）主审定稿。各模块的执笔人分别是：模块一——姜聪文；模块二——杨云（云南农业职业技术学院）、姜聪文；模块三——马霞（河南牧业经济学院）；模块四项目一至项目六——张丁华（河南农业职业技术学院）、刘根新（甘肃畜牧工程职业技术学院），项目七至项目十一——罗永华（河北沧州职业技术学院）、刘根新，项目十一至项目十六——刘兴旺（辽宁职业学院）、刘根新；模块五——陈玉库（江苏农牧科技职业学院）；模块六项目一和项目二——刘根新，项目三——王中杰（山东畜牧兽医职业技术学院）、徐亮（山东畜牧兽医职业技术学院）；模块七——刘根新、王中杰、徐亮。

本教材承蒙部分农业职业技术学院（校）的同行、专家的指导，特别是甘肃畜牧工程职业技术学院中兽医教研室的教师对本教材的编写工作给予了大力支持，提出了宝贵的修改意见，在此一并致谢。

由于编者水平有限，本教材不妥之处在所难免，诚恳希望各院（校）广大师生和读者不吝提出宝贵意见，以便修改完善。

编　者
2015年9月

《中兽医学》目录

第四版前言
第一版前言
第二版前言
第三版前言

绪论 ·· 1

项目 1　中兽医基础 ·························· 6

项目 1.1　阴阳学说 ························ 6
任务 1　阴阳学说在中兽医学中的应用 ······································· 7

项目 1.2　五行学说 ······················· 11
任务 2　五行学说在中兽医学中的应用 ······································ 12

项目 1.3　脏腑 ····························· 16
任务 3　心功能异常的主要表现 ······ 17
任务 4　肺功能异常的主要表现 ······ 18
任务 5　脾功能异常的主要表现 ······ 20
任务 6　肝功能异常的主要表现 ······ 21
任务 7　肾功能异常的主要表现 ······ 22
任务 8　六腑功能异常的主要表现 ································· 24

项目 1.4　气血津液 ······················· 27
任务 9　常见气的病证 ··················· 28
任务 10　常见血的病证 ················· 29
任务 11　常见津液的病证 ·············· 30

项目 1.5　经络 ····························· 32
任务 12　经络的组成 ···················· 32
任务 13　经络学说在中兽医学中的应用 ····························· 33

项目 1.6　病因 ····························· 36
项目 1.6.1　外感致病因素 ············ 36
任务 14　常见风证 ······················· 36
任务 15　常见寒证 ······················· 39
任务 16　常见暑证 ······················· 40
任务 17　常见湿证 ······················· 40
任务 18　常见燥证 ······················· 41
任务 19　常见火证 ······················· 42

项目 1.6.2　内伤致病因素 ············ 43
任务 20　内伤病证 ······················· 43

项目 1.6.3　其他致病因素 ············ 44
任务 21　痰饮 ····························· 45
任务 22　瘀血 ····························· 45

项目 2　中药与方剂 ·························· 47

项目 2.1　中药方剂知识 ················· 47
项目 2.1.1　中药材生产 ··············· 47
任务 23　中药的采集 ···················· 48
任务 24　中药的加工 ···················· 49
任务 25　中药的贮藏 ···················· 49

项目 2.1.2　中药炮制 ·················· 50
任务 26　中药的炮制 ···················· 50

项目 2.1.3　中药性能 ·················· 54
任务 27　四气五味 ······················· 56
任务 28　升降浮沉 ······················· 57
任务 29　归经 ····························· 58
任务 30　毒性 ····························· 59

项目 2.1.4　配伍禁忌 ·················· 60

1

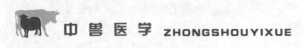

　　任务 31　配伍 …………………… 60
　　任务 32　禁忌 …………………… 61
　项目 2.1.5　方剂 …………………… 62
　　任务 33　方剂的组方原则 ……… 63
　　任务 34　方剂的加减化裁 ……… 64
　　任务 35　剂型的选择 …………… 64
　　任务 36　剂量的确定 …………… 66
　　任务 37　给药方法 ……………… 66
项目 2.2　常用中药与方剂 …………… 67
　项目 2.2.1　常用解表方药 ………… 67
　　任务 38　常用解表药 …………… 69
　　任务 39　常用解表方 …………… 73
　项目 2.2.2　常用清热方药 ………… 74
　　任务 40　常用清热药 …………… 75
　　任务 41　常用清热方 …………… 83
　项目 2.2.3　常用泻下方药 ………… 87
　　任务 42　常用泻下药 …………… 88
　　任务 43　常用泻下方 …………… 91
　项目 2.2.4　常用消导方药 ………… 92
　　任务 44　常用消导药 …………… 92
　　任务 45　常用消导方 …………… 94
　项目 2.2.5　常用止咳化痰
　　　　　　　平喘方药 …………… 94
　　任务 46　常用止咳化痰平喘药 … 95
　　任务 47　常用止咳化痰平喘方 … 99
　项目 2.2.6　常用和解方 …………… 100
　　任务 48　常用和解方 …………… 101
　项目 2.2.7　常用温里方药 ………… 101
　　任务 49　常用温里药 …………… 102
　　任务 50　常用温里方 …………… 104
　项目 2.2.8　常用祛湿方药 ………… 105
　　任务 51　常用祛湿药 …………… 106
　　任务 52　常用祛湿方 …………… 111
　项目 2.2.9　常用理气方药 ………… 112
　　任务 53　常用理气药 …………… 113
　　任务 54　常用理气方 …………… 115
　项目 2.2.10　常用理血方药 ……… 116
　　任务 55　常用理血药 …………… 116
　　任务 56　常用理血方 …………… 122

　项目 2.2.11　常用收涩方药 ……… 123
　　任务 57　常用收涩药 …………… 124
　　任务 58　常用收涩方 …………… 126
　项目 2.2.12　常用补虚方药 ……… 127
　　任务 59　常用补虚药 …………… 127
　　任务 60　常用补虚方 …………… 135
　项目 2.2.13　常用平肝方药 ……… 137
　　任务 61　常用平肝药 …………… 137
　　任务 62　常用平肝方 …………… 140
　项目 2.2.14　常用安神开窍
　　　　　　　方药 ………………… 140
　　任务 63　常用安神开窍药 ……… 141
　　任务 64　常用安神开窍方 ……… 144
　项目 2.2.15　常用驱虫方药 ……… 144
　　任务 65　常用驱虫药 …………… 145
　　任务 66　常用驱虫方 …………… 146
　项目 2.2.16　常用外用方药 ……… 146
　　任务 67　常用外用药 …………… 147
　　任务 68　常用外用方 …………… 149
　项目 2.2.17　常用饲料添加剂 …… 149
　　任务 69　常用饲料添加剂 ……… 150

项目 3　针灸 …………………………… 152
项目 3.1　针灸用具及其使用 ………… 152
　　任务 70　白针用具 ……………… 152
　　任务 71　血针用具 ……………… 153
　　任务 72　火针用具 ……………… 154
　　任务 73　巧治针具 ……………… 154
　　任务 74　针锤 …………………… 155
　　任务 75　电针治疗机 …………… 156
　　任务 76　激光针灸仪 …………… 156
　　任务 77　艾灸用具 ……………… 156
　　任务 78　温熨用具 ……………… 157
项目 3.2　针灸取穴方法 ……………… 157
　　任务 79　施针前的准备 ………… 159
　　任务 80　针灸取穴方法 ………… 159
　　任务 81　选配穴方法 …………… 160
　　任务 82　施针的基本技术 ……… 160
项目 3.3　常用穴位及针治 …………… 165

任务83　马的穴位及针治 …………… 168
　　任务84　牛的穴位及针治 …………… 174
　　任务85　羊的穴位及针治 …………… 178
　　任务86　猪的穴位及针治 …………… 183
　　任务87　犬的穴位及针治 …………… 187
项目3.4　针灸技术 ……………………… 191
　　任务88　白针术 …………………… 192
　　任务89　血针术 …………………… 192
　　任务90　火针术 …………………… 193
　　任务91　电针术 …………………… 194
　　任务92　水针术 …………………… 196
　　任务93　埋植术 …………………… 196
　　任务94　激光针灸术 ……………… 198
　　任务95　艾灸术 …………………… 199
　　任务96　温熨术 …………………… 200
　　任务97　按摩术 …………………… 202

项目4　中兽医临床 ……………………… 204

项目4.1　中兽医保定方法 ……………… 204
　项目4.1.1　马的保定方法 …………… 204
　　任务98　耳夹子保定法 …………… 204
　　任务99　鼻夹子保定法 …………… 204
　　任务100　低头保定法 …………… 205
　　任务101　单柱头部保定法 ……… 205
　　任务102　屈曲前肢保定法 ……… 205
　　任务103　前举后肢保定法 ……… 206
　　任务104　二柱栏保定法 ………… 206
　　任务105　双抽筋倒马保定法 …… 206
　　任务106　单抽筋倒马保定法 …… 207
　项目4.1.2　牛的保定方法 …………… 208
　　任务107　鼻钳保定法 …………… 208
　　任务108　牛头徒手保定法 ……… 208
　　任务109　下颌拧紧保定法 ……… 208
　　任务110　单柱头部保定法 ……… 208
　　任务111　放静脉血保定法 ……… 208
　　任务112　二道箍倒牛保定法 …… 209
　　任务113　三道箍倒牛保定法 …… 209
　　任务114　十字倒牛保定法 ……… 209
　项目4.1.3　猪的保定方法 …………… 210

　　任务115　鼻勒保定法 …………… 210
　　任务116　猪提耳保定法 ………… 210
　　任务117　双手横卧保定法 ……… 210
　项目4.1.4　犬的保定方法 …………… 211
　　任务118　徒手保定法 …………… 211
　　任务119　箍嘴保定法 …………… 211
　　任务120　横卧保定法 …………… 212
　　任务121　网架保定法 …………… 212
　项目4.1.5　猫的保定方法 …………… 212
　　任务122　手抓顶挂皮保定法 …… 212
　　任务123　猫横卧保定法 ………… 212
　　任务124　猫箍嘴保定法 ………… 213

项目4.2　四诊 …………………………… 213
　项目4.2.1　望诊 ……………………… 213
　　任务125　望整体 ………………… 214
　　任务126　望局部 ………………… 216
　　任务127　察口色 ………………… 219
　项目4.2.2　闻诊 ……………………… 222
　　任务128　听声音 ………………… 222
　　任务129　嗅气味 ………………… 223
　项目4.2.3　问诊 ……………………… 224
　　任务130　问诊方法 ……………… 224
　项目4.2.4　切诊 ……………………… 225
　　任务131　切脉 …………………… 226
　　任务132　触诊 …………………… 228

项目4.3　辨证 …………………………… 231
　项目4.3.1　八纲辨证 ………………… 231
　　任务133　表证和里证 …………… 232
　　任务134　寒证和热证 …………… 234
　　任务135　虚证和实证 …………… 236
　　任务136　阴证和阳证 …………… 238
　项目4.3.2　脏腑辨证 ………………… 238
　　任务137　心与小肠的病证 ……… 239
　　任务138　肝与胆的病证 ………… 241
　　任务139　脾与胃的病证 ………… 242
　　任务140　肺与大肠的病证 ……… 243
　　任务141　肾与膀胱的病证 ……… 244
　项目4.3.3　六经辨证 ………………… 245
　　任务142　太阳病证 ……………… 246

任务143　少阳病证 …… 248
任务144　阳明病证 …… 248
任务145　太阴病证 …… 249
任务146　少阴病证 …… 249
任务147　厥阴病证 …… 250
项目4.3.4　卫气营血辨证 …… 251
任务148　卫分病证 …… 251
任务149　气分病证 …… 252
任务150　营分病证 …… 252
任务151　血分病证 …… 252

项目4.4　防治法则 …… 253
项目4.4.1　预防 …… 253
任务152　未病先防 …… 254
任务153　既病防变 …… 255
项目4.4.2　治则 …… 256
任务154　扶正与祛邪 …… 257
任务155　治标与治本 …… 258
任务156　正治与反治 …… 259
任务157　同治与异治 …… 260
任务158　治常与治变 …… 260
任务159　治疗与护养 …… 261
项目4.4.3　治法 …… 262
任务160　内治法 …… 262
任务161　外治法 …… 266

项目4.5　病证防治 …… 268
项目4.5.1　常见证候的辨证
施治 …… 268
任务162　发热 …… 270
任务163　流涎与吐沫 …… 272
任务164　慢草与不食 …… 273
任务165　呕吐 …… 274
任务166　腹胀 …… 275

任务167　腹痛 …… 276
任务168　泄泻 …… 277
任务169　便秘 …… 278
任务170　痢疾 …… 279
任务171　咳嗽 …… 280
任务172　淋症 …… 281
任务173　尿血 …… 282
任务174　痹症 …… 283
任务175　垂脱症 …… 283
任务176　疮黄疔毒 …… 285
项目4.5.2　常见病证防治 …… 287
任务177　口舌生疮 …… 289
任务178　草噎 …… 290
任务179　宿草不转 …… 291
任务180　瘤胃臌胀 …… 292
任务181　百叶干 …… 292
任务182　肠黄 …… 293
任务183　感冒 …… 293
任务184　肺黄 …… 294
任务185　中暑 …… 295
任务186　不孕 …… 295
任务187　胎动 …… 296
任务188　胎气 …… 297
任务189　胎衣不下 …… 297
任务190　乳痈 …… 298
任务191　缺乳 …… 299
任务192　牛腐蹄病 …… 300
任务193　皮肤瘙痒 …… 300
任务194　虫积 …… 302

参考文献 …… 304

绪 论

（一）中兽医学的概念

中兽医学又称中国传统兽医学，是研究中国传统兽医的理、法、方、药及针灸技术，以防治家畜病证为主要内容的一门综合性学科。中兽医学具有悠久的历史，在长期的医疗实践过程中，逐步形成了独特的理论体系和丰富多彩的病证防治技术。几千年来，为保障我国畜牧业的发展发挥了重要作用，并对世界兽医学做出了宝贵贡献。

（二）中兽医学发展简史

中兽医学起源于远古时代的畜牧业生产实践活动。在殷周时期，产生了带有自发的朴素性质的阴阳和五行学说，以后成为我国医学和兽医学的推理工具。从西周到春秋战国时期（公元前11世纪至公元前476年），中兽医学知识又有了进一步的发展。西周时期已设有专职兽医诊治"兽病"和"兽疡"，并采用灌药、手术及护养等综合兽医医疗措施。我国闻名于世的家畜去势术已广泛应用于猪、马及牛等多种动物。当时记载有不少对动物危害较大的疾病，如猪囊虫（米猪）、狂犬病、传染性疾病（疫）、运动障碍（瘼）以及外寄生虫等，还记载了部分人兽共用的药物。

中兽医学主要是在封建社会（公元前475—公元1840年）形成了完整的体系，其基本理论源于《黄帝内经》一书，该书记载"治未病"的以预防为主的医疗思想，至今仍有很重要的意义。

秦汉时期（公元前221—公元220年），中兽医学有了新的发展，如在秦代制定的"厩苑律"（见《云梦秦简》）是我国最早的畜牧兽医法规，在汉代改为"厩律"。我国最早的一部人、畜通用的药学专著《神农本草经》（约2世纪），收载药物365种，其中特别提到"牛扁（草药名）疗牛病""桐叶治猪疮"以及"雄黄治疥癣"等。在汉代已有针药并用治疗兽病和用革制的马鞋（鞮）进行护蹄；汉简中还记载有兽医处方和中药丸剂。汉末名医华佗（公元145—208年）首创全身麻醉剂"麻沸散"，将其运用于剖腹手术，使患者"既醉无所觉"。这是世界上应用麻醉方法进行手术的最早记载。汉代名医张仲景（公元150—219年）所著《伤寒杂病论》，充实和发展了前人辨证论治的内容，一直为兽医临证所运用。

魏晋南北朝时期（公元220—581年），晋人葛洪（公元281—341年）所著《肘后备急方》，其中有治六畜的"诸病方"，并记有应用灸熨和"谷道入手"等诊疗技术，该书还记载了用类似狂犬病疫苗防治狂犬病的方法。此外，还指出疥癣里有虫等。北魏（公元386—534年）贾思勰所著《齐民要术》有畜牧兽医专卷，收载治疗动物疾病的方剂40多种，并记载有掏结术，削蹄法治漏蹄，猪、羊的去势术，以及动物群发病的隔离措施等。在梁代（公元502—557年）有《伯乐疗马经》问世。

隋代（公元581—618年），兽医学的分科已渐完善，对于病证的诊治、方药及针灸的应用等均有专著。如《治马牛驼骡等经》《治马经》《伯乐治马杂病经》《疗马方》以及《马经孔穴图》等。

唐代（公元618—907年），我国已有了兽医教育。如当时的太仆寺中就有兽医600人、兽医博士4人、学生100人，这是我国兽医教育的开端。唐人李石（约9世纪）编著的《司牧安骥集》为现存较完整的一部中兽医古籍，该书对中兽医理论及技术均有较全面的论述，而且也是我国最早的一部兽医教科书。9世纪初，日本派留学生平仲国等到我国学习兽医。

公元659年由朝廷颁布的《新修本草》，是世界上最早的一部人、畜通用的药典。此外，我国少数民族地区的兽医技术也有了较大发展，如出现《医牛方》和《医马方》等。

宋代（公元960—1279年），从11世纪初开始，先后设有专门疗养马的机构"病马监"和尸体解剖机构"皮剥所"，同时还设立相当于兽医药房的"药蜜库"。当时还编著了不少兽医学专著，如《伯乐鍼经》《医马经》《疗驼经》《蕃牧纂验方》《安骥方》等。

元代（公元1271—1368年），著名兽医卞宝（卞管勾）著有《痊骥通玄论》，其中有"三十九论""四十六说"等，并对马的起卧症（包括掏结术）进行了总结性的论述。

明代（公元1368—1644年），安徽六安兽医喻本元、喻本亨集以前和当时兽医的实践经验，编撰了著名的《元亨疗马集》（附牛驼经），该书刊行于1608年，内容丰富，是国内外流传最广、影响最大的一部中兽医代表著作。16世纪期间还陆续出版了《马书》和《牛书》，内容也较丰富。特别是著名医药学家李时珍（公元1518—1593年）编著的《本草纲目》，该书系统地总结了16世纪以前我国医药学的丰富经验，收入药物1 892种、方剂11 096个，对中外医药学的发展做出了巨大的贡献。

鸦片战争以前的清代（公元1644—1840年），我国兽医学陷入停滞不前的状态。李玉书在1736年曾对《元亨疗马集》进行了改编，并根据其他兽医古籍删除和增加了一部分内容。新中国成立后，从民间收集到这一时期的兽医著作有《养耕集》《抱犊集》《疗马集》《牛经备要医方》《医牛金鉴》等。

鸦片战争以后，我国沦为半殖民地半封建社会（公元1840—1949年），随着西兽医学的传入，中兽医受到歧视，被污蔑为"医方小道"，"故无人学兽医者久矣"（见《猪经大全》序）。在这一时间出现的中兽医著作有《活兽慈舟》（约公元1873年）、《牛经切要》（公元1886年）以及《猪经大全》（公元1891年）等。

1904年，北洋政府在保定开办北洋马医学堂，此后派往日、美等国的留学生逐渐增多，从此西兽医学便开始系统地在我国传播。与此同时，反动统治阶级对中医和中兽医学采取了摧残及扼杀政策，如在1927年悍然通过了"废止旧医案"，立即遭到了全国人民的反对。这一时期仅有《驹儿编全卷》（1909年）、《治骡马良方》（1933年）以及《兽医实验国药新手册》（1940年）等出现。

中华人民共和国成立以前，中国共产党领导的根据地重视中兽医学的发展，积极倡导中、西（兽）医结合。1928年，毛主席在《井冈山的斗争》一文中就提出"用中西两法治病"。解放区的华北大学农学院（开始属北方大学），在1947年便开始学习和研究中兽医，并把中兽医学作为兽医专业的必修课。各根据地及军队兽医系统中都吸收中兽医知识，他们在防治动物疾病，特别是在军马保健工作中发挥了重要作用。

1949年以后中兽医得到了重视和发展。中华人民共和国成立初期，人民政府及时发出了"保护畜牧业，防止兽疫"的指示，并重视发挥民间兽医的作用。1956年1月，国务院颁布了"加强民间兽医工作"的指示，对中兽医提出了"团结、使用、教育和提高"的政策。同年9月在北京召开了第一届"全国民间兽医座谈会"，提出"使中、西兽医密切配合，把我国兽医学术推向一个新阶段"。1958年毛泽东指出："中国医药学是一个伟大的宝库，应当努力发掘，加以提高"，为中兽医药学的发展指明了方向。在此情况下，先后有中兽医研究、教育和学术组织的建立，使濒临困境的中兽医学如"枯木逢春"，获得了前所未有的发展。1986年12月农牧渔业部在北京召开了"国务院关于加强民间兽医工作指示30周年纪念暨座谈会"，提出了加强中兽医工作的若干措施，使从事中兽医临床、科研、教学的同志备受鼓舞。

几十年来，广大兽医工作者在应用现代科学技术总结提高中兽医学术方面，取得了不少新成就。例如，电针、激光针灸、微波针灸、磁疗等技术的创立，应用电子计算机进行辨证和选针取穴、应用电镜观察针灸穴位的组织结构、应用现代技术分析中药以及中药饲料添加剂的筛选等。动物针刺麻醉的试验成功，引起了国内外的重视。1980年联合国大学（UNU）把中国兽医针灸术纳入分享传统技术（STT）项目。兽医针灸在一些欧美国家已广泛应用。

在科学研究方面，国家先后在农业科学院系统设立中兽医学研究所或研究室，在高等农业院校设立教研组（室）或研究室，开展科学研究工作；批准创办专业期刊或在兽医杂志中设立中兽医专栏，促进了中兽医学的普及、交流。在广大中兽医工作者的努力下，搜集整理出版了大量中兽医经验资料和古籍，编撰出版了一大批中兽医学书籍，同时在中兽医学理论、中药、方剂、针灸以及病证防治等方面的研究中，取得了丰硕的成果。

在人才培养方面，国家早在1956年就举办了中兽医师资培训班，聘请国内知名中兽医讲学，不少大、中专学校教师参加学习，解决了当时中兽医师资缺乏问题。其后在全国各中、高等农业院校设立中兽医学课程或开设中兽医学专业，近年来在各高等农业院校增设中兽医学硕士、博士点，培养了一大批中兽医人才。

在学术活动方面，1956年中国畜牧兽医学会设立了中兽医小组，1979年成立了中西兽医结合学术研究会，目前更名为中国畜牧兽医学会中兽医学分会。这一学术组织在团结广大中兽医工作者，促进中兽医学术的发展，扩大国际交流等方面做了大量工作。尤其在改革开放以来，随着我国对外交流的不断增加，中兽医学特别是兽医针灸在国外的影响也越来越大，不少院校先后多次举办了国际兽医针灸培训班，或派出专家到国外讲学，促进了中兽医学在世界范围内的传播。

近年来，中兽医学在临床应用方面又有了进一步提高和发展，创造出许多新疗法和中药新剂型。在犬、猫等宠物疾病的治疗方面，积累了丰富的经验。中药饲料添加剂的研究和应用，证明中药不仅在提高动物生产性能和防治疾病方面具有重要作用，而且在环保、食品安全和保护人民健康方面显示出独特的优势。

（三）中兽医学的基本特点

1. 整体观念　中兽医学认为，动物体本身各组成部分之间，在结构上不可分割，在生理功能上相互协调，在病理变化上相互影响，是一个有机的整体。同时，动物生活在自然环境中，它与外界环境之间紧密相关。自然界既是动物正常生存的条件，也可成为疾病发生的外部因素，动物要适应自然界的变化，以维持机体正常的生命活动，即动物体与自然环境构成一个整体。因此，中兽医学的整体观念，实际上是指动物体本身的整体性和动物体与自然环境的相关性两个方面，它们贯穿于中兽医学生理、病理、诊断和治疗的各个方面。

（1）动物体本身的整体性。在生理状态下，动物体是以肝、心、脾、肺、肾五个生理系统为中心，通过经络使各组织器官紧密相连而形成的一个完整统一的有机体。五脏与六腑互为表里，五官九窍各有所属，各脏腑组织器官之间相互依赖、相互联系，以维持机体内部的平衡和正常的生命活动。

在病理状态下，机体某一部分的病变，可以影响到其他部分，甚至引起整体性的病理改变。如脾气虚本为一脏的病变，但迁延日久，则会因机体生化乏源而引起肺气虚、心气虚，甚至全身虚弱。另一方面，整体的状况又可影响局部的病理过程，如全身虚弱的动物，其创伤愈合较慢等。

诊察疾病时，一般应从整体出发，通过观察各种外在的临床表现，分析内在的全身或局部的病理变化，即见其外而知其内。无论是全身的还是局部的病变，都必然会在形体、窍液及色脉等方面有所反映。例如，通过察口色，可以分析机体内部脏腑的虚实，气血的盛衰，津液的盈亏，病邪的轻重，病势的进退等。

防治疾病时，也应从整体出发，既注意脏腑之间的联系，又注意脏腑与形体、窍、液的联系。如见口舌糜烂，当知心开窍于舌，便认为此即心火亢盛的表现，应以清心泻火的方法治疗。此外，"表里同治"，或"从五官治五脏"，以及"见肝之病，当先实脾"等，都是从整体观念出发，确定治疗原则和治疗方法的具体体现。

（2）动物体与自然环境的相关性。动物处于自然环境之中，与自然环境之间的关系是密不可分的。自然环境的变化可以直接或间接地影响动物体的生理功能，动物可以通过调节气血运行加以适应。例如，四季的正常气候变化是春夏温热、秋冬寒凉，动物则春夏阳气发泄，气血趋于表，多汗少尿；秋冬阳气收藏，气血趋于里，少汗多尿。当自然环境急剧变化、动物不能适应或动物调节机能失调时，则使机体与外界环境之间失去平衡，就会发生疾病。

诊察疾病时，首先要考虑到季节性影响，如春多温病、夏多暑病、秋多燥病、冬多寒病。同时要注意到环境突然改变和情绪刺激的影响，如迁移、离群、失仔、过度惊吓等都可能引起疾病。

防治疾病时，也要考虑到自然环境对动物体的影响。古人在总结自然界变化对机体影响规律的基础上，提出了一些行之有效的措施。如"春夏养阳、秋冬养阴""冬暖屋、夏凉棚"等。

2. 辨证论治 辨证论治是中兽医学认识疾病、确定防治措施的基本过程。辨证是确定治疗的前提和依据，论治是治疗疾病的手段和方法，也是辨证的目的。治疗原则和治疗措施是否恰当，取决于辨证是否正确；而辨证论治的正确性，又有待于临床治疗效果的检验。因此，辨证和论治是疾病诊疗过程中相互联系不可分割的两个方面，也是中兽医学理法方药的临床应用。

"证"的概念，不同于"病"和"症"。"病"是指有特定病因、病机、发病形式、发展规律和转归的一个完整的病理过程，即疾病的全过程，如感冒、痢疾、肺炎等。"症"即症状，是疾病的具体临床表现，如发热、咳嗽、呕吐、疲乏无力等。"证"是对疾病发展某一阶段包括病因（如风寒、风热、湿热等）、病位（如表、里、脏、腑等）、病性（如寒、热等）和邪正关系（如虚、实等）的综合概括，同时也提出了治疗方向。如"脾虚泄泻"证，既指出病位在脾，正邪力量对比属虚，临床主要表现为泄泻，致病因素推断为湿，从而也就指出了治疗方向应"健脾燥湿"。

辨证论治，能够抓住疾病发展不同阶段的本质，它既看到同一种疾病可以包括不同的证，又看到不同的病在发展过程中可以出现相同的证，因而可以采取"同病异治"或"异病同治"的治疗措施。如同为外感表证，若属外感风寒，则治宜辛温解表，方用麻黄汤类；若属外感风热，则治宜辛凉解表，方用银翘散类，此谓"同病异治"；而脱肛、子宫下垂、虚寒泄泻等病，虽然性质不同，但当其均以中气下陷为主证时，都可以补中益气之剂进行治疗，谓之"异病同治"。

（四）中兽医学发展趋势

中兽医学是随着我国畜牧业的发展而形成的一门动物病证防治的综合性学科。畜牧业生产的现代化和动物养殖业的发展，将推动中兽医学运用现代技术在理论研究、疾病诊断、预防、治疗等方面进一步发掘、整理、研究和提高，以适应畜牧业生产发展的需要。中兽医的防治对象也从过去的以马、牛为主转到大、中、小动物并重，从个体转向群体；防治方法由过去以治疗为主变为防治结合，防重于治。随着天然医学的发展和高效无害的要求，中兽医学以先进的医学模式、安全的诊疗手段、科学的保健思想，在保障人类食品安全、动物福利和动物保健事业等诸多方面做出巨大贡献。

（五）学习方法及注意问题

要用辩证唯物主义和历史唯物主义的观点，批判地吸取其精华，扬弃其糟粕，做到古为今用，推陈致新。

在学习过程中，以"整体观念"和"辨证论治"为核心，对理、法、方、药及针灸逐步融会贯通。重点学习中药知识、方剂知识及针灸技术。

重视知识的融合和创新，反复学习，认真体会，在掌握中兽医病症防治操作技能和必备理论知识的基础上，注意吸收现代兽医学的先进经验和治疗方法，把中西兽医学有机结合起来，取长补短，以创立我国统一的新兽医（药）学。

重视理论联系实际，因为中兽医理论是通过实践总结出来的。在学习过程中，要不断深入临床实际，对临床病例采用中兽医手段治疗和预防的同时，对疾病的症状也要用中兽医理论知识加以解释、分析，只有这样才能"知其然而更知其所以然"，使祖国医学不断升华，发扬光大。

项目 1

中兽医基础

ZHONGSHOUYIXUE

项目1.1 阴阳学说

问题一：被认为是我国现存最早、最珍贵的，也是中兽医学基本理论起源的一部医学著作是_____。
  A.《黄帝内经》 B.《元亨疗马集》 C.《周礼》
  D.《齐民要术》 E.《司牧安骥集》

问题二：我国现存最早的兽医学教科书是_____。
  A.《黄帝内经》 B.《司牧安骥集》 C.《猪经大全》
  D.《神农本草经》 E.《齐民要术》

问题三：首先提出"治未病"的以防为主的医疗思想，见于_____。
  A.《伤寒杂病论》 B.《黄帝内经》 C.《本草纲目》
  D.《神农本草经》 E.《司牧安骥集》

问题四：设有专职兽医诊治"兽病"和"兽疡"是在_____。
  A. 宋代 B. 唐代 C. 西周 D. 秦汉 E. 明代

问题五：我国最早的畜牧兽医法规的书籍名为_____。
  A.《黄帝内经》 B.《伤寒杂病论》 C.《厩苑律》
  D.《新修本草》 E.《伯乐鍼经》

问题六：下列属于中兽医学的基本特点的是_____。
  A. 对症施治 B. 治病求本 C. 辨证论治
  D. 未病先防 E. 三因制宜

问题七：下列属阴的是_____。
  A. 向下的 B. 亢进的 C. 无形的 D. 温热的 E. 运动的

问题八：阴阳偏盛引起的病证属于_____。
  A. 阴虚证 B. 阳虚证 C. 虚证 D. 实证 E. 表证

问题九：下列属于阴阳的基本含义的是_____。
  A. 阴阳是宇宙间的普遍规律，是一切事物所服从的纲领

B. 阴阳代表了事物相近的两种属性
C. 阴阳所代表的两种属性是一成不变的
D. 阴阳代表一切事物对立而统一的两个方面
E. 阴阳是静止的

问题十：不属于阴阳的相互关系的是_____。
A. 交感相错　　B. 对立制约　　C. 互根互用　　D. 相互消化　　E. 相互转化

参考答案：B、B、C、C、A、D、D

>>> 任务1　阴阳学说在中兽医学中的应用

1. 生理方面

（1）说明动物体的组织结构。动物体是一个既对立而又统一的有机整体，其组织结构可以用阴阳两个方面来加以概括说明。就大体部位来说，体表为阳，体内为阴；上部为阳，下部为阴；背部为阳，胸腹为阴。就四肢的内外侧而论，外侧为阳，内侧为阴。就脏腑而言，脏为阴，腑为阳；而具体到每一脏腑，又有阴阳之分，如心阳、心阴，肾阳、肾阴，胃阳、胃阴等。总之，动物体的每一组织结构，均可以根据其所在的上下、内外、表里、前后等各相对部位以及相对的功能活动特点来概括阴阳，并进而说明它们之间的对立统一关系（表1-1）。

表1-1　动物体组织结构阴阳属性分类

属性	部位		组织结构			
阳	表、上、背	四肢外侧	皮毛	六腑	前肢三阳经	气
阴	里、下、腹	四肢内侧	筋骨	五脏	前肢三阴经	血

（2）说明动物体的生理活动。一般认为，物质为阴，功能为阳，正常的生命活动是阴阳这两个方面保持对立统一的结果。如《素问·生气通天论》说："阴者，藏精而起亟（亟，可作气解）也；阳者，卫外而为固也。"就是说"阴"代表着物质或物质的贮藏，是阳气的源泉；"阳"代表着机能活动，起着卫外而固守阴精的作用；没有阴精就无以产生阳气，而通过阳气的作用又不断化生阴精，二者同样存在着相互对立、互根互用、消长转化的关系。在正常情况下，阴阳保持着相对平衡，以维持动物体的生理活动（图1-1），正如《素问·生气通天论》所说："阴平阳秘，精神乃治。"否则，阴阳不能相互为用而分离，精气就会竭绝，生命活动也将停止，就像《素问·生气通天论》中所说的"阴阳离决，精神乃绝"。

2. 病理方面

（1）说明疾病的病理变化。中兽医学认为，疾病是动物体内的阴阳两方面失去相对平衡，出现偏盛偏衰的结果。疾病的发生与发展，关系到正气和邪气两个方面。正气，是指机体对病邪的抵抗能力，以及对外界环境的适应能力等；邪气，泛指各种致病因素。正气包括阴精和阳气两个部分，邪气也有阴邪和阳邪之分。疾病的过程，多为邪正斗争引起机体阴阳偏盛偏衰的过程。

在阴阳偏盛方面，认为阴邪致病，可使阴偏盛而阳伤，出现"阴盛则寒"的病证。如寒

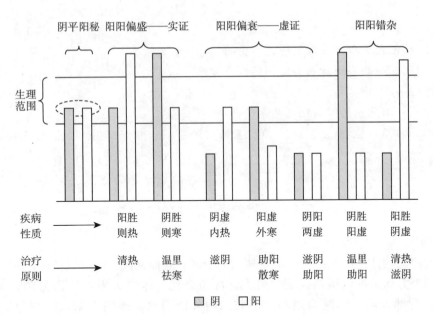

图1-1 阴阳消长关系示意

湿阴邪侵入机体，致使"阴盛其阳"，从而发生"冷伤之证"，动物表现为口色青黄、脉象沉迟、鼻寒耳冷、身颤肠鸣、不时起卧等症状。相反，阳邪致病，可使阳偏盛而阴伤，出现"阳盛则热"的病证。如热燥阳邪侵犯机体，致使"阳盛其阴"，从而出现"热伤之证"，动物表现为高热、唇舌鲜红、脉象洪数、耳耷头低、行走如痴等症状。正如《素问·阴阳应象大论》中所说："阴胜则阳病，阳胜则阴病，阴胜则寒，阳胜则热"。《元亨疗马集》中也有"夫热者，阳胜其阴也"，"夫寒者，阴胜其阳也"的说法。

在阴阳偏衰方面，认为一旦机体阳气不足，不能制阴，相对地会出现阴有余，发生阳虚阴亢的虚寒证；相反，如果阴液亏虚，不能制阳，相对地会出现阳有余，发生阴虚阳亢的虚热证。正如《素问·调经论》所说："阳虚则外寒，阴虚则内热。"由于阴阳双方互根互用，任何一方虚损到一定程度，均可导致对方的不足，即所谓"阳损及阴，阴损及阳"，最终可导致"阴阳俱虚"。如某些慢性消耗性疾病，在其发展过程中，会因阳气虚弱致使阴精化生不足，或因阴精不足致使阳气化生无源，最后导致阴阳两虚。

阴阳的偏胜或偏衰，均可引起寒证或热证，但二者有着本质的不同。阴阳偏胜所形成的病证是实证，如阳邪偏胜导致实热证，阴邪偏胜导致实寒证等；而阴阳偏衰所形成的病证则是虚证，如阴虚则出现虚热证，阳虚则出现虚寒证等。故《素问·通评虚实论》说："邪气盛则实，精气夺则虚。"

（2）说明疾病的发展。在病证的发展过程中，由于病性和条件的不同，可以出现阴阳的相互转化。所谓"寒极则热，热极则寒"，即指阴证和阳证的相互转化。临床上可以见到病证由表入里、由实转虚、由热化寒和由寒化热等的变化。如患败血症的动物，开始表现为体温升高、口舌红、脉洪数等热象，当严重者发生"暴脱"时，则转而表现为四肢厥冷、口舌淡白、脉沉细等寒象。

（3）判断疾病的转归。若疾病经过"调其阴阳"，恢复"阴平阳秘"的状态，则以痊愈而告终；若继续恶化，终致"阴阳离决"，则以死亡为转归。

3. 诊断方面

（1）分析症状的阴阳属性。一般来说，凡口色红、黄、赤紫者为阳，口色白、青、黑者为阴；凡脉象浮、洪、数、滑者为阳，沉、细、迟、涩者为阴；凡声音高亢、洪亮者为阳，低微、无力者为阴；身热属阳，身寒属阴；口干而渴者属阳，口润不渴者属阴；躁动不安者属阳，蹉卧静默者属阴（表1-2）。

（2）辨别证候的阴阳属性。一切病证，不外"阴证"和"阳证"两种。八纲辨证就是分别从病性（寒热）、病位（表里）和正邪消长（虚实）几方面来分辨阴阳，并以阴阳作为总纲统领各证（表证、热证、实证属阳证，里证、寒证、虚证属阴证）。临床辨证，首先要分清阴阳，才能抓住疾病的本质。故《素问·阴阳应象大论》说："善诊者，察色按脉，先别阴阳。"《元亨疗马集》也说："凡察兽病，先以色脉为主，……然后定夺其阴阳之病。"《景岳全书·传忠录》则认为："凡诊病施治，必须先审阴阳，乃为医道之纲领，阴阳无谬，治焉有差？医道虽繁，而可以一言蔽之者，曰阴阳而已。故证有阴阳，脉有阴阳，药有阴阳……设能明彻阴阳，则医道虽玄，思过半矣。"（表1-2）。

表1-2 症状、体征及病证阴阳属性归类

属性	望诊		闻诊		切脉	病证		
	颜色	光泽	声音	呼吸		表里	寒热	虚实
阳	赤、黄	鲜明	洪亮	喘粗	浮、洪、数、滑	表证	热证	实证
阴	青、白、黑	晦暗	低微	无力	沉、细、迟、涩	里证	寒证	虚证

4. 治疗方面

（1）确定治疗原则。由于阴阳偏胜偏衰是疾病发生的根本原因，因此，泻其有余，补其不足，调整阴阳，使其重新恢复协调平衡就成为诊疗疾病的基本原则。正如《素问·至真要大论》中说："谨察阴阳所在而调之，以平为期。"对于阴阳偏胜者，应泻其有余，或用寒凉药以清阳热，或用温热药以祛阴寒，此即"热者寒之，寒者热之"的治疗原则；对于阴阳偏衰者，应补其不足，阴虚有热则滋阴以清热，阳虚有寒则益阳以祛寒，此即"壮水之主以制阳光，益火之源以消阴翳"的治疗原则。在对阴阳之不足进行补益时，还要注意"阳中求阴""阴中求阳"，以使阴精、阳气化生之源不竭。

（2）概括药物的性味功能和指导用药。一般来说，温热性的药物属阳，寒凉性的药物属阴；辛、甘、淡味的药物属阳，酸、咸、苦味的药物属阴；具有升浮、发散作用的药物属阳，而具沉降、涌泄作用的药物属阴。根据药物的阴阳属性，就可以灵活地运用药物调整机体的阴阳，以期补偏救弊。如热盛用寒凉药以清热，寒盛用温热药以祛寒，便是《内经》中"寒者热之，热者寒之"用药原则的具体运用（表1-3）。

表1-3 药物四气五味、升降浮沉的阴阳属性

属性	药物性能		
	四气	五味	作用趋向
阴	寒、凉	酸、苦、咸	沉、降
阳	温、热	辛、甘、淡	浮、升

5. 预防方面 由于动物体与外界环境密切相关，故动物体的阴阳必须适应四时阴阳的变化，否则便易引起疾病。因此，加强饲养管理，增强动物体的适应能力，就可以防止疾病的发生。正如《素问·四气调神大论》所说："春夏养阳，秋冬养阴，以从其根……逆之则灾害生，从之则疴疾不起，……"。《元亨疗马集·腾驹牧养法》中也提出了"凡养马者，冬暖屋，夏凉棚"，"切忌宿水、冻料、尘草、砂石……食之"的预防措施。此外，还可以通过春季放大血，灌四季调理药等方法来调和气血，协调阴阳，预防疾病。

相关知识

阴阳是指事物矛盾的两个方面，即用以表示一切事物对立而又统一的两个方面的代名词。

1. 阴阳者，天地之道也 阴阳的最初含义是指日光的向背，向日为阳，背日为阴，以日光的向背定阴阳。古人正是从这一朴素的对立统一观念出发，认为阴阳两方面的相反相成，消长转化，是一切事物发生、发展、变化的根源。如《素问·阴阳应象大论》中说："阴阳者，天地之道也，万物之纲纪，变化之父母，生杀之本始。"意思是说，阴阳是宇宙间的普遍规律，是一切事物所服从的纲领，各种事物的产生与消亡，都源于阴阳的变化。

2. 识别阴阳的属性 阴阳既然是指矛盾的两个方面，也就代表了事物两种相反的属性。一般认为，识别阴阳的属性以上下、动静、有形无形等为准则。概括起来，凡是向上的、运动的、无形的、温热的、向外的、明亮的、亢进的、兴奋的及强壮的均属于阳，凡是向下的、静止的、有形的、寒凉的、向内的、晦暗的、减退的、抑制的及虚弱的均属于阴。

3. 阴中有阳，阳中有阴 阴阳所代表的事物属性，不是绝对的，而是相对的。《素问·金匮真言论》说："阴中有阳，阳中有阴。"如，以动物体背部和胸腹的关系而言，背部为阳，胸腹为阴；而属阴的胸腹，又以胸在膈前属阳，腹在膈后属阴。又如以脏腑的关系来说，脏为阴，腑为阳；而属于阴的五脏，又以心、肺位居膈前而属阳，肝、脾、肾位居膈后而属阴；属于阴的肝，又因其气主升、性疏泄而属阳，为阴中之阳。由此可见，宇宙中的任何事物都可以概括为阴和阳两类，任何一种事物内部又可以分为阴和阳两个方面，而每一事物内部的阴或阳的一方，还可以再分阴阳。

4. 阴阳的相互关系

（1）阴阳的交感相错。是指阴阳双方在一定条件下交合感应、互错相融的关系。《易传·咸》说："天地感而万物化生"，指出阴阳交感相错是万物化生的根本条件，如果阴阳二气不能在运动中交合感应，互错相融，新事物和新个体就不会产生。如在动物界，阴阳交合，雌雄媾精是物种繁衍的基本条件，通过阴阳交错而产生新的动物个体。

（2）阴阳的对立制约。是指阴阳双方存在着相互排斥、相互斗争和相互制约的关系。以动物体的生理机能为例，机能之亢奋为阳，抑制为阴，二者相互制约，从而维持动物体的生理状态。再以四季的寒暑为例，夏虽阳热，然夏至以后阴气则随之而生，以制约暑热之阳；冬虽阴寒，但冬至以后阳气则随之而生，以制约严寒之阴。由于阴阳双方的不断排斥与斗争，便推动了事物的变化或发展。

项目 1　中兽医基础

(3) 阴阳的互根互用。阴阳的互根是指阴阳双方具有相互依存、互为根本的关系，即阴或阳的任何一方，都不能脱离另一方而单独存在，每一方都以相对立的另一方作为存在的前提和条件。如热为阳、寒为阴，没有热就无所谓寒，双方存在着相互依赖、相互依存的关系，即阳依存于阴，阴依存于阳。正如《素问·阴阳应象大论》所说："阳根于阴，阴根于阳"。

阴阳的互用，是指阴阳双方存在着相互资生、相互促进的关系。所谓"孤阴不生，独阳不长"，即阴精通过阳气的活动而产生，而阳气又由阴精化生而来。同时，阴和阳还存在着"阴为体，阳为用"的相互依赖关系。体，即本体（结构或物质基础）；用，指功用（功能或机能活动）。体是用的物质基础，用是体的功能表现，二者不可分割。又如《素问·阴阳应象大论》中说："阴在内，阳之守也；阳在外，阴之使也"。指出阴精在内，是阳气的根源；阳气在外，是阴精的表现。

(4) 阴阳的消长平衡。阴阳双方在对立制约、互根互用的情况下，不是静止不变的，而是处于此消彼长的变化过程中，正所谓"阴消阳长，阳消阴长"。例如，机体各项机能活动（阳）的产生，必然要消耗一定的营养物质（阴），这就是"阴消阳长"的过程；而各种营养物质（阴）的化生，又必须消耗一定的能量（阳），这就是"阳消阴长"的过程。假若这种阴阳的消长，超过了一定范围，导致了相对平衡关系的失调，就会引发疾病。《素问·阴阳应象大论》中所说的"阴盛则阳病，阳盛则阴病"，就是指由于阴阳消长的变化，使得阴阳平衡失调，引起了"阳气虚"或"阴液不足"的病证。

(5) 阴阳的相互转化。是指对立的阴阳双方在一定条件下，可向其属性相反的方面转化。正如《素问·阴阳应象大论》中所说的"重阴必阳，重阳必阴""寒极生热，热极生寒"。在疾病的发展过程中，阴阳转化是经常可见的。如动物外感风寒，出现耳鼻发凉、肌肉颤抖等寒象，若治疗不及时或治疗失误，寒邪入里化热，就会出现口干、舌红、气粗等热象，此即由阴证向阳证的转化。又如，患热性病的动物，由于持续高热，热甚伤津，气血两亏，呈现出体弱无力、四肢发凉等虚寒症状，便是由阳证向阴证的转化。

项目 1.2　五行学说

问题一：按照五行归类，心属于_____。
　A. 火　　　B. 木　　　C. 土　　　D. 金　　　E. 水
问题二：下列哪一项归属于五行中的"水"？_____
　A. 血脉　　B. 皮毛　　C. 筋　　　D. 骨　　　E. 肌肉
问题三：下列描述属于五行正常关系的是_____。
　A. 土侮木　B. 土乘水　C. 火侮水　D. 火克金　E. 金生木
问题四：下列描述属于五行异常关系的是_____。
　A. 木克土　B. 土克水　C. 火乘金　D. 木生火　E. 金克木

> 问题五：从五行关系分析，下列病理转变属于母病及子的关系是_____。
>   A. 肾病及肝   B. 脾病传心   C. 心病及肝   D. 肝病传脾   E. 肝病传肺
> 问题六：脾病影响及肝属于_____。
>   A. 相乘   B. 母病及子   C. 子病犯母   D. 相侮   E. 相克
>
> 参考答案：DACDD

>>> 任务2　五行学说在中兽医学中的应用

1. 生理方面

（1）按五行的特性来分别脏腑器官的属性。如：木有升发、舒畅条达的特性，肝喜条达而恶抑郁，主管全身气机的舒畅条达，故肝属"木"；火有温热炎上的特性，心阳有温煦之功，故心属"火"；土有生化万物的特性，脾主运化水谷，为气血生化之源，故脾属"土"；金性清肃、收敛，肺有肃降作用，故肺属"金"；水有滋润、下行、闭藏的特性，肾有藏精、主水的作用，故肾属"水"。

（2）以五行生克制化的关系，说明脏腑器官之间相互资生和制约的关系。例如：肝能制约脾（木克土），脾能资生肺（土生金），而肺又能制约肝（金克木）等。又如，心火可以助脾土的运化（火生土），肾水可以抑制心火的有余（水克火），其他依此类推。五行学说认为机体就是通过这种生克制化以维持相对的平衡协调，保持正常的机能活动。

2. 病理方面

（1）母病及子。指疾病的传变是从母脏传及子脏，如肝（木）病传心（火）、肾（水）病及肝（木）等。

（2）子病犯母。指疾病的传变是从子脏传及母脏，如脾（土）病传心（火）、心（火）病及肝（木）等。

（3）相乘为病。即相克太过而为病，其原因一是"太过"，一是"不及"。如肝气过旺，对脾的克制太过，肝病传于脾，则为"木旺乘土"；若先有脾胃虚弱，不能耐受肝的相乘，致使肝病传脾，则为"土虚木乘"。

（4）相侮为病。即反向克制而为病，其原因亦为"太过"和"不及"。如肝气过旺，肺无力对其加以制约，导致肝病传肺（木侮金），称为"木火刑金"；又如脾土不能制约肾水，致使肾病传脾（水侮土），称为"土虚水侮"。

一般来说，按照相生顺序传变时，母病及子病情较轻，子病犯母病情较重；按照相克顺序传变时，相乘传变病情较重，相侮传变病情较轻。

3. 诊断方面

（1）察其外而知其内。五行学说认为，动物体的五脏、六腑与五官、五体、五色、五液、五脉之间是存在着五行属性联系的一个有机整体，脏腑的各种功能活动及其异常变化可反映于体表的相应组织器官，即"有诸内，而必形诸外"，故脏腑发生疾病时就会表现出口色、声音、形态、脉象诸方面的变化，据此可以对疾病进行诊断。

（2）判断预后。《元亨疗马集》中提出的"察色应症"，便是以五行分行四时，代表五脏分旺四季，又以相应五色（青、赤、黄、白、黑）的口色变化来判断健、病和预后。如肝木旺于春，口色桃色者平，白色者病，红者和，黄者生，黑者危，青者死等。《安骥集·清浊五脏论》中所说的"肝病传于南方火，父母见子必相生；心属南方丙丁火，心病传脾祸未生；……心家有病传于肺，金逢火化倒销形；肺家有病传于肝，金能克木病难痊"，即是根据疾病相生、相克的传变规律来判断预后。

4. 治疗方面

（1）虚则补其母。用于母子关系的虚证（即母行不及）。例如，肾虚导致肝虚，称为"水不涵木"，治以滋肾为主；或者肝虚影响肾虚，应在补肝的同时补肾。又如肺属金，土为金之母，用调理脾胃的方法，可治疗慢性虚损性肺病，称为"培土生金"。但并不是说一切肺病，都用补脾的方法来治，只有在肺病及脾（子病犯母）的时候，病久出现脾胃虚弱的证候，如食欲不振、日渐消瘦、泄泻等，才用培土的方法来补母生金或脾肺同治。

（2）实则泻其子。用于母子关系的实证（即子行太过）。例如动物在暑月炎天，使役过重，奔走太急，以致热积于心而传入肝，肝受其邪，外传于眼，表现头低眼闭、眼胞肿胀、睛生翳膜、眵盛难睁等肝火偏旺的证候，属于"子病犯母"，根据"实则泻其子"的原则，治宜泻心火，平肝木。

（3）抑强。用于相克太过。例如动物在热天长途负重，心火上炎，由于心肺同居上焦，心火灼肺，致肺津伤，称为"火乘金"。治疗原则以降心火为主，清肺润肺为辅。

（4）扶弱。用于相克不及。例如，土本克水，但脾虚而水气亢盛时，土不仅不能克水，反为水所侮。治宜"培土制水"，即温运脾阳，渗湿利水，同时温补肾阳，以加强脾胃的机能。

> **相关知识**
>
> 五行中的"五"，是指木、火、土、金、水五种物质；"行"，是指这五种物质的运动和变化。五行学说认为事物之间通过五行的生克制化关系以保持动态平衡，从而维持事物的生存和发展。
>
> **1. 五行的特性**
>
> （1）木的特性。"木曰曲直"，原指树木的枝条具有生长、柔和，能曲又能直的特性，后引申为凡有生长、升发、条达、舒畅等性质或作用的事物均属于木。
>
> （2）火的特性。"火曰炎上"，原指火具有温热、蒸腾向上的特性，后引申为凡有温热、向上等性质或作用的事物均属于火。
>
> （3）土的特性。"土爱稼穑"，泛指人类种植和收获谷物等农事活动。由于农事活动均在土地上进行，因而引申为凡有生化、承载、受纳等性质或作用的事物，均属于土，故有"土为万物之母"的说法。
>
> （4）金的特性。"金曰从革"，指金属物质可以顺从人意，变革形状，铸造成器。也有人认为，金属源于对矿物的冶炼，其本身是顺从人意，变革矿物而成，故曰"从革"。又因金之质地沉重，且常用于杀伐，因而引申为凡有沉降、肃杀、收敛等性质或作用的事物均属于金。
>
> （5）水的特性。"水曰润下"，指水有滋润下行的特点，后引申为凡具有滋润、下行、寒凉、闭藏等性质或作用的事物均属于水。

2. 五行的归类 五行学说是将自然界的事物和现象，以及动物体脏腑组织器官的生理、病理现象，进行广泛联系，按五行的特性以"取类比象"或"推演络绎"的方法，根据事物不同的形态、性质和作用，分别将其归属于木、火、土、金、水五行之中（表1-4）。

表1-4 五行归类表

五行	自然界						动物体						
	五味	五色	五化	五气	五方	五季	脏	腑	五体	五窍	五液	五脉	五志
木	酸	青	生	风	东	春	肝	胆	筋	目	泪	弦	怒
火	苦	赤	长	暑	南	夏	心	小肠	脉	舌	汗	洪	喜
土	甘	黄	化	湿	中	长夏	脾	胃	肌肉	口	涎	代	思
金	辛	白	收	燥	西	秋	肺	大肠	皮毛	鼻	涕	浮	悲
水	咸	黑	藏	寒	北	冬	肾	膀胱	骨	耳	唾	沉	恐

3. 五行的相互关系

（1）生克制化。木、火、土、金、水五行之间不是孤立的、静止不变的，而是存在着有序的相生、相克以及制化关系，从而维持着事物生化不息的动态平衡，这是五行之间关系正常的状态。

①五行相生。也称为"母子"关系，指五行之间存在着有序的资生、助长和促进的关系，借以说明事物间有相互协调的一面。五行相生的次序如下。

$$木 \xrightarrow{生} 火 \xrightarrow{生} 土 \xrightarrow{生} 金 \xrightarrow{生} 水 \xrightarrow{生} 木$$

在相生关系中，任何一行都有"生我"及"我生"两方面的关系。"生我"者为母，"我生"者为子。以木为例，水生木，水为木之母；木生火，火为木之子。再以金为例，土生金，土为金之母；金生水，水为金之子。

②五行相克。也称为"所胜、所不胜"关系，指五行之间存在着有序的克制和制约关系，借以说明事物间相互拮抗的一面。五行相克的次序如下。

$$木 \xrightarrow{克} 土 \xrightarrow{克} 水 \xrightarrow{克} 火 \xrightarrow{克} 金 \xrightarrow{克} 木$$

在相克关系中，任何一行都有"克我"及"我克"两方面的关系。"克我"者为我"所不胜"，"我克者"为我所胜。以土为例，土克水，则水为土之"所胜"；木克土，则木为土之"所不胜"。又以火为例，火克金，则金为火之"所胜"；水克火，则水为火之"所不胜"。

③五行制化。是指五行之间相互生化、相互制约以维持平衡协调的关系（图1-2）。

五行的制化关系，是五行生克关系的相互结合。没有生，就没有事物的发生和成长；没有克，事物就会因过分亢进而为害，就不能维持正常的协调关系。因此，必须有生有克，相反相成，才能维持和促进事物间的平衡协调和发展变化。正如张景岳在《类经图翼·运气上》中所说："盖造化之机，不可无生，亦不可无制。无生则发育无由，无制则亢而为害。"

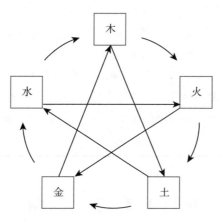

图 1-2 五行制化关系
外周为相生，中间为相克

（2）乘、侮和母子相及。是五行间生克制化关系遭受破坏的结果。相乘、相侮是五行间相克关系异常的表现，母子相及则是五行间相生关系异常的变化。

①五行相乘。是指五行中某一行对其所胜一行的过度克制，即相克太过，是事物间关系失去相对平衡的一种表现，其次序同于五行相克。

$$木 \xrightarrow{乘} 土 \xrightarrow{乘} 水 \xrightarrow{乘} 火 \xrightarrow{乘} 金 \xrightarrow{乘} 木$$

引起五行相乘的原因有"太过"和"不及"两个方面。"太过"是指五行中的某一行过于亢盛，对其所胜加倍克制，导致被乘者虚弱。以木克土为例，正常情况下木克土，如木气过于亢盛，对土克制太过，土本无不足，但亦难以承受木的过度克制，导致土的不足，称为"木乘土"。"不及"是指某一行自身虚弱，难以抵御来自所不胜者的正常克制，使虚者更虚。仍以木克土为例，正常情况下木能制约土，若土气过于虚弱，木虽然处于正常水平，土却难以承受木的克制，导致木克土的力量相对增强，使土更显不足，称为"土虚木乘"。

②五行相侮。是指五行中某一行对其所不胜一行的反向克制，即反克，又称"反侮"，是事物间关系失去相对平衡的另一种表现。五行相侮的次序与五行相克相反。

$$木 \xrightarrow{侮} 金 \xrightarrow{侮} 火 \xrightarrow{侮} 水 \xrightarrow{侮} 土 \xrightarrow{侮} 木$$

引起相侮的原因也有"太过"和"不及"两个方面。"太过"是指五行中的某一行过于强盛，使原来克制它的一行不但不能克制它，反而受到它的反克。例如，正常情况下金克木，但若木气过于亢盛，金不但不能克木，反而被木所反克，出现"木侮金"的逆向克制现象。"不及"是指五行中的某一行过于虚弱，不仅不能克制其所胜的一行，反而受到它的反克。例如，正常情况下，金克木，木克土，但当木过度虚弱时，不仅金来乘木，而且土也会因木之虚弱而对其进行反克，称为"土侮木"。

③母子相及。及，即累及、连累之意。母子相及，是指五行之中互为母子的各行之间相互影响，属于五行之间相生关系异常的变化，包括母病及子和子病犯母两种类型。

> 母病及子：指五行中作为母的一行异常，必然影响到子的一行，结果是母子都出现异常。例如，水生木，若水不足，无力生木，则导致木的不足，最终是水竭木枯，母子俱衰。母病及子的顺序与相生的顺序相同。
>
> 子病犯母：指五行中作为子的一行异常，会影响到作为母的一行，结果母子都出现异常。例如，木生火，若火太旺，势必耗木过多，导致木的不足；而木不足，生火无力，火势亦衰，最终是子耗母太过，母子皆不足。子病犯母的顺序与相生的顺序相反。

项目1.3　脏　腑

问题一：下列脏腑表里对应正确的是_____。
　　A. 心—小肠　　B. 肝—胃　　C. 肺—胆　　D. 肾—大肠　　E. 脾—膀胱

问题二：下列属于肝的主要功能的是_____。
　　A. 主血脉　　B. 主运化　　C. 主统血
　　D. 主通调水道　　E. 主筋

问题三：下列属于心的主要功能的是_____。
　　A. 主血脉　　B. 藏精　　C. 主水
　　D. 主通调水道　　E. 主气

问题四：下列属于肾的主要功能的是_____。
　　A. 主血脉　　B. 藏精　　C. 主统血
　　D. 主通调水道　　E. 主气

问题五：下列属于脾的主要功能的是_____。
　　A. 主纳气　　B. 主筋　　C. 主疏泄　　D. 主运化　　E. 主宣降

问题六：下列关于六腑功能描述正确的是_____。
　　A. 胆的主要功能是分泌、贮藏和排泄胆汁，以助脾胃运化
　　B. 胃的主要功能是受纳、腐熟和运化水谷
　　C. 小肠的主要功能是受盛化物和分别清浊
　　D. 膀胱的主要功能是主水、贮藏和排泄尿液
　　E. 三焦的主要功能是主气、通调水道，是水谷出入的通路

问题七：由脾胃运化的水谷精微之气和肺所吸入的自然界清气结合形成于肺，称为_____。
　　A. 元气　　B. 宗气　　C. 营气　　D. 卫气　　E. 心气

问题八：与气的生成关系最密切的脏是_____。
　　A. 肺脾肾　　B. 肺脾心　　C. 肺脾肝　　D. 脾肾心　　E. 肝脾肾

问题九：既属六腑，又属奇恒之腑的是_____。
　　A. 脉　　B. 胆　　C. 髓　　D. 胞宫　　E. 脑

项目 1　中兽医基础

问题十：能将水谷化为精微，并将精微传输的脏是_____。
A. 心　　B. 肝　　C. 脾　　D. 肺　　E. 肾

参考答案：A. E　D. A　B. D　C. B　A. B C

>>> **任务 3　心功能异常的主要表现**

1. 血行异常　心有推动血液在脉管内运行，以营养全身的作用。如心气不足，心血亏虚，则脉细无力，口色淡白。若心气衰弱，血行瘀滞，则脉涩不畅，脉律不整或有间歇，出现结脉或代脉，口色青紫等症状。

2. 神志异常　心主宰着机体的精神活动。若心血不足，神不能安藏，则出现精神活动异常或惊恐不安。故《安骥集·碎金五脏论》说："心虚无事多惊恐，心痛癫狂脚不宁"。同样，心神异常，也可导致心血不足，或血行不畅，脉络瘀阻。

3. 口舌异常　若心血不足，则口舌色淡而无光。心血瘀阻，则口舌青紫。心经有热，则舌质红绛，口舌生疮。

4. 出汗　如果心阳不足，常常引起腠理不固而自汗。心阴血虚，往往导致阳不摄阴而盗汗。又因血汗同源，津亏血少，则汗源不足。而发汗过多，又容易伤津耗血。故《灵枢·营卫生会篇》有"夺血者无汗，夺汗者无血"之说。

相关知识

心位于胸中，有心包护于外。心的主要生理功能是主血脉和藏神。心开窍于舌，在液为汗。心的经脉下络于小肠，与小肠相表里。

心在脏腑的功能活动中起主导作用，使之相互协调，为机体生命活动的中心。如《灵枢·邪客篇》说："心者，五脏六腑之大主也，精神之所舍也。"

1. 心主血脉　心是血液运行的动力，脉是血液运行的通道。心主血脉，是指心有推动血液在脉管内运行，以营养全身的作用。故《素问·痿论》说："心主身之血脉"。由于心、血、脉三者密切相关，所以心的功能正常与否，可以从脉象、口色上反映出来。如心气旺盛、心血充足，则脉象平和，节律调匀，口色鲜明如桃花色。

2. 心藏神　神，指精神活动，即机体对外界事物的客观反映。心藏神，是指心为一切精神活动的主宰。《素问·六节脏象论》中说："心者，生之本，神之变也"。心藏神的功能与心主血脉的功能密切相关。心血充盈，心神得养，则动物"皮毛光彩精神倍"。

3. 心开窍于舌　舌为心之苗，心的气血上通于舌，心的生理功能及病理变化最易在舌上反映出来。心血充足，则舌体柔软红润，运动灵活。《安骥集·师皇五脏论》说"心者外应于舌"。

4. 心主汗　汗由津液所化生，是津液发散于肌腠的部分。津液是血液的重要组成部分，血为心所主，血汗同源，故称"汗为心之液"。如《素问·宣明五气篇》指出："五脏化液，心为汗"。心与汗有密切关系，出汗异常，往往与心有关。

> ● [附] 心包络
>
> 又称心包或膻中，与六腑中的三焦互为表里。心包是心的外卫器官，有保护心脏的作用。当外邪侵犯心脏时，一般是由表入里，由外而内，先侵犯心包络。如《灵枢·邪客篇》说："故诸邪之在于心者，皆在于心之包络。"实际上，心包受邪所出现的病证与心是一致的。如热性病出现神昏症状，虽称为"邪入心包"，而实际上是热盛伤神，在治法上可采用清心泻热之法。由此可见，心包络与心在病理和用药上基本相同。

> ● [附] 脏腑
>
> 又称为藏象，是脏腑的生理活动和病理变化反映于外的征象。
>
> 脏腑学说内容包括五脏、六腑、奇恒之腑及其相联系的组织、器官的功能活动以及它们之间的关系，同时还包括其物质基础气、血、精、津液等。
>
> 五脏，即肝、心、脾、肺、肾，是化生和贮藏精气的器官，具有藏精气而不泻的特点。前人把心包亦列为一脏，又称六脏，但心包位于心的外廓，有保护心脏的作用，其病变基本同于心脏，故习惯上仍称五脏。
>
> 六腑，即胆、小肠、胃、大肠、膀胱、三焦，是受盛和传化水谷的器官，具有传化浊物，泻而不藏的特点。
>
> 奇恒之腑，即脑、髓、骨、脉、胆、胞宫，因其形态似腑，功能似脏，不同于一般的脏腑，故称奇恒之腑。其中，胆本为六腑之一，但因其所藏为清净之液，故又归于奇恒之腑。
>
> 脏与腑之间存在着阴阳、表里的关系。脏在里，属阴；腑在表，属阳；心与小肠、肝与胆、脾与胃、肺与大肠、肾与膀胱、心包络与三焦相表里。脏与腑之间的表里关系，是通过经脉来联系的，脏的经脉络于腑，腑的经脉络于脏，彼此经气相通，在生理和病理上相互联系、相互影响。
>
> 脏腑虽各有其功能，但彼此又相互联系。同时，脏腑还与肢体组织（筋、脉、肉、皮毛、骨）、五官九窍（目、舌、口、鼻、耳及前后阴）等有着密切联系。如五脏之间存在着相互资助与制约的关系，六腑之间存在着承接合作的关系，脏腑之间存在着表里相合的关系，五脏与肢体官窍之间存在着归属开窍的关系等，这就构成了机体内外各部功能上相互联系的统一整体。

>>> 任务4　肺功能异常的主要表现

1. 呼吸异常　肺主气的功能正常，则气道通畅，呼吸均匀；若病邪伤肺，使肺气壅阻，则引起呼吸功能失调，出现咳嗽、气喘、呼吸不利等症状。若肺气不足，则出现体倦无力、气短、自汗等气虚症状。

2. 宣降异常　若肺气不宣而壅滞，则引起胸满、呼吸不畅、咳嗽、皮毛焦枯等症状。若肺气不能肃降而上逆，则引起咳嗽、气喘等症状。肺通调水道的功能，是肺宣发和肃降作用共同配合的体现，若肺的宣降功能失常，就会影响到机体的水液代谢，出现水肿、腹水、

项目 1 中兽医基础

胸腔积液以及泄泻等症。

3. 皮毛异常 肺经有病可以反映于皮毛，而皮毛受邪也可传之于肺。如肺气虚的动物，不仅易汗，而且经久可见皮毛焦枯或被毛脱落。

4. 鼻窍异常 肺的病理变化可以通过鼻反映于外。如外邪犯肺，肺气不宣，常见鼻塞流涕，嗅觉不灵等症状；又如肺热壅盛，常见鼻翼扇动等。鼻为肺窍，鼻又可成为邪气犯肺的通道，如湿热之邪侵犯肺卫，多由鼻窍而入。此外，喉是呼吸的门户和发音器官，又是肺脉通过之处，其功能也受肺气的影响，肺有异常，往往引起声音嘶哑、喉痹等病变。

相关知识

肺位于胸中，上连气道。肺的主要功能是主气、司呼吸，主宣发和肃降，通调水道，外合皮毛，肺开窍于鼻。肺的经脉下络于大肠，与大肠相表里。

1. 肺主气、司呼吸 肺主气，是指肺有主宰一身之气的生成、出入与代谢的功能。《素问·六节脏象论》说："肺者，气之本。"

（1）肺主呼吸之气。是指肺为体内外气体交换的场所，通过肺的呼吸作用，机体吸入自然界的清气，呼出体内的浊气，吐故纳新，实现机体与外界环境间的气体交换，以维持正常的生命活动。

（2）肺主一身之气。是指全身之气均由肺所主，特别是和宗气的生成有关。宗气由水谷精微之气与肺所吸入的清气，在元气的作用下而生成。宗气是促进和维持机体机能活动的动力，它一方面维持肺的呼吸功能，使内外气体得以交换；另一方面由肺入心，推动血液运行，并宣发到身体各部，以维持脏腑组织的机能活动，故有"肺朝百脉"之说。血液虽然由心所主，但必须赖肺气的推动，才能保持其正常运行。

2. 肺主宣发、肃降、通调水道 宣发，即宣通、发散；肃降，即清肃、下降。肺主宣发和肃降，是指肺气的运动具有向上、向外宣发和向下、向内肃降的双向作用。

肺主宣发，一是通过宣发作用将体内代谢过的浊气呼出体外；二是将脾传输至肺的水谷精微之气布散全身，外达皮毛；三是宣发卫气，以营养筋肉和司腠理开合的作用。

肺主肃降，一是通过肺的下降作用，吸入自然界清气；二是将津液和水谷精微向下布散全身，并将代谢产物和多余水液下输于肾和膀胱，排出体外；三是保持呼吸道的清洁。

肺主通调水道，是指肺的宣发和肃降运动对体内水液的输布、运行和排泄有疏通和调节的作用。通过肺的宣发，将津液与水谷精微布散于全身，并通过宣发卫气而司腠理的开合，调节汗液的排泄。通过肺的肃降，津液和水谷精微不断向下输送，代谢后的水液经肾的气化作用，化为尿液由膀胱排出体外。

3. 肺主一身之表，外合皮毛 一身之表，包括皮肤、汗孔、被毛等组织，是机体抵御外邪侵袭的外部屏障。肺合皮毛，是指肺与皮毛不论在生理或是病理方面均存在着极为密切的关系。在生理方面，一是皮肤汗孔具有散气的作用，参与呼吸调节，而有"宣肺气"的功能；二是皮毛有赖于肺气的温煦，才能润泽，否则就会憔悴枯槁。

4. 肺开窍于鼻 鼻为肺窍，有司呼吸和主嗅觉的功能。肺气正常则鼻窍通利，嗅觉灵敏。故《灵枢·脉度篇》说："肺气通于鼻，肺和则鼻能知香臭矣。"

>>> 任务5　脾功能异常的主要表现

1. 运化不足　若脾失健运，水谷运化功能失常，就会出现腹胀、腹泻、精神倦怠、消瘦、营养不良等症，以及出现水湿内停的各种病变，如停留肠道则为泄泻，停于腹腔则为腹水，溢于肌表则为浮肿，水湿聚集则成痰饮。重者，脾气不升反而下陷，除导致泄泻外，还可引起如脱肛、子宫垂脱等内脏垂脱诸证。

2. 慢性出血　若脾气虚弱，统摄乏力，气不摄血，就会引起各种出血性疾患，尤以慢性出血为多见，如长期便血等。

3. 消瘦无力　若脾不健运，肌肉痿软，动物消瘦。重者四肢痿软无力，倦怠喜卧。

4. 口唇异常　若脾失健运，则动物食欲减退，甚至废绝，口唇淡白无光。脾有湿热，口唇红肿。脾经热毒上攻，则口唇生疮，口流黏涎。

相关知识

脾位于腹内，其生理功能为主运化，统血，主肌肉四肢。脾开窍于口，在液为涎。脾的经脉络于胃，与胃相表里。

1. 脾主运化　运，指运输；化，即消化、吸收。脾主运化，主要是指脾有消化、吸收、运输营养物质及水液的功能。机体的脏腑经络、四肢百骸、筋肉、皮毛，均有赖于脾的运化以获取营养，故称脾为"后天之本""五脏之母"。

脾主运化的功能，主要包括两个方面：一是运化水谷精微，即经胃腐熟的水谷，再由脾进一步进行消化吸收，并将营养物质传输到肺、心，通过经脉运送到周身，以供机体生命活动之需。脾的这种功能健旺，称为"健运"。脾气健运，其运化水谷的功能旺盛，全身各脏腑组织才能得到充分的营养以维持正常的生命活动。二是指运化水液，即脾有促进水液代谢的作用。脾在运输水谷精微的同时，也把水液运送到周身各组织中，以发挥其滋养濡润的作用。代谢后的水液，则下达于肾，经膀胱排出体外（图1-3）。

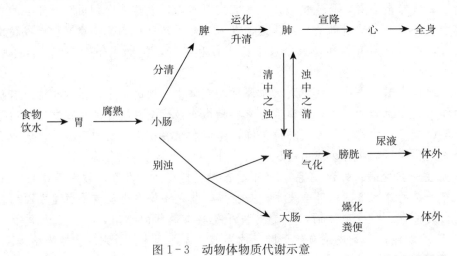

图1-3　动物体物质代谢示意

项目 1 　中兽医基础

> 　　因脾要将水谷精微上输于肺，其气机的特点是上升的，故有"脾主升清"之说。"清"，即是指精微的营养物质。
>
> 　　**2. 脾主统血** 　统，有统摄、控制之意。脾主统血，是指脾有统摄血液在脉中正常运行，不致溢出脉外的功能。脾之所以能统血，全赖脾气的固摄作用。脾气旺盛，固摄有权，血液就能正常地沿脉管运行而不致外溢。
>
> 　　**3. 脾主肌肉四肢** 　肌肉的生长发育及功能活动，主要依赖脾所运化水谷精微的濡养。故《素问·痿论》说："脾主身之肌肉"。脾气健运，营养充足，则肌肉丰满，活动有力，步行轻健。
>
> 　　**4. 脾开窍于口** 　脾主水谷的运化，口是水谷摄入的门户；又脾气通于口，与食欲有着直接联系。脾气旺盛，则食欲正常。故《灵枢·脉度篇》说："脾气通于口，脾和则能知五谷矣。"脾主运化，其华在唇，口唇可以反映出脾运化功能的盛衰。若脾气健运，营养充足，则口唇鲜明光润如桃花色。

>>> 任务6 　肝功能异常的主要表现

　　1. 藏血失职 　主要有两种情况，一是肝血不足，血不养目，则发生目眩、目盲；或血不养筋，则出现筋肉拘挛或屈伸不利。二是肝不藏血，则可引起动物不安或出血。肝的阴血不足，还可引起阴虚阳亢或肝阳上亢，出现肝火、肝风等证。

　　2. 疏泄失常 　若肝气郁结，疏泄失常，影响脾胃，可引起黄疸、食欲减退、嗳气、肚腹胀满等消化功能紊乱的现象。肝能调畅气血运行，若肝失条达，肝气郁结，则见气滞血瘀；若肝气太盛，血随气逆，可见呕血、衄血。肝能调控精神活动，如肝气疏泄失常，气机不调，可引起精神活动异常，出现躁动或精神沉郁，胸胁胀痛等症状。肝能通调水液代谢，若肝气疏泄功能失常，可影响三焦的通利，引起水肿、胸腔积液、腹水等水液代谢障碍的病变。

　　3. 筋爪异常 　若肝血不足，血不养筋，可出现筋弱无力，伸屈不灵，爪甲（蹄）多薄而软，甚至变形而易脆裂。若邪热劫津，津伤血耗，可引起四肢抽搐、角弓反张、牙关紧闭等肝风内动之证。

　　4. 眼目异常 　若肝血不足，则两目干涩，视物不清，甚至夜盲；肝经风热，则目赤痒痛；肝火上炎，则目赤肿痛生翳。

相关知识

> 　　肝位于腹腔右上侧季肋部，有胆附于其下（马属动物无胆囊）。肝的主要生理功能是藏血，主疏泄，主筋。肝开窍于目，在液为泪。肝有经脉络于胆，与胆相表里。
>
> 　　**1. 肝藏血** 　是指肝有贮藏血液及调节血量的功能。当动物休息或静卧时，机体对血液的需要量减少，一部分血液则贮藏于肝；而在使役或运动时，机体对血液的需要量增加，肝便排出所藏的血液，以供机体活动之需。故前人有"动则血运于诸经，静则血归于肝"之说。肝血供应的充足与否，与动物耐受疲劳的能力有着直接的关系。当动物

使役或运动时，若肝血供给充足，则可增加对疲劳的耐受力，否则便易于产生疲劳，故《素问·六节脏象论》中称"肝为罢极之本"。

2. 肝主疏泄 疏，即疏通；泄，即发散。肝主疏泄，是指肝具有保持全身气机疏通调达的作用。气机是机体脏腑功能活动基本形式的概括。气机调畅，升降正常，是维持脏腑生理活动的前提。"肝喜调达而恶抑郁"，全身气机的舒畅调达，与肝的疏泄功能密切相关，主要表现在以下几个方面。

(1) 协调脾胃运化。肝气疏泄是保持脾胃运化功能的重要条件。一是因为肝的疏泄功能使全身气机疏通畅达，协助脾胃之气的升降和二者的协调；二是因为肝能输注胆汁，以帮助食物的消化。

(2) 调畅气血运行。肝的疏泄功能直接影响到气机的调畅，而气之与血，如影随形，气行则血行，气滞则血瘀。因此，肝疏泄功能正常是保持血流通畅的必要条件。

(3) 调控精神活动。动物的精神活动，除"心藏神"外，与肝气有密切关系。肝疏泄功能正常，也是保持精神活动正常的必要条件。

(4) 通调水液代谢。肝气疏泄还包括疏利三焦，通调水液升降通路的作用。

3. 肝主筋 筋，即筋膜（包括肌腱），是联系关节、约束肌肉、主司运动的组织。肝主筋，是指肝有为筋提供营养，以维持其正常功能的作用。肝主筋的功能与"肝藏血"有关，肝血充盈，筋得到充分的濡养，其活动才能正常。"爪为筋之余"，故肝血的盛衰，可引起爪甲（蹄）荣枯的变化。肝血充足，则筋强力壮，爪甲（蹄）坚韧。

4. 肝开窍于目 目主视觉，肝有经脉与之相连，其功能的发挥有赖于五脏六腑之精气，特别是肝血的滋养。《素问·五脏生成论》说："肝受血而能视"。由于肝与目关系密切，故肝的功能正常与否，常常在目上得到反映。若肝血充足，则双目有神，视物清晰。

>>> 任务7 肾功能异常的主要表现

1. 阴精亏虚 肾所藏之精化生肾气，通过三焦，输布全身，促进机体的生长、发育和生殖。因而，临床上所见阳痿、滑精、精亏不孕等证，都与肾有直接关系。

2. 命门火衰 肾主命门之火，命门之火不足，常导致全身阳气衰微。

3. 水液代谢障碍 肾主水，如肾阳不足，命门火衰，气化失常，就会引起水液代谢障碍，发生浮肿、胸腔积液、腹水等症。

4. 呼多吸少 肾主纳气，若肾气虚弱，根本不固，纳气失常，可出现呼多吸少，吸气困难的喘息之证。

5. 骨、髓异常 若肾精亏虚，则髓的化源不足，不能充养骨骼，可导致骨骼发育不良，甚至骨脆无力等症；肾精不足，不足以养脑，出现呆痴，呼唤不应，目无所见，倦怠嗜卧等症状；"齿为骨之余"，若肾精不足，则牙齿松动，甚至脱落。此外，动物被毛的生长，其营养来源于血，而生机则根源于肾气。肾精充足，则被毛生长正常且有光泽；肾气虚衰，则被毛枯槁甚至脱落。

6. 听力、二便异常 肾开窍于耳、司二阴，若肾精不足，可引起耳鸣、听力减退等症；肾阳不足，则可引起尿频、阳痿、粪便秘结；若脾肾阳虚，可导致粪便溏泻。

相关知识

肾位于腰部，左右各一（前人有左为肾，右为命门之说），故《素问·脉要精微论》说："腰者，肾之府也"。肾的主要功能为主藏精，主命门火，主水，主纳气，主骨、生髓、通于脑。肾开窍于耳，司二阴。肾有经脉络于膀胱，与膀胱相表里。

1. 肾藏精 "精"是一种精微物质，肾所藏之精即肾阴（真阴、元阴），是构成机体的基本物质，也是机体生命活动的物质基础，它包括先天之精和后天之精两个方面。先天之精，即本脏之精，是构成生命的基本物质。它禀受于父母，与机体的生长、发育、生殖、衰老都有密切关系。胚胎的形成和发育均以肾精作为基本物质，同时它又是动物出生后生长发育过程中的物质根源。当机体发育成熟时，雄性则有精液产生，雌性则有卵子发育，出现发情周期，开始有了生殖能力；到了老年，肾精衰微，生殖能力也随之而下降，直至消失。后天之精，即水谷之精，由五脏、六腑所化生，故又称"脏腑之精"，是维持机体生命活动的物质基础。先天之精和后天之精，融为一体，相互资生、相互联系。先天之精有赖后天之精的供养才能充盛，后天之精需要先天之精的资助才能化生，故一方的衰竭必然影响到另一方的功能。

2. 肾主命门火 命门，即生命之根本的意思；火，指功能。命门火，一般称元阳或肾阳（真阳），也藏之于肾。它既是肾功能的动力，又是机体热能的来源。肾主命门火，是指肾之元阳，有温煦五脏、六腑，维持其生命活动的功能。肾所藏之精需要命门火的温养，才能发挥其滋养各组织器官及繁殖后代的作用。五脏、六腑的功能活动，也有赖于肾阳的温煦才能正常，特别是后天脾胃之气需要先天命门之火的温煦，才能更好地发挥运化的作用。

3. 肾主水 指肾在机体水液代谢过程中起着升清降浊的作用。动物体内的水液代谢过程，是由肺、脾、肾三脏共同完成的，其中肾的作用尤为重要。肾主水的功能，主要靠肾阳（命门之火）对水液的蒸化来完成。水液进入胃肠，由脾上输于肺，肺将清中之清的部分输布全身，而清中之浊的部分则通过肺的肃降作用下行于肾，肾再加以分清泌浊，将浊中之清经再吸收上输于肺，浊中之浊的无用部分下注膀胱，排出体外。肾阳对水液的这一蒸化作用，称为"气化"（图1-3）。

4. 肾主纳气 纳，有受纳、摄纳之意。肾主纳气，是指肾有摄纳呼吸之气，协助肺司呼吸的功能。呼吸虽由肺所主，但吸入之气必须下纳于肾，才能使呼吸调匀，故有"肺为气之主，肾为气之根"之说。只有肾气充足，元气固守于下，才能纳气正常，呼吸和利。

5. 肾主骨、生髓、通于脑 肾有主管骨骼代谢，滋生和充养骨髓、脊髓及大脑的功能。肾所藏之精有生髓的作用，髓充于骨中，滋养骨骼，骨赖髓而强壮。若肾精充足，则髓的生化有源，骨骼得到髓的充分滋养而坚强有力。同时，脊髓上通于脑，聚而成脑。脑主持精神活动，需要依靠肾精的不断化生才能得以滋养；肾主骨，"齿为骨之余"，故齿也有赖肾精的充养。肾精充足，则牙齿坚固。

6. 肾开窍于耳，司二阴 肾的上窍是耳。耳为听觉器官，其功能的发挥，有赖于肾精的充养。肾精充足，则听觉灵敏；肾的下窍是二阴。二阴，即前阴和后阴。前阴有排尿和生殖的功能，后阴有排泄粪便的功能。前阴与生殖有关，但仍由肾所主；排尿虽在膀胱，但要依赖肾阳的气化。粪便的排泄虽通过后阴，但也受肾阳温煦作用的影响。

>>> 任务8 六腑功能异常的主要表现

1. 胆 肝胆本为一体，二者在生理上相互依存，相互制约，在病理上也相互影响，往往肝胆同病。如肝胆湿热，临床上常见到动物食欲减退，发热口渴，尿色深黄，舌苔黄腻，脉弦数，口色黄赤等症状，治宜清湿热，利肝胆。

2. 胃 胃气以和降为顺。一旦胃气不降，便会发生食欲不振、水谷停滞、肚腹胀满等症；若胃气不降反而上逆，则出现嗳气、呕吐等症。

3. 小肠 《素问·灵兰秘典论》说："小肠者，受盛之官，化物出焉。"小肠功能异常，除影响消化吸收功能外，还出现排粪、排尿的异常，如腹胀、腹泻、腹痛、便溏等。

4. 大肠 《安骥集·天地五脏论》说："大肠为传送之腑"。大肠有病可见传导失常的各种病变，如大肠虚不能吸收水液，致使粪便燥化不及，则肠鸣、便溏；若大肠实热，消灼水液过多，致使粪便燥化太过，则出现粪便干燥、秘结难下等症。

5. 膀胱 《安骥集·天地五脏论》说："膀胱为津液之腑"。若肾阳不足，膀胱功能减弱，不能约束尿液，便会引起尿频、尿液不尽；若膀胱气化不利，可出现尿少、尿闭；若膀胱有热，湿热蕴结，可出现排尿困难、尿痛、尿淋漓、血尿等。

6. 三焦 水谷自受纳、腐熟，到精气的敷布，代谢产物的排泄，都与三焦有关。在病理情况下，上焦病包括心、肺的病变，中焦病包括脾、胃的病变，下焦病则主要指肝、肾的病变。

相关知识

1. 胆 胆附于肝（马有胆管，无胆囊），内藏胆汁。胆汁由肝疏泄而来，如《脉经》说："肝之余气泄于胆，聚而成精"。因胆汁为肝之精气所化生，清而不浊，故《安骥集·天地五脏论》中称"胆为清净之腑"。胆的主要功能是贮藏和排泄胆汁，以帮助脾胃的运化。胆有经脉络于肝，与肝相表里。胆汁的产生、贮藏和排泄均受肝疏泄功能的调节和控制。

2. 胃 胃位于膈下，上接食道，下连小肠。胃有经脉络于脾，与脾相表里。胃的主要功能为受纳和腐熟水谷。胃主受纳，是指胃有接受和容纳饮食的作用。饮食入口，经食管容纳于胃，故胃有"太仓""水谷之海"之称。腐熟，是指饮食物在胃中经过胃的初步消化形成食糜，其中一部分营养物质转变为气血，通过小肠分清作用经由脾上输于肺，再经肺的宣发作用布散到全身。没有被消化吸收的部分，经小肠别浊作用将水液输注于肾，糟粕下移于大肠（图1-3）。由于脾主运化，胃主受纳、腐熟水谷，水谷在胃中可以转化为气血，而机体各脏腑组织都需要脾胃所运化气血的滋养，才能正常发挥功能，因此常常将脾胃合称为"后天之本"。

胃受纳和腐熟水谷的功能，称为"胃气"。由于胃需要把其中的水谷下传到小肠，故胃气的特点是以和降为顺。胃气的功能状况，对于动物体的强健以及判断疾病的预后都至关重要。有"有胃气则生，无胃气则死"之说。临床上，也常常把"保胃气"作为重要的治疗原则。

3. 小肠 小肠上通于胃，下接大肠。小肠有经脉络于心，与心相表里。小肠的主要生理功能是受盛化物和分别清浊，即小肠接受由胃传来的水谷，继续进行消化吸收以分别清浊。清者为水谷精微，经吸收后，由脾传输到身体各部，供机体活动之需；浊者为糟粕和多余水液，下注大肠或肾，经由二便排出体外（图1-3）。

4. 大肠 大肠上通小肠，下连肛门。大肠有经脉络于肺，与肺相表里。大肠的主要功能是传化糟粕，即大肠接受小肠下传的水谷残渣或浊物，吸收其中的多余水液，最后燥化成粪便，由肛门排出体外（图1-3）。

5. 膀胱 膀胱位于腹部，有经脉络于肾，与肾相表里。膀胱的主要功能为贮存和排泄尿液。水液经过小肠的吸收后，下输于肾的部分，经肾阳的蒸化成为尿液，下渗膀胱，到一定量后，引起排尿动作，排出体外（图1-3）。

6. 三焦 三焦是上焦、中焦、下焦的总称。三焦有经脉络于心包，与心包相表里。从部位上来说，膈以上为上焦（包括心、肺等），脘腹部相当于中焦（包括脾、胃等），脐以下为下焦（包括肝、肾、大小肠、膀胱等脏腑）。三焦总的功能是总司机体的气化，疏通水道，是水谷出入的通路。但上、中、下焦的功能各有不同。

《灵枢·营卫生会篇》说："上焦如雾（指弥漫于胸中的宗气），中焦如沤（指水谷的腐熟），下焦如渎（指水液和糟粕的排泄通道）。"上焦的功能是司呼吸，主血脉，将水谷精气敷布全身，以温养肌肤、筋骨，并通调腠理。中焦的主要功能是腐熟水谷，并将营养物质通过肺脉化生营血。下焦的主要功能是分别清浊，并将糟粕以及代谢后的水液排泄于外。

> **［附］胞宫**
>
> 胞宫，即子宫，其主要功能是主发情和孕育胎儿。《灵枢·五音五味篇》说："冲脉、任脉，皆起于胞中"，可见胞宫与冲、任二脉相连。机体的生殖功能由肾所主，故胞宫与肾关系密切。肾气充盛，冲、任二脉气血充足，动物才会正常发情，发挥生殖及营养胞胎的作用。若肾气虚弱，冲、任二脉气血不足，则动物不能正常发情，或发生不孕症等。此外，胞宫与心、肝、脾三脏也有关系，因为动物的发情及胎儿的孕育都有赖于血液的滋养，需要以心主血、肝藏血、脾统血功能的正常作为必要条件。一旦三者的功能失调，便会影响胞宫的正常功能。

[附] 脏与腑的关系

五脏主藏精气，属阴，主里；六腑主传化物，属阳，主表。心与小肠、肺与大肠、脾与胃、肝与胆、肾与膀胱、心包与三焦，彼此之间有经脉相互络属，构成了一脏一腑、一阴一阳、一表一里的阴阳表里关系。它们之间不仅在生理上相互联系，而且在病理上也互为影响。

1. 心与小肠 在生理情况下，心气正常，有利于小肠气血的补充，小肠才能发挥分别清浊的功能；而小肠功能的正常，又有助于心气的正常活动。在病理情况下，若小肠有热，循经脉上熏于心，则可引起口舌糜烂等心火上炎之症。反之，若心经有热，循经脉下移于小肠，可引起尿液短赤，排尿涩痛等小肠实热的病症。

2. 肺与大肠 在生理情况下，大肠的传导功能正常，有赖于肺气的肃降，而大肠传导通畅，肺气才能和利。在病理情况下，若肺气壅滞，失其肃降之功，可引起大肠传导阻滞，导致粪便秘结；反之，大肠传导阻滞，亦可引起肺气肃降失常，出现气短、咳喘等证。在临床治疗上，肺有实热时，常泻大肠，使肺热由大肠下泄。反之，大肠阻塞时，也可宣通肺气，以疏利大肠。

3. 脾与胃 脾与胃都是消化水谷的重要器官，脾主运化，胃主受纳；脾气主升，胃气主降；脾喜燥恶湿，胃喜润恶燥。二者一化一纳，一升一降，一湿一燥，相辅相成，共同完成消化、吸收、输送营养物质的任务。

胃受纳、腐熟水谷是脾主运化的基础。胃将受纳、消磨的水谷及时传输至小肠，保持胃肠的虚实更替，故胃气以降为顺。脾主运化是为"胃行其津液"，脾将水谷精气上输于心肺以形成宗气，并借助宗气的作用散布周身，故脾气以升为顺。

脾喜燥而恶湿，若水湿停聚，阻遏脾阳，反过来又影响到脾的运化功能。胃喜湿而恶燥，只有在津液充足的情况下，胃的受纳、腐熟功能才能正常，水谷草料才能不断润降于肠。因此，脾与胃一湿一燥，燥湿相济，阴阳相合，方能完成水谷的运化过程。

由于脾胃关系密切，在病理上常常相互影响。如脾为湿困，运化失职，清气不升，可影响到胃的受纳与和降，出现食少、呕吐、肚腹胀满等症；反之，若饮食失节，食滞胃脘，胃失和降，亦可影响脾的升清及运化，出现腹胀、泄泻等症。

4. 肝与胆 胆附于肝，胆汁来源于肝，肝疏泄失常则影响胆汁的分泌和排泄；而胆汁排泄失常，又影响肝的疏泄，出现黄疸、消化不良等。故肝与胆在生理上关系密切，在病理上相互影响，常常肝胆同病，在治疗上也肝胆同治。

5. 肾与膀胱 肾主水，膀胱有贮存和排泄尿液之功，两者均参与机体的水液代谢过程。肾气有助膀胱气化及司膀胱开合以约束尿液的作用，若肾气充足，固摄有权，则膀胱开合有度，尿液的贮存和排泄正常；若肾气不足，失其固摄及司膀胱开合之功，则引起多尿及尿失禁等症；若肾虚气化不及，则导致尿闭或排尿不畅。

[附] 脏腑功能示意（图1-4）。

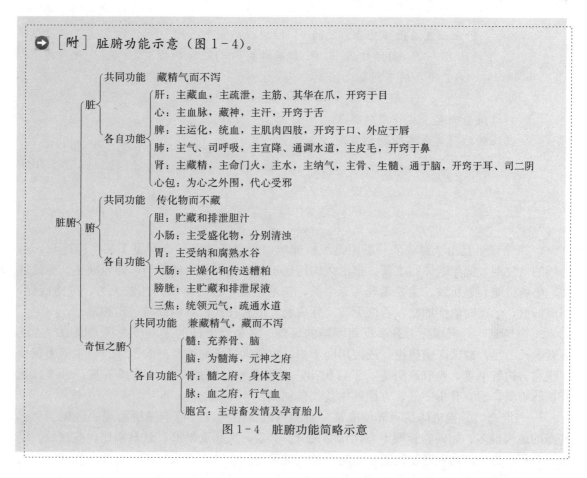

图1-4　脏腑功能简略示意

项目1.4　气血津液

问题一：气的功能中，保卫机体、抗御外邪的作用是指_____。
  A. 推动作用　　　　　　B. 固摄作用　　　　　　C. 气化作用
  D. 防御作用　　　　　　E. 温煦作用

问题二：下列描述不属于气机运动的基本形式的是_____。
  A. 升　　B. 泻　　C. 降　　D. 出　　E. 入

问题三：下列不属于津液的是_____。
  A. 泪液　　B. 唾液　　C. 涕　　D. 涎　　E. 痰

问题四：就生成和作用而言，气主要分为四种，下列不属于这种分类的是_____。
  A. 元气　　B. 宗气　　C. 脾气　　D. 营气　　E. 卫气

问题五：具有推动呼吸和血液运行功能的气是指_____。
  A. 心气　　B. 宗气　　C. 肺气　　D. 营气　　E. 中气

问题六：动物体水液代谢与哪一脏腑无关？_____
  A. 肾　　B. 胆　　C. 膀胱　　D. 肺　　E. 脾

问题七：防止血液溢出脉外称为气的_____。

　　A. 推动作用　　B. 固摄作用　　C. 温煦作用　　D. 防御作用　　E. 气化作用

问题八：（1~2题共用下列备选答案）

　　A. 心　　　　B. 肝　　　　C. 脾　　　　D. 肺　　　　E. 肾

1. 对津液输布起主要作用的脏是_____。
2. 与血液运行关系不密切的脏是_____。

参考答案：D、B、C、A；B、B、D、E

>>> 任务9　常见气的病证

1. 气虚证　是指全身或某一脏腑组织机能减退所表现的证候。常见于某些慢性病，急性病的恢复期，或年老体弱家畜。多由久病耗伤正气，或饲养管理不当，营养缺乏，劳役过度，脏腑机能衰退所致。主要表现耳耷头低，被毛粗乱，役时多汗，四肢无力，气短而促，叫声低微，运动时诸症加剧，舌淡无苔，脉虚弱。治宜补气，方用四君子汤加减。

2. 气陷证　是气虚无力升举反而下陷的证候。多是气虚证的进一步发展。因劳役过度而营养又不足，或因久病虚损，或因用药不当，攻伐太过，损伤某一脏气而致，主要表现少气倦怠，内脏下垂，脱肛或阴道、子宫脱出，久泄久痢，口唇不收、弛缓下垂，舌淡，无苔，脉虚弱。治宜升举中气，方用补中益气汤加减。

3. 气滞证　是指机体某一部位或某一脏腑的气机阻滞，运行不畅所表现的证候。引起气滞的原因很多，如饲养管理不当，饮喂失时、失量，或感受外邪，跌打损伤，或痰饮、瘀血、粪积、虫积等病理产物的阻塞，均可使气的运行发生障碍而致气滞。此外，气虚运行无力，也可发生气滞。主要表现胀满，疼痛。治宜行气，方用越鞠丸加减。

4. 气逆证　是气的下降受阻所表现的证候。一般多指肺、胃之气上逆。主要表现咳嗽、喘息，或嗳气、呕吐。治宜降气镇逆，肺气上逆者，方用苏子降气汤加减；胃气上逆者，方用旋复代赭汤加减。

> **相关知识**
>
> 　　中兽医学所说的气，概括起来有两个含义：一是构成机体并维持其生命活动的精微物质，如水谷之精气、营气、卫气等；二是指脏腑组织的生理功能，如脏腑之气、经络之气等。但二者又是相互联系的，前者是后者的物质基础，后者为前者的功能表现。
>
> 　　**1. 气的生成**　动物体内气的生成，主要源于两个方面。一是禀受于父母的先天之精气，即先天之气。它藏之于肾，是构成生命的基本物质，为动物体生长发育和生殖的根本。二是肺吸入的自然界清气和脾胃所运化的水谷精微之气，即后天之气。自然界的清气，由肺吸入，在肺内不断地同体内之气进行交换，实现吐故纳新；水谷精微之气，由脾胃所运化，输布于全身，滋养脏腑，化生气血，是维持机体生命活动的主要物质（图1-5）。

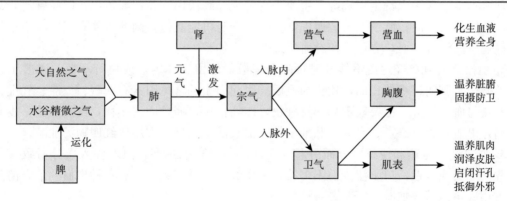

图1-5 气的生成、分类及作用

2. 气的分类及其作用 由于气的组成成分、来源、在机体分布的部位及其作用的不同，而有不同的名称，如呼吸之气、水谷之气、五脏之气、经络之气等。但就其生成及作用而言，主要有元气、宗气、营气、卫气四种。

(1) 元气。根源于肾，包括元阴、元阳（即肾阴、肾阳）之气，又称原气、真气、真元之气。它由先天之精所化生，藏之于肾，又赖后天精气的滋养，才能不断地发挥其作用。元气是机体生命活动的原始物质及其生化的原动力。元气赖三焦通达周身，使脏腑组织器官得到激发与推动，以发挥其功能，维持机体的正常生长发育。五脏六腑之气的产生，都要根源于元气的资助。因而元气充，则脏腑盛，身体健康少病。反之，若先天禀赋不足或久病损伤元气，则脏腑气衰，抗邪无力，体弱多病，治疗时宜培补元气，以固根本。

(2) 宗气。由脾胃所运化的水谷精微之气和肺所吸入的自然界清气结合而成。它形成于肺，聚于胸中，有助肺以行呼吸和贯穿心脉以行营血的作用。呼吸及声音的强弱，气血的运行，肢体的活动能力等都与宗气的盛衰有关。若宗气不足，则呼吸少气，心气虚弱，甚至引起血脉凝滞等病变。故《灵枢·刺节真邪论》说："宗气不下，脉中之血，凝而留止。"

(3) 营气。是水谷精微所化生的精气之一，与血并行于脉中，是宗气贯入血脉中的营养之气，故称"营气"。营气进入脉中，成为血液的组成部分，并随血液运行周身。营气除了化生血液外，还有营养全身的作用。由于营气行于脉中，化生为血，其营养全身的功能又与血液基本相同，故营气与血可分而不可离，常并称为"营血"。

(4) 卫气。主要由水谷之气所化生，是机体阳气的一部分，故有"卫阳"之称。卫气行于脉外，敷布全身，在内散于胸腹，温养五脏六腑；在外布于肌表皮肤，温养肌肉，润泽皮肤，滋养腠理，启闭汗孔，保卫肌表，抗御外邪。若卫气不足，肌表不固，外邪就可乘虚而入。

>>> 任务10 常见血的病证

1. 血虚证 血虚证是血液亏虚，脏腑百脉失养，表现全身或某一脏腑虚弱的证候。引发原因有先天不足，或脾胃虚弱，生化乏源，或各种急慢性出血，或久病不愈，或瘀血不去，新血不生，或肠道寄生虫病等。主要表现可视黏膜淡白、苍白或黄白，四肢麻痹，甚至抽搐，心悸，舌质淡，脉细无力。血虚常会引起全身机能衰退，因此常伴有气短，不耐使役等气虚现象。治宜补血，方用当归补血汤或四物汤加减。

2. **血瘀证**　凡离经之血不能及时排除和消散，停留于体内，或血行不畅，壅遏于经脉之内及瘀积于脏腑组织器官的，均称为血瘀。引起血瘀的常见因素有寒凝、气滞、气虚、外伤及邪热与血互结等。主要表现局部见肿块，疼痛拒按，痛处固定不移，夜间痛甚，皮肤粗糙起鳞，出血，舌有瘀点、瘀斑，脉细涩等。治宜活血祛瘀，方用桃红四物汤加减。

3. **血热证**　是热邪侵犯血分而引起的病证。多因外感热邪，热邪深入血分所致。主要表现躁动不安或昏迷，口干津少但不多饮，舌质红绛，脉细数，并有各种出血。治宜清热凉血，方用犀角地黄汤加减。

4. **血寒证**　是指局部脉络寒凝气滞，血行不畅所表现的证候，常由感受寒邪引起。主要表现形寒肢冷，喜暖恶寒，四肢疼痛，得温痛减，可视黏膜紫暗发凉，舌淡暗，苔白，脉沉迟。治宜温经散寒，方用四逆汤或参附汤加减。

相关知识

血是一种含有营气的红色液体。它依靠气的推动，循着经脉流注周身，具有营养与滋润作用，是构成动物体和维持动物体生命活动的重要物质。从五脏六腑到筋骨皮肉，都依赖于血的滋养才能进行正常的生理活动。

1. 血的生成　血的生成主要有以下三个方面。①血液主要来源于水谷精微，脾胃是血液的生化之源。如《灵枢·决气篇》指出："中焦受气取汁，变化而赤，是谓血。"即是说脾胃接受水谷精微之气，并将其转化为营气和津液，再通过气化作用，将其转化为红色的血液。②营气入于心脉有化生血液的作用。③精血之间可以互相转化。即肾精与肝血之间，存在着相互转化的关系。因此，临床上血耗和精亏往往相互影响。

2. 血的作用

（1）濡养全身。血具有营养和滋润全身的功能。血在脉中循行，内至五脏六腑，外达筋骨皮肉，不断地对全身的脏腑、形体、五官九窍等组织器官起着营养和滋润作用，以维持其正常的生理活动。血液充盈，则口色红润，皮肤与被毛润泽，筋骨强劲，肌肉丰满。

（2）载气而行。血在气的推动下循环周身，气行则血行，故有"气为血之帅"之说，但气又需要血的运载，吸入体内的清气与转输至肺的水谷精气，都是靠血的运载而后才能发挥相应的作用，因而又有"血为气之母"之说。

此外，血还是机体精神活动的主要物质基础。若血液供给充足，则动物精神活动正常。否则，就会发生精神紊乱的病证。故《灵枢·平人绝谷篇》说："血脉和利，精神乃居。"

>>> 任务11　常见津液的病证

1. 津液不足证　又称津亏、津伤，是指由于津液亏少，全身或某些脏腑组织器官失其濡润滋养而出现的证候。胃虚弱，运化无权，致津液生成减少，或因过分限制饮水，日久使津液化生之源匮乏，均可导致津液生成减少；因热盛伤津耗液，大汗、吐泻、失血、多尿等

项目 1　中兽医基础

导致津液大量丧失，则均可造成津液不足的证候，轻者为伤津，重者为伤阴。主要表现口渴咽干，唇燥舌干，甚者鼻镜龟裂无汗，皮毛干枯无泽，小便短少，大便干硬，甚至粪结，舌红，脉细数。治宜增津补液，方用增液汤加减。

2. 水湿内停证　凡外感、内伤，影响肺、脾、肾等脏腑对津液的输布、排泄功能，皆可使局部或全身蓄积过量水湿。多见有水肿，痰饮。主要表现咳嗽痰多，呼吸有痰声，肚腹臌大下垂，小便短少，大便溏稀，少食纳呆，胸腹下、四肢末端浮肿，苔腻，脉濡。治宜利水胜湿，方用五苓散加减。

相关知识

津液是动物体内一切正常水液的总称，其中，清而稀者称为"津"，浊而稠者称为"液"。津和液虽有区别，但因其来源相同，又互相补充、互相转化，故一般情况下，常统称为津液。

1. 津液的生成、输布和排泄

（1）津液的生成。津液由水谷所化生。胃主受纳、腐熟水谷，吸收水谷中的部分精微物质；小肠接受胃下传的食物，分别清浊，吸收其中的大部分水分和营养物质后，将糟粕下输于大肠；大肠吸收食物残渣中的多余水分，形成粪便。胃、小肠、大肠所吸收的水谷精微，一起输送到脾，再经三焦的气化而生成津液。其中一部分随卫气的运行而敷布于体表、皮肤、肌肉等组织间，这就是"津"。另一部分则注入经脉，随着血脉运行灌注于脏腑、骨髓、脑髓、关节以及五官等处，称为"液"。

（2）津液的输布。津液的输布主要依靠脾、肺、肾、肝和三焦等脏腑的综合作用来完成。脾主运化水谷精微，将津液上输于肺。肺接受脾转输来的津液，通过宣发和肃降作用，将其输布全身，内注脏腑，外达皮毛，并将代谢后的水液下输肾及膀胱。肾对津液的输布也起着重要作用，一方面，肾中精气的蒸腾汽化，推动着津液的生成、输布；另一方面，由肺下输至肾的津液，通过肾的气化作用再次分别清浊，清者上输于肺而布散全身，浊者化为尿液下注膀胱，排出体外。此外，肝主疏泄，可使气机调畅，从而促进了津液的运行和输布。三焦则是津液在体内运行、输布的通道。由此可见，津液的输布依赖于脾的转输、肺的宣降和通调水道以及肾的气化作用，而三焦是水液升降出入的通道，肝的疏泄又保障了三焦的通利和水液的正常升降。其中任何一个脏腑的功能失调，都会影响津液的正常输布和运行，导致津液亏损或水湿内停等证。

（3）津液的排泄。一是由肺宣发至体表皮毛的津液，被阳气蒸腾而化为汗液，由汗孔排出体外；二是代谢后的水液，经肾和膀胱的气化作用，形成尿液并排出体外；三是在大肠排泄粪便时，带走部分津液。此外，肺在呼气时，也会带走部分津液（水分）。

2. 津液的作用　津液具有滋润和濡养的作用。具体地说，津有两方面的功能，一是随卫气的运行敷布于体表、皮肤、肌肉等组织间，起到润泽和温养皮肤、肌肉的作用；二是进入脉中，起到组成和补充血液的作用。液也有两方面的功能，一是注入经脉，随着血脉运行灌注于脏腑、骨髓、脊髓和脑髓，起到滋养内脏，充养骨髓、脊髓、脑髓的作用；二是流注关节、五官等处，起到滑利关节，润泽孔窍的作用。液在目、口、鼻可转化为泪、唾、涎、涕等。

项目 1.5 经　　络

问题一：从十二经脉分出的纵行支脉为_____。
　A. 十二经脉　　　　　　　B. 奇经八脉　　　　　　　C. 十二经别
　D. 十二皮部　　　　　　　E. 十二经筋

问题二：十二经脉、十二经别和奇经八脉一起构成_____。
　A. 经脉　　　B. 络脉　　　C. 孙络　　　D. 浮络　　　E. 十五大络

问题三：按照经脉的流注次序，前肢太阴肺经传至_____。
　A. 前肢少阳三焦经　　　　B. 后肢阳明胃经
　C. 前肢太阳小肠经　　　　D. 后肢少阳胆经
　E. 前肢阳明大肠经

问题四：循行于前肢前缘的阴经是_____。
　A. 太阴肺经　　　　　　　B. 厥阴心包经　　　　　　C. 太阴脾经
　D. 少阴肾经　　　　　　　E. 少阴心经

问题五：经络的生理功能是_____。
　A. 运行气血　　　　　　　B. 濡养周身　　　　　　　C. 抗御外邪
　D. 保卫机体　　　　　　　E. 以上均是

问题六：属于经络连属部分的是_____。
　A. 十二经脉　B. 络脉　　C. 孙络　　D. 十五大络　E. 十二经筋

问题七：督脉、任脉的起源是_____。
　A. 肺　　　　B. 肝　　　C. 胞宫　　D. 肾　　　　E. 心

问题八：督脉生理功能的正确说法是_____。
　A. 总调一身之阳经　　　　B. 总调一身之阴经
　C. 总调奇经八脉　　　　　D. 为十二经脉之海
　E. 妊养胞胎

问题九：十二经脉中阳经与阳经的交接部位是_____。
　A. 腹部　　　　　　　　　B. 头面部　　　　　　　　C. 胸部
　D. 胸腹部　　　　　　　　E. 蹄（爪）部

问题十：十四经穴、奇穴、阿是穴都具有的主治功用是_____。
　A. 远治作用　　　　　　　B. 近治作用　　　　　　　C. 特殊作用
　D. 双向治疗作用　　　　　E. 以上均有

参考答案：C、A、E、A、E、E、C、A、B、B

>>> 任务 12　经络的组成

经络系统主要由四部分组成，即经脉、络脉、内属脏腑部分和外连体表部分（图 1-6）。经脉除分布在体表一定部位外，还深入体内连属脏腑；络脉是经脉的细小分支，一般多分布于体表,联系"经筋"和"皮部"。

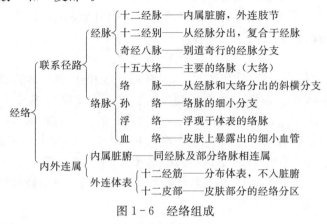

图1-6 经络组成

1. 经脉 主要由十二经脉、十二经别和奇经八脉构成。十二经脉,即前肢三阳经和三阴经,后肢三阳经和三阴经。十二经脉有一定的起止,一定的循行部位和交接顺序,与脏腑有着直接的络属关系,是全部经络系统的主体,又称十二正经。十二经别,是从十二经脉分出的纵行支脉,故又称为"别行的正经"。奇经八脉,包括任脉、督脉、冲脉、带脉、阴维脉、阳维脉、阴跷脉、阳跷脉八条,其循行、分布与十二经脉、十二经别有所不同。虽然大部分是纵行、左右对称的,但也有横行和分布在躯干正中线的,除与子宫和脑有直接联系外,与五脏六腑没有直接的络属关系,相互之间也不存在表里相合、相互衔接及相互循环流注的关系,故称其为别道奇行的"奇经"。因其有八条,故称"奇经八脉"。

2. 络脉 是经脉的细小分支,多数无一定的循行路径。络脉包括十五大络、络脉、孙络、浮络和血络。十五大络,即十二络脉(每一条正经都有一条络脉)加上任脉、督脉的络脉和脾的大络,总共为十五条,它是所有络脉的主体。从十五大络分出的斜横分支,一般统称为络脉。从络脉中分出的细小分支,称为孙络。络脉浮于体表的,称为浮络。络脉,特别是浮络,在皮肤上暴露出的细小血管,称为血络。

3. 内属脏腑部分 经络深入体内连属各个脏腑。十二经脉各与其本身脏腑直接相连,称之为"属";同时也各与其相表里的脏腑相联,称之为"络"。阳经皆属腑而络脏,阴经皆属脏而络腑。如前肢太阴肺经的经脉,属肺络于大肠;前肢阳明大肠经的经脉,属大肠络于肺。

4. 外连体表部分 经络与体表组织相联系,主要有十二经筋和十二皮部。经筋是经脉所连属的筋肉系统,即十二经脉及其络脉中气血所濡养的肌肉、肌腱、筋膜、韧带等,其功能主要是连缀四肢百骸,主司关节运动。皮部是经脉及其所属络脉在体表的分布部位,即皮肤的经络分区。

>>> 任务13 经络学说在中兽医学中的应用

1. 生理方面

(1) 运行气血,温养全身。动物体的五脏六腑、四肢百骸,均需气血的温养,才能维持其生理活动,而气血必须通过经络的传注,方能通达周身,发挥其温养脏腑组织的作用。

(2) 协调脏腑,联系周身。经络内连脏腑,外络肢节,上下贯通,左右交叉,将动物体各个组织器官,相互紧密地联系起来,使机体内外上下保持协调统一。

(3) 护卫肌表,抗御外邪。经络在运行气血的同时,卫气伴行于脉外,因卫气能温煦脏腑、腠理、皮毛、开合汗孔,因而具有保卫体表、抗御外邪的作用。同时,经络外络肢节、皮毛,营养体表,是调节防卫机能的要塞。

2. 病理方面

(1) 传导病邪。当病邪侵入动物体时,动物体通过经络以调整体内营卫气血等防卫力量来抵抗病邪。若动物体正气虚弱,气血失调,病邪可通过经络由表及里传入脏腑而引发病证。如外感风寒在表不解,可通过前肢太阴肺经传内入肺,引起咳喘等症。

(2) 反映病变。脏腑有病,可以通过经络反映到体表,临床上可据此对疾病进行诊断。如心火亢盛,可循心经上传于舌,出现口舌红肿糜烂的症状;肝火亢盛,可循肝经上传于眼,出现目赤肿痛、睛生翳膜等症状;腰为肾之府,肾有病,可循肾经传于腰部,出现腰胯疼痛无力等症状。

3. 治疗方面

(1) 传递药物的治疗作用。经络学说认为,药物作用于机体,需通过经络的传递,经络能够选择性地传递某些药物,致使某些药物对某些脏腑具有主要作用。例如,同为泻火药,由于被不同的经络传递,则有黄连泻心火,黄芩泻肺火,白芍泻脾火,龙胆草泻肝胆火,知母泻肾火,木通泻小肠火,大黄泻大肠火,石膏泻胃火,栀子泻三焦火,黄柏泻膀胱火等的区分。据此总结出了"药物归经"或"按经选药"的原则。此外,按照药物归经的理论,在临床实践中还归结出了某些引经药,如桔梗引药上行专入肺经,牛膝引药下行专入肝肾两经等。

(2) 感受和传导针灸的刺激作用。针刺体表的穴位之所以能够治疗内脏的疾病,就是借助于经络的这种感受和传导作用。因此,在针灸治疗方面就提出了"循经取穴"的原则,即治疗某一经的病变,就在这一经上选取某些特定的穴位,对其施以一定的刺激,达到调理气血和脏腑功能的目的。如胃热针玉堂穴(后肢阳明胃经),腹泻针带脉穴(后肢太阴脾经),冷痛针三江穴(后肢阳明胃经)和四蹄穴(前蹄头属前肢阳明大肠经,后蹄头属后肢阳明胃经)等。

> **相关知识**
>
> 经络是动物体内经脉和络脉的总称,是机体联络脏腑、沟通内外和运行气血、调节功能的通路,是动物体组织结构的重要组成部分。经,即经脉,有路径的意思,是经络系统的主干;络,即络脉,有网络的意思,是经脉的分支。经络在体内纵横交错,内外连接,遍布全身,无处不至,把动物体的脏腑、器官、组织都紧密地联系起来,形成一个有机的统一整体。
>
> **1. 十二经脉**
>
> (1) 十二经脉的命名。十二经脉对称地分布于动物体的两侧,分别循行于前肢或后肢的内侧和外侧,每一经分别属于一个脏或一个腑。根据阴阳学说,四肢内侧为阴,外侧为阳;脏为阴,腑为阳。故行于四肢内侧的为阴经,属脏;行于四肢外侧的为阳经,属腑。由于十二经脉分布于前、后肢的内、外两侧共四个侧面,每一侧面有三条经分布,这样一阴一阳就衍化为三阴三阳,即太阴、少阴、厥阴、阳明、太阳、少阳。各条经脉名称按其所属脏腑,并结合循行于四肢的部位来确定(表1-5)。

表 1-5　十二经脉命名

循行部位 （阴经行于内侧，阳经行于外侧）		阴经 （属脏络腑）	阳经 （属腑络脏）
前肢	前缘	太阴肺经	阳明大肠经
	中线	厥阴心包经	少阳三焦经
	后缘	少阴心经	太阳小肠经
后肢	前缘	太阴脾经	阳明胃经
	中线	厥阴肝经	少阳胆经
	后缘	少阴肾经	太阳膀胱经

（2）十二经脉的循行路线。一般来说，前肢三阴经，从胸部开始，循行于前肢内侧，止于前肢末端；前肢三阳经，由前肢末端开始，循行于前肢外侧，抵达于头部；后肢三阳经，由头部开始，经背腰部，循行于后肢外侧，止于后肢末端；后肢三阴经，由后肢末端开始，循行于后肢内侧，经腹达胸。

从十二经脉的分布来看，前肢三阳经止于头部，后肢三阳经又起于头部，故称头为"诸阳之会"。后肢三阴经止于胸部，而前肢三阴经又起于胸部，故称胸为"诸阴之会"。

（3）十二经脉的流注次序。气血由中焦水谷精气所化生，十二经脉是气血运行的主要通道。经脉中气血的运行是依次循环贯注的，即经脉在中焦受气后，上注于肺，自前肢太阴肺经开始，逐经依次相传，至后肢厥阴肝经，再复注于肺，首尾相连，如环无端，构成十二经脉循环（图 1-7）。

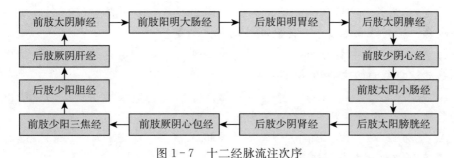

图 1-7　十二经脉流注次序

2. 奇经八脉　奇经八脉是任脉、督脉、冲脉、带脉、阴维脉、阳维脉、阴跷脉、阳跷脉八条经脉的总称。因其不直接与脏腑相连属，有别于十二正经，故称"奇经"。其中，任脉行于腹正中线，总任一身之阴脉，称为"阴脉之海"。任脉还有妊养胞胎的作用，故又有"任主胞胎"之说。督脉行于背正中线，总督一身之阳脉，有"阳脉之海"之称。十二经脉加上任、督二脉，合称"十四经脉"，是经脉的主干。冲脉行于颈、腹两侧，经后肢内侧达足或蹄之中心，与后肢少阴经并行。冲脉总领一身气血的要冲，能调节十二经气血，故有"十二经之海"和"血海"之称。因任脉、督脉、冲脉，同起于胞中，故有"一源三歧"之说。带脉环行于腰部，状如束带，有约束纵行诸脉，调节脉气的作用。阴维脉和阳维脉，分别具有维系、联络全身阴经或阳经的作用。阴跷脉和阳跷脉，具有交通一身阴阳之气和调节肌肉运动、司眼睑开合的作用。

总之，奇经八脉出于十二经脉之间，具有加强十二经脉的联系和调节十二经脉气血的功能。当十二经脉中气血满溢时，则流注于奇经八脉，蓄以备用。古人将气血比作水流，十二经脉比作江河，奇经八脉比作湖泊，相互间起着调节、补充的作用。

项目 1.6 病　　因

项目 1.6.1　外感致病因素

问题一：下列性质属于湿邪特性的是_____。
　　A. 善行数变　　B. 重浊趋下　　C. 凝滞收引　　D. 干燥伤津　　E. 生血动风
问题二：下列性质属于寒邪特性的是_____。
　　A. 善行数变　　B. 重浊趋下　　C. 凝滞收引　　D. 干燥伤津　　E. 生血动风
问题三：下列性质属于风邪特性的是_____。
　　A. 升散伤津　　B. 阴冷损阳　　C. 凝滞收引　　D. 主动生风　　E. 黏滞缠绵
问题四：六淫是指_____。
　　A. 风、寒、暑、湿、燥、火　　B. 六气
　　C. 六种不同的气候变化　　　　D. 六种外感病邪的总称
　　E. 饥、饱、劳、役、逸伤、瘀血
问题五：就疾病发生过程而言，下列描述属于病机过程的是_____。
　　A. 邪正消长　　B. 阴阳平衡　　C. 升降出入　　D. 升降浮沉　　E. 阴阳制约
问题六：下列特点不属于六淫致病共同特点的是_____。
　　A. 外感性　　B. 季节性　　C. 兼挟性　　D. 游走性　　E. 转化性
问题七：口色青的主要形成原因是_____。
　　A. 寒凝　　　B. 气虚　　　C. 湿阻　　　D. 痰滞　　　E. 阴虚
问题八：（1~5题共用下列备选答案）
　　A. 风邪　　　B. 寒邪　　　C. 暑邪　　　D. 燥邪　　　E. 湿邪
1. 最易侵犯机体上部和肌腠的是_____。
2. 最易侵犯机体下部的是_____。
3. 最易导致肌体疼痛的是_____。
4. 最易伤肺的是_____。
5. 最易引起机体高热、出汗、兴奋的是_____。

参考答案：B C D D A D A，A E B D C

>>> 任务 14　常见风证

临床常见风证的类别、证型、主证及治法见表 1-6。

项目 1　中兽医基础

表1-6　常见风证的类别、证型、主证及治法

类别	证型	主证	治法
外风	风寒	恶寒，发热，耳鼻发凉，肢痛懒行，鼻流清涕，咳嗽，舌淡苔薄白，脉浮紧	疏风散寒
	风热	发热恶风，咽喉肿痛，鼻液黄稠，口干舌红，咳嗽气粗，脉浮数	疏风清热
	风湿	肌肉关节疼痛，活动不利，四肢交替疼痛，有时发热、恶风、出汗	祛风和血，除湿通络
内风	热极生风	高热抽搐，角弓反张，神昏目吊，躁动不安	清热息风
	血虚生风	眩晕蹒跚，蹄甲干枯，肢体麻木，震颤抽搐	养血息风
	阴虚动风	形体消瘦，潮热盗汗，四肢抽动，口干舌燥，舌红少津，脉弦细数	养阴息风

🔍 相关知识

风是春季的主气，但一年四季皆有，故风邪引起的疾病虽以春季为多，但亦可见于其他季节。导致动物发病的风邪，常称之为"贼风"或"邪风"，所致之病统称为外风证。因风邪多从皮毛肌腠侵犯机体而致病，其他邪气也常依附于外风入侵机体，外风成为外邪致病的先导，是六淫中的首要致病因素，故有"风为六淫之首"之说。

相对于外风而言，风从内生者，称为"内风"。内风的产生与心、肝、肾三脏有关，特别是与肝的功能失调有关，故也称"肝风"。

风邪的性质与致病特点：

（1）风为阳邪，其性轻扬开泄。风具有升发、向上、向外的特性，故为阳邪。因风性轻扬，故风邪所伤，最易侵犯动物体的上部（如头面部）和肌表。风性开泄，是指风邪易使皮毛腠理疏泄而开张，出现汗出、恶风的症状。

（2）风性善行数变。善行，是指风邪致病具有部位游走不定，变化无常的特点。如以风邪为主的风湿症，常表现出四肢交替疼痛，部位游移不定。数变，是指风邪所致的病症具有发病急、变化快的特点，如荨麻疹（又称遍身黄），表现为皮肤瘙痒，发无定处，此起彼伏。

（3）风性主动。是指风邪所致病症动摇不定，如肌肉颤动、四肢抽搐、颈项强直、角弓反张、眼目直视等。

▶ [附] 病因

病因就是引起动物疾病发生的原因。中兽医学认为，动物体内部各脏腑之间以及动物体与外界环境之间，是一个既对立又统一的整体。在正常情况下处于相对的平衡状态，以维持动物体的生理活动。如果这种相对平衡状态在病因的作用下遭到破坏或失调，一时又不能经自行调节而恢复，就会导致疾病的发生。

1. 疾病的发生与发展是"正邪相争"的结果　疾病的发生和变化，虽然错综复杂，但不外动物体内在的因素和致病的外在因素两个方面，中兽医学分别称为"正气"与"邪气"。正气，是指动物体各脏腑组织器官的机能活动，及其对外界环境的适应力

和对致病因素的抵抗力；邪气，泛指一切致病因素。正气充盛的动物，卫外功能固密，外邪不易侵犯；只有在动物体正气虚弱，卫外不固，正不胜邪的情况下，外邪才能乘虚侵害机体而发病。

动物体的正气盛衰，取决于体质因素和所处的环境及饲养管理等条件。一旦饲养管理失调，就会致使正气不足，卫外功能暂时失固。此时如果有外邪侵袭，虽然可以引起动物体发病，但由于动物体质及机能状态的不同，即动物体正气强弱的差异，而在发病时间以及所表现出的症状上均有所差异。就发病时间而言，有的邪至即发，有的则潜伏体内待机而发，亦有重新感邪引动伏邪而发病者。就所表现出的症状而论，有的表现出虚证，有的则表现为实证。如同为外感风寒，体质虚弱，肺卫不固的动物，易患表虚证，病情较重；而体质强壮的动物，则易患表实证，病情较轻。由此可见，动物体正气的盛衰，与疾病的发生与发展均有着密切的关系。

2. 病因的分类　根据病因的性质及致病的特点，分为外感致病因素（六淫、疫疠）、内伤致病因素（饥、饱、劳、逸）和其他致病因素（包括外伤、虫兽伤、寄生虫、中毒、痰饮、瘀血等）三大类。如《元亨疗马集·脉色论》说："风寒暑湿伤于外，饥饱劳役扰于内，五行生克，诸疾生焉。"

在长期与动物疾病进行斗争的实践中，人们逐渐认识到不同的致病因素会引起不同的病证，表现出不同的症状。因此，根据疾病所表现出的症状特征，就可以推断其发生的原因，称为"随证求因"。例如，某一动物表现出四肢交替跛行，即可推断出是以风邪为主所引起的风湿症，因为风邪有游走善动的特性。而一旦知道了病因，就可以根据病因来确定治疗原则，称为"审因施治"。例如，以风邪为主而引起的风湿症，当用祛风为主的药物进行治疗。

3. 外感致病因素　外感致病因素是指来源于自然界，多从皮毛、口鼻侵入机体而引发疾病的致病因素，包括六淫和疫疠。

（1）六淫。六淫是指自然界风、寒、暑、湿、燥、火（热）六种反常气候。它们原本是四季气候变化的六种表现，称为六气。在正常情况下，六气于一年之中有一定的变化规律，而动物在长期的进化过程中，也适应了这种变化，所以不会引起动物的疾病。只有当动物体正气虚弱，不能适应六气的变化，或自然界阴阳不调，六气出现太过或不及的反常变化时，才能成为致病因素，侵犯动物体而导致疾病的发生。这种情况下便称为"六淫"。

六淫致病，常有明显的季节性。如春天多温病，夏天多暑病，长夏多湿病，秋天多燥病，冬天多寒病等。但四季之中，六气的变化是复杂的，所以六淫致病的季节性也不是绝对的。如夏季虽多暑病，但也可出现寒病、温病、湿病等。一年之中，四季六气是可以相互转化的，如久雨生晴，久晴多热，热极生风，风盛生燥，燥极化火等。因此，六淫致病，其证候在一定条件下，也可以相互转化。如感受风寒之邪，可以从表寒证转化为里热证等。六淫在自然界不是单独存在的，六淫邪气既可以单独侵袭机体而发病，又可以两种或两种以上同时侵犯机体而发病。如外感风寒、风热、湿热、风湿等。

项目 1 中兽医基础

此外,临床上除感受外界风邪、寒邪、暑邪、湿邪、燥邪、火邪六淫,引起相应的病证之外,尚可因机体脏腑本身机能失调而产生类似于风、寒、湿、燥、火的病理现象。由于它们不是由外感受的,而是由内而生,故称为"内生五邪",即内风、内寒、内湿、内燥、内火五种。因其所引起的病证与外感五邪症状相近,故在相应的病因中一并叙述。

(2)疫疠。疫疠也是一种外感致病因素,但它与六淫不同,具有很强的传染性。所谓"疠",是指天地之间的一种不正之气;"疫",是指瘟疫,有传染的意思。如马的偏次黄(炭疽)、牛瘟、猪瘟以及犬瘟热等,都是由疫疠引起的疾病。疫疠可以通过空气传染,由口鼻而入致病,也可随饮食入里或蚊虫叮咬而发病。

疫疠流行有的有明显的季节性,称为"时疫"。如动物的流感多发生于秋末,猪乙型脑炎多发生于夏季蚊虫肆虐的季节。

>>> 任务 15 常见寒证

临床常见寒证的类别、证型、主证及治法见表1-7。

表1-7 常见寒证的类别、证型、主证及治法

类别	证型	主证	治法
外寒	伤寒	恶寒,发热,耳鼻发凉,肢痛懒行,鼻流清涕,咳嗽,舌淡苔薄白,脉浮紧	疏风散寒
	中寒	肠鸣泄泻,腹痛起卧,口流清涎,脉象沉迟	温中散寒
内寒	脾胃虚寒	畏寒怕冷,耳鼻四肢不温,慢性轻度的肠鸣腹痛,舌淡苔白,脉沉迟	温中健脾
	肾阳虚衰	形寒肢冷,难起难卧,公畜性欲减退,阳痿不举,母畜宫寒不孕,口色淡白,脉沉迟无力	温补肾阳

相关知识

寒为冬季的主气,但四季皆有。寒邪有外寒和内寒之分。外寒由外感受,多由气温较低、保暖不够、淋雨涉水、汗出当风,以及采食冰冻的饲草饲料,或饮凉水太过所致。外寒侵犯机体,据其部位的深浅,有伤寒和中寒之别。寒邪伤于肌表,阻遏卫阳,称为"伤寒";寒邪直中于里,伤及脏腑阳气,称为"中寒"。内寒是机体机能衰退,阳气不足,寒从内生的病证,常见脾胃虚寒和肾阳虚衰。

寒邪的性质与致病特点:

(1)寒性阴冷,易伤阳气。寒性属阴,感受寒邪,最易损伤机体的阳气,出现阴寒偏盛的寒象。如寒邪外束,卫阳受损,可见恶寒怕冷、皮紧毛乍等症状;若寒邪中里,直伤脾胃,脾胃阳气受损,可见肢体寒冷、下利清谷、尿清长、口吐清涎等症状。

(2)寒性凝滞,易致疼痛。凝滞,即凝结、阻滞,不通畅之意。机体的气血津液之所以能运行不息,畅通无阻,全赖一身阳气的推动。若寒邪侵犯机体,阳气受损,经脉受阻,可使气血凝结阻滞,不能通畅运行而引起疼痛,即所谓"不通则痛"。因此,寒

邪是导致多种疼痛的原因之一。如寒邪伤表,使营卫凝滞,则肢体疼痛;寒邪直中肠胃,使胃肠气血凝滞不通,则肚腹冷痛。

(3) 寒性收引。收引,即收缩牵引之意。寒邪侵入机体,可使机体气机收敛,腠理、经络、筋脉、肌肉等收缩牵急。如寒邪侵入皮毛腠理,则毛窍收缩,卫阳受遏,出现恶寒、发热、无汗等症;寒邪侵入筋肉经络,则肢体拘急不伸,冷厥不仁;寒邪客于血脉,则脉道收缩,血流滞涩,可见脉紧、疼痛等症。

>>> 任务16 常见暑证

临床常见暑证的类别、证型、主证及治法见表1-8。

表1-8 常见暑证的类别、证型、主证及治法

类别	证型	主 证	治法
外暑	伤暑	口渴贪饮,食欲不振,烦躁不安,身热汗出,四肢无力,头低耳耷,粪干尿赤,口干舌红,脉数	清热解暑
	中暑	高热多汗,气粗喘促,口干舌燥,神昏似醉,或突然倒地,四肢抽搐,汗出如油,脉洪数	清热开窍
	暑湿	四肢倦怠,食欲不振,发热不甚,呕吐便溏,尿短赤,苔黄腻,脉数	解暑化湿

相关知识

暑为夏季的主气,为夏季火热之气所化生,有明显的季节性,暑邪纯属外邪,无内暑之说。

暑邪的性质与致病特点:

(1) 暑性炎热,易致发热。暑为阳邪,伤于暑者,常见高热、口渴、脉洪、汗多等一派阳热之象。

(2) 暑性升散,易耗气伤津。暑为阳邪,阳性升散,故暑邪侵入机体,多直入气分,使腠理开泄而汗出。汗出过多,不但耗伤津液,引起口渴喜饮、唇干舌燥、尿短赤等症状,而且气也随之而耗,导致气津两伤,出现精神倦怠、四肢无力、呼吸浅表等症状。严重者可扰及心神,出现行如酒醉、神志昏迷的症状。

(3) 暑多挟湿。夏暑季节,常多雨潮湿,动物体在感受暑邪的同时,还常兼感湿邪。临床上,除见到暑热的表现外,还有湿邪困阻的症状,如汗出不畅、渴不多饮、身重倦怠、便溏泄泻等。

>>> 任务17 常见湿证

临床常见湿证的类别、证型、主证及治法见表1-9。

项目 1 中兽医基础

表 1-9 常见湿证的类别、证型、主证及治法

类别	证型	主证	治法
外湿	伤湿	发热不甚，迁延不退，微恶寒，肢体沉重倦怠，腹胀便溏，口色淡黄，苔白腻，脉濡缓	解表化湿
	湿滞经络	关节疼痛，固定不移，或见关节漫肿，屈伸不利，运动障碍，苔白腻，脉濡缓	祛湿通络
	湿毒淫侵	皮肤湿疹，疮毒疱疹，瘙痒生水	化湿解毒
	湿热蕴结	湿热蕴结胃肠，证见下痢脓血，里急后重；湿热蕴结膀胱，证见尿淋漓浊痛；湿热蕴结肝胆，证见黄疸	清热利湿
	寒湿停滞	腹痛泄泻，间或肚腹胀满，冲击有水声	温中散寒
内湿	脾阳不振	食欲不振，谷料不化，腹泻，腹胀，尿少，苔白腻	温中健脾 化湿利水

🔍 相关知识

湿为长夏的主气，但一年四季都有。湿有外湿、内湿之分。外湿多由气候潮湿、涉水淋雨、厩舍潮湿等外在湿邪侵入机体所致；内湿多由脾失健运，水湿停聚而成。外湿和内湿在发病过程中常相互影响。感受外湿，脾阳被困，脾失健运，则湿从内生；而脾阳虚损，脾失健运，致使水湿内停，又易招致外湿的侵袭。

湿邪的性质与致病特点：

（1）湿遏气机，易损阳气。湿为阴邪，湿邪留滞脏腑经络，阻遏气机，使气机升降失常。又因脾喜燥恶湿，故湿邪最易伤及脾阳，使水湿不运，溢于皮肤则成水肿，流溢胃肠则成泄泻。又因湿困脾阳，使脾阳不振，可发生肚腹胀满、腹痛、里急后重等症状。

（2）湿性重浊，其性趋下。重，即沉重之意，指湿邪致病，常见迈步沉重，呈黏着步样，或倦怠无力，如负重物。浊，即秽浊，指湿邪为病，其分泌物及排泄物有秽浊不清的特点，如尿混浊，泻痢脓垢，带下污秽，目眵量多，舌苔厚腻，以及疮疡疔毒，破溃流脓淌水等。湿性趋下，主要指湿邪致病，多先起于机体的下部，故《素问·太阴阳明论》有"伤于湿者，下先受之"之说。

（3）湿性黏滞，缠绵难退。指湿邪致病具有黏腻停滞的特点。湿邪致病的黏滞性，在症状上可以表现为粪便黏滞不爽，尿涩滞不畅；在病程上可表现为病变过程较长，缠绵难退，或反复发作，不易治愈，如风湿症等。

>>> 任务 18 常见燥证

临床常见燥证的类别、证型、主证及治法见表 1-10。

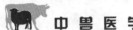

表1-10 常见燥证的类别、证型、主证及治法

类别	证型	主证	治法
外燥	凉燥	发热,恶寒,无汗,皮肤干燥,口干舌燥,鼻咽干燥,干咳无痰,舌苔薄白而干,脉浮涩	宣肺散寒,止咳
	温燥	发热,少汗,干咳不爽,口干欲饮,咽喉干红,粪便干结,舌红苔薄黄,脉数	辛凉解表,清肺润燥
内燥	津血亏损	消瘦虚弱,口干舌燥,皮肤干燥,被毛焦枯,咽喉肿痛,粪干尿少,口色红绛,脉细数	滋阴润燥

相关知识

燥是秋季的主气,但一年四季皆有。燥有外燥、内燥之分。外燥多因久晴不雨,气候干燥,周围环境缺乏水分所致。因其多见于秋季,故又称"秋燥"。外燥多从口鼻而入,其病常从肺卫开始,有温燥、凉燥之分。初秋尚热,犹有夏火之余气,燥与热相合侵犯机体,多为温燥;深秋已凉,西风肃杀,燥与寒相合侵犯机体,多为凉燥。内燥多由汗下太过,或精血内夺机体阴津亏虚所致。

燥邪的性质与致病特点:

(1) 燥性干燥,易伤津液。燥邪为病,易致津液亏虚,如口鼻干燥、皮毛干枯、眼干不润、粪便干结、尿短少、口干欲饮、干咳无痰等。

(2) 燥易伤肺。肺为娇脏,喜润恶燥;更兼肺开窍于鼻,外合皮毛,故燥邪为病,最易伤肺,致使肺阴受损,宣降失司,引起肺燥津亏之证,如鼻咽干燥、干咳无痰或少痰等。肺与大肠相表里,若燥邪自肺而影响大肠,可出现粪便干燥难下等症。

>>> 任务19 常见火证

临床常见火证的类别、证型、主证及治法见表1-11。

表1-11 常见火证的类别、证型、主证及治法

类别	证型	主证	治法
实火	心火炽盛	躁动不安,口舌生疮	清心泻火
	肺火壅盛	呼吸喘粗,咳嗽痰多,咽喉肿痛	清肺,止咳,平喘
	肝火炽热	目赤肿痛,甚则抽搐	清肝明目
	胃火炽盛	高热口渴,排齿肿痛,口臭	清热,生津,止渴
	大肠实火	便秘腹痛,或泻下黏腻腥臭	清热泻下
	小肠实热	小便短赤,排尿涩痛	清热泻火,利水通淋
	血热妄行	身热神昏,黏膜皮肤发斑,尿血,便血	清热解毒,凉血消斑
虚火	内火	体瘦毛焦,口渴而不多饮,盗汗,遗精,舌红少津,脉象细数无力	滋阴降火

项目 1　中兽医基础

> **相关知识**
>
> 　　火、热、温三者，均为阳盛所生，其性相同，但又同中有异。一是在程度上有所差异，即"温为热之渐，火为热之极"；二是热与温，多由外感受，而火既可由外感受，又可内生。内生的火多与脏腑机能失调有关。火证常见热象，但火证和热证又有所不同，火证的热象较热证更为明显，且表现出炎上的特征。此外，火证有时还指某些肾阴虚的病证。
>
> 　　火邪的性质与致病特点：
>
> 　　（1）火为热极，其性炎上。火邪致病，常见高热，口渴，骚动不安，舌红苔黄，尿赤，脉洪数等热象。又因火有炎上的特性，故火邪侵犯机体，症状多表现在机体的上部，如心火上炎，口舌生疮；胃火上炎，齿龈红肿；肝火上炎，目赤肿痛等。
>
> 　　（2）生风动血。火热之邪侵犯机体，往往劫耗阴液，使筋脉失养，而致肝风内动，出现四肢抽搐，颈项强直，角弓反张，眼目直视，狂暴不安等症。血遇热则行，故火热邪气侵犯血脉，轻则血流加速，甚则灼伤脉络，迫血妄行，引起出血和发斑，如衄血、尿血、便血，以及皮肤出血点和出血斑等。
>
> 　　（3）易伤津液。火热邪气，最易迫津液外泄，消灼阴液，出现咽干舌燥，口渴喜饮冷水，尿短少，粪便干燥，甚至眼窝塌陷等津干液少的症状。
>
> 　　（4）易致疮痈。火热之邪侵犯血分，可聚于局部，腐蚀血肉而发为疮疡痈肿。临床上，凡疮疡局部红肿、高突、灼热者，皆由火热所致。
>
> 　　（5）易扰心神。火气与心气相应，心主血脉而藏神。故火热之邪伤于动物机体，最易扰乱心神，出现狂躁不安，甚至神昏等症。

项目 1.6.2　内伤致病因素

问题一：下列不属于内伤致病因素的是_____。
　　A. 饥伤　　　B. 饱伤　　　C. 劳伤　　　D. 津伤　　　E. 逸伤

问题二：饱伤_____。
　　A. 肝胆　　　B. 脾胃　　　C. 肾　　　D. 心　　　E. 肺

参考答案：D　B

>>> 任务 20　内伤病证

1. 饥伤　水谷草料是动物气血的生化之源，若饥而不食，渴而不饮，或饮喂不足，久而久之，则气血生化乏源，引起气血亏虚，表现为体瘦无力，毛焦欣吊，倦怠好卧，以及成年动物生产性能下降，幼年动物生长迟缓，发育不良等。

2. 饱伤　胃肠的受纳及传送功能有一定的限度，若饮喂失调，水草太过或乘饥渴而暴饮暴食，超过了胃肠受纳及传送的限度，就会损伤胃肠，出现肷腹膨胀，嗳气酸臭，气促喘粗等症。如大肚结、宿草不转等均属于饱伤之类。

3. 劳伤 久役过劳可引起气耗津亏，精神短少，力衰筋乏，四肢倦怠等症。若奔走太急，失于牵遛，可引起走伤及败血凝蹄等。如《安骥集·八邪论》说："役伤肝。役，行役也，久则伤筋，肝主筋。"

4. 逸伤 合理的使役或运动是保证动物健康的必要条件，若长期停止使役或失于运动，可使机体气血蓄滞不行，或影响脾胃的运化功能，出现食欲不振、体力下降、腰肢软弱、抗病力降低等逸伤之症。雄性动物缺乏运动，可使精子活力降低而不育；雌性动物过于安逸，可因过肥而不孕。平时缺乏使役或运动的动物，突然使役，还容易引起心肺功能失调。

> **相关知识**
>
> 内伤致病因素主要包括饲养失宜和管理不当，可概括为饥、饱、劳、逸四种。饥和饱是饲喂失宜，而劳则属管理使役不当，逸则由于动物长期休闲、缺乏适当运动而引起。内伤因素，既可以直接导致动物疾病，也可以使动物体的抵抗能力降低，为外感因素致病创造条件。

项目 1.6.3　其他致病因素

问题一：七情太过首先伤及_____。
　　A. 肝气　　　B. 脾阳　　　C. 肾精　　　D. 肺津　　　E. 心神

问题二：疠气最重要的致病特点是_____。
　　A. 发病急　　　　　　B. 病势重　　　　　　C. 症状相似
　　D. 传染性强　　　　　E. 不分年龄

问题三："百病多由痰作祟"是指痰_____。
　　A. 致病广泛　　　　　B. 病势缠绵　　　　　C. 阻滞气机
　　D. 阻碍气血　　　　　E. 扰动神明

问题四：痰致病广泛，变化多端的原因是_____。
　　A. 痰可扰乱神明　　　　B. 痰可化火化风
　　C. 痰阻碍气血运行　　　D. 痰似风善行数变
　　E. 痰可随气升降无处不到

问题五：与痰成因较小的脏腑是_____。
　　A. 脾　　　B. 心　　　C. 肺　　　D. 肾　　　E. 三焦

问题六：瘀血形成之后可致疼痛，其特点为_____。
　　A. 胀痛　　　B. 掣痛　　　C. 隐痛　　　D. 灼痛　　　E. 刺痛

问题七：瘀血引起出血的特点_____。
　　A. 出血量多　　　　　B. 出血颜色鲜明　　　　C. 出血量少
　　D. 出血伴有血块　　　E. 出血色淡质清稀

问题八：痰饮、瘀血、结石在形成过程中均与下列哪项有关？_____
　　A. 寒凝　　　B. 气虚　　　C. 气滞　　　D. 血热　　　E. 湿热

项目 1　中兽医基础

问题九：寄生虫的发生，除与饮食不洁有关外，还与下列哪项有关？_____
　　A. 寒湿内停　　　　　　B. 气血不足　　　　　　C. 劳役过度
　　D. 湿热内积　　　　　　E. 营养过剩
问题十：下列哪项与绦虫病的形成与临床表现无关？_____
　　A. 肛门奇痒　　　　　　B. 食欲亢进　　　　　　C. 形体消瘦
　　D. 粪便中有白色虫体节片　　E. 食入生的或未经煮熟的猪肉

参考答案：B；E　D　C　D　E　A　D　E　A

>>> **任务 21　痰　　饮**

　　痰饮包括有形痰饮和无形痰饮两种。有形痰饮，视之可见，触之可及，闻之有声，如咳嗽之咯痰，喘息之痰鸣、胸腔积液、腹水等。无形痰饮，视之不见，触之不及，闻之无声，但其所引起的病证，通过辨证求因的方法，仍可确定为痰饮所致，如肢体麻木为痰滞经络，神昏不清为痰迷心窍等。

相关知识

　　痰和饮是因脏腑功能失调，致使体内津液凝聚变化而成的水湿。其中，清稀如水者称饮，黏浊而稠者称痰。痰和饮本是体内的两种病理性产物，但它一旦形成，又成为致病因素而引起各种复杂的病理变化。

　　1. 痰　　痰不仅是指呼吸道所分泌的痰，还包括了瘰疬、痰核以及停滞在脏腑经络等组织中的痰。痰的形成，主要是由于脾、肺、肾的水液代谢功能失调，不能运化和输布水液，或邪热郁火煎熬津液所致。由于脾在津液的运化和输布过程中起着主要作用，而痰又常出自肺，故有"脾为生痰之源""肺为贮痰之器"之说。痰的临床表现多种多样，如痰液壅滞于肺，则咳嗽气喘；痰留于胃，则口吐黏涎；痰留于皮肤经络，则生瘰疬；痰迷心窍，则精神失常或昏迷倒地等。

　　2. 饮　　多由脾、肾阳虚所致，常见于胸腹四肢。如饮在肌肤，则成水肿；饮在胸中，则成胸腔积液；饮在腹中，则成腹水；水饮积于胃肠，则肠鸣腹泻。

>>> **任务 22　瘀　　血**

　　因瘀血发生的部位不同，而有无形和有形之分。无形瘀血，指全身或局部血流不畅，并无可见的瘀血块或瘀血斑存在，常有色、脉、形等全身性症状出现。如肺脏瘀血，可出现咳喘、咳血；心脏瘀血可出现心悸、气短、口色青紫、脉细涩或结代；肝脏瘀血，可出现腹胀食少、胁肋按痛、口色青紫或有痞块等。有形瘀血，指局部血液停滞或存在着离经之血，所引起的病证常表现为局部疼痛、肿块或有瘀斑，严重者亦可出现口色青紫、脉细涩等全身症状。因此，瘀血致病的共同特点是疼痛，刺痛拒按，痛有定处；瘀血肿块，聚而不散，出现瘀血斑或瘀血点；多伴有出血，血色紫暗不鲜，甚至黑如柏油色。

相关知识

瘀血是指全身血液运行不畅，或局部血液停滞，或体内存在离经之血。瘀血也是体内的病理性产物，但形成后，又会使脏腑脉络血行不畅或阻塞不通，引起一系列的病理变化，成为致病因素。

[附] 其他致病因素

1. 外伤 常见的外伤性致病因素有创伤、挫伤、烫伤、烧伤及虫兽伤等。

2. 寄生虫 有内、外寄生虫之分。外寄生虫包括虱、蜱、螨等，寄生于动物体表，除引起动物皮肤瘙痒、揩树擦桩、骚动不安，甚至因继发感染而导致脓皮症外，还因吸吮动物体的营养，引起动物消瘦、虚弱、被毛粗乱，甚至泄泻、水肿等证。内寄生虫包括蛔虫、绦虫、蜕虫、血吸虫、肝片吸虫等多种，它们寄生在动物体的脏腑组织中，除引起相应的病证外，有时还可因虫体缠绕成团而导致肠梗阻、胆道阻塞等症。

3. 中毒 毒物侵入动物体内，引起脏腑功能失调及组织损伤，称为中毒。常见的毒物有有毒植物，霉败、污染或品质不良、加工不当的饲料，农药，化学毒物，矿物毒物及动物性毒物等。此外，某些药物或饲料添加剂用量不当，也可引起动物中毒。

项目 2

中药与方剂

项目 2.1 中药方剂知识

项目 2.1.1 中药材生产

问题一：根和根茎类药材的采集时间是_____。
   A. 果实成熟时   B. 秋末初春   C. 春夏时节
   D. 冬季   E. 任何时候均可

问题二：一般宜在春末夏初采收的中药是_____。
   A. 根及根茎类中药   B. 全草类中药   C. 皮类中药
   D. 果实种子类中药   E. 矿物类中药

问题三：清除骨碎补表面的绒毛的方法是_____。
   A. 刷净法   B. 刮除法   C. 砂烫法   D. 挖净法   E. 火燎法

问题四：中药饮片贮存过程中，易发生吸潮粘连和发霉的饮片是_____。
   A. 黄柏   B. 天冬   C. 苦参   D. 大黄   E. 川芎

问题五：宜与蛤蚧同贮的是_____。
   A. 牡丹皮   B. 细辛   C. 红花   D. 灯心草   E. 吴茱萸

问题六：含糖分多的饮片，应贮存于_____。
   A. 阴暗处   B. 密闭容器内   C. 避光凉爽处
   D. 通风干燥处   E. 凉暗处

问题七：炒制后的种子类饮片，应贮存于_____。
   A. 阴暗处   B. 密闭容器内   C. 避光凉爽处
   D. 通风干燥处   E. 凉暗处

问题八：黄芩正确的处理方法是_____。
   A. 水浸软后切薄片   B. 温水浸软后切薄片
   C. 水沸后蒸 30min   D. 水浸煮 30min
   E. 水沸后蒸 2~4h

参考答案：B C C B E；D B C

>>> 任务23 中药的采集

1. 植物药的采集

（1）全草类。多在植株充分生长，茎叶茂盛或花朵初开时采收。茎较粗或较高的可用镰刀割取地上部分，如荆芥、益母草、紫苏等；茎细或较矮带根全草入药的可连根拔起，如夏枯草、紫花地丁、蒲公英等；有的在花未开前采收，如薄荷、青蒿等；有的须在初春采其嫩苗，如茵陈。采集时，应将生长苗壮的植株留下一些，以利繁殖。

（2）根和根茎类。多在秋末春初采集。此时期药材的有效成分含量高，质量好。春初在开冻到刚发芽或露苗时采挖较好，过晚则养分消耗，影响质量。秋末在植物地上部分未枯萎到土地封冻之前采挖为好，过早浆水不足，质地松泡；过晚则不易寻找，如丹参、沙参、天南星等。但也有些中药要在夏天采收，如半夏、延胡索等。采挖时尽量将根全部挖出，同时注意挖大留小，以备来年生长。

（3）树皮和根皮类。树皮通常在春季或初夏（即清明至夏至）时采集最好。此时植物生长旺盛，皮内养料丰富，药材质量较佳，而且植物的液汁较多，皮易剥离，如杜仲、黄柏、厚朴等。但肉桂多在十月采收，此时油多容易剥离。木本植物生长周期长，应尽量避免伐树取皮或环剥树皮等简单方法，以保护药源。

根皮应于秋后苗枯或早春萌发前采集，如牡丹皮、地骨皮、苦楝根皮。采取根皮时，先将根部挖出，然后利用击打法或抽心法取皮。击打法是将新鲜根部洗去泥土后，用木槌击打，使皮部与木部分离，如地骨皮、北五加皮等。抽心法是将洗净的根在日光下晒半天，此时水分大部分蒸发，全部变软，即可将中央的木质部抽出，如牡丹皮等。

（4）叶类。通常在花将开放或正在盛开的时候采摘。此时植物生长茂盛，叶子健壮，有效成分含量较高，药力雄厚，如大青叶、枇杷叶、紫苏叶等。荷叶在荷花含苞欲放或盛开时采收者，色泽翠绿，质量最好。个别叶类中药，如霜桑叶，须在深秋或初冬经霜后采集较佳。

（5）花类。一般在尚未完全开放或刚开放时分批采摘。过早不但产量少，而且香气不足，过迟则气味散逸、花瓣脱落和变色，均影响药物质量，如菊花、旋覆花等。有些花要求在含苞欲放时采摘花蕾，如金银花、槐花、辛夷；有的在刚开放时采摘最好，如月季花；而红花则在花冠由黄变红时采收为宜。以花粉入药的，如蒲黄，须于花朵盛开时采收。

（6）果实和种子类。多数果实类药材，当于果实成熟后或即将成熟时采收，如瓜蒌、枸杞、马兜铃。少数有特殊要求，应采收未成熟的幼嫩果实，如乌梅、青皮、枳实等。种子类药材，多在种子完全成熟时采集，如车前子、牛蒡子等；但有些干果成熟后会很快脱落，或果壳开裂、种子散失，最好在果实成熟尚未开裂时采收，如茴香、牵牛子等。

2. 动物药的采集 动物类药材因品种不同，采收各异。其具体时间，以保证药效和易于获取为原则。如桑螵蛸宜在3月中旬前采收，过迟则虫卵便会孵化；鹿茸应在清明后45~60d截取，过时则角化；驴皮应在冬至后剥取，其皮厚质佳；对于潜藏在地下的虫类可在夏、秋季活动期捕捉，如蚯蚓、蜈蚣等。也有的没有一定的采收时间，如兽类的皮、骨、脏器等。

3. 矿物药的采集 一般无季节性限制，随时都可以采收，也可以结合开矿进行。

项目 2　中药与方剂

> **相关知识**
>
> 　　中药，是指在中兽医理论指导下用于预防和治疗动物疾病的药物。动物中药学是研究中药的来源、采制、性能、功效及临床应用等知识的一门科学，是祖国兽医学的一个重要的组成部分。中药主要来源于植物、动物和矿物三类。全国中药资源调查资料表明，我国现有的中药资源12 807种，其中药用植物11 146种，药用动物1 581种，药用矿物80种。因植物药占绝大多数，所以自古将中药著作称为"本草"。

>>> 任务24　中药的加工

1. 晒干　将经过挑选、洗刷等初步处理的药材摊放在席子上，置阳光下曝晒。如把席子放在架子上则干燥更快。常用于不怕光的皮类、根和根茎类药材。对于叶、花和全草类药物长时间曝晒后容易变色，甚至使有效成分损失，尤其是芳香性药物（含挥发油）不宜采用此法。

2. 阴干　将药材放在通风的室内或遮阴的棚下，利用室温和空气流通，使药材中的水分自然蒸发而达到干燥的目的。应用于高温、日晒易失效的药材，如芳香性的花、叶和全草类药材。

3. 烘干　适用于阴湿多雨的季节，通常在干燥室内，用有烟囱的火炉加热烘干。室内有多层的架子，架上放置网筛，将药材在网筛上摊成薄层（易碎的花、叶等，须在网筛上衬上纸或布）。大规模的烘干设备则用热水管或蒸汽管。干燥室必须通风良好，以利于排出潮湿空气。多汁的浆果（如枸杞）和根茎（如黄精）等要求迅速干燥，温度可调至70~90℃；具有挥发性的芳香药材、含有油性的果实、种子和某些动物药（如川芎、乌梢蛇）须较低温度（以25~30℃为宜）缓缓干燥。

4. 石灰干燥　易生虫、发霉的药材如人参、虎骨等，放入石灰缸内贮藏干燥。

　　生药在干燥后还需进一步的加工，除去杂质、泥沙、变色和霉烂部分，使符合有关规定的质量要求。

　　近年来随着科学技术的不断发展，中药的加工技术也有了很大的发展。如应用微波进行中药的烘干和灭菌，具有干燥速度快、灭菌效果显著和干净卫生等优点。

>>> 任务25　中药的贮藏

1. 防霉变　保证药材的干燥，入库后防湿、防热、通风。对已生霉的药材，采取撞刷、晾晒等方法简单除霉，发霉严重的，可用水、醋、酒等洗刷后再晾晒。

2. 防虫蛀　一般温度在5℃左右即不易生虫，因此可采用冷窖、冷库等设施干燥冷藏；或采用适当容器，用蜡封固。怕热的药材可用干沙或稻糠埋藏密封。贵细药材，可充二氧化碳或氮气密封；或用一种药物和另一种药物一起贮藏的"对抗法"，如泽泻与丹皮同贮，泽泻不生虫、丹皮不变色。蕲蛇中放花椒，鹿茸中放樟脑，瓜蒌中放酒等均不生虫。

3. 防泛油、变色　贮藏在暗处或陶瓷、有色玻璃容器，干燥避光冷藏。

4. 防中毒　对于剧毒药材应贴上"剧毒药"标签，按国家规定，设置专人、专处妥善保管，防止人畜中毒。

项目 2.1.2 中药炮制

问题一：可降低天南星毒性的常用炮制方法是_____。
  A. 炒法   B. 炙法   C. 焯法   D. 提净法   E. 复制法

问题二：宜用煅淬法炮制的中药是_____。
  A. 石膏   B. 赭石   C. 雄黄   D. 白矾   E. 石决明

问题三：麸炒白术的炮制作用是_____。
  A. 缓和辛燥之性，以免伤中
  B. 缓和辛散走窜之性，以免耗气伤阴
  C. 缓和辛燥性，增强健脾和胃作用
  D. 缓和辛燥性，增强健脾止泻作用
  E. 炒后性偏温补，利于煎出有效成分，提高疗效

问题四：欲发挥黄柏清上焦湿热作用，宜选用的炮制品是_____。
  A. 生黄柏 B. 蜜黄柏 C. 姜黄柏 D. 酒黄柏 E. 黄柏炭

问题五：欲缓和大黄泻下作用，增强活血祛瘀功效，宜选择_____。
  A. 生大黄 B. 大黄炭 C. 蜜大黄 D. 酒大黄 E. 熟大黄

问题六：芒硝的炮制辅料是_____。
  A. 胆汁   B. 白矾   C. 甘草   D. 萝卜   E. 童便

问题七：石膏煅制的主要目的是_____。
  A. 增强疗效   B. 降低毒性   C. 减少副作用
  D. 便于制剂和调剂 E. 产生新疗效

问题八：发酵法的适宜温度是_____。
  A. 18～25℃ B. 30～37℃ C. 5～10℃ D. 25～30℃ E. 45～50℃

问题九：炮制法半夏的辅料是_____。
  A. 生姜   B. 白矾   C. 生姜、白矾
  D. 生姜、甘草 E. 生石灰、甘草

参考答案：E、B、C、D、D、D、D、A、E

>>> 任务26　中药的炮制

1. 净制　净制是中药炮制的第一道工序，方法主要有：去毛，去心，去核，去壳，去节，去根等。去毛的中药有石韦、骨碎补、狗脊、金樱子、马钱子等，去毛主要由于毛细小体轻，易漂浮在汤剂或附着在丸剂的表面，服用时刺激呼吸道黏膜而引起咳嗽；去心的中药有乌药、巴戟天、大戟、远志、天冬、麦冬、莲子、川贝母、百部、连翘等；去核的药物有山茱萸、金樱子、枳实、枳壳等；去皮、去壳的中药有肉桂、厚朴、杜仲、黄柏等树皮类、桔梗、知母、明党参、北沙参、白芍等根茎类，使君子、杏仁、益智仁、柏子仁、火麻仁、砂仁等果实种子类；去节、去根的药材有麻黄和木贼等。

2. 切制　切制是炮制的第二道工序。凡原个大块粗长的中药，都要切制成小块、小段、

薄片后供进一步炮制。切片通常称为"生片"。切制后便于有效成分煎出，利于进一步炮制、调配、制剂、贮存、鉴别等。根据药材的性质和医疗需要，切片有很多规格。如天麻、槟榔切薄片，泽泻、白术切厚片，黄芪、鸡血藤切斜片，陈皮、桑白皮切丝，白茅根、麻黄切段，茯苓、葛根切块等。

3. 水制

（1）淋法。用清水喷淋或者浇淋药材。喷淋、浇淋要均匀，次数根据药材质地而定，一般为2～3次，以适合切制为度。适用于气味芳香、质地疏松的全草类、叶类和有效成分易随水流失的药材。如薄荷、荆芥、佩兰、藿香、半边莲、枇杷叶等。

（2）洗法（抢水法）。将药材投入清水中，快速洗涤后取出。由于药材与水接触时间短，故称抢水法。采用本法的通常为质地松软、水分易渗入的药材，如桑白皮、羌活、五加皮、前胡等。但有些药材需水洗数遍，以洁净为准。而花类药物不宜用洗法。

（3）泡法。对质地坚硬的药材，需经清水浸泡一定时间，使其吸收适宜水分，以达软化药材便于切制的目的。有些质轻的药材如防风、枳壳、青皮等，在浸泡时要压以重物，使其完全浸入水中。

（4）浸法。用清水或液体辅料（米泔水、石灰水）较长时间浸泡药材，使之柔软又不宜过湿，便于切制。浸泡时间根据药材的质地、季节和气候确定，必要时可换一次水。适用于质地较坚硬的药材，有时上面可压以重物和加盖。

浸法与泡法可从温度、时间、水量、目的四个方面加以区别。浸法：水温是常温，时间长，水量多，目的是软化药材，除去杂质，使之洁净，便于切制。泡法：有时用沸水或刚煮好的药汁，温度高，时间短，水量少，除浸法的目的外还可调和药性、减轻毒副作用。

（5）漂法。将药材置于多量清水中，经常换水，反复漂洗，以溶解清洗掉药材的毒性、盐分或腥臭味。如漂去南星、半夏的毒性，漂去盐附子、肉苁蓉、海藻等的咸味。

（6）润法。

①浸润。把药物浸至未透心而不易折断时，再放入簸箕或缸内，上面用湿麻袋或蒲包盖好，润至折断面无白心，内外湿度一致时切片，如木通、桑寄生、鸡血藤等。

②淋润。用少量清水直接喷洒于药物表面，用篓或箩盛好，上面盖上麻袋或湿蒲包，使药物湿润一致，便于切片，如荆芥、麻黄、藿香、青蒿、淡竹叶等。

③晾润。把药物略浸或洗后，放于盆内或水泥地上摊开，不盖麻袋。若包着润会使药物发黏、发酵、发酸，甚至变成黑色。适用于含淀粉较多或油性较多的药物，如山药、桔梗、天花粉等；或某些草类、叶类药物，如蒲公英、大青叶、枇杷叶等。

④露润。将药物抢水洗或不经水洗，直接平铺于室外，使其接受露水回潮变软。适用于油性重或糖分较多的药物，如当归、牛膝、党参、黄柏等。

⑤闷润（伏润）。药物浸后或煮后，晾干表面的水分，然后放入容器内，密闭，使药物保持湿润状态，而使药物内外湿润均匀一致。适用于质地较坚硬或淀粉较多而不宜久浸的药物，如白芍、姜半夏、南星、郁金等。

⑥复合润。药物经上面的润法未达到要求时，可重新按原法再润。如南星、半夏、郁金等。

（7）水飞法。将不溶于水的矿物、贝壳类药物研成粉末，利用粗细粉末在水中悬浮性的差异而获取细粉的方法，可使药物更加细腻和纯净，便于内服和外用。如雄黄、朱砂、珍珠粉、滑石、炉甘石等。

4. 火制

（1）清炒。将药物放在锅里加热，不断翻动，炒至一定程度取出。根据炒的时间和火力大小，可分为炒黄、炒焦、炒炭。炒黄、炒焦使药物易于粉碎并能缓和药性，种子类药材常用此法。如决明子为清肝明目药，生用滑肠，炒后缓和药性，使有效成分易于煎出。炒炭能缓和药物的烈性和副作用或增强收敛止血的功效。如蒲黄生用性滑，偏于活血行瘀止痛；炒炭后性涩，偏于止血。

（2）加辅料炒。炒制过程中加入固体辅料如土、麸、米、砂、蛤粉、滑石粉等拌炒，可减少药物的刺激性，降低毒性，增强疗效。例如，斑蝥有剧毒，米炒后可降低其毒性；党参米炒后，气味焦香，具健脾止泻作用；山药生用补肾生精，益肺肾之阴，土炒增强补脾止泻功效，麸炒增强补气益脾作用；穿山甲质地坚硬，砂炒后质变酥脆，易于粉碎及有效成分煎出；水蛭滑石粉炒，使质地酥脆，易于粉碎，并可降低毒性。

（3）炙法。用液体辅料拌炒，使辅料逐渐渗入药物组织内部，以改变药性、增强疗效或减少毒副作用。如酒炙川芎、丹参可增强活血作用，酒炙乌蛇、白花蛇可减其腥味；醋炙柴胡、香附可增强疏肝理气作用，醋炙甘遂、大戟可降低毒性，醋炙五灵脂、乳香可除去不良气味；盐炙即用盐水拌炒，盐炙杜仲、巴戟天可增强补肝肾之功，盐炙泽泻、车前子可增强利小便作用；姜汁炙竹茹能增强止呕作用，姜汁炙厚朴消除辛辣对咽喉的刺激作用；蜂蜜炙桑叶、百部可增加润肺作用，蜜炙黄芪、甘草能增强补中益气作用等。

（4）烘焙法。烘是将生药置近火处，使所含水分慢慢蒸发，一般可利用烘箱或者烘房进行，便于控制温度。焙是将生药置于金属网或锅内，用文火加热，焙至药物颜色加深，质地酥脆为度。常用烘焙法的药物有蜈蚣、壁钱、菊花等。

（5）煨法。将生药用面糊或湿纸包裹，埋于热灰或加热滑石粉中，或直接埋于加热的麦麸中煨熟的方法，煨后可除去药物中的刺激性、挥发性和油脂成分，以降低副作用，缓和药性，增强疗效。如煨肉豆蔻、诃子、木香等。

（6）煅法。将生药直接置于无烟炉火直接煅烧或耐火容器内间接煅烧。坚硬的矿物类和贝壳类药多直接煅烧，如磁石、代赭石、自然铜、海蛤壳、瓦楞、石膏、石决明等。质地疏松的药物多密闭于耐火容器内间接煅烧，如棕榈炭、血余炭。但有些矿物类药材直接煅烧容易爆裂，如紫石英、金蒙石等可用土罐煅，明矾、硼砂等可用铁锅煅。煅的程度也有不同的要求，如金石类必须煅至红透酥松，贝壳类只煅至微红，植物类煅至炭化即可。煅法可使药物便于粉碎和煎出有效成分，同时改变药物的理化特性，降低或消除其毒副作用。有的药物煅后生成新的作用，如明矾生用收敛、燥湿、解毒、祛痰，多内服；煅后生肌敛疮，多外用。

5. 水火共制

（1）蒸法。有清蒸、拌蒸、直接蒸、间接蒸等不同。不加辅料蒸制为清蒸，如蒸制山萸肉、女贞子等。拌入姜汁、酒、醋、盐或其他辅料同蒸的叫拌蒸，如蒸制熟地、何首乌等。将药物直接放入蒸笼内蒸为直接蒸，如蒸狗脊。将药物置铜罐或瓦罐内，再放入锅内隔水蒸为间接蒸，如蒸制黄精、大黄等。蒸法可改变或缓和药性，保存药效，便于贮藏。

（2）煮法。将生药或与其他辅料置锅内加清水煮沸，煮至药物透心为度。常用水煮的药物有川乌、草乌、附子等，常用醋煮的药物有延胡索、三棱、远志等，常用豆腐煮的药物有硫黄、珍珠等。

（3）焯（抄）法（水烫法）。先将适量的水煮沸，再将生药投入沸水中，翻动片刻，焯

项目 2 中药与方剂

至表皮易于挤脱时立即捞出,漂在清水中,挤去外皮晒干。如燀杏仁、燀桃仁等。

(4) 淬法。药物通过火煅烧后,趁热投入醋或其他药液中,根据各药炮制的不同要求,反复煅淬,使药物充分吸收溶液。淬法大多用于金石类及贝壳类等较硬的药材,如代赭石、炉甘石、石决明、龟板等。

6. 其他炮制方法

(1) 制霜法。主要用于含油脂成分较多的果实、种子类中药,采用压榨去油的方法,除去药材中大部分油脂,去油后的制品称为霜。霜制可降低毒性,缓和药性,如巴豆制霜后能缓和其泻下作用,减少刺激性,降低毒性;柏子仁含大量油脂,制霜后其异味减少,致吐、致泻作用降低;西瓜霜为西瓜皮和皮硝加工而成,两药合制,清热泻火作用增强。

(2) 发酵。将药物置于适宜的温度和湿度下,借助霉菌和酶的催化作用,使药物发泡、生衣。一般以温度 30~37℃、相对湿度 70%~80% 为宜,如六神曲、半夏曲等。

(3) 发芽。将成熟的果实及种子类药物置于一定的温度和湿度下,促使其萌发幼芽,温度以 18~25℃为宜。发芽使药物产生新的功效,如麦芽、谷芽等。

(4) 复制。是将净选后的药物加入一种或数种辅料,按规定程序反复炮制的方法。主要用于天南星、半夏、白附子等有毒中药的炮制。

🔍 相关知识

中药炮制是根据中药药性理论、临床辨证用药、药物调配和制剂要求而发展起来的一项传统制药技术,早在《黄帝内经》中就有"治半夏"的规定。炮制又称炮炙、修事或修治,包括对药材的一般修治整理和部分药材的特殊处理,炮制后的成品习惯称为饮片。炮制目的主要有以下几个方面:

1. 去除杂质和非药用部分 临床用药,必须去除杂质和非药用部分,使药物纯净清洁,以保证用药剂量的准确。植物根茎类药物要洗去泥沙,刮去粗皮,尽可能地去除非药用部分,如枇杷叶去毛,杏仁去皮,远志去心等;有些动物类药物,如蜈蚣、全蝎、蝉蜕等要去头、足、翅等非药用部分;矿物类药物要拣去杂质。

此外,炮制也有利于中药的贮藏。有些药物虽然来源于同一动植物,因入药部位不同,作用也不同,如麻黄茎发汗,麻黄根止汗,必须分别存放和应用。一些通过加热炮制的中药,不但可杀死虫卵,还消除酶解反应,如杏仁和黄芩用沸水略煮,可使苦杏仁酶、黄芩酶变性失活,有利于长时间保存而不致失效。

2. 降低或消除毒副作用 有的药物虽有较好的疗效,但因毒性或者副作用太大,临床应用不安全,通过炮制,可以降低其毒性或副作用。历代都有许多解毒的方法,或浸、或漂洗、或清蒸、或单煮、或加用辅料共蒸或煮以降低毒性。豆蔻含有毒物质肉豆蔻醚能使人惊厥,采用面煨、滑石粉炒可使毒性成分受热挥发,从而降低毒性;斑蝥含斑蝥素,有剧毒,作用于局部能刺激皮肤黏膜引起红肿、疼痛、发泡等,加热能使其升华逸出,含量减少,毒性降低;对于含有油类毒性成分的药物,通过制霜除去部分油性成分而降低毒性,如巴豆。

3. 改变或缓和性味 性味又称四气五味,即寒、凉、温、热四气和酸、苦、甘、辛、咸五味,是中药固有的特性和功效的物质基础。性味偏盛的药物,临床应用会给机体带来一定的副作用。如太寒伤阴，过辛耗气，过甘生湿，过酸损齿，过苦伤胃，过咸生痰。通过炮制可改变或缓和中药的性味。例如，黄连为大苦大寒之品，用辛温的姜汁和吴茱萸汁制后，能减弱其苦寒之性，即以热制寒，抑制其偏，是谓"反制"；用苦寒胆汁制后，则增加苦寒之性，加强清热泻火的功能，即寒者益寒，是谓"从制"。又如，生地黄甘苦寒，善于清热凉血，滋阴生津，多用于血热阴亏之证；蒸制后则为熟地黄，味甘温，为补血滋阴要药，用于肝血亏虚，肾阴不足及精血两亏者。

4. 改变或增强作用趋向 中药的作用趋向是以升、降、浮、沉来表示的。炮制后由于性味的改变，可以改变或增强其作用趋向。例如，大黄苦寒，其性沉而不浮，酒制后能引药上行，先升后降；黄柏主清下焦湿热，酒制后借酒的甘辛升浮之性，兼清上焦之热；砂仁辛温，能行气开胃消食，作用主要在中焦，盐炙后则下行治小便频数。一般来说，酒制则升，姜制则浮，醋制则沉，盐制则降，从而使中药产生多种功能。

5. 改变或增强归经 归经是中药对脏腑疾病的选择性治疗作用。炮制可以改变或增强这种选择性作用，从而更好地发挥疗效。例如，生地归心、肝经，清热凉血，制成熟地则入肾经，滋肾阴补精填髓；生姜发散风寒、和中止呕，干姜则温脾胃、回阳救逆，煨姜则主要用于和中止呕，姜炭则长于温经止血、祛小腹寒邪。辛温之生姜，经炮制成四种不同药用规格后，则分别适用于肺、心、胃、脾四经的疾病。中药炮制很多是以归经理论为指导的。如延胡索辛散苦泻温通，既行脾肺之气，又通肝心之血，活血行气俱佳，止痛应用最广。经醋制后，能增加在水中的溶解度，便于有效成分的煎出，从而增强止痛效果。

6. 增强药物疗效 中药切制成一定规格的饮片，并经过适当的炮制处理后，可以提高有效成分溶出率，从而增强疗效。例如，苦参、常山、延胡索、车前子等经酒、醋、盐等辅料炮制后，可使有效成分易于煎出；质地坚硬的矿物药及贝壳类药物，经火煅或火煅醋淬处理后，易使药物粉碎成适度粒度，可提高有效成分溶出量。含铁的代赭石经火煅醋淬后，易煎出和吸收；决明子、萝卜子、芥子、苏子、韭子，凡药用子者俱要炒过，入煎方得味出；冬花、紫菀等化痰止咳药经蜜炙处理后，增强了润肺止咳作用；胆汁制南星能增强镇痉作用。

7. 便于服用和制剂 有些中药有特殊或不良气味，难于下咽或服用后易引起恶心、呕吐，可通过辅料炮制矫味除臭，如酒炙乌蛇以去腥，醋炙五灵脂以除臭等。

项目 2.1.3 中药性能

问题一：中药的性能是指_____。
A. 中药的功效
B. 中药的性状
C. 中药作用的基本性质和特征的高度概括
D. 中药的基本作用
E. 中药的四气五味

问题二：甘味药的作用是_____。
   A. 发散、行气、行血   B. 补益、和中、缓急
   C. 软坚、散结、泻下   D. 收敛、固涩
   E. 清热、燥湿、泄降

问题三：咸味药的作用是_____。
   A. 发散   B. 固涩   C. 软坚   D. 清热   E. 补益

问题四：寒凉性药物的作用是_____。
   A. 温里   B. 散寒   C. 助阳   D. 凉血   E. 通络

问题五：下列不属于中药性能的是_____。
   A. 性味   B. 归经   C. 升降浮沉
   D. 升降出入   E. 毒性

问题六：（1～5题共用下列备选答案）
   A. 温性   B. 凉性   C. 热性   D. 寒性   E. 平性
1. 依据四气五味定性，生地的药性属于_____。
2. 依据四气五味定性，附子的药性属于_____。
3. 依据四气五味定性，茯苓的药性属于_____。
4. 依据四气五味定性，六曲的药性属于_____。
5. 依据四气五味定性，柴胡的药性属于_____。

问题七：下列说法错误的是_____。
   A. 桑叶、天花粉主升浮
   B. 确定升降浮沉的依据之一是药物的质地轻重
   C. 凡花叶类及质轻者多主升浮
   D. 果实及质重的矿物贝类药物多主沉降
   E. 苏子、枳实主沉降

问题八：下列哪些不是确定升降浮沉的主要依据？_____
   A. 药物的效用   B. 药物的性味
   C. 药物的气味厚薄   D. 药物的质地轻重
   E. 疾病的部位

问题九：治疗肺热燥咳宜选用_____。
   A. 半夏   B. 桑白皮   C. 枇杷叶
   D. 牛蒡子   E. 桑叶

问题十：指出下列错误的说法_____。
   A. "毒"指药物的偏性
   B. 副作用指在常用剂量时药物出现与治疗需要无关的不适反应
   C. 药物的偏性能治疗疾病，而不毒害人体
   D. 副作用对人体危害轻微，停药后能消失
   E. 毒性反应因过用而致，对人体危害较大

参考答案：B；C；D；A；D；D、C、E、E、B；A、E、E

>>> 任务27　四气五味

1. 四气　药性的寒、凉、温、热，都是从药物作用于机体所发生的反应和对于疾病所产生的治疗效果而总结出来的，是与所治疾病的寒、热性质相对而言的。能够治疗热性证候的药物，便认为是寒性或凉性；能够治疗寒性证候的药物，便认为是温性或热性（表2-1）。

表2-1　四气的阴阳属性和作用

属性	四气	作用	药物举例
阴	寒性药 凉性药	清热、泻火 凉血、解毒	黄连、黄芩 柴胡、桑叶
中性	平性药	寒证、热证均可	甘草、大枣
阳	温性药 热性药	温里、散寒 助阳、通络	防风、独活 干姜、肉桂

2. 五味　药味的确定，最初是依据药物的真实滋味，由口尝而得。如黄连、黄柏之苦，甘草、枸杞之甘，桂枝、川芎之辛，乌梅、木瓜之酸，芒硝、食盐之咸等。后来由于将药物的滋味与作用相联系，并以味解释和归纳药物的作用，便逐渐根据药物的作用确定其味。如凡有发表作用的药物，便认为有辛味；有补益作用的药物，便认为有甘味等等。由此出现了本草所载中药的味，与实际味道不符合的情况。例如葛根味辛、石膏味甘、玄参味咸等，均与口尝不符。所以药物的味，不能完全以舌感辨别，包括了药物作用的含义（表2-2）。

表2-2　五味的阴阳属性和作用

属性	五味	作用	药物举例
阴	酸	收敛、固涩	乌梅、诃子
	苦	清热、燥湿、泄降	黄连、黄柏
	咸	软坚、散结、泻下	芒硝、海藻
阳	辛	发散、行气、行血	防风、桂枝
	甘	补养、和中、缓急	党参、甘草
	淡	渗湿、利水	茯苓、猪苓

🔍 相关知识

中药性能，是指中药与疗效有关的性味和效能，概括起来主要有四气五味、升降浮沉、归经、毒性等。研究中药性能及其运用规律的理论称为药性理论。熟悉和掌握中药性能，对指导临床用药具有重要意义。

四气指寒、凉、温、热四种药性，也称四性。其中寒凉与温热属于两类不同的性质。寒与凉，温与热则是性质相同，仅在程度上有差异。此外，尚有一些中药的药性不甚显著、作用比较平缓，称为平性。但是它们或多或少偏于温或偏于凉，性属微凉或微温，并未越出四气范围，所以习惯上仍称四气。

五味指酸、苦、甘、辛、咸五种不同的药味。有些药物具有淡味或涩味，但是习惯上仍然称为五味。前人在长期的临床用药实践中，发现药物的味和其功用之间有一定联系，即不同味道的药物对疾病有不同的治疗作用，从而总结出五味的用药理论。即"辛能散行、甘能缓补、酸能收涩、苦能燥泻、咸能软下"。

每一种药物都具有性和味。一般说来，性味相同的药物的主要功能基本相似。例如，辛温的紫苏、生姜、荆芥、辛夷、川芎、款冬花等均具有不同程度的解表祛风、温里散寒的功效；苦寒的大黄、黄柏、川楝皮、白头翁等均具有清热燥湿或泻火解毒功效。性味不同，则作用不同。例如，辛寒的石膏除热，辛凉的薄荷解表，辛温的砂仁行气，辛热的附子助阳，辛温的麻黄发汗，甘温的大枣补脾，苦温的杏仁降气，酸温的乌梅收敛，咸温的蛤蚧补肾。

同一中药兼有数味者，其功效相应扩大。例如，当归辛甘温，补血活血，行气散寒；天冬甘苦寒，既能补阴，又能清火；苍术辛苦温，祛风湿解表，燥湿健脾，玄参苦甘咸寒，泻火解毒、养阴、化痰散结。

>>> 任务28　升降浮沉

凡病位在上、在表的宜升浮不宜沉降，如外感风寒表证，当用麻黄、桂枝等升浮药来解表散寒；在下在里的宜沉降不宜升浮，如肠燥便秘之里实证，当用大黄、芒硝等沉降药来泻下攻里。病势上逆的宜降不宜升，如肝火上炎引起的两目红肿，畏光流泪，应选用石决明、龙胆草等沉降药以清热泻火、平肝潜阳；病势下陷的宜升不宜降，如久泻脱肛或子宫脱垂，当用黄芪、升麻等升浮药来益气升阳（表2-3）。

表2-3　升降浮沉的阴阳属性和作用

属性	四气	五味	升降浮沉	作用趋向	质地轻重	炮制	病位	药物举例
阳	温热	辛甘淡	升浮	升阳、发表、祛风、散寒、开窍、催吐	植物的花叶、空心的根茎	酒炒姜制	病在上、在表	菊花、桑叶、桔梗
阴	寒凉	酸苦咸	沉降	潜阳、息风、降逆、止吐、清热、渗湿、利尿、泻下、止咳、平喘	植物的籽实、根茎、矿物质	盐炒醋制	病在下、在里	苏子、大黄、代赭石、牡蛎

相关知识

升降浮沉，是指药物进入机体后的作用趋向，是与疾病表现的趋向相对而言的。升是上升，降是下降，浮是上行发散，沉是下行泄利的意思。

由于各种疾病在证候上常有向上（如呕吐、喘咳）、向下（如泻痢、脱肛）、向外（如自汗、盗汗）、向内（如表证未解）等趋向的不同，以及在上、在下、在表、在里等病位的差异,因此,能够针对病情,改善或消除这些病证的药物,相对说来也就分别具有升降浮沉的不同作用趋向。药物的这种性能,有助于调整紊乱的脏腑气机,使之归于平顺,或因势利导,祛邪外出。

升降浮沉与四气五味有密切的关系。以药物的四气来说,温热药物主升浮,寒凉药物主沉降;以五味来说,辛、甘、淡主升浮,酸、苦、咸主沉降。

升降浮沉与药物质地、药用部分有关。凡质地轻而疏松的药物,如植物的叶、花、空心的根、茎,大多具有升浮的作用。凡质地坚实的药物,如植物的籽实、根茎及金石、贝壳类药物,大多具有沉降的作用。但也有少数药物例外,如"诸花皆升,旋覆花独降","诸子皆降,牛蒡子独升"等。

升降浮沉与药物炮制和配伍也有关系。以炮制来说,生用主升,熟用主降,酒制能升,生姜制能散,醋制能收,盐水炒能下行;以药物配伍来说,如将升浮药物配于大队沉降药物之中,也能随之下降,而沉降药物配于大队升浮药物之中,也能随之上升。

>>> 任务29 归 经

1. 根据动物脏腑经络的病变按经选药 如肺热咳喘,选用入肺经的黄芩、桑白皮;肝热或肝火,选用入肝经的龙胆草、夏枯草;心火亢盛,选用入心经的黄连、连翘等。

2. 根据脏腑经络病变的相互影响和传变规律选药 如肺气虚而见脾虚者,选择入肺经的药物的同时,选择入脾经的补脾药物以补脾益肺(培土生金),使肺有所养而逐渐恢复;又如肝阳上亢而见肾水不足者,选用入肝经的药物的同时,选择入肾经滋补肾阴的药物以滋肾养肝(滋水涵木),使肝有所涵而虚阳自潜。

相关知识

归经,是指某药对某经(脏腑及其经络)或某几经发生明显的作用,而对其他经则作用较小,或没有作用。

1. 每种药物都有归经 如同属寒性的清热药,黄连偏于清心热,黄芩偏于清肺热,龙胆草偏于清肝热,各有所专。再如,同是补养药,也有党参补脾,蛤蚧补肺,杜仲补肾等区别。因此,将各种药物对机体各部分的治疗作用系统归纳,便形成了归经理论。

2. 药效决定归经 中药归经,是以脏腑、经络理论为基础,以所治具体病证为依据。在临床上,根据药物的疗效与病机病理和脏腑、经络联系起来,就可以说明药物和归经之间的关系。如桔梗、杏仁能治咳嗽、气喘,则归肺经;朱砂能安神,则归心经;麦芽能消食,则归脾胃经等。由此可见,药物的归经理论,具体指出了药效之所在,它是从客观疗效观察中总结出来的规律。

3. 一药归数经 即药物对数经的病变都有治疗作用。如杏仁归肺与大肠经,它既能平喘止咳,又能润肠通便;石膏归肺与胃经,能清肺火和胃火。

项目 2　中药与方剂

4. 同经不同效　在应用药物的时候，如果只掌握药物的归经，而忽略了四气五味、升降浮沉等性能，那是不够全面的。因为同一脏腑经络的病变，有寒、热、虚、实以及上逆、下陷等不同；同归一经的药物，其作用也有温、清、补、泻以及上升、下降的区别。如同归肺经的药物，黄芩清肺热，干姜温肺寒，百合补肺虚，葶苈子泻肺实。

>>> 任务 30　毒　　性

1. 无毒　药物服用后很少出现副作用，使用安全，一般不会毒害人畜。
2. 小毒　药物使用较安全，虽可出现一些副作用，但一般不会导致严重后果。
3. 有毒、大毒　药物容易使人畜中毒，用时必须谨慎。
4. 剧毒　药物毒性强烈，临床上多供外用，或极小量入丸散内服，并要严格掌握炮制、剂量、服法、宜忌等。

但是，根据以偏纠偏、以毒攻毒的原则，有毒药物也有其可利用的一面。如古今利用某些有毒药物治疗恶疮肿毒、疥癣、瘰疬、瘿瘤、癌肿、癥瘕等积累了大量经验，获得了肯定的疗效。

相关知识

毒性，是指中药对畜体产生的毒害作用。毒性与副作用不同，前者对动物体的危害性较大，甚至可危及生命；后者是指在常用剂量时出现的与治疗无关的不适反应，一般比较轻微，对机体危害不大，停药后能消失。

毒性反应在临床用药时应当尽量避免。由于毒性反应的产生与药物贮存、加工炮制、配伍、剂型、给药途径、用量、使用时间的长短以及动物的体质、年龄、证候性质等都有密切关系，因此，使用有毒药物时，应从上述各个环节进行控制，避免中毒发生。

值得注意的是，在古代文献中有关药物毒性的记载大多是正确的，但由于历史条件和个人经验与认识的局限性，其中也有一些错误之处。如《本经》认为丹砂无毒，且列于上品药之首；《本草纲目》认为马钱子无毒等。因此，在继承古代用药经验的同时，亦应借鉴现代药理学研究成果，更应重视临床报道，以便更好地认识中药的毒性。

> **[附]83 种有毒性的药物及饮片**
>
> 《中华人民共和国药典》2015 年版（Ⅰ部）收载的标有毒性的药材及饮片共有 83 种，分为大毒、有毒、小毒三类。
>
> 大毒（10 种）：川乌、马钱子、马钱子粉、天仙子、巴豆、巴豆霜、红粉、闹羊花、草乌、斑蝥。

有毒（42种）：三颗针、干漆、土荆皮、千金子、千金子霜、制川乌、天南星、制天南星、木鳖子、甘遂、仙茅、白附子、白果、白屈菜、半夏、朱砂、华山参、全蝎、芫花、苍耳子、两头尖、附子、苦楝皮、金钱白花蛇、京大戟、制草乌、牵牛子、轻粉、香加皮、洋金花、臭灵丹草、狼毒、常山、商陆、硫黄、雄黄、蓖麻子、蜈蚣、罂粟壳、蕲蛇、蟾酥、山豆根。

小毒（31种）：丁公藤、九里香、土鳖虫、大皂角、川楝子、小叶莲、飞扬草、水蛭、艾叶、北豆根、地枫皮、红大戟、两面针、吴茱萸、苦木、苦杏仁、金铁锁、草乌叶、南鹤虱、鸦胆子、重楼、急性子、蛇床子、猪牙皂、绵马贯众、绵马贯众炭、紫萁贯众、苦荬藜、榼藤子、鹤虱、翼首草。

项目2.1.4 配伍禁忌

问题一：下列药物配合使用，属于相须为用的是_____。
 A. 石膏—知母   B. 黄芪—茯苓   C. 大黄—黄芩
 D. 生姜—半夏   E. 绿豆—巴豆

问题二：(1~4题共用下列备选答案)
 A. 相须   B. 相使   C. 相畏   D. 相杀   E. 相恶

1. 大黄、芒硝配伍用于清热泻下属于_____。
2. 人参若与莱菔子配伍属于_____。
3. 绿豆若与巴豆配伍属于_____。
4. 黄芪、茯苓配伍用于补气利水属于_____。

问题三：人参配莱菔子属于_____。
 A. 相使   B. 相恶   C. 相须   D. 相反   E. 相须

问题四：下列哪一组不属十九畏的内容？_____
 A. 官桂畏石脂   B. 水银畏砒霜   C. 芫花畏甘草
 D. 丁香畏郁金   E. 硫黄畏朴硝

问题五：下列除哪一项外，均为十八反的内容？_____
 A. 乌头反白蔹   B. 海藻反甘草   C. 甘草反甘遂
 D. 人参反五灵脂   E. 细辛反藜芦

参考答案：A、A E D B、B C D

>>> 任务31 配　　伍

1. **单行**　是指用单味药治病。对于病情较为单纯的病证，选用一种针对性强的药物即能收效。如单用甘草解毒，独用蒲公英治疗疮黄肿毒等。

2. **相须**　指性能功效相似的同类药物配合应用，可以起到协同作用，增强药物的疗效。如大黄与芒硝配合，能明显地增强泻下通便的作用；石膏与知母配合，能明显地增强清热泻火的作用。

3. 相使 指性能功效有某种共性的不同类药物配合应用，以一种药物为主，另一种药物为辅，能提高主要药物的功效。如黄芪与茯苓配合，黄芪的补气利水作用提高；黄芩与大黄配合，黄芩的清热泻火作用增强。

4. 相畏 指一种药物的毒性或副作用，能被另一种药物减轻或消除。如生半夏的毒性能被生姜减轻和消除，所以说生半夏畏生姜。

5. 相杀 指一种药物能减轻或消除另一种药物的毒性或副作用。如防风能解砒霜毒、绿豆能减轻巴豆毒性，所以说防风杀砒霜毒、绿豆杀巴豆毒。可见，相畏、相杀实际上是同一配伍关系的两种不同提法。

6. 相恶 指两种药物配合应用，能相互牵制而使作用降低或丧失药效。黄芩能降低生姜的温性；莱菔子能削弱人参（或党参）的补气功能，所以有生姜恶黄芩，人参恶莱菔子之说。

7. 相反 指两种药物配合应用，能产生毒性反应或出现副作用。如甘草反大戟，乌头反半夏。

> **相关知识**
>
> 　　配伍是指根据病情需要和药物的性能，有目的地将两种或两种以上的药物配合在一起应用。前人把单味药的应用和药物与药物之间的配伍关系总结为七个方面，称为药物的"七情"。
> 　　药性"七情"除了单行外，其余六个方面都是药物的配伍关系，用药时需要注意，其中相须、相使是药物产生协同作用而增进疗效；相畏、相杀是药物由于相互作用能减轻或消除原有的毒性或副作用；相恶是药物可能互相拮抗而抵消或削弱原有的功效；相反是本来无毒的药物，却因互相作用而产生毒性反应或强烈的副作用，属于配伍禁忌，应避免配用。

>>> 任务32　禁　　忌

1. 十八反

本草明言十八反，半蒌贝蔹及攻乌，
藻戟遂芫俱战草，诸参辛芍叛藜芦。

2. 十九畏

硫黄原是火中精，朴硝一见便相争；
水银莫与砒霜见，狼毒最怕密陀僧；
巴豆性烈最为上，偏与牵牛不顺情；
丁香莫与郁金见，牙硝难合荆三棱；
川乌草乌不顺犀，人参又忌五灵脂；
官桂善能调冷气，石脂相见便跷蹊；
大凡修合看顺逆，炮燨炙煨要精微。

3. 妊娠禁忌

蚖斑水蛭及虻虫，乌头附子配天雄，
野葛水银并巴豆，牛膝薏苡与蜈蚣，
三棱代赭芫花麝，大戟蛇蜕黄雌雄，
牙硝芒硝牡丹桂，槐花牵牛皂角同，
半夏南星与通草，瞿麦干姜桃仁通，
硇砂干漆蟹甲爪，地胆茅根都不中。

> **相关知识**
>
> 在临证用药处方时，为了安全起见，有些药物或配伍关系应当慎用或禁止使用。在长期的医疗实践中，古人积累了许多有关配伍禁忌的经验，主要有十八反、十九畏、妊娠禁忌等。
>
> **1. 十八反** 历代文献记载，配伍应用可能对动物产生毒害作用的药物有18种，故名"十八反"。即：乌头反半夏、瓜蒌、贝母、白蔹、白及；甘草反海藻、大戟、芫花、甘遂；藜芦反人参、沙参、丹参、玄参、细辛、芍药。
>
> **2. 十九畏** 历来认为相畏药物有19种，配合在一起应用时，一种药物能抑制另一种药物的毒性或烈性，或降低另一药物的功效。习惯上称为"十九畏"。硫黄畏朴硝，水银畏砒霜，狼毒畏密陀僧，巴豆畏牵牛子，丁香畏郁金，牙硝畏荆三棱，川乌、草乌畏犀角，人参畏五灵脂，官桂畏赤石脂。
>
> **3. 妊娠禁忌** 在动物妊娠期间，为了保护胎儿的正常发育和母畜的健康，应当禁用或慎用具有堕胎作用或对胎儿有损害作用的药物。属于禁用的多为毒性较大或药性峻烈的药物，如巴豆、水银、大戟、芫花、商陆、牵牛子、斑蝥、三棱、莪术、虻虫、水蛭、蜈蚣、麝香等。属于慎用的药物主要包括祛瘀通经、行气破滞、辛热、滑利等作用的中药，如桃仁、红花、牛膝、丹皮、附子、乌头、干姜、肉桂、瞿麦、芒硝、天南星等。

项目2.1.5 方　　剂

问题一：引经药属于下列哪类药的范畴？_____
 A. 君药　　　B. 臣药　　　C. 佐药　　　D. 使药　　　E. 以上都不是

问题二：针对主病或主证而起主要治疗作用的药物是_____。
 A. 君药　　　B. 臣药　　　C. 佐药　　　D. 使药　　　E. 以上都是

问题三：关于麻黄汤的说法错误的是_____。
 A. 麻黄辛温发汗，解表散寒，为君药
 B. 桂枝辛温通阳以助麻黄发汗散寒，为臣药
 C. 杏仁降泄肺气以助麻黄平喘，为佐药
 D. 甘草调和诸药，为使药
 E. 麻黄汤用于治疗外感风寒表虚证

项目 2　中药与方剂

问题四：不属于方剂运用变化内容的是_____。
　　A. 方剂药味的加减　　　　B. 方剂剂型的更换
　　C. 方剂药量的增加　　　　D. 方剂药量的减少
　　E. 方剂主治范围的扩大
问题五：方剂中各药物剂量的确定主要依据是_____。
　　A. 根据中药的性能　　　　B. 根据配伍与剂型
　　C. 根据方剂的组成　　　　D. 根据病情及其轻重
　　E. 以上均是

参考答案：D　A　E　E　E

>>> 任务 33　方剂的组方原则

1. 主药（君药）　针对病因或主证起主要作用的药物。

2. 辅药（臣药）　辅助主药，以加强治疗作用的药物。

3. 佐药　有三方面的作用。一是用于治疗兼证或次要证候；二是制约主药的毒性或烈性；三是用作反佐，用于因病势拒药须加以从治者，如在温热剂中加入少量寒凉药，或于寒凉剂中加入少许温热药，以消除病势拒药（"格拒不纳"）的现象。

4. 使药　方中的引经药，或协调、缓和药性的药物。

以主治风寒表实证的麻黄汤为例，方中的麻黄辛温发汗，解表散寒，为君药；桂枝辛温通阳以助麻黄发汗散寒，为臣药；杏仁降泄肺气以助麻黄平喘，为佐药；甘草调和诸药，为使药。

> **相关知识**
>
> 　　方剂是在确立治法的基础上，由单味或若干味药物按一定原则配合组成的药方。方中各药能互相配合、加强疗效，并能减少或缓和某些药物的毒性和烈性、消除不利作用，更好地适应复杂病情的需要。也就是说，药有个性之特长，方有合群之妙用。
>
> 　　方剂学是中兽医理、法、方、药的重要组成部分，只有在辨证立法的基础上才能合理运用。方是从属于治法的，治法是立方的依据。例如治疗冷肠泄泻，根据辨证确立暖肠利水之法，处方用药就要以暖肠利水这个治法为依据。既可以选用桂心散加减处方，也可以在五苓散的基础上化裁，或选用其他方剂，但无论运用何方，都不能违背暖肠利水的治法。所以，在治疗疾病时，"方"可以不定，而"法"必须确定。只有这样，才能使治法落实到处方上，以达到合理有效的治疗目的。即所谓"方从法立，以法统方"。
>
> 　　除单方外，方剂一般是由若干味药物组成的。组成一个方剂，不是把药物进行简单的堆砌，也不是单纯地将药效相加，而是根据病情需要，在辨证立法的基础上，按照一定的原则，选择适当的药物组合而成的。构成方剂的组分药一般包括主、辅、佐、使四部分，即古人所归纳的君、臣、佐、使。

> 方剂中君臣佐使的药味划分，是为了使处方者在组方时注意药物的配伍和主次关系，并非死板格式。有些方剂，药味很少，其中的主药或辅药本身就兼有佐使作用，则不再另配伍佐使药。有些方剂，根据病情需要，只需区分药味的主次即可，不必都按君臣佐使的结构排列。如二妙散（苍术、黄柏）只有两味药。

>>> 任务34　方剂的加减化裁

1. 药味增减　在主证未变、兼证不同的情况下，可不改变主药，适当增添或减去一些次要药味。如郁金散是治疗马肠黄的基础方，热甚时，宜减去诃子以免湿热滞留，添加金银花、连翘增强清热解毒；腹痛重时，宜加乳香、没药、延胡索以活血止痛；水泻不止时，宜减去大黄，加猪苓、茯苓、泽泻、乌梅增强利水止泻功能。

2. 配伍变化　方剂中主药不变，与之相配伍的药物发生了变化，其功能和主治也会发生变化。以麻黄为例，配桂枝，组成麻黄汤，能发汗解表，主治风寒表实证；配石膏，组成麻杏石甘汤，则由辛温散寒变化为辛凉清热的方剂，能解表清里，主治表邪未解、里热已炽之证。

3. 药量增减　药物不变，只增减药物的用量，可以改变方剂的药力或治疗范围，甚至也可改变方剂功能和主治。如小承气汤和厚朴三物汤，同是由大黄、枳实、厚朴三味药物组成，但方剂中药物之间的比例不同，功能和主治也有差异。小承气汤重用大黄，功能泻热通便，主治阳明腑实证；厚朴三物汤重用厚朴，功能行气除满，主治气滞腹胀。

4. 合方加减　在病情复杂的情况下，主、兼各症均有各自的代表性方剂时，可将两个或两个以上的方剂合并。如四君子汤补气，四物汤补血，两方合成八珍汤则成气血双补之剂；再如卫气营血病证，卫、气同病可用银翘散合白虎汤加减；营、卫合邪可用银翘散合清营汤加减；气、营同病可用白虎汤合清营汤加减；热毒内盛、气血两燔可用黄连解毒汤、白虎汤、清营汤和犀角地黄汤等加减组合成的清瘟败毒饮。

> **相关知识**
>
> 方剂的组成虽然有一定的原则，但在临床应用时不是一成不变的，还应根据病情的轻重缓急以及病畜种类、体质、年龄等灵活化裁。只有这样，才能做到"师其法而不泥其方"，获得预期的治疗效果。

>>> 任务35　剂型的选择

1. 散剂　是将处方中一种或多种药物粉碎后混合均匀而制成的粉末状制剂。临床最常用，有内服和外用之分。内服，常用开水调成糊状，或加水稍煎，候温灌服；也可混入饲料中喂服，如藿香正气散、平胃散、郁金散、千金散等。外用，一般研成细末或极细末，多用于疮面或患部的掺撒、敷贴，或用于点眼、吹鼻等，如桃花散、生肌散、拨云散、青黛散、冰硼散等。

2. 汤剂 又称煎剂、汤液，是将处方中一味或多味中药饮片加水煎煮后去渣而得的液体剂型。也有内服和外用之分。内服汤剂容易吸收、药效快，适用于急病或重病，如白虎汤、补中益气汤、麻杏石甘汤、四逆汤等；当经口灌服困难时，某些内服汤剂也可采用保留灌肠的方法投药。外用汤剂常用于洗治疮疡、湿敷肿痛等，如防风汤。

3. 丸剂 是将中药粉末或提取物加适宜的赋形剂制成的球形固体剂型。有蜜丸、水丸、糊丸、浓缩丸等多种。蜜丸是将药物粉末以炼制过的蜂蜜为黏合剂制成，水丸的辅料为水或黄酒、醋、稀药汁、糖液等，糊丸的辅料为米糊或面糊，浓缩丸是由中药提取物加适当辅料制成。很多内服方剂都可做成丸剂，如六味地黄丸、四神丸等。丸剂易于保存，但大多吸收缓慢，作用持久，常用于治疗慢性疾病。但在兽医临床上，因动物不能主动吞咽丸药，故给药时需用投丸器，或用水化开灌服。

4. 片剂 是将一味或多味中药细粉或经加工提炼后，与适宜的辅料混合压制而成的一种圆片状剂型。如板蓝根片、黄连解毒片等。

5. 合剂 是将中药用水或其他溶剂提取、纯化、浓缩制成的供内服的液体制剂，又称口服液，常有固定的规格，如双黄连口服液、杨树花口服液等。

6. 注射剂 是将中药经提取、配制、灌封、灭菌等步骤制成的液体或可溶性粉末状制剂，供注射用。如金根注射液、柴胡注射液等。

7. 冲剂 是将中药煎液或浸提液，浓缩干燥或与适当辅料混合制成的颗粒状（又称颗粒剂）或粉末状制剂。因使用时多用水冲服，故称冲剂。如板青颗粒、七清败毒颗粒等。

8. 流浸膏剂 是将中药用适当溶剂提取后，除去部分溶剂而制成的液体制剂，如大黄流浸膏、远志流浸膏等。

9. 浸膏剂 是将中药经适当溶剂提取后，除去所有溶剂而制成的半固体或固体制剂，如甘草浸膏、大黄浸膏等。由于浸膏不含溶剂，可制成片剂或丸剂，或直接装入胶囊服用。

10. 软膏剂 是将中药细粉或提取物与适当的基质混合调制成的一种半固体制剂，如白及膏、紫草膏等。

11. 锭剂 是将中药粉末或提取物加赋形剂制成的一种固体制剂，如保健锭。

12. 酊剂 是将中药用规定浓度的乙醇提取加工而成的澄清液体制剂，也可用流浸膏稀释制成。如马钱子酊、复方龙胆酊等。

13. 灌注剂 是将中药提取物以适宜的溶剂制成的供子宫、乳房等器官内灌注应用的灭菌液体制剂，如用于子宫内灌注的促孕灌注液等。

🔍 相关知识

根据治病需要，将方剂制成适宜的使用形式称为剂型。剂型是根据方药的性质、病情的需要、用药的方法和动物的采食特性等确定的。《神农本草经》中记载："药性有宜丸者，宜散者，宜水煮者，宜酒渍者，宜膏煎者，亦有一物兼宜者，亦有不可入汤酒者，并随药性，不得违越。"病情不同，所需的剂型也不同，如病急者宜汤，病缓者宜丸，疮疡湿者宜贴，干枯者宜涂膏等。在使用方法上，灌服宜用散剂或汤剂，直肠给药宜用汤剂等。不同的动物，采食特性不同，所用剂型也不同，如禽类可用药砂，鱼类多用药饵等。

>>> 任务36 剂量的确定

1. 根据中药的性能 凡有毒的、峻烈的药物用量宜小,并应从小量开始使用,逐渐增加,中病即止,谨防中毒。对质地较轻或容易煎出的药物,可用较小的量,对质地较重或不容易煎出的药物,可用较大的量。此外,对于新鲜的药物,用量可大些。

2. 根据配伍与剂型 方剂中各药有君、臣、佐、使之分,主药的用量一般要大些。同一中药在大复方中的用量要小于小复方甚至单味方。在吸收较快的汤剂、酒剂中的用量要小于吸收较慢的散剂、丸剂中的用量。

3. 根据方剂的组成 各种药物剂量的变化可使处方的功能和主治都发生变化。方剂中药味多用量少,药味少时则用量宜大。

4. 根据病情及其轻重 一般来说,病情轻浅的用量宜轻,病情较重的用量可适当增加。病证不同,用量也有讲究。如在石膏与麻黄的配伍剂量上,治汗出而喘、无大热者石膏与麻黄的比例为 2∶1;治温病无汗而热重者为 10∶1;治白喉、烂喉病比例可高达 20∶1。

5. 根据动物种类和体型大小 动物种类和体型大小不同,剂量大小非常悬殊。各种动物用药剂量的相对比例参考值见表 2-4。

表 2-4 不同种类动物用药剂量比例

动物种类	剂量比例	动物种类	剂量比例
马(体重 300kg 左右)	1	猫(体重 4kg 左右)	1/32~1/20
黄牛(体重 300kg 左右)	1~5/4	鸡(体重 1.5kg 左右)	1/40~1/20
水牛(体重 500kg 左右)	1~3/2	鱼(每 1kg 体重)	1/30~1/10
驴(体重 150kg 左右)	1/3~1/2	虾蟹(每 1kg 体重)	1/300~1/200
羊(体重 40kg 左右)	1/6~1/5	蚕(5%熟蚕时,10 000 头)	1/20~1/10
猪(体重 60kg 左右)	1/8~1/5	蜂(每 1 标准群)	1/100~1/50
犬(体重 15kg 左右)	1/16~1/10		

此外,还要根据动物的年龄、性别以及地区、季节等不同来确定用量。剂量与药物产地、品种、采集、炮制、贮藏、药材性质有关,也与动物机体的生理和病理状况密切相关。要根据临床治疗的具体情况全面考虑,适当增减。

> **相关知识**
>
> 剂量,是指每一药物的常用治疗量。剂量的大小,直接关系到治疗的效果和畜体对药物的毒性反应。一般中药的用量安全度比较大,但个别有毒的药物仍须注意。药物的毒性与剂量通常是成正比关系,如果剂量超越一定的范围时,还会引起功效的改变,如大黄少量能健胃,大量则泻下。所以,对待中药的剂量必须持严谨的态度。

>>> 任务37 给药方法

1. 经口给药法 经口给药又称内服、口服、灌服(液体制剂)或投服(丸剂、片剂)

以及舐服等。用胃导管经口或鼻插入食管或胃中投灌药也属经口给药法。除了将药物制剂混在饲料中或溶于水中令动物自行采食或饮服外，多采用经口给药法，服用的剂型多为散剂或汤剂。

灌服中药，可用牛角、竹筒或金属制成的灌角（或称灌勺）。汤剂可直接灌服，散、片等固体制剂用水调成稀糊样；丸剂可用投丸器投服，也可调成糊状灌服。药量不多的散剂，可加少量水或赋形剂调膏状，涂在舌面后部或舌根处令动物咽下。

服药次数，一般每天1次，也可将每日量分2~3次服完。服药前后，动物一般应停止饲喂2~4h，以利于药物的消化与吸收。服药时间，有些药物有饲喂前服和饲喂后服的说法。一般说来，滋补药、驱虫药和泻下药宜饲喂前空腹时服，健脾胃药和对胃肠刺激性较大的药宜饲喂后服。药液温度，有些药物有温服和凉服之分，清热剂宜凉服，除寒剂宜温服。

2. 非经口给药法 指除经口给药法以外的各种给药方式，如注射、灌肠、点眼、吹鼻、熏、洗、敷、掺、贴、嵌入等。

随着畜牧业集约化生产的发展，群体用药被越来越多地采用。所谓群体用药，就是为了防治群发性疫病，或为了提高动物的生产性能，采用批量集体用药的方式。有些动物（如鸡、鱼、蜂、蚕）或群体数量很大，或个体很小，难以逐个给药，也主要采用群体用药法。中药的群体用药，目前较普遍的是拌饲或混饮，即将药物拌入饲料中或溶解于饮水中给动物服用。此外，在动物所处的环境（如水体）中施药，使环境中的每个动物都能接触到药物，也是一种群体给药方法。

项目 2.2　常用中药与方剂

项目 2.2.1　常用解表方药

问题一：下面说法错误的是_____。
　A. 解表药性善发散，能使肌表之邪外散或从汗而解
　B. 解表药主要宣肺透疹，兼发散解表、利水、祛风湿
　C. 解表药主要适用于外感风寒或风热所致的恶寒、发热、头痛、身痛、无汗或有汗、脉浮等表证
　D. 解表药部分还可用于咳喘、水肿、疹发不畅及风湿痹痛等
　E. 解表药是以发散表邪，解除表证为主要功效的药物

问题二：下面说法错误的是_____。
　A. 发汗力强的解表药，注意用量，不可过汗
　B. 体虚多汗及热病后期津液亏耗者忌服发汗力强的解表药
　C. 解表药入汤剂应久煎
　D. 辛凉解表药发汗力较缓和，长于透解表热
　E. 辛温解表药发汗力强，能发散风寒

问题三：菊花配枸杞子共同体现的功效是_____。
　A. 疏散风热　　B. 补肝肾明目　　C. 平肝息风　　D. 清热解毒　　E. 清肺润肺

问题四：生用能解表退热，醋炙能增强疏肝解郁的药物是_____。

A. 柴胡　　　B. 薄荷　　　C. 延胡索　　　D. 青皮　　　E. 香附

问题五：被喻为"呕家圣药"的是_____。

A. 生姜　　　B. 香薷　　　C. 紫苏　　　D. 荆芥　　　E. 桂枝

问题六：主治风热表证，麻疹透发不畅，吐血宜选_____。

A. 菊花　　　B. 牛蒡子　　C. 葛根　　　D. 荆芥　　　E. 蔓荆子

问题七：关于桂枝的描述哪些是错误的？_____

A. 发汗力同麻黄，并长于助阳、温通经脉

B. 辛温助热，易伤阴动血

C. 治疗阳虚停水之痰饮或蓄水证

D. 温经通脉

E. 孕畜慎用

问题八：治疗风热或肝热目赤宜选_____。

A. 蝉蜕　　　B. 牛蒡子　　C. 葛根　　　D. 升麻　　　E. 柴胡

问题九：治疗鼻渊、头痛宜选_____。

A. 辛夷　　　B. 夏枯草　　C. 藁本　　　D. 香薷　　　E. 荆芥

问题十：既能疏肝解郁，又能利咽透疹的药是_____。

A. 蝉蜕　　　B. 板蓝根　　C. 马勃　　　D. 升麻　　　E. 薄荷

问题十一：下面哪两药合用，善宣肺降气，止咳平喘，治咳喘气逆功著，证属风寒束肺者尤宜？_____

A. 麻黄配石膏　　　　　　B. 麻黄配杏仁

C. 杏仁配桂枝　　　　　　D. 麻黄配薏苡仁

E. 石膏配杏仁

问题十二：下列药物不属于辛温解表药的是_____。

A. 桂枝　　　B. 荆芥　　　C. 紫苏　　　D. 细辛　　　E. 升麻

问题十三：下列药物不属于辛凉解表药的是_____。

A. 葛根　　　B. 柴胡　　　C. 薄荷　　　D. 黄芩　　　E. 桑叶

问题十四：银翘散主要用于_____。

A. 外感风寒表实证　　　　B. 外感风寒表虚证

C. 外感挟湿表寒证　　　　D. 外感风热证

E. 气分实热证

问题十五：(1~5题共用下列备选答案)

A. 荆防败毒散　B. 桑菊饮　C. 银翘散　D. 麻黄汤　E. 桂枝汤

1. 外感风热选用_____。
2. 外感风寒表实证选用_____。
3. 外感风寒表虚证选用_____。
4. 外感挟湿的表寒证选用_____。
5. 外感风热犯肺的轻证选用_____。

参考答案：B C A E, D B A A, C D E E, D C, D E A B

任务38 常用解表药

1. 辛温解表药

（1）麻黄。为麻黄科植物麻黄、中麻黄或木贼麻黄的干燥茎枝。切段生用或蜜炙用。主产于山西、内蒙古、河北等地。

【性味归经】辛、微苦，温。入肺、膀胱经。

【功能主治】发汗散寒，宣肺平喘，利水消肿。主治风寒表实证，肺经实喘，水肿实证。

【用量】马、牛15~30g；猪、羊3~10g；犬3~5g。

【应用】①外感风寒所致的恶寒发热、无汗等，常与桂枝相须为用，以增强发汗力量，如麻黄汤。②肺热咳喘，常与石膏、杏仁、甘草同用，如麻杏石甘汤。

【药理】含麻黄碱、假麻黄碱、甲基麻黄碱、麻黄次碱、苄甲胺和松油醇等，能刺激汗腺分泌，可发汗解热，松弛支气管平滑肌痉挛，兴奋心脏，收缩血管，升高血压和兴奋中枢，并有利水消肿、抑菌、抗病毒等作用。

【附药】麻黄根。味甘，性平，入肺经，能止一切虚汗（气虚自汗、阴虚盗汗）。可使心脏收缩减弱，血压下降，呼吸幅度增大，末梢血管扩张，心率降低等。

（2）桂枝。为樟科植物肉桂的干燥嫩枝。切成薄片或小段后入药。主产于广西、广东、云南等地。

【性味归经】辛、甘，温。入心、肺、膀胱经。

【功能主治】发汗解肌，温经通络。主治风寒表证，风寒湿痹，水肿。

【用量】马、牛15~45g；猪、羊3~10g；犬1.5~3g；兔、禽0.5~1.5g。

【应用】①风寒表证、发热无汗，常与麻黄等同用，如麻黄汤；表虚自汗，多与白芍、生姜、大枣等配伍，如桂枝汤。②风寒湿痹，肢体疼痛，关节不利等，常与附子、羌活、防风等同用，如桂枝附子汤。③脾肾阳虚所致的水肿，尿不利等，常与茯苓、猪苓、泽泻、白术同用，如五苓散。

【药理】含桂皮醛、肉桂酸、2-甲氧基肉桂酸等，有解热、镇痛、抑菌等作用。

（3）防风。为伞形科植物防风的干燥根。切片生用或炒用。主产于黑龙江、吉林、内蒙古、辽宁等地。

【性味归经】辛、甘，微温。入膀胱、肺、脾经。

【功能主治】祛风发表，胜湿解痉。主治表证，风湿痹痛，破伤风等。

【用量】马、牛15~60g；猪、羊5~15g；犬3~8g；兔、禽1.5~3g。

【应用】①外感风寒所致的鼻流清涕，肌肉紧硬等，常与荆芥、羌活、独活、前胡等同用，如荆防败毒散；外感风热，鼻流浓涕，咽喉肿痛，常与金银花、连翘、薄荷、荆芥等配伍。②风湿痹痛，常与羌活、独活、附子、升麻等配伍，如防风散。③破伤风所致的强直性痉挛，常与天南星、白附子、天麻等配伍，如千金散。

【药理】主含挥发油、补骨脂内酯、香柑内酯等，有解热、抗炎、镇痛、抑菌等作用。

（4）荆芥。为唇形科植物荆芥的全草或花穗。切段生用、炒黄或炒炭用。主产于江苏、浙江、江西等地。

【性味归经】辛，温。入肺、肝经。

【功能主治】祛风解表，止血。主治表证，各种出血。

【用量】马、牛 15~60g；猪、羊 6~12g；犬、猫 2~5g；兔、禽 1.5~3g。

【应用】①外感风寒表证，常与防风、羌活、独活等同用，如荆防败毒散；外感风热表证，常与金银花、连翘、薄荷等同用，如银翘散。②衄血、便血、尿血、子宫出血等，荆芥常炒炭后与栀子、大黄、槐花、地榆等同用。

【药理】主含挥发油，具有解热，促进皮肤血液循环，增强汗腺分泌以及缓解平滑肌痉挛等作用。

(5) 紫苏。为唇形科植物紫苏的干燥叶。切细生用。茎单用名苏梗，种子亦入药，名苏子，全国各地均产。

【性味归经】辛，温。入肺、脾经。

【功能主治】发表散寒，行气和胃。主治风寒感冒，脾胃气滞，呕吐。

【用量】马、牛 15~60g；猪、羊 5~15g；犬 3~8g；兔、禽 1.5~3g。

【应用】①外感风寒表证，恶寒发热，无汗兼咳嗽等，常与杏仁、前胡、桔梗等同用，如杏苏散。②脾胃气滞，食欲不振，肚腹胀满，反胃呕吐等，常与藿香、大腹皮、草果、陈皮、生姜等同用。

【药理】主含挥发油等，有解热、镇咳、止呕、抑菌等作用。

【附药】①紫苏梗：辛，温。入肺、脾经。功能为理气和中、止痛、安胎，主治气滞腹胀、呕吐、胎动不安。②紫苏子：辛，温。入肺经。功能为降气消痰、止咳平喘、润肠通便，主治痰壅咳喘、肠燥便秘。

(6) 细辛。为马兜铃科植物北细辛、汉城细辛和华细辛的全草。切段生用或蜜炙用。主产于辽宁、吉林、陕西、山东、黑龙江等地。

【性味归经】辛，温。入心、肺、肾经。

【功能主治】发表散寒，温肺化痰，祛风止痛。主治外感风寒，肺寒咳嗽，风湿痹痛。

【用量】马、牛 9~15g；猪、羊 1.5~3g；犬 0.5~1g。

【应用】①外感风寒，发热恶寒等，常与羌活、防风、白芷、川芎等同用。②风寒束肺所致的咳喘，痰多清稀等，常与干姜、五味子、桂枝、麻黄、半夏等同用，如小青龙汤。③风湿痹痛，常与羌活、桂枝、川乌、草乌等配伍。

【药理】主含蒎烯、甲基丁香酚、细辛酮等，有解热、镇痛、抗惊厥、抗炎等作用。

(7) 白芷。为伞形科植物白芷或杭白芷的干燥根。切片入药。主产于四川、东北、浙江、江西、河北等地。

【性味归经】辛，温。入肺、胃经。

【功能主治】祛风除湿，消肿排脓，通窍止痛。主治风寒感冒，风湿痹痛，疮黄肿痛，脑颡鼻脓。

【用量】马、牛 15~30g；猪、羊 3~9g；犬、猫 0.5~3g。

【应用】①外感风寒，常与荆芥、防风、细辛等同用，如荆防败毒散；风湿痹痛，常与独活、桑枝、秦艽等同用。②疮痈成脓，难于破溃，常与金银花、天花粉、穿山甲、皂角刺同用，如仙方活命饮；乳痈初起，常与瓜蒌、贝母、蒲公英等同用。③脑颡，鼻流浊涕不止，常与辛夷、苍耳子、薄荷等配伍，如苍耳散。

【药理】主含白芷素、欧前胡素等，具有解热、镇痛、抗炎、抑菌等作用。

(8) 辛夷。为木兰科植物辛夷望春花、玉兰或武当玉兰的干燥花蕾。捣碎生用或炒炭用。主产于河南、安徽、四川等地。

【性味归经】辛，温。入肺、胃经。

【功能主治】散风寒，通鼻窍。主治脑颡鼻脓。

【用量】马、牛15～60g；猪、羊3～9g；犬、猫2～5g。

【应用】①外感风寒，鼻流清涕，常与防风、白芷、川芎等同用。②脑颡鼻脓，常与知母、黄柏、沙参、木香、郁金等同用，如辛夷散。

【药理】含挥发油，具有平喘、止咳、抗炎等作用。

2. 辛凉解表药

（1）薄荷。为唇形科植物薄荷和家薄荷的干燥茎叶。切段生用。主产于江苏、江西、浙江等地。

【性味归经】辛，凉。入肺、肝经。

【功能主治】疏散风热，清利头目。主治外感风热，目赤肿痛，咽喉肿痛。

【用量】马、牛15～45g；猪、羊3～9g；犬3～5g；兔、禽0.5～1.5g。

【应用】①风热感冒或温病初起，常与荆芥、牛蒡子、金银花等同用，如银翘散。②风热上攻所致的目赤或咽喉肿痛等，常与桔梗、牛蒡子、玄参、菊花、柴胡等同用。

【药理】主含薄荷酮、薄荷醇、桉树脑等，具有发汗、解热、解痉、祛痰、抗炎、镇痛等作用。

（2）柴胡。为伞形科植物柴胡或狭叶柴胡的干燥根。前者习称北柴胡，后者习称南柴胡。切片生用或醋炒用。北柴胡主产于辽宁、甘肃、河北、河南等地，南柴胡主产于湖北、江苏、四川等地。

【性味归经】辛、苦，微寒。入肝、胆、肺经。

【功能主治】和解退热，疏肝理气，升举阳气。主治寒热往来，肝脾不和，久泻脱肛，子宫脱垂。

【用量】马、牛15～45g；猪、羊3～10g；犬3～5g；兔、禽1～3g。

【应用】①寒热往来，常与黄芩、半夏、甘草等同用，如小柴胡汤。②肝脾不和所致食欲减退，腹痛、腹泻，单用或与当归、白芍、茯苓、白术、薄荷等同用，如逍遥丸。③脾虚下陷所致的久泻脱肛、子宫脱垂、阴道脱等，常与黄芪、党参、升麻等同用，如补中益气汤。

【药理】含挥发油、有机酸、植物甾醇等，具有解热、镇静、镇痛、抗菌、抗病毒、抗疟原虫、利胆和抗肝损伤等作用。

（3）升麻。为毛茛科植物大三叶升麻或兴安升麻和升麻的干燥根茎。切片生用或炙用。主产于辽宁、黑龙江、湖南、山西等地。

【性味归经】甘、辛，微寒。入肺、脾、胃、大肠经。

【功能主治】发表透疹，清热解毒，升阳举陷。主治痘疹，疮疡肿毒，久泻脱肛。

【用量】马、牛15～45g；猪、羊3～10g；兔、禽1～3g。

【应用】①猪、羊痘疹透发不畅的初期，常与葛根、金银花、连翘等同用。②胃火亢盛的牙龈肿痛，常与石膏、黄连等同用；咽喉肿痛，常与桔梗、牛蒡子、玄参等同用；热病发斑和疮疡肿毒，常与金银花、连翘、大青叶等同用。③脾虚下陷所致的久泻脱肛，子宫脱垂等，常与柴胡、黄芪、党参等同用。

【药理】含升麻素、升麻苷、升麻宁、异阿魏酸等，具有解热、镇静、降压、抗惊厥、抗肝损伤等作用。

（4）葛根。为豆科植物野葛或甘葛藤的干燥根。切片晒干。生用或煨用。主产于浙江、广东、江苏等地。

【性味归经】甘、辛，凉。入脾、胃经。

【功能主治】发表解肌，生津止渴，透疹，升阳止泻。主治风热表证，热病伤津，痘疹，脾虚泄泻。

【用量】马、牛20～60g；猪、羊5～15g；犬3～5g；兔、禽1.5～3g。

【应用】①外感表热证，常与柴胡、黄芩、石膏等同用；热病伤津，可单用或与天花粉、麦冬等同用。②脾虚泄泻，煨葛根与党参、白术、藿香等同用。

【药理】含葛根素、大豆素、大豆苷、花生酸等，具有扩张血管、增加血流量、降低心肌耗氧量、增加氧供应，以及退热、镇静和解痉等作用。

（5）桑叶。为桑科植物桑的叶片。生用或蜜炙用。全国各地均产。

【性味归经】苦、甘，寒。入肺、肝经。

【功能主治】疏风散热，清热润燥，清肝明目。主治风热感冒，肺热燥咳，目赤肿痛。

【用量】马、牛15～30g；猪、羊5～10g；犬3～8g；兔、禽1.5～2.5g。

【应用】①风热感冒、肺热咳嗽、咽喉肿痛等，常与菊花、金银花、薄荷、桔梗等配伍，如桑菊饮。②燥热伤肺所致的咳嗽咽干，常与石膏、党参、麦冬、杏仁、枇杷叶等同用，如清燥救肺汤。③风热或肝火上炎所致的目赤肿痛，常与菊花、决明子、车前子等同用。

【药理】含N-糖化合物、芸香苷、槲皮素、挥发油等，具有解热、祛痰、利尿、抗炎和抑菌等作用。

（6）菊花。为菊科植物菊的干燥头状花序。烘干或蒸后晒干入药。主产于浙江、安徽、河南、四川、山东等地。

【性味归经】甘、苦，微寒。入肺、肝经。

【功能主治】疏风清热，平肝明目，清热解毒。主治风热感冒，目赤肿痛，疮黄肿毒。

【用量】马、牛15～45g；猪、羊3～19g；犬3～8g；兔、禽1.5～3g。

【应用】①外感风热或温病初起，常与桑叶、薄荷、连翘等同用，如桑菊饮。②风热或肝火上炎所致的目赤肿痛，常与桑叶、夏枯草等同用。③疮黄肿毒，既可内服，又可外敷，常与金银花、甘草等同用。

【药理】含挥发油、黄酮类、绿原酸等，具有抗菌、抗病毒、消炎、解热和降血压等作用。

（7）牛蒡子。为菊科植物牛蒡的成熟种子。生用或炒用。主产于河北、东北、浙江、四川、湖北等地。

【性味归经】辛、苦，寒。入肺、胃经。

【功能主治】疏散风热，宣肺透疹，解毒消肿。主治外感风热，疮黄肿毒，痘疹，咽喉肿痛。

【用量】马、牛15～45g；猪、羊5～10g；犬、猫2～5g。

【应用】①外感风热所致的咽喉肿痛，常与桔梗、金银花、连翘、薄荷、荆芥、甘草等同用，如银翘散。②痈肿疮毒尚未破溃者，常与大黄、连翘、黄芩、当归等同用。③猪、羊痘疹透发不畅，常与蝉蜕、薄荷、葛根等同用。

【药理】含牛蒡苷、牛蒡酚、松脂醇等，具有直接抑制或灭活流感病毒，利尿和改善肾脏代谢，抑制皮肤真菌等作用。

相关知识

凡以发散表邪，解除表证为主要作用的药物（方剂），称为解表药（方）。本类药物多具有辛味，辛能发散，故有发汗、解肌的作用，适用于邪在肌表的病证，即《内经》所说的"其在皮者，汗而发之"。此外，某些解表药尚兼有利尿消肿、透发斑疹、止咳平喘、宣痹止痛等作用。

根据解表药（方）的性能和功效，一般可分为辛温解表药（方）和辛凉解表药（方）两类。

1. 辛温解表药 本类药物性味多为辛温，具有发散风寒的功能，发汗作用较强，适用于风寒表证，如恶寒战栗，发热无汗，耳鼻发凉，口润不欲饮水，舌苔薄白，脉浮紧等。

2. 辛凉解表药 性味多为辛凉，具有发散风热的功能，发汗作用较缓和，适用于风热表证，如发热，微恶风寒，目赤多眵，咽干口渴，舌苔薄黄，脉浮数等。

使用解表药（方）应注意以下几点：

（1）用量不宜过大或使用太久，以免耗损津液，造成大汗亡阳。

（2）炎热季节，畜体腠理疏松，容易出汗，用量宜轻，而寒冷季节，用量可稍大。

（3）对于体虚或气血不足的病畜，要慎用或配合补养药以扶正祛邪。

（4）本类药物一般不宜久煎，以免气味挥发，损耗药力。

>>> 任务39 常用解表方

1. 麻黄汤（《伤寒论》）

【组成】麻黄（去节）30g、桂枝45g、杏仁60g、炙甘草20g。

【功能】发汗解表，宣肺平喘。

【主治】外感风寒表实证。证见恶寒发热，无汗咳喘，苔薄白，脉浮紧。

【方解】本方是辛温解表的代表方。方中麻黄辛温，能发汗解表以散风寒，又能宣利肺气以平喘咳，为主药；桂枝发汗解肌，温通经脉，与麻黄合用则发表之力大增，并能解除肢体疼痛，为辅药；杏仁宣降肺气，助麻黄止咳平喘，为佐药；甘草协调诸药，为使药。四药同用，共收发汗解表，宣肺平喘之效。

【用法】水煎，候温灌服，或为细末，稍煎，候温灌服。

【应用】用于风寒表实证。常以本方加减治疗感冒、流感和支气管炎等属于风寒表实证者。本方去桂枝，加生姜，名三拗汤（《和剂局方》），功能为宣肺止咳，主治外感风寒，咳嗽痰多；若倍用麻黄、桂枝，加石膏、生姜、大枣，名大青龙汤（《伤寒论》），功能为发汗解表，清热除烦，主治风寒表实证兼有里热而见发热恶寒、寒热俱重、无汗而烦躁者。

【备注】本方为发汗之峻剂，凡表虚自汗、外感风热、体虚外感、产后血虚等不宜应用；

本方不宜久服，一经出汗，即可停药。

2. **桂枝汤**（《伤寒论》）

【组成】桂枝 45g、白芍 45g、炙甘草 20g、生姜 60g、大枣 60g。

【功能】解肌发表，调和营卫。

【主治】外感风寒表虚证。证见恶风发热，汗出，鼻流清涕，舌苔薄白，脉浮缓。

【方解】本方证是因风寒之邪客于肌表，营卫不和所致。方中桂枝解肌发表为主药；辅以白芍敛阴和营，使桂枝辛散风寒又不致伤阴，桂、芍二药配伍，一散一收，营卫调和，能使表邪得解；生姜助桂枝散风寒，大枣助白芍和营卫，共为佐药；甘草调和诸药，为使药。诸药相合，共有解肌发表，调和营卫之功。

【用法】水煎，候温灌服，或为细末，稍煎，候温灌服。

【应用】主要用于外感风寒表虚证。对流感、外感性腹痛、产后发热等有良效。若见有喘咳，可加厚朴、杏仁，以平喘止咳，名桂枝加厚朴杏子汤（《伤寒论》）；本方倍用芍药，加饴糖，名小建中汤（《伤寒论》），治虚寒腹痛；再加黄芪，名黄芪建中汤（《金匮要略》），治疗气虚而腹痛者。

【备注】本方重在解肌发表，调和营卫，与专于发汗的方剂不同，只适用于外感风寒的表虚证。若表实无汗不宜应用，表热证也当忌用。

3. **银翘散**（《温病条辨》）

【组成】银花 60g、连翘 45g、淡豆豉 30g、桔梗 25g、荆芥穗 30g、淡竹叶 20g、薄荷 30g、牛蒡子 45g、芦根 30g、甘草 20g。

【功能】辛凉解表，清热解毒。

【主治】外感风热或温病初起。证见发热无汗或微汗，微恶风寒，口渴咽痛，咳嗽，舌苔薄白或薄黄，脉浮数。

【方解】本方证因外感温邪所致，温病初起，邪在卫分。方中银花、连翘清热解毒，辛凉透表为主药；薄荷、荆芥穗、淡豆豉发散表邪，助主药透热外出，为辅药；牛蒡子、桔梗、甘草合用能宣肺祛痰、利咽止咳，芦根、竹叶清热生津止渴，治疗兼证，为佐使药。诸药相合，共奏辛凉透表，清热解毒之功。

【用法】为末，开水冲调，候温灌服，或煎汤服。

【应用】本方由清热解毒药与解表药组成，是辛凉解表的主要方剂，常用于治疗各种家畜的风热感冒或温病初起，也用来治疗流感、急性咽喉炎、支气管炎、肺炎及某些感染性疾病初期而见有表热证者。发热甚者，加栀子、黄芩、石膏以清热；津伤渴甚者，加天花粉生津止渴；咽喉肿痛甚者，加马勃、射干、板蓝根以利咽消肿；痈疮初起，有风热表证者，应酌加紫花地丁、蒲公英等以增强清热解毒之力。

项目 2.2.2 常用清热方药

问题一：下列药物属于清热泻火药的是_____。
    A. 黄连   B. 黄芩   C. 知母   D. 生地   E. 水牛角

问题二：下列药物属于清热解毒药的是_____。
    A. 黄连   B. 黄芩   C. 板蓝根   D. 苦参   E. 白头翁

问题三：下列药物属于清热凉血药的是_____。
　　A. 黄连　　　B. 生地　　　C. 知母　　　D. 栀子　　　E. 板蓝根
问题四：下列药物不属于清热燥湿药的是_____。
　　A. 黄连　　　B. 黄芩　　　C. 黄柏　　　D. 苦参　　　E. 麻黄
问题五：黄连解毒汤主要用于_____。
　　A. 阳明经证　B. 三焦热盛　C. 热入血分　D. 湿热黄疸　E. 气分实热
问题六：犀角地黄汤主要用于_____。
　　A. 气分热盛　B. 热入血分　C. 热入营分　D. 三焦热盛　E. 气血两燔
问题七：白头翁汤主要用于_____。
　　A. 心经积热　B. 伤暑　　　C. 热毒血痢　D. 三焦热盛　E. 肝经湿热
问题八：郁金散主要用于_____。
　　A. 湿热黄疸　B. 肠黄　　　C. 乳痈初起　D. 肝火上炎　E. 膀胱湿热
问题九：茵陈蒿汤主要用于_____。
　　A. 湿热黄疸　B. 温热病后期　C. 心经积热　D. 热毒血痢　E. 肠黄
问题十：白虎汤主要用于_____。
　　A. 气分热盛　B. 热入血分　C. 热入营分　D. 三焦热盛　E. 气血两燔
问题十一：马，发病1日。临诊时体温39.9℃。高热，汗出如油，口渴贪饮，脉象洪而有力。若选用中药治疗，应以下述哪个方剂为主进行加减？_____
　　A. 清营汤　　B. 龙胆泻肝汤　C. 荆防败毒散　D. 白虎汤　E. 香薷散

参考答案：B，C，E，B，C，C，A，B，A，D

>>> 任务40　常用清热药

1. 清热泻火药

（1）石膏。为硫酸盐类矿物硬石膏族石膏，主含含水硫酸钙（$CaSO_4 \cdot 2H_2O$）。粉碎成粗粉，生用或煅用。主产于湖北、甘肃、四川等地。

【性味归经】辛、甘，大寒。入肺、胃经。

【功能主治】清热泻火，外用收敛生肌。主治气分实热，肺热咳喘，湿疮和疮疡。

【用量】马、牛60～120g；猪、羊15～30g；犬、猫3～5g；兔、禽1～3g。

【应用】①气分实热，高热不退等，常与知母相须为用，以增强清里热的作用，如白虎汤；气血两燔，神昏发斑，常与水牛角、生地、丹皮等同用。②肺热咳嗽，气喘，常与麻黄、杏仁、甘草等配伍，如麻杏石甘汤。③湿疹、烫伤、疮疡不敛及创伤久不收口等，宜外用煅石膏，与枯矾、陈石灰、血竭、乳香、没药、冰片等同用。

【药理】本品主含硫酸钙，具有解热、镇静、镇痉、消炎等作用。

（2）知母。为百合科植物知母的干燥根茎。切片生用，盐炒或酒炒用。主产于河北、山西及山东等地。

【性味归经】苦，寒。入肺、胃、肾经。

【功能主治】清热泻火，滋阴润燥。主治胃热、肺热咳嗽，阴虚内热，肠燥便秘。

【用量】马、牛20~60g；猪、羊5~15g；犬3~8g；兔、禽1~2g。

【应用】①肺胃实热证，常与石膏同用，如白虎汤；肺热痰稠，可与黄芩、瓜蒌、贝母等同用。②阴虚火旺，盗汗，常与黄柏等同用，如知柏地黄汤。③肺虚燥咳，常与沙参、麦冬、川贝等同用。④阴虚所致肠燥便秘，常与郁李仁、火麻仁等同用。

【药理】含知母皂苷、菝葜皂苷元等，有解热、抗炎、抗菌等作用。

(3) 栀子。为茜草科植物栀子的干燥成熟果实。生用、炒用或炒炭用。主产于长江以南各地。

【性味归经】苦，寒。入心、肺、三焦经。

【功能主治】清热泻火，凉血解毒，利尿。主治三焦热盛，目赤肿痛，口舌生疮，湿热黄疸，热淋，尿血，鼻衄。

【用量】马、牛15~60g；猪、羊5~10g；犬3~6g；兔、禽1~2g。

【应用】①目赤肿痛，常与黄连、黄芩、黄柏等同用，如黄连解毒汤。②湿热黄疸，常与茵陈、大黄同用，如茵陈蒿汤。③血热妄行所致的热淋、尿血、鼻衄等，常与大黄、丹皮、大蓟、小蓟等同用。

【药理】含栀子素（黄酮类）、果酸等，有抗菌、解热、抗炎、镇静、镇痛、利胆、止血等作用。

2. 清热凉血药

(1) 生地。为玄参科植物地黄的新鲜或干燥块根。切片生用。新鲜者，习称鲜地黄；慢慢焙至约八成干者，习称生地黄。主产于河南、河北、东北及内蒙古。

【性味归经】甘、苦，寒。入心、肝、肾经。

【功能主治】清热凉血，滋阴生津。主治阴虚内热，鼻衄，尿血，津亏便秘。

【用量】马、牛30~60g；猪、羊5~15g；犬3~6g；兔、禽1~2g。

【应用】①热病后期，阴虚内热所出现的低热不退，口色红，脉细数，盗汗，常与青蒿、鳖甲、地骨皮等配伍。②血分有热或血热妄行而致的鼻衄、尿血，常与侧柏叶、丹皮、茜草等同用。③高热伤津所致的口干舌红，津亏便秘，可与玄参、麦冬等配伍，如增液汤。

【药理】含梓醇、阿魏酸、胡萝卜苷等，有抗真菌、升高血压、降血糖、强心、利尿、止血和增强免疫等作用。

(2) 牡丹皮。为毛茛科植物牡丹的干燥根皮。切片生用或炒用。主产于安徽、山东、湖南、四川、贵州等地。

【性味归经】苦、辛，微寒。入心、肝、肾经。

【功能主治】清热凉血，活血散瘀。主治血热出血，瘀血肿痛。

【用量】马、牛15~30g；猪、羊3~10g；犬3~6g；兔、禽1~2g。

【应用】①热入营血分所致的鼻血、便血、发斑等，常与生地、玄参等同用。②跌打损伤等所致的瘀血肿痛，常与当归、赤芍、桃仁、乳香、没药等配伍。

【禁忌】孕畜慎用。

【药理】含丹皮酚、白桦脂酸、齐墩果酸、没食子酸等，具有镇静、镇痛、抗惊厥、解热、抗凝血、抗过敏和抑菌等作用。

(3) 地骨皮。为茄科植物枸杞的干燥根皮。切段生用。主产于宁夏、甘肃、河北等地。

【性味归经】甘，寒。入肺、肾、肝经。

【功能主治】清热凉血，退虚热。主治血热妄行，阴虚发热，肺热咳嗽。

【用量】马、牛 15～60g；猪、羊 5～15g；兔、禽 1～2g。

【应用】①血热妄行所致的衄血、尿血，常与生地、丹皮等同用。②阴虚发热，盗汗，常与知母、胡黄连、秦艽等同用。③肺热咳嗽，可与桑白皮等配伍。

【药理】含甜菜碱、茛宕亭、β-谷甾醇、大黄素、大黄素甲醚等，具有降血糖、降血压、解热、抗菌等作用。

(4) 白头翁。为毛茛科植物白头翁的干燥根。生用。主产于东北、内蒙古及华北等地。

【性味归经】苦，寒。入大肠、胃经。

【功能主治】清热解毒，凉血止痢。主治湿热泄泻，热毒血痢。

【用量】马、牛 15～60g；猪、羊 6～15g；犬、猫 1～5g；兔、禽 1.5～3g。

【应用】肠黄作泻、下痢便血、里急后重等，常与黄连、黄柏、秦皮等同用，如白头翁汤。

【药理】含白头翁皂苷、白头翁素、原白头翁素和白桦酯酸等，有镇静、镇痛、止泻、止血、抑菌、抗痉挛、抑制阿米巴虫的繁殖和生长等作用。

(5) 玄参。为玄参科植物玄参的干燥根。切片生用。主产于浙江，湖北、安徽、山东、四川、河北、江西等地。

【性味归经】甘、苦、咸，寒。入肺、胃、肾经。

【功能主治】清热养阴，润燥解毒。主治阴虚内热，咽喉肿痛，阴虚便秘。

【用量】马、牛 15～45g；猪、羊 5～15g；犬、猫 2～5g；兔、禽 1～3g。

【应用】①热病伤阴，口渴舌绛，常与生地、麦冬、黄连、金银花、连翘等同用，如清营汤。②咽喉肿痛，常与生地、桔梗、栀子、葛根、黄芩等同用。③肠燥便秘，常与生地、麦冬配伍，如增液汤。

【禁忌】不宜与藜芦同用。

【药理】含有环烯醚萜类、苯丙素苷、黄酮类、脂肪酸及挥发油等，有解热、抗炎、抗氧化、抑菌、提高脑血流量等作用。

(6) 水牛角。为牛科动物水牛的角。镑片或锉成粗粉。南方各地均产。

【性味归经】苦、咸，寒。入心、肝经。

【功能主治】凉血止血，清心安神，泻火解毒。主治高热神昏，血热出血，惊风和惊厥。

【用量】马、牛 90～150g；猪、羊 20～50g；犬、猫 3～10g。

【应用】①血热妄行的鼻衄、尿血等，常代犀角，与生地、玄参、丹皮等同用，如犀角地黄汤。②热扰心神所致的惊厥、惊风等，可代犀角，与生地、丹皮、黄连、石菖蒲、黄芩、茯苓等同用。

【禁忌】孕畜慎用。畏川乌、草乌。

【药理】含氨基酸、常量和微量元素等，有强心、止血、增强免疫等作用。

3. 清热燥湿药

(1) 黄连。为毛茛科植物黄连、三角叶黄连或云连的干燥根茎。生用，姜汁炒或酒炒用。主产于四川、云南及我国中部、南部各地。

【性味归经】苦，寒。入心、脾、胃、肝、胆、大肠经。

【功能主治】清热燥湿，泻火解毒。主治湿热泻痢，心火亢盛，火毒疮痈，目赤肿痛。

【用量】马、牛 15～30g；猪、羊 5～10g；犬 3～8g；兔、禽 0.5～1g。

【应用】①湿热泻痢，单用或与郁金、诃子、黄芩、大黄、黄柏、栀子、白芍等同用，如郁金散。②心火亢盛所致的口舌生疮等，常与黄芩、黄柏、栀子、天花粉、牛蒡子、桔梗、木通等同用，如洗心散。③火热炽盛，疮黄肿毒，目赤肿痛等，常与黄芩、黄柏、栀子等同用，如黄连解毒汤。

【药理】含小檗碱、黄连碱、甲基黄连碱、药根碱等，具有抗菌、抗病毒、抗炎、解热、镇静、利胆、降压、抗腹泻、增强白细胞的吞噬能力等作用，对钩端螺旋体、阿米巴原虫、皮肤真菌亦有抑制作用。

(2) 黄芩。为唇形科植物黄芩的干燥根。切片生用或酒炒用。主产于河北、山西、内蒙古、河南及陕西等地。

【性味归经】苦，寒。入肺、胆、脾、大肠、小肠经。

【功能主治】清热燥湿，泻火解毒，安胎。主治湿热泻痢，肺热咳嗽，疮黄肿毒，黄疸，胎动不安。

【用量】马、牛 20~60g；猪、羊 5~15g；犬 3~5g；兔、禽 1.5~2.5g。

【应用】①湿热泻痢，单用或与黄连、黄柏、栀子、郁金等同用。②肺热咳嗽，可与金银花、板蓝根、知母等同用。③热毒疮黄，常与金银花、板蓝根、连翘等同用。④湿热黄疸，常与栀子、茵陈等同用。⑤胎动不安，可与白术同用。

【药理】含黄芩素、黄芩苷、汉黄芩素、汉黄芩苷、千层纸素等，有解热、抗炎、镇静、降压、抑制肠管蠕动、利尿等作用，并有抗菌、抗病毒和抑制皮肤真菌等作用。

(3) 黄柏。为芸香科植物黄檗和黄皮树的干燥树皮，前者习称关黄柏，后者习称川黄柏。切丝生用或盐水炒用。主产于东北、华北、内蒙古、四川、云南等地。

【性味归经】苦，寒。入肾、膀胱经。

【功能主治】清热燥湿，泻火解毒，退虚热。主治湿热泻痢，黄疸，阴虚盗汗，疮疡肿毒。

【用量】马、牛 15~45g；猪、羊 5~10g；犬 5~6g；兔、禽 0.5~2g。

【应用】①湿热泻痢，常与白头翁、黄连、秦皮同用，如白头翁汤；湿热黄疸，常与茵陈、栀子同用，如茵陈蒿汤；膀胱湿热所致的尿淋涩疼痛，常与木通、淡竹叶、车前子、栀子等同用。②阴虚发热，常与知母、地黄等同用，如知柏地黄汤。③疮疡肿毒，常与知母、苦参等同用。

【药理】含小檗碱、小檗胺、药根碱、木兰花碱、掌叶防己碱等，具有抗菌、解热、降压、利胆、利尿等作用。

(4) 龙胆草。为龙胆科植物龙胆、条叶龙胆或三花龙胆的干燥根及根茎。切段生用。我国南北各地均有分布。

【性味归经】苦，寒。入肝、胆、膀胱经。

【功能主治】清热燥湿，泻肝火。主治肝胆湿热，湿疹，目赤肿痛。

【用量】马、牛 15~45g；猪、羊 6~15g；犬、猫 1~5g；兔、禽 1.5~3g。

【应用】①黄疸，常与茵陈、栀子等同用。②尿短赤、湿疹等，常与黄柏、苦参、茯苓等配伍。③肝经风热和目赤肿痛，单用或与栀子、黄芩、柴胡、木通等同用，如龙胆泻肝肠。

【药理】含龙胆苦苷、龙胆三糖、龙胆碱、龙胆黄碱等，具有健胃、抗皮肤真菌和广谱的抑菌作用。

4. 清热解毒药

（1）金银花。为忍冬科植物忍冬的干燥花蕾。生用或炙用。主产于河南、山东等地。

【性味归经】甘，寒。入肺、胃、大肠经。

【功能主治】清热解毒，疏散风热。主治风热感冒，热毒血痢，热毒痈肿。

【用量】马、牛15～60g；猪、羊5～10g；犬、猫3～5g；兔、禽1～3g。

【应用】①外感风热或温病初起，常与连翘、荆芥、薄荷等同用，如银翘散。②热毒血痢，常与郁金、黄芩、白芍等同用。③热毒痈肿，常与当归、陈皮、防风、白芷、贝母、天花粉、乳香、穿山甲等同用，如真人活命饮。

【药理】含氯原酸、异氯原酸、木犀草素等，有抗炎、解热、抑菌、抗感毒等作用。

（2）连翘。为木犀科植物连翘的干燥成熟果壳。生用。主产于山西、陕西、河南等地。

【性味归经】苦，微寒。入心、肺、小肠经。

【功能主治】清热解毒，消肿散结。主治外感风热，疮黄肿毒。

【用量】马、牛20～30g；猪、羊10～15g；犬3～6g；兔、禽1～2g。

【应用】①外感风热或温病初起等，常与金银花、薄荷、牛蒡子、淡豆豉等同用，如银翘散。②疮黄肿毒等，常与金银花、蒲公英、黄芩、栀子等同用。

【药理】含连翘酚、连翘酯苷、齐墩果酸、熊果酸、槲皮素、芦丁等，有强心、镇吐、解热、抗炎、利尿和广谱抗菌作用。

（3）紫花地丁。为堇菜科植物紫花地丁的干燥或新鲜全草。干用或鲜用。主产于江苏、福建、云南及长江以南各地。

【性味归经】苦，辛，寒。入心、肝经。

【功能主治】清热解毒，凉血消肿。主治乳痈，痈肿疮毒。

【用量】马、牛60～80g；犬3～6g；猪、羊15～30g。

【应用】①痈肿疮毒，常与蒲公英、金银花、野菊花等同用，如五味消毒饮。②乳痈，鲜品捣烂外敷，或与蒲公英、金银花、王不留行等同用。

【药理】含有机酸、黄酮、皂苷、甾醇、鞣质等，具有抗炎和抑菌作用。

（4）蒲公英。为菊科植物蒲公英、碱地蒲公英或同属数种植物的干燥全草。生用。各地均产。

【性味归经】苦，甘，寒。入肝、胃经。

【功能主治】清热解毒，散结消肿，利尿通淋。主治痈肿疮毒，黄疸，热淋。

【用量】马、牛30～90g；猪、羊15～30g；犬、猫3～6g；兔、禽1.5～3g。

【应用】①痈疽疗毒，常与金银花、野菊花、紫花地丁等同用。②乳痈，单用或与金银花、连翘、通草等同用，如公英散。③湿热黄疸，常与茵陈、栀子配伍。④热淋，常与白茅根、金钱草等同用。

【药理】含蒲公英素、蒲公英甾醇等，有抑菌、增强免疫、抗氧化、利胆、保肝、利尿、健胃等作用。

（5）板蓝根。为十字花科植物菘蓝的干燥根。切片生用。主产于江苏、河北、安徽、河南等地。

【性味归经】苦，寒。入心、肺经。

【功能主治】清热解毒，凉血利咽。主治外感风温时疫，热毒血斑，血痢，咽喉肿痛。

【用量】马、牛 30～100g；猪、羊 15～30g；犬、猫 3～5g；兔、鸡 1～2g。

【应用】①外感风温时疫等，单用或与黄芩、连翘、牛蒡子等同用，如普济消毒饮。②热毒斑疹、丹毒、血痢肠黄等，常与黄连、栀子、赤芍、升麻等同用。③咽喉肿痛、口舌生疮等，常与金银花、桔梗、甘草等同用。

【药理】含靛苷、靛红、靛蓝、葡萄糖芸香素、棕榈酸及氨基酸等，有广谱抗菌、抗病毒和增强免疫作用。

【附药】①大青叶。为板蓝根的叶，生用。功效清热解毒，凉血消斑。用于各种丹毒、痈肿、瘟疫、斑疹、咽喉肿痛等，常与黄连、栀子、金银花等同用。

②青黛。为大青叶的加工品，系用大青叶加水打烂后，再加入石灰水等，捞取浮在上面的靛蓝粉末，晒干而成。功效与大青叶相似。多外用，治口舌生疮。

(6) 射干。为鸢尾科植物射干的干燥根茎。切片生用。主产于浙江、湖北、河南、安徽、江苏等地。

【性味归经】苦，寒。入肺经。

【功能主治】清热解毒，祛痰利咽。主治肺热咳喘，咽喉肿痛。

【用量】马、牛 15～45g；猪、羊 5～10g。

【应用】①肺热咳喘痰多，常与前胡、贝母、瓜蒌等同用。②痰热壅盛所致的咽喉肿痛，常与黄芩、牛蒡子、山豆根、甘草等同用。

【药理】含鸢尾苷、鸢尾黄素、野鸢尾黄素、射干酚、射干醛等，有抗炎、减少炎性渗出、解热、止痛及抑制皮肤癣菌等作用。

(7) 山豆根。为豆科植物越南槐的干燥根及根茎。切片生用。主产于广西、广东、湖南、贵州等地。

【性味归经】苦，寒，有毒。入胃、肺经。

【功能主治】清热解毒，利咽消肿，祛痰止咳。主治咽喉肿痛，肺热咳喘，疮黄疔毒。

【用量】马、牛 15～45g；猪、羊 5～10g；犬 3～5g；兔、禽 1～2g。

【应用】热毒肺火所致的咽喉肿痛，常与射干、玄参、桔梗等同用。

【药理】含苦参碱、氧化苦参碱等，有抗炎、抗菌和抗肿瘤等作用。

(8) 黄药子。为薯蓣科植物黄独的干燥块茎。切片生用。主产于湖北、湖南、江苏、江西、山东、河北等地。

【性味归经】苦，平。有小毒。入心、肺、脾经。

【功能主治】清热凉血，解毒消肿。主治肺热咳喘，咽喉肿痛，疮黄肿毒，衄血，毒蛇咬伤。

【用量】马、牛 15～60g；猪、羊 5～15g；犬 3～8g；兔、禽 1～3g。

【应用】①肺热咳喘、咽喉肿痛等，常与山豆根、射干、牛蒡子等同用。②疮黄肿毒，常与栀子、黄芩、黄连、白药子等同用，如消黄散。③衄血，常与栀子、生地等同用。④毒蛇咬伤，常与半边莲等同用。

【药理】含薯蓣皂苷元、箭根薯蓣皂苷等，有抑菌、抗病毒等作用。

(9) 白药子。为防己科植物头花千金藤的干燥块根。切片生用，主产于江西、湖南、湖北、广东、浙江、陕西、甘肃等地。

【性味归经】苦，寒。入肺、心、脾经。

【功能主治】清热解毒，凉血止血，散瘀消肿。主治肺热咳喘，咽喉肿痛，疮黄肿毒。

【用量】马、牛30～60g；猪、羊5～15g；犬3～8g；兔、禽1～3g。

【应用】①肺热咳喘、咽喉肿痛等，常与桑白皮、贝母、当归、芍药、天花粉、桔梗、白芷等同用。②疮黄肿毒，常与黄药子同用。

【药理】含头花藤碱、小檗胺、氧甲基异根毒碱等，对结核杆菌有抑制作用。

（10）穿心莲。为爵床科植物穿心莲的全草。切段，晒干生用或鲜用。主产于广东、广西、云南等地。

【性味归经】苦，寒。入心、肺、大肠、膀胱经。

【主治功能】清热解毒，燥湿止泻。主治肺热咳喘，肠黄作泻，泻痢。

【用量】马、牛60～120g；猪、羊30～60g；犬、猫3～10g；兔、禽1～3g。

【应用】①肺热咳喘，常与桑白皮、黄芩等同用。②肠黄作泻、泻痢等，可与地榆、苦参、秦皮、白头翁等同用。

【药理】含穿心莲内酯、脱氧穿心莲内酯、脱水穿心莲内酯等，有抑菌、抗炎、减少渗出、消肿、解热等作用。

（11）鱼腥草。为三白草科蕺菜的干燥地上部分。切段生用。主产于江苏、浙江、江西、安徽、四川、云南、贵州、广东、广西等地。

【性味归经】辛，微寒。入肺经。

【功能主治】清热解毒，消肿排脓，利尿通淋。主治肺痈，泻痢，淋浊。

【用量】马、牛30～120g；猪、羊15～30g；犬、猫3～5g；兔、禽1～3g。

【应用】①痰热壅滞、肺痈鼻脓等，常与桔梗、芦根、桃仁、浙贝母等同用。②泻痢，单用或与黄连、木香等同用。③膀胱湿热所致的尿短赤、淋涩疼痛等，常与海金沙、车前子、木通等同用。

【药理】含挥发油，具有抑菌、抗炎、消肿、增强免疫等作用。

5. 清热解暑药

（1）香薷。为唇形科植物香薷的干燥全草。切段生用。主产于江西、安徽、河南等地。

【性味归经】辛，微温。入肺、胃经。

【功能主治】祛暑解表，利湿行水。主治伤暑，发热无汗，泄泻腹痛，水肿，尿不利。

【用量】马、牛15～45g；猪、羊3～10g；犬2～4g；兔、禽1～2g。

【应用】①外感伤暑，常与黄芩、黄连、天花粉等同用，如香薷散；暑湿，常与扁豆、厚朴等同用。②水肿、尿不利等，常与白术、茯苓等同用。

【药理】含黄酮、香豆素、木脂素、萜类和挥发油等，具有抑菌、镇痛、增强免疫、抑制平滑肌痉挛、发汗、解热、利尿等作用。

（2）绿豆。为豆科植物绿豆的干燥种子。生用。各地均有栽培。

【性味归经】甘，寒。入心、胃经。

【功能主治】清热解毒，消暑止渴。主治暑热口渴，热痈肿毒，中毒轻症。

【用量】马、牛250～500g；猪、羊30～90g。

【应用】暑热常与甘草、葛根、黄连等同用；中毒常与甘草等同用。

【药理】含蛋白质、淀粉、香豆素、单宁、生物碱、甾醇、皂苷和黄酮类等，有利尿、抗菌、抗病毒、增强机体免疫等作用。

（3）荷叶。为睡莲科植物莲的叶片。生用或晒干用。主产于浙江、江西、湖南、江苏、湖北等地。

【性味归经】苦，平。入肝、脾、胃经。

【功能主治】解暑清热，升发清阳。主治暑湿泄泻，便血，尿血，子宫出血。

【用量】马、牛30～90g；猪、羊10～30g；犬6～9g。

【应用】暑热、尿短赤等，常与藿香、佩兰等同用；暑湿泄泻、脾虚气陷等，常与白术、扁豆等配伍。

【药理】含荷叶碱、莲碱、去甲基荷叶碱、槲皮素等，具有降血压、降血脂、改善血液循环、抗菌等作用。

（4）青蒿。为菊科植物青蒿和黄花蒿的干燥茎叶。切段生用。各地均产。

【性味归经】苦，辛，寒。入肝、胆经。

【功能主治】清热解暑，退虚热，杀原虫。主治外感暑热，阴虚发热，湿热黄疸，寄生虫病。

【用量】马、牛15～60g；猪、羊5～15g；犬3～5g；兔、禽1～2g。

【应用】①外感暑热，常与藿香、佩兰、滑石等配伍；治温热病，常与黄芩、竹茹等同用。②阴虚发热，常与生地、鳖甲、知母、丹皮同用，如青蒿鳖甲汤。③疟原虫、血吸虫、球虫和梨形虫病等，单用或与其他杀虫药同用。

【药理】含青蒿素及挥发油，具有抗疟原虫、血吸虫、弓形虫、卡氏肺孢子虫、犬附红细胞体和球虫的作用。

> **相关知识**
>
> 凡以清解里热为主要作用的药物（方剂），称为清热药（方）。
>
> 清热药性属寒凉，具有清热泻火、解毒、凉血、燥湿、解暑等功能，主要用于高热、热痢、湿热黄疸、热毒疮肿、热性出血及暑热等里热证。
>
> 里热证有气分、血分之别，实热、虚热之分，脏腑偏盛之殊，以及湿热、暑湿之不同。因此，清热药又可分为清热泻火药、清热凉血药、清热燥湿药、清热解毒药和清热解暑药五大类。
>
> **1. 清热泻火药**　本类药物性味甘、苦，寒，能清气分热，有泻火泄热的作用。适用于高热火盛所致的里热证。证见高热、大汗、口渴贪饮、尿液短赤、舌苔黄燥、脉象洪数等。
>
> **2. 清热凉血药**　主要入血分，能清血分热，有凉血清热作用。主要用于血分实热证，温热病邪入营血，血热妄行，证见斑疹和各种出血，以及舌绛、狂躁、甚至神昏等。
>
> **3. 清热燥湿药**　性味苦寒，苦能燥湿，寒能胜热，有清热燥湿的作用，主要用于湿热证，如肠胃湿热所致的泄泻、痢疾，肝胆湿热所致的黄疸，下焦湿热所致的尿淋漓等。
>
> **4. 清热解毒药**　有清热解毒作用，常用于瘟疫、毒痢、疮黄肿毒等热毒病证。

5. 清热解暑药 有清热解暑作用，用于暑热、暑湿病等。

使用清热药应注意以下几点：

（1）清热药性多寒凉，易伤脾胃，影响运化，对脾胃虚弱的患畜，宜适当辅以健胃药。

（2）热病易伤津液，清热燥湿药，性多燥，也易伤津液，对阴虚的患畜，要注意辅以养阴药。

（3）清热药药性寒凉，多服久服能伤阳气，故对阳气不足、脾胃虚寒、食少、泄泻的患畜要慎用。

>>> 任务 41　常用清热方

1. 白虎汤（《伤寒论》）

【组成】石膏（打碎先煎）250g、知母60g、甘草45g、粳米100g。

【功能】清热生津。

【主治】阳明经证及气分实热证。证见高热大汗、口干舌燥、大渴贪饮、脉洪大有力。

【方解】本方为清热泻火之代表方，方中石膏辛甘大寒，清阳明气分实热而除烦为主药；知母苦寒质润，清热润燥为辅药；甘草、粳米益胃养阴，又能缓和石膏、知母寒凉伤脾胃之不足之处，共为佐使药。四药合用，共奏清热生津之效。

【用法】将石膏打碎先煎，再投其余3味，煎至米熟即成，去渣候温灌服。

【应用】凡证见发热、口干、舌红、苔黄燥、脉洪大而数者均可应用。常用于治疗某些传染性或非传染性疾病如流感、脑炎、肺炎等病的高热期。本方加玄参、水牛角，名化斑汤（《温病条辨》），功能为清热凉血，滋阴解毒，主治温病发斑。

2. 洗心散（《元亨疗马集》）

【组成】天花粉30g、黄芩30g、黄连20g、连翘30g、茯神25g、黄柏20g、桔梗30g、栀子30g、牛蒡子20g、木通5g、白芷10g。

【功能】泻火解毒，散瘀消肿。

【主治】心经积热，口舌生疮。证见舌红、舌肿溃烂、口内垂涎、草料难咽。

【方解】本方由黄连解毒汤加味而来，为治心热舌疮之剂。方中黄连、黄芩、黄柏、栀子（即为黄连解毒汤）通泻三焦火，导热下行，共为主药；辅以连翘助主药泻火解毒；牛蒡子、白芷消肿止痛生肌，茯神利尿安心神，天花粉清热生津，木通清心火、利尿，均为佐药；桔梗排脓消肿，并载药上达病所，为使药。诸药合用，共奏泻火解毒，散瘀消肿之效。

【用法】共为末，开水冲，候温加鸡蛋清4个，同调灌服。

【应用】用于心经积热所致的舌体肿胀或溃破成疮，可用于各种口炎，常配用冰硼散或青黛散。

3. 清肺散（《元亨疗马集》）

【组成】板蓝根90g、葶苈子60g、甘草30g、浙贝母45g、桔梗45g。

【功能】清肺泻火，平喘止咳。

【主治】肺热喘粗。证见气促喘粗，或有咳嗽，呼出气热，口干、舌红，脉洪数等。

【方解】肺热喘证，常由于燥热之邪侵袭肺脏，以致肺热壅滞，气失宣降；或因胃中积热，上蒸于肺而成喘。方中板蓝根清热解毒为主药；葶苈子泻肺清热定喘，贝母清肺止咳、桔梗开宣肺气而祛痰，使升降调和则喘咳自消，共为辅药；甘草调和诸药，且能润肺金而护脾土，蜂蜜清肺止咳，润燥解毒，均为佐使药。诸药合用，共奏清热解毒，平喘止咳之效。

【用法】共为末，开水冲，候温加蜂蜜120g，同调灌服。

【应用】凡肺热咳嗽，如支气管炎、肺炎均可加减使用。热盛痰多，加知母、瓜蒌、桑白皮、黄药子、白药子等；喘甚，加苏子、杏仁、紫菀等；肺燥干咳可加沙参、麦冬、天花粉等。

4. 清营汤（《温病条辨》）

【组成】犀角（用10倍量的水牛角代替，锉细末冲服）6g、生地60g、玄参60g、竹叶心30g、银花60g、连翘45g、黄连30g、丹参45g、麦冬45g。

【功能】清营解毒，透热养阴。

【主治】温热病邪初入营分证。证见高热，口渴或不渴，烦躁或时有神昏，舌绛而干，或见斑疹隐现，脉细数。

【方解】本方是清营透气的代表方。方中犀角清解营分热毒为主药；生地、玄参、麦冬清热养阴为辅药；黄连、银花、连翘、竹叶心清解气分热毒，使营分邪热转出气分而解，为佐药；丹参助主药清热凉血，还能活血散瘀，防血热结，又能引导诸药入心而清热，为使药。诸药相合，共奏清营解毒，透热养阴之功。

【用法】加水煎服，去渣，候温加水牛角，灌服；或研末，开水冲调候温灌服。

【应用】常用本方加大青叶、板蓝根等治疗日本乙型脑炎、败血症而有上述见证者。若气分热重而营分热轻，应重用银花、连翘、黄连、竹叶心，并相对减少犀角、生地、玄参的用量。

5. 犀角地黄汤（《千金方》）

【组成】犀角（用10倍量水牛角代替）9g、生地150g、芍药60g、丹皮45g。

【功能】清热解毒，凉血散瘀。

【主治】热入血分。证见热甚动血，热扰心营。

【方解】本方为治热入血分之各种出血症的重要方剂。血分热毒炽盛，则可出现动血伤阴及热扰心神等证。方中犀角清心凉血解毒为主药；辅以生地养阴清热，凉血止血，助主药解血分热毒，以治热甚伤阴，并增强止血作用；芍药和营泄热（伤阴较甚者用白芍，瘀血严重则用赤芍），丹皮泄血中伏热，凉血散瘀，共为佐使药。四药合用，共奏清热解毒、凉血散瘀之功。

【用法】水牛角锉细与其他药共为末，开水冲调或煎汤，候温灌服。

【应用】本方为治血分热毒证的主方，用于败血症，血热妄行所致的出血、热病发斑或紫斑。热扰心神所出现神昏、体热、舌绛、脉细数者，加石菖蒲、胆南星、人工牛黄等。鼻衄者，加白茅根、侧柏叶；便血者，加地榆、槐花；尿血者加白茅根、小蓟；心火甚者，加黄连、黑栀子。

6. 黄连解毒汤（《外台秘要》）

【组成】黄连30g、黄芩45g、黄柏45g、栀子60g。

【功能】泻火解毒。

【主治】三焦热盛。证见大热烦躁,甚则发狂,或见发斑,外科疮疡肿毒等。

【方解】本方为治三焦热盛常用方,也是泻火解毒之基础方。解毒必泻火,泻火须泻心。方中黄连泻心火兼泻中焦火,为主药;黄芩泻上焦肺火为辅药;黄柏泻下焦肾火为佐药;栀子通泻三焦之火,导热下行从膀胱而出,为使药。四药合用,共奏泻火解毒之功。

【用法】煎汤或研末,开水冲调,候温灌服。

【应用】凡败血症、脓毒血症、痢疾、肺炎及各种急性炎症等属于火毒盛者,均可选用,但以津液未伤者为宜。还可用于疮疡肿毒,可内服,也可外敷。本方去黄柏、栀子,加大黄,名泻心汤,功效相似,尤适用于口舌生疮、胃肠积热。

7. 郁金散 (《元亨疗马集》)

【组成】郁金45g、诃子30g、黄芩30g、大黄45g、黄连20g、栀子30g、白芍30g、黄柏30g。

【功能】清热解毒,涩肠止泻。

【主治】肠黄。证见泄泻腹痛,荡泻如水,赤秽兼腥,舌红苔黄,渴欲饮水,脉数。

【方解】方中郁金凉血散瘀,行气解郁为主药;辅以黄连、黄芩、黄柏、栀子(即黄连解毒汤)清三焦郁火兼化湿热;白芍、诃子敛阴涩肠而止泻,更以大黄清血热,下积滞,推陈致新,共为佐药。诸药合用,具有清热解毒,涩肠止泻之功。

【用法】研末,开水冲调或煎汤灌服。

【应用】本方是治疗肠黄的基础方,对于胃肠实热积滞引起的肠黄、痢疾,均可加减使用。肠黄初期内有积滞,应重用大黄,加芒硝、枳壳、厚朴,少用或不用诃子、白芍;热毒盛,加银花、连翘;腹痛甚,加乳香、没药;伴发黄疸,重用栀子,加茵陈;热毒已解、泄泻不止者,少用或不用大黄,重用诃子、白芍,加乌梅、石榴皮、泽泻等。

8. 龙胆泻肝汤 (《医宗金鉴》)

【组成】龙胆(酒炒)45g、黄芩(炒)30g、栀子(酒炒)30g、泽泻30g、木通30g、车前子20g、当归(酒炒)25g、柴胡30g、甘草15g、生地(酒炒)30g。

【功能】泻肝胆实火,清三焦湿热。

【主治】肝胆实火所致目赤肿痛,以及肝经湿热下注引起的尿淋浊涩痛,阴肿等。

【方解】本方为肝胆实火或湿热下注而设。方中龙胆草泻肝胆经实火,除下焦湿热为主药;辅以栀子、黄芩泻火清热,助龙胆草清肝胆实火,泽泻、木通、车前子利尿,引湿热从尿而出,助龙胆草清利肝胆湿热;当归、生地养血益阴以和肝,为佐药;甘草和中协调诸药,柴胡疏肝胆之气,并用作引经药,皆为使药。诸药合用,而有泻肝火利湿热之效。

【用法】水煎服。或为末,开水冲调,候温灌服。

【应用】用于急性结膜炎、胆囊炎、急性湿疹、泌尿生殖系感染如肾炎、膀胱炎、尿道炎、睾丸炎等属于肝胆湿热或实热者。急性结膜炎,加菊花、白蒺藜;急性泌尿系感染,加扁蓄、金钱草等。

9. 白头翁汤 (《伤寒论》)

【组成】白头翁90g、黄柏45g、黄连45g、秦皮45g。

【功能】清热解毒,凉血止痢。

【主治】湿热痢疾、热泻等。证见里急后重,泻痢如脓血,排粪黏滞不爽,次数频繁,发热，渴欲饮水，舌红苔黄，脉数。

【方解】方中白头翁清热解毒，清大肠血热而专治热痢，为主药；黄连清化湿热而固大肠，黄柏清下焦湿热，秦皮清肝经湿热以凉血，三药合用能助主药清热解毒，燥湿止痢，均为辅药。合而用之，清热解毒，凉血止痢。

【用法】水煎去渣，候温灌服；或研末，开水冲调候温灌服。

【应用】用于大肠热毒伤于血分的湿热痢。体弱血虚者，加阿胶、甘草；里急后重者，加木香、槟榔。本方去秦皮，加黄芩、枳壳、砂仁、厚朴、苍术、猪苓、泽泻，称为"三黄加白散"，清热燥湿作用更强。

10. **茵陈蒿汤**（《伤寒论》）

【组成】茵陈蒿250g、栀子60g、大黄45g。

【功能】清热，利湿，退黄。

【主治】湿热黄疸。证见结膜、口色、肌肤俱黄，黄色鲜明如橘，尿液短赤，舌苔黄腻，脉滑数等。

【方解】本方为治湿热阳黄之剂。方中重用茵陈利胆清热、去湿除黄，为主药；辅以栀子清利三焦湿热，使湿热从尿而出，大黄通泄郁热，使湿热从粪便而下，为佐药。三药均为苦寒之品，合用能清热利湿，使湿热从二便排出，则黄疸自退。

【用法】水煎去渣，候温灌服，或研末，开水冲调候温灌服。

【应用】用于急性黄疸型肝炎、急性胆囊炎以及其他疾病出现黄疸而属于湿热症者。本方去栀子、大黄，加干姜、附子、甘草等，称为"茵陈四逆汤"（《玉机徽义》），可治阴黄。

11. **香薷散**（《元亨疗马集》）

【组成】香薷60g、黄芩30g、黄连25g、甘草20g、柴胡30g、当归30g、连翘45g、天花粉60g、栀子30g。

【功能】清心解暑，养血生津。

【主治】马、牛伤暑。证见发热气促，精神倦怠，四肢无力，眼闭不睁，口干，舌红，粪干，尿短赤，脉数。

【方解】方中香薷辛温发散，能解表祛暑化湿，为主药；辅以黄芩、黄连、栀子、连翘、柴胡通泻诸经之火；热盛心肺壅极，上扰神明，故用当归和血以治风；暑热最易耗气伤津，故以花粉养血生津，同为佐药；甘草和中解毒，蜂蜜清心肺而润肠，皆为使药。诸药相合，成为清热解暑，养血生津之剂。

【用法】共为末，开水冲调，候温加蜂蜜适量灌服，或煎汤服。

【应用】用于家畜中暑，高热不退，加石膏、知母、薄荷、菊花等；昏迷抽搐，加石菖蒲、钩藤等；津液大伤，加生地、玄参、麦冬、五味子等。

12. **青蒿鳖甲汤**（《温病条辨》）

【组成】青蒿45g、鳖甲90g、生地60g、知母45g、丹皮60g。

【功能】养阴透热。

【主治】温热病后期，阴液耗伤，邪留于阴分。证见低热不退，夜热早凉，口干舌红少苔，脉细数。

【方解】本方为治虚热的代表方，方中鳖甲直入阴分，咸寒以滋阴退虚热，青蒿芳香透热邪外出，皆为主药；生地、知母养阴，助鳖甲退虚热，丹皮助青蒿以透泄阴分之伏热，共为佐使药。诸药相合，有养阴透热之功。

【用法】共为末，开水冲调，候温灌服。

【应用】用于久热不退属阴虚者。凡老龄、久病体虚的患畜，或母畜产后血虚所致的阴虚发热，或温热病后期阴液已伤、邪留阴分者，均可酌情加减使用。阴虚火旺、低热不退者，加地骨皮、石斛等；低热日久不退、体瘦毛焦、舌红少苔、脉细数或盗汗者，加银柴胡、胡黄连、秦艽等。

项目 2.2.3 常用泻下方药

问题一：下列药物不属于泻下药的是_____。
　　A. 大黄　　　B. 巴豆　　　C. 火麻仁　　　D. 芒硝　　　E. 石膏

问题二：下列除哪项外均为大黄的功效_____。
　　A. 泻下攻积　B. 清热泻火　C. 凉血解毒　　D. 逐瘀通经　E. 利尿通淋

问题三：具有泻下软坚、清热功效的药物是_____。
　　A. 大黄　　　B. 芦荟　　　C. 芒硝　　　　D. 番泻叶　　E. 郁李仁

问题四：甘遂、京大戟、芫花均有毒，内服时宜_____。
　　A. 久煎　　　B. 醋制　　　C. 酒制　　　　D. 后下　　　E. 姜汁制

问题五：下列除哪项外，均为巴豆的功效_____。
　　A. 峻下冷积　B. 逐水退肿　C. 祛痰利咽　　D. 破血消癥　E. 外用蚀疮

问题六：(1~2题共用下列备选答案)
　　A. 热结便秘　B. 阳虚便秘　C. 大便燥结　　D. 血虚便秘　E. 津亏便秘
1. 大黄尤善治_____。
2. 芒硝尤善治_____。

问题七：增液承气汤的功用是_____。
　　A. 清热生津　　　　　　　B. 辛凉解表，止咳平喘　　　C. 清热解毒
　　D. 滋阴、清热、通便　　　E. 清营解毒，透热养阴

问题八：当归苁蓉汤主要用于_____。
　　A. 湿热黄疸证　　　　　　B. 结症、便秘　　　　　　　C. 马中结
　　D. 牛百叶干　　　　　　　E. 老弱、久病、体虚患畜之便秘

问题九：(1~3题共用下列备选答案)
　　A. 大戟散　B. 当归苁蓉汤　C. 白虎汤　　D. 黄连解毒汤　E. 大承气汤
1. 老弱体虚病畜便秘选用_____。
2. 阳明腑实证选用_____。
3. 牛宿草不转选用_____。

问题十：病牛，粪便干燥，大热，眼结膜发红，口渴多饮，脉洪数有力。治疗应首选_____。
　　A. 银翘散　　　　　　　　B. 犀角地黄汤　　　　　　　C. 白虎汤
　　D. 麻杏石甘汤　　　　　　E. 大承气汤

参考答案：E；E；C；B；D；A、C；D；E；B、E、A；E

>>> **任务42　常用泻下药**

1. 攻下药

（1）大黄。为蓼科植物药用大黄、掌叶大黄或唐古特大黄的干燥根茎。生用，或酒制、蒸熟、炒黑用。主产于四川、甘肃、青海、湖北、云南、贵州等地。

【性味归经】苦，寒。入脾、胃、大肠、肝、心包经。

【功能主治】攻积导滞，泻火凉血，活血祛瘀。主治热结便秘，热毒疮肿，瘀血阻滞，烧伤烫伤。

【用量】马、牛30～120g；猪、羊6～12g；犬、猫3～5g；兔、禽1.5～3g。

【应用】①热结便秘所致的腹痛起卧等，多与芒硝、枳实、厚朴同用，如大承气汤。②血热妄行的出血以及目赤肿痛、热毒疮肿等，常与黄芩、黄连、丹皮等同用。③瘀血阻滞诸证，常与黄芩、黄连、丹皮等同用，治跌打损伤，瘀阻作痛，可与桃仁、红花等配伍。④湿热黄疸，常与茵陈、栀子同用，如茵陈蒿汤。

【禁忌】孕畜慎用。

【药理】含大黄素、大黄酚、芦荟大黄素等，具有抗菌、抗炎、致泻、解热、镇痛等作用。

（2）芒硝。为硫酸盐类矿物芒硝族芒硝，经精制而成的结晶体。主含含水硫酸钠（$Na_2SO_4 \cdot 10H_2O$）。主产于河北、河南、山东、江西、江苏及安徽等地。

【性味归经】苦、咸、大寒。入胃、大肠经。

【功能主治】泻热通便，润燥软坚，清热消肿。主治实热便秘，粪便燥结，热毒疮肿。

【用量】马200～500g；牛300～800g；羊40～100g；猪25～50g；犬、猫5～15g；兔、禽2～4g。

【应用】①胃肠实热、粪便燥结、便秘腹痛等，常与大黄相须为用，配枳实与厚朴，如大承气汤。②热毒所致的痈肿疮毒、目赤肿痛、口舌生疮等，用元明粉配硼砂、冰片、朱砂等，共研细末，混匀，吹撒患部。

【禁忌】孕畜禁用。

【药理】含硫酸钠以及少量的氯化钠、硫酸镁等，经口服后，在肠中不易吸收，形成高渗盐溶液，使肠道保持大量水分，肠内容积增大，刺激肠黏膜，反射性地引起肠蠕动亢进而致泻。

（3）巴豆。为大戟科植物巴豆的成熟种子。生用、炒焦用或制霜用。主产于四川、广东、福建、广西、云南等地。

【性味归经】辛，热。有大毒。入胃、大肠、肺经。

【功能主治】峻下积滞，逐水消肿，外用蚀疮。主治寒食积滞，粪便秘结，水肿，疮痈。

【用量】马、牛3～9g；猪、羊0.5～3g；犬0.2～0.5g。

【应用】内服一般制霜，外用适量。①里寒冷积所致的便秘、腹痛起卧等，常与干姜、大黄、杏仁等同用。②水肿胀满、尿不利等，常与甘遂、杏仁同用。③疮疡成脓而未溃破者，常与乳香、没药、木鳖子等炼成膏药，外贴患处。

【禁忌】孕畜禁用。不宜与牵牛子同用。

【药理】含巴豆油、毒性蛋白、巴豆树脂、生物碱、巴豆苷等，具有明显的增强胃肠蠕动的作用。巴豆油对皮肤黏膜有强烈的刺激作用，可使局部发泡。

2. 润下药

（1）火麻仁。为大麻科植物大麻的干燥成熟果实。去壳生用。主产于东北、华北、西南等地。

【性味归经】甘，平。入脾、胃、大肠经。

【功能主治】润肠通便，滋养益津。主治肠燥便秘、血虚便秘。

【用量】马、牛120～180g；猪、羊10～30g；犬、猫2～6g。

【应用】邪热伤阴，津枯肠燥而致粪便燥结，常与大黄、杏仁、白芍等同用；病后津亏及产后血虚所致的肠燥便秘，常与当归、生地等同用。

【药理】含挥发油、菜油甾醇、大麻酚、大麻酰胺等，具有泻下、抗炎和促进胆汁分泌的作用。

（2）郁李仁。为蔷薇科植物欧李及郁李的干燥成熟种子。去皮捣碎用。主产于河北、辽宁、内蒙古等地。

【性味归经】辛、甘，平。入大肠、小肠经。

【功能主治】润肠通便，利水消肿。主治肠燥便秘，水肿。

【用量】马、牛15～60g，猪、羊5～10g；犬3～6g；兔、禽1～2g。

【应用】①老弱病畜或因久病津亏所致的肠燥便秘，常与杏仁、桃仁、柏子仁等同用。②尿不利的水肿胀满，常与白术、茯苓、槟榔等同用。

【药理】含郁李仁苷、苦杏仁苷、脂肪油等，具有泻下、抗炎和镇痛作用。

（3）蜂蜜。为蜜蜂科昆虫中华蜜蜂和意大利蜂所酿的蜜。各地均产。

【性味归经】甘，平。入肺、脾、大肠经。

【功能主治】补中，润燥，解毒，止痛，外用生肌敛疮。主治肠燥便秘，肺燥咳嗽，外治疮疡不敛、烫火伤。

【用量】马、牛120～240g，猪、羊30～90g；犬5～15g；兔、禽3～10g。

【应用】①肠燥便秘等，常与食用油、姜汁、葱白等同用。②肺燥干咳，肺虚久咳等，单用或与芝麻、香油、明矾等同用。③缓解乌头、附子等的毒性。

【药理】含转化糖（葡萄糖和果糖的混合物），具有祛痰、缓泻和杀菌作用，对创面有收敛、营养和促进愈合的作用。

3. 峻下逐水药

（1）牵牛子。为旋花科植物裂叶牵牛或圆叶牵牛的干燥成熟种子，又称二丑或黑白丑。生用。各地均产。

【性味归经】苦，寒。有毒。入肺、肾、大肠经。

【功能主治】泻下攻积，逐水杀虫。主治水肿，粪便秘结，虫积腹痛。

【用量】马、牛15～35g；猪、羊3～10g；犬2～4g；兔、禽0.5～1.5g。

【应用】①大肠实热壅滞，粪便秘结，肚腹胀满等，常与大黄、厚朴、枳实、芒硝等同用。②水肿胀满等，常与甘遂、大戟、芫花等同用。③蛔虫、绦虫等肠道寄生虫，常与槟榔等同用。

【禁忌】孕畜禁用。不宜与巴豆同用。

【药理】含牵牛子苷、大黄素甲醚、大黄素、大黄酚等，具有刺激肠黏膜，增进肠蠕动，导致泻下的作用。

（2）大戟。为大戟科植物大戟或茜草科植物红芽大戟的干燥根，前者习称京大戟，后者习称红大戟。切片生用、醋炒或与豆腐同煮后用。主产于广西、云南、广东等地。

【性味归经】苦，寒。有毒。入肺、大肠、肾经。

【功能主治】峻下逐水，消肿散结。主治宿草不转，水肿胀满，痰饮积聚，疮黄肿毒。

【用量】马、牛10～15g；猪、羊2～6g；犬1～3g。

【应用】①水草肚胀或宿草不转等，京大戟与甘遂、牵牛子、滑石、大黄等配合，如大戟散。②水肿喘满、胸腹积水，红大戟与甘遂、芫花、牵牛子等同用。③热毒壅滞所致的疮黄肿毒等，常与慈姑、雄黄等同用，内服或外敷。

【禁忌】孕畜禁用。不宜与甘草同用。

【药理】含蒽醌类化合物、大戟素、大戟苷等，具有泻下、抗菌作用。本品毒性大，中毒后引起腹痛、腹泻，重者可因呼吸麻痹致死。

（3）甘遂。为大戟科植物甘遂的干燥块根。切片生用、醋炒用、甘草汤炒用或煨用。主产于陕西、山西、河南等地。

【性味归经】苦，寒。有毒。入肺、肾、大肠经。

【功能主治】泻下逐饮，消肿散结。主治胸腹积水，痈肿疮毒。

【用量】马6～15g；牛10～20g；猪、羊0.5～1.5g；犬0.1～0.5g。

【应用】①水湿壅盛所致的胸腹积水、宿水停脐、二便不利等，常与大戟、芫花等同用。②痈肿疮毒等，常单味药适量外敷。

【禁忌】孕畜禁用。不宜与甘草同用。

【药理】含三萜酯A、甘遂大戟萜酯A等，具有抗病毒、泻下、利尿及镇痛作用。

（4）芫花。为瑞香科植物芫花的干燥花蕾。生用或醋炒、醋煮用。主产于陕西、安徽、江苏、浙江、四川、山东等地。

【性味归经】苦，寒。有毒。入肺、大肠、肾经。

【功能主治】峻下逐水，通利二便，杀虫解毒。主治胸腹积水，水草肚胀，外用杀虫治疥癣。

【用量】马、牛15～25g；猪、羊2～6g；犬1～3g。

【应用】①胸腹积水、水草肚胀等，常与大戟、甘遂、大枣等同用。②疥癣，常单味药适量外用。

【禁忌】孕畜禁用。不宜与甘草同用。

【药理】含芫花素、芫花酯、芫花烯、伞形花内酯、谷甾醇、苯甲酸等，具有利尿、兴奋肠蠕动、镇咳、祛痰和抑菌作用。

相关知识

凡能攻积、逐水，引起腹泻，或润肠通便的药物（方剂），称为泻下药（方）。

泻下药用于里实证，其主要功能有以下三个方面：一是清除肠道内的宿物、燥粪以及其他有害物质。二是清热泻火，使实热壅滞通过泻下而得到缓解或消除。三是逐水退肿，使水邪从粪尿排出，以达到祛除停饮、消退水肿的目的。

根据泻下药的强度和应用范围不同，一般可分为攻下药、润下药和峻下逐水药三类。

1. 攻下药 具有较强的泻下作用，适用于宿食停积，粪便燥结所引起的里实证，尤以实热壅滞，燥粪坚积者为宜。常辅以行气药，以加强泻下的力量，并消除腹满证候。

2. 润下药 多为植物种子或果仁，富含油脂，具有润燥滑肠的作用，故能缓下通便。适用于津枯，产后血亏，病后津液未复的肠燥津枯便秘等。

3. 峻下逐水药 本类药物作用猛烈，能引起剧烈腹泻而使大量水分从粪便排出，其中有的药物还兼有利尿作用。适用于水肿、胸腔积水及痰饮积聚、喘满壅实等。

使用泻下药应注意以下几点：

（1）泻下药的使用，以表邪已解，里实已成为原则，如表证未解，当先解表，然后攻里，若表邪未解而里实已成，则应表里双解，以防表邪陷里。

（2）攻下药、逐水药攻逐力较猛，易伤正气，凡虚证及孕畜不宜使用，如必要时可适当配伍补益药，攻补兼施。此外，这类药物多具有毒性，注意剂量防止中毒。

（3）泻下药的作用与剂量有关，量小则力缓，量大则力峻。与配伍也有关，如大黄配厚朴、枳实则力峻；大黄配甘草则力缓。因此，应根据病情掌握用药的剂量与配伍。

>>> 任务43 常用泻下方

1. 大承气汤（《伤寒论》）

【组成】大黄60～90g（后下）、厚朴30g、枳实30g、芒硝150～300g（冲）。

【功能】泻热攻下，消积通肠。

【主治】阳明腑实结症。证见热结胃肠，粪便秘结，腹部胀满，二便不通，口干舌燥，苔厚而干，脉沉实。

【方解】本方为攻下的基础方。由于大肠气机阻滞，则肠道胀满燥实，引起粪便燥结不通，所以采用行气破结，急下存阴之法，以驱除有形实邪。方中大黄苦寒泻热通便为主药；辅以芒硝咸寒软坚润燥，加速积滞排泄；厚朴、枳实宽中破气，消积导滞，行气散结共为佐使药。四药相合，有峻下热结之功。由于本方能峻下热结，承顺胃气下行，使塞者通，闭者畅，故名"承气"。

【用法】水煎服或为末内服。

【应用】本方应用时，可根据病情加槟榔、油类。加酒曲、麻仁、青木香、香附、木通，名酒曲承气汤（《中兽医治疗学》）。

2. 当归苁蓉汤（《中兽医诊疗经验·第二集》）

【组成】当归200g、肉苁蓉100g、番泻叶60g、广木香15g、厚朴30g、炒枳壳30g、醋香附30g、瞿麦15g、通草10g、六曲60g。

【功能】润燥滑肠，理气通便。

【主治】老弱、久病、体虚患畜之结症。

【方解】方中以当归补血润肠,肉苁蓉补肾润肠为主药;辅以番泻叶泻热通便,麻油润肠通下;木香、香附、厚朴、枳壳通行滞气,助主药理气通便,瞿麦、通草利尿以清燥粪所化之热,皆为佐药。

【用法】共为末,开水冲调,稍煎,加入麻油,同调候温灌服。或煎汤候温加麻油灌服。

【应用】用于大结肠便秘和小结肠便秘,尤其适合老弱家畜和久病、胎前产后家畜的结症。体瘦气虚者,加黄芪;孕畜,去瞿麦、通草,加白芍。

3. 大戟散(《牛经大全》)

【组成】京大戟 30g、滑石 90g、甘遂 30g、牵牛子 60g、黄芪 45g、玄明粉 200g、大黄 60g。

【功能】逐水,泻下。

【主治】牛水草肚胀,宿草不转。

【方解】方中大戟、甘遂、牵牛子峻泻逐水为主药,辅以大黄、玄明粉、猪油、滑石助主药攻下逐水,佐以黄芪扶正祛邪,以防上药攻逐太过,损伤正气。诸药相合,能逐水,泻下。

【用法】为末,猪脂 250g 为引,水调灌。

【应用】用于牛过食水草肚胀,或因脾胃虚弱造成的宿草不转。脾胃虚弱之宿草不转,加党参、草果等。

项目 2.2.4 常用消导方药

问题一:下列药物不属于消导药的是_____。
　　A. 神曲　　B. 山楂　　C. 鸡内金　　D. 苍术　　E. 麦芽

问题二:曲蘖散主要用于_____。
　　A. 料伤　　　　　　B. 结症、便秘　　　　　　C. 湿热下痢
　　D. 大肠湿热　　　　E. 湿热黄疸

问题三:(1~3题共用下列备选答案)
　　A. 知母　　B. 丹皮　　C. 秦皮　　D. 诃子　　E. 六曲
1. 上述药物属于白虎汤组方药物的是_____。
2. 上述药物属于郁金散组方药物的是_____。
3. 上述药物属于曲蘖散组方药物的是_____。

问题四:处方炒三仙、焦三仙中,"三仙"的组成是_____。
　　A. 山楂、稻芽、神曲　　　　B. 槟榔、麦芽、神曲
　　C. 麦芽、稻芽、谷芽　　　　D. 山楂、麦芽、神曲
　　E. 仙茅、仙灵脾、仙鹤草

参考答案:D A C D E D

>>> 任务 44　常用消导药

(1) 六曲。为面粉和其他药物混合后经发酵而成的加工品。主产于福建,以大量麦粉、

麸皮与杏仁泥、赤豆粉,以及鲜青蒿、鲜苍耳、鲜辣蓼自然汁,混合拌匀,使不干不湿,做成小块,放入筐内,覆以麻叶或构叶,保温发酵1周,长出菌丝(生黄衣)后,取出晒干即成。生用或炒至略具有焦香气味入药(名焦六曲)。

【性味归经】甘、辛,温。入脾、胃经。

【功能主治】消食化积,健脾和胃。主治草料积滞,肚腹胀满。

【用量】马、牛 20~60g;猪、羊 10~15g;犬 5~8g。

【应用】草料积滞、肚腹胀满、脾虚泄泻等,常与山楂、麦芽等同用,如曲麦散。

【药理】本品为酵母制剂,含有B族维生素、酶类、麦角固醇、蛋白质、脂肪等,具有促进消化液分泌和增强食欲的作用。

(2) 山楂。为蔷薇科植物山楂或山里红的成熟干燥果实。生用或炒用。主产于河北、江苏、浙江、安徽、湖北、贵州、广东等地。

【性味归经】酸、甘,微温。入脾、胃、肝经。

【功能主治】消食化积,行气散瘀。主治食积腹胀,伤食泄泻,产后恶露不尽。

【用量】马、牛 20~60g;猪、羊 10~15g;犬、猫 3~6g;兔、禽 1~2g。

【应用】①食积腹胀,常与麦芽、神曲、莱菔子、木香、青皮、枳实等同用。②伤食泄泻等,单用或与神曲、莱菔子、茯苓、半夏、陈皮、连翘等同用,如保和丸。③产后瘀阻腹痛、恶露不尽等,常与当归、川芎、益母草等同用。

【药理】含牡荆素、山奈酚、槲皮素、花青素、熊果酸、山楂酸等,具有增进食欲、促进消化、降压、强心和抗菌等作用。

(3) 麦芽。为禾本科植物大麦的成熟果实经发芽干燥而成。生用或炒用。各地均产。

【性味归经】甘,平。入脾、胃经。

【功能主治】行气消食,健脾开胃,回乳。主治草料停滞,脾胃虚弱,乳房胀痛。

【用量】马、牛 20~60g;猪、羊 10~15g;犬 5~8g;兔、禽 1.5~5g。

【应用】①草料停滞、肚腹胀满等,常与炒山楂、神曲、莱菔子、大黄、芒硝等同用,如消滞汤。②脾胃虚弱、食欲不振等,常与白术、党参、砂仁、甘草等同用。③乳房肿胀,单用或与其他消胀止痛药同用。

【禁忌】哺乳期母畜禁用。

【药理】含麦芽糖、异聚麦芽糖、麦黄酮、谷甾醇、淀粉酶等等,具有维持肠道正常菌群平衡、增强免疫功能、提高抗病能力的作用。

(4) 鸡内金。为雉科动物鸡砂囊内壁。剥离后,洗净晒干。研末生用或炒用。

【性味归经】甘,平。入脾、胃、小肠、膀胱经。

【功能主治】消食健脾,化石通淋。主治草料停滞,脾虚泄泻,砂石淋。

【用量】马、牛 15~30g;猪、羊 3~9g;兔、禽 1~2g。

【应用】①草料停滞、肚腹胀满等,常与山楂、麦芽等同用。②脾虚腹泻、食欲不振等,常与白术、干姜、茯苓等同用。③砂石淋,常与金钱草、海金沙、牛膝等同用。

【药理】含胃激素、胆汁三烯、胆绿素、蛋白质及多种氨基酸等,具有促进胃肠蠕动和降糖、降脂等作用。

> **相关知识**
>
> 　　凡能健运脾胃，促进消化，具有消积导滞作用的药物（方剂），称为消导药（方）。
> 　　消导药适用于消化不良、草料停滞、肚腹胀满、肚痛腹泻等。在临床应用时，常根据不同病情而配伍其他药物。因食滞多与气滞有关，故常与理气药同用；便秘，则常与泻下药同用；脾胃虚弱，可配健胃补脾药；脾胃有寒，可配温中散寒药；湿浊内阻，可配芳香化湿药；食积化热，可配合苦寒清热药。

>>> 任务45　常用消导方

曲麦散（《元亨疗马集》）

【组成】六曲 60g、麦芽 45g、山楂 45g、厚朴 30g、枳壳 30g、陈皮 30g、青皮 30g、苍术 30g、甘草 15g。

【功能】消积化谷，宽肠理气。

【主治】马牛料伤。证见精神倦怠，眼闭头低，拘行束步，四足如攒，口色鲜红，脉洪大。

【方解】方中六曲健脾消食，山楂化积散瘀，麦芽化谷宽肠，三药合用，消积导滞，共为主药；辅以青皮、厚朴、枳壳疏理气机，行气宽肠，除满化气，助主药消胀；陈皮、苍术理气健脾，助运化，使脾气能升，胃气得降，运化复常，皆为佐药；甘草和中协调诸药，为使药。

【用法】共为末，开水冲，候温加生油（麻油）60g，白萝卜一个，捣烂，开水同调灌服。

【应用】用于马牛料伤，常加槟榔、牵牛子、大黄、芒硝等攻下药，以增强消导之功；脾胃虚弱之草谷不消，去青皮、生油、苍术，加白术、茯苓、木香、党参、山药、砂仁等；用于料伤五攒痛时，加当归、红花、没药、大黄、黄药子、白药子等增强活血清热之功。

项目 2.2.5　常用止咳化痰平喘方药

问题一：下列药物属于温化寒痰药的是_____。
　　A. 贝母　　　B. 桔梗　　　C. 瓜蒌　　　D. 半夏　　　E. 百部

问题二：下列药物不属于止咳平喘药的是_____。
　　A. 杏仁　　　B. 百部　　　C. 款冬花　　D. 枇杷叶　　E. 旋覆花

问题三：功效燥湿化痰、祛风解痉、消肿散结的药物是_____。
　　A. 贝母　　　B. 白前　　　C. 天南星　　D. 制半夏　　E. 冬花

问题四：半夏的功效是_____。
　　A. 燥湿化痰，降逆止呕，消痞散结，消肿止痛
　　B. 清热化痰，软坚散结
　　C. 宣肺化痰，清热散结
　　D. 燥湿化痰，解毒散结
　　E. 燥湿化痰，消肿散结

问题五：麻杏石甘汤主要用于_____。
A. 外感咳嗽　　　　　　　B. 湿痰咳嗽　　　　　　　C. 肺寒吐沫
D. 肺热气喘　　　　　　　E. 上实下虚喘证

问题六：款冬花散主要用于_____。
A. 外感咳嗽　　　　　　　B. 湿痰咳嗽　　　　　　　C. 肺寒吐沫
D. 肺热气喘　　　　　　　E. 肺阴虚咳嗽

问题七：二陈汤主要用于_____。
A. 外感咳嗽　　　　　　　B. 湿痰咳嗽　　　　　　　C. 肺寒吐沫
D. 肺热气喘　　　　　　　E. 上实下虚喘证

问题八：百合固金汤功效为_____。
A. 养阴清热、润肺化燥　　　B. 补血滋阴　　　　　　　C. 止咳定喘
D. 健脾养血　　　　　　　E. 补气托毒

参考答案：D、C、A、D、E、B、A

>>> 任务46　常用止咳化痰平喘药

1. 温化寒痰药

（1）半夏　为天南星科植物半夏的干燥块茎。原药为生半夏，如用凉水浸泡至口尝无麻辣感，晒干加白矾共煮透，取出切片晾干者为清半夏；如与姜、矾共煮透，晾干切片入药者为姜半夏；以浸泡至口尝无麻辣感的半夏，与甘草煎汤泡石灰块的水混合液同浸至内无白心者称法半夏。主产于四川、湖北、安徽、江苏、山东、福建等地。

【性味归经】辛，温。有毒。入脾、胃、肺经。

【功能主治】燥湿化痰，降逆止呕，消食散结。主治湿痰咳喘，反胃呕吐，肚腹胀满。外用治痈肿。

【用量】马、牛15～45g；猪、羊3～10g；犬、猫1～5g。

【应用】①湿邪阻滞所致的呕吐，常与生姜同用；胃热呕吐，常与黄连、竹茹等同用。②脾不化湿的湿痰咳喘，常与陈皮、茯苓等同用，如二陈汤。③肚腹胀满，常与黄芩、黄连、干姜等同用。④疮黄肿毒，鲜半夏适量和生姜等少许捣烂，米醋调敷。

【禁忌】孕畜禁用。不宜与乌头同用。

【药理】含半夏淀粉、生物碱、β-谷甾醇、葡萄糖苷、胡萝卜苷等，有镇咳、镇吐、祛痰、解除支气管平滑肌痉挛等作用。

（2）天南星　为天南星科植物天南星、异叶天南星和东北天南星的干燥块茎。生用或炙用。主产于四川、河南、河北、云南、辽宁、江西、浙江、江苏、山东等地。

【性味归经】苦，辛，温。有毒。入肺、肝、脾经。

【功能主治】燥湿祛痰，祛风解痉，消肿散结。主治湿痰咳嗽，口眼歪斜，四肢抽搐，破伤风。生用外治痈肿。

【用量】马、牛15～30g；猪、羊3～10g；犬、猫1～2g。

【应用】①痰湿壅滞所致的咳嗽，常与陈皮、半夏、茯苓、白术等同用。②口眼歪斜，

四肢抽搐、破伤风等，常与防风、白芷、蝉蜕、僵蚕等同用。③痈肿疔疮，常与大黄、黄柏、姜黄、陈皮、苍术等同用。

【禁忌】生品内服宜慎，孕畜禁用。

【药理】含生物碱、甾醇、氨基酸及苷类等，有祛痰、抗惊厥和抗菌等作用。

2. 清化热痰药

（1）贝母。为百合科植物川贝母、浙贝母的干燥鳞茎。生用。主产于四川、浙江、青海、甘肃、云南、江苏、河北等地。

【性味归经】川贝：苦，甘，微寒；浙贝：苦，寒。均入心、肺经。

【功能主治】止咳化痰，清热散结。主治肺热咳喘，疮痈肿毒。

【用量】马、牛15～30g；猪、羊3～10g；犬、猫1～2g；兔、禽0.5～1g。

【应用】①痰热咳嗽，常用浙贝，可与栀子、桔梗、杏仁、紫菀、牛蒡子、百部等同用；肺虚久咳，常用川贝，可与沙参、麦冬、天冬等同用；肺痈鼻脓，常用浙贝，可与百合、大黄、天花粉等同用，如百合散。②疮痈肿毒未溃者，常用浙贝与连翘、蒲公英等同用。

【禁忌】不宜与乌头同用。

【药理】川贝含川贝碱、炉贝碱、青贝碱等；浙贝含浙贝甲素、浙贝乙素、贝母辛碱、贝母芬碱等，具有镇咳和祛痰作用。

（2）瓜蒌。为葫芦科植物栝楼或双边栝楼的干燥成熟果实。主产于山东、安徽、河南、四川、浙江、江西等地。

【性味归经】甘，寒。入肺、胃、大肠经。

【功能主治】清热化痰，利气散结，润肠通便。主治痰热咳嗽，胸膈疼痛，粪便干燥，乳痈。

【用量】马、牛30～60g；猪、羊10～20g；犬6～8g；兔、禽0.5～1.5g。

【应用】①肺热痰壅咳嗽等，常与知母、浙贝、栀子等同用。痰热互结的胸膈疼痛，常与半夏、黄连等同用。粪便干燥，常与火麻仁、郁李仁、枳壳等同用。②乳痈初起，肿痛未成脓者，常与乳香、没药、当归、川芎、连翘等同用。

【禁忌】不宜与乌头同用。

【药理】含三萜皂苷、有机酸、树脂、糖类和色素等，具有抗菌、抗炎、泻下、祛痰等作用。

（3）天花粉。为葫芦科植物栝楼或双边栝楼的干燥根。切片生用。主产于山东、安徽、河南、四川、浙江、江西等地。

【性味归经】苦，酸，寒。入肺、胃经。

【功能主治】清热生津，排脓消肿。主治肺热燥咳，热毒痈肿。

【用量】马、牛15～45g；猪、羊5～15g；犬、猫3～5g；兔、禽1～2g。

【应用】①肺热燥咳，常与山豆根、知母、贝母、桔梗、紫菀、玄参等同用。②热毒痈肿，常与金银花、赤芍、连翘、黄芩、紫花地丁等同用。

【禁忌】孕畜慎用。

【药理】含天花粉蛋白质和天花粉凝集素等，具有抗肿瘤、引产等作用。

（4）桔梗。为桔梗科植物桔梗的干燥根。切片生用。主产于安徽、江苏、浙江、湖北、河南等地。

【性味归经】苦、辛，平。入肺经。

【功能主治】宣肺祛痰，利咽排脓。主治咳嗽痰多，咽喉肿痛，肺痈。

【用量】马、牛 15～45g；猪、羊 3～10g；犬 2～5g；兔、禽 1～1.5g。

【应用】①外感风寒或风热所致的咳嗽，常与杏仁、苏叶、陈皮等同用。②肺痈咳嗽喘急，鼻脓腥臭，常与鱼腥草、冬瓜子等同用。

【药理】含桔梗皂苷、菊糖、甾醇、脂肪油、脂肪酸、维生素和氨基酸等，具有消炎、抗菌、止咳、祛痰等作用。

3. 止咳平喘药

（1）杏仁。为蔷薇科植物山杏及西伯利亚杏的干燥成熟种子。生用或炒用。主产于我国北方各地。

【性味归经】苦，温。有小毒。入肺、大肠经。

【功能主治】止咳平喘，润肠通便。主治咳嗽气喘，肠燥便秘。

【用量】马、牛 15～30g；猪、羊 3～10g。

【应用】①风寒咳嗽，常与麻黄、甘草等同用；燥热咳嗽，常与桑叶、贝母、沙参等同用；肺热气喘，常与麻黄、石膏、甘草等同用。②老弱肠燥便秘和产后便秘，常与火麻仁、当归、生地、枳壳等同用。

【药理】含苦杏仁苷、蛋白质、氨基酸、微量元素等，具有镇咳、平喘作用。大量服用后会严重中毒，甚至导致死亡。

（2）紫菀。为菊科植物紫菀的干燥根及根茎。生用或蜜炙用。主产于河北、安徽、河南、东北等地。

【性味归经】辛、苦，温。入肺经。

【功能主治】化痰止咳，润肺下气。主治咳嗽，喘急，痰多。

【用量】马、牛 15～45g；猪、羊 3～6g；犬 2～5g。

【应用】风寒咳嗽，常与款冬花、苏子、麻黄、半夏、杏仁等同用；肺热咳喘，常与栀子、黄芩、葶苈子、天花粉等同用；阴虚咳嗽，常与知母、贝母、桔梗、阿胶、党参、茯苓、甘草等同用。

【药理】含有紫菀酮、木栓酮、豆甾醇、槲皮素、大黄素等，具有祛痰、止咳、利尿及抑菌等作用。

（3）款冬花。为菊科植物款冬花的干燥花蕾。生用或蜜炙用。主产于河南、陕西、甘肃、浙江等地。

【性味归经】辛，温。入肺经。

【功能主治】润肺下气，止咳化痰。主治咳嗽气喘。

【用量】马、牛 15～45g；猪、羊 3～10g；犬 2～5g；兔、禽 0.5～1.5g。

【应用】肺热咳嗽，常与贝母、马兜铃、半夏、陈皮、杏仁等同用；风寒咳嗽，常与麻黄、桂枝、桑白皮、苏子等同用；肺燥咳嗽，常与黄药子、僵蚕、郁金、白芍、玄参同用。

【药理】含款冬花酮、新款冬花内酯、金丝桃苷等，具有止咳、抗炎、止泻等作用。

（4）百部。为百部科植物蔓生百部、直立百部或对叶百部等的干燥块根。生用或蜜炙用。主产于江苏、安徽、山东、河南、浙江、福建、湖北、江西等地。

【性味归经】甘、苦，微温。有小毒。入肺经。

【功能主治】润肺止咳，杀虫。主治咳嗽，体虱，蛲虫病。

【用量】马、牛15～30g；猪、羊6～12g；犬、猫3～5g。外用适量。

【应用】①风寒咳喘，常与麻黄、杏仁等同用；阴虚久咳，常与百合、麦冬、桑白皮、茯苓、沙参、地骨皮等同用；肺热咳嗽，常与知母、贝母、黄芩、栀子等同用；劳伤咳嗽，常与百合、补骨脂、紫菀、枸杞子等同用。②畜禽体虱，百部适量，白酒浸泡，涂擦患部；蛲虫病，单味外用内服均有效。

【药理】含百部碱、脱氢百部碱、原百部碱等，具有镇咳、抗菌、杀虫等作用。本品过量可引起中毒，重者导致呼吸中枢麻痹。

(5) 葶苈子。为十字花科植物独行菜或播娘蒿的干燥成熟种子。前者习称北葶苈子，后者习称南葶苈子。微炒、蜜炙或隔纸焙用。主产于陕西、河北、河南、山东、安徽、江苏等地。

【性味归经】辛、苦，大寒。入肺、膀胱、大肠经。

【功能主治】泻肺平喘，利水消肿。主治痰涎壅肺，喘咳痰多，胸腹积水，尿不利。

【用量】马、牛15～30g；猪、羊6～12g；犬3～5g；兔、禽1～2g。

【应用】①痰涎壅肺所致的咳嗽喘急，常与玄参、牛蒡子、马兜铃、知母、贝母等同用。②胸腹积水、尿不利等的水肿实证，常与苏子、车前子、防己等同用。

【药理】含芥子苷、芥子酸、异硫氰酸苄酯、异硫氰酸丙酯等，具有止咳、强心、利尿等作用。

(6) 枇杷叶。为蔷薇科植物枇杷的干燥叶。刷去绒毛，生用或蜜炙用。南方各地均产。

【性味归经】苦，平。入肺、胃经。

【功能主治】清肺化痰，和胃降逆。主治肺热咳喘，胃热呕吐。

【用量】马、牛30～60g；猪、羊10～20g；兔、禽1～2g。

【应用】①风热咳嗽，常与前胡、桑叶等同用；燥热咳喘，常与桑白皮、沙参等同用。②胃热呕吐等，常与沙参、石斛、玉竹、竹茹等同用。

【药理】含乌索酸、齐墩果酸、熊果酸等，具有抗炎、止咳、抑菌等作用。

(7) 白果。为银杏科植物银杏树的成熟种子。去壳，剥去黄色假种皮，捣碎使用。全国各地均产。

【性味归经】甘、苦、涩，平。有小毒。入肺经。

【功能主治】敛肺定喘，收涩除湿。主治劳伤肺虚，喘咳痰多，尿浊。

【用量】马、牛15～45g；猪、羊5～10g；犬、猫1～5g。

【应用】①久病或肺虚引起的咳喘，常与麻黄、杏仁、黄芩、桑白皮、苏子、冬花、半夏、甘草等同用，如白果定喘汤。②湿热尿浊等，常与芡实、黄柏等同用。

【药理】含白果酸、白果醇、氢氰酸等，具有平喘、降压、抑菌等作用。

相关知识

凡能消除痰涎，制止或减轻咳嗽和气喘的药物（方剂），称为止咳化痰平喘药（方）。

此类药物味多辛、苦，入肺经。辛能散能通，故具有宣通肺气之功，肺气宣通，则咳止而痰化。苦能泄能降，故具有降泄肺气之效，肺气肃降，则喘息自平。

项目 2　中药与方剂

临床上，咳嗽每多挟痰，而痰多亦可导致咳嗽。因此，在治疗上往往配合应用。如应用化痰药时常与止咳药同用，止咳药也常与化痰药同用。

引起咳嗽的原因很多，临证时，必须辨明引起发病的原因，根据不同的病情，适当地配合其他药物。如外感风寒引起的咳嗽，应配合辛温解表药；如外感风热引起的咳嗽，应配合辛凉解表药，如因虚劳引起的咳嗽，应配合补养药，才可收到较好的效果。

由于咳喘症状不同，治疗原则也不同，如喘急宜平，气逆咳宜降，燥咳宜润，热咳宜清。因此，根据化痰止咳平喘药的不同性味和功能，将其分为温化寒痰药、清化热痰药和止咳平喘药三类。

1. 温化寒痰药　凡药性温燥，具有温肺祛寒、燥湿化痰作用的药物，称为温化寒痰药。适用于寒痰、湿痰所致的呛咳气喘、鼻液稀薄等，应用时常与燥湿健脾药物配伍。因其性燥烈，阴虚燥咳、热痰壅肺等慎用。

2. 清化热痰药　凡药性偏于寒凉，以清化热痰为主要作用的药物，称为清化热痰药。适用于热痰郁肺所引起的呛咳气喘，鼻液黏稠等。

3. 止咳平喘药　凡以止咳、平喘为主要作用的药物，称为止咳平喘药。由于咳喘有寒热虚实等的不同，应用时须选用适宜配伍药物。

>>> 任务 47　常用止咳化痰平喘方

1. 二陈汤（《和剂局方》）

【组成】制半夏 45g、陈皮 45g、茯苓 60g、炙甘草 25g。

【功能】燥湿化痰，理气和中。

【主治】湿痰咳嗽。证见咳嗽痰多、色白，舌苔白润。

【方解】本方是治疗湿痰的基础方。湿痰的形成多因脾胃不和，脾失健运，湿聚而成；痰饮犯肺，则咳嗽痰多；胃失和降，胃气上逆，则呕吐。方中半夏燥湿化痰、降逆止呕为主药；陈皮理气化痰为辅药；痰由湿生，脾复健运则湿可化，故加茯苓健脾利湿，使湿邪由尿而出，为佐药；使以甘草和中健脾，协调诸药。四药合用，具有燥湿化痰，理气和中的功效。

【用法】共为末，开水冲服。

【应用】用于各种家畜急性和慢性气管炎及支气管炎所引起的咳嗽、痰证，还可用于脾胃失和、湿浊内停所致的消化不良。有热象者，加马兜铃、黄芩；阴虚咳嗽，加沙参、麦冬；风寒咳嗽，加紫苏、杏仁、前胡、桔梗、枳壳；脾胃虚弱，食少便溏，湿咳，加党参、白芍。

2. 麻杏石甘汤（《伤寒论》）

【组成】麻黄 30g、杏仁 30g、炙甘草 30g、石膏（打碎先煎）150g。

【功能】宣肺，清热，平喘。

【主治】肺热气喘。证见咳嗽喘急，发热有汗或无汗，口干渴，舌红，苔薄白或黄，脉浮滑而数。

【方解】本方证之形成，多为外感风邪，化热犯肺所致。方中麻黄辛苦宣肺解表平喘，为主药；辅以大量石膏，辛凉宣泄，二药配合，发散肺经郁热而平喘；杏仁宣降肺气，助麻黄止咳平喘，为佐药；甘草协调诸药，为使药。四药合用，则有宣肺，清热，平喘之效。

【用法】为末，开水冲调，候温灌服，或煎汤服。

【应用】本方是治疗肺热气喘的常用方剂，使用时以喘急身热为依据。若热甚加黄芩、栀子、连翘、银花，若兼有咳嗽者，加贝母、桔梗等。

3. **款冬花散**（《元亨疗马集》）

【组成】款冬花 60g、黄药子 60g、僵蚕 30g、郁金 30g、白芍 60g、玄参 60g。

【功能】滋阴降火，止咳平喘。

【主治】阴虚肺热。证见咳嗽气急，咽喉肿痛。

【方解】本方证因阴虚肺热，津液耗伤，燥痰阻肺所致。方中款冬花润肺化痰，止咳平喘，玄参养阴润肺，清热祛痰为主药；辅以白芍养阴清热，助主药滋阴降火；肺火上炎而致咽喉肿痛，故佐以黄药子、郁金、僵蚕清利咽喉且消肿痛；蜂蜜润肺清热，协调诸药，为使药。

【用法】水煎服，或共为末，开水冲调，候温灌服。

【应用】用于阴虚火旺引起的咳嗽气急，咽喉肿痛。见有表证者，加桑叶、薄荷等；火盛咳剧者，加桑白皮、枇杷叶等。

4. **百合散**（《元亨疗马集》）

【组成】百合 60g、贝母 30g、大黄 45g、甘草 30g、天花粉 45g。

【功能】滋阴清热，润肺化痰。

【主治】肺壅鼻脓。证见喘粗鼻乍，连声咳嗽，鼻孔流脓，欣吊毛焦，口色红，脉洪数。

【方解】本方证因草饱负重太过，奔走太急，损伤肺经，前焦积热，痰气填塞心胸所致。方中百合、贝母滋阴清热，润肺化痰为主药；辅以天花粉、萝卜润肺理气化痰；荞面降气，大黄清热，均为佐药；甘草、蜂蜜和中润肺止咳为使药。诸药相合，使肺气清肃，痰涎消散，咳嗽自止。

【用法】共为末，加蜂蜜 120g，荞面 60g，萝卜汤一碗，水适量同调，草后灌服。

【应用】用于急性气管炎伴有脓性鼻漏，也适用于原发性的脓性鼻炎。上焦热盛者，加黄芩、栀子、黄连、柴胡以清热解毒；咽喉敏感者，加玄参以养阴生津；有咳嗽症状，配伍止咳化痰药。

项目2.2.6　常用和解方

问题一：保和丸主要用于_____。
  A. 心经积热证　　　　B. 结症、便秘　　　　C. 肠黄
  D. 热毒血痢　　　　E. 食积停滞

问题二：(1~3题共用下列备选答案)
  A. 小柴胡汤　　　　B. 大承气汤　　　　C. 银翘汤
  D. 麻黄汤　　　　E. 黄连解毒汤

1. 少阳病选用_____。
2. 结症、便秘选用_____。
3. 三焦热盛选用_____。

项目 2　中药与方剂

问题三：小柴胡汤中柴胡与黄芩的配伍意义是_____。
A. 调和营卫　B. 和解少阳　C. 疏肝泄热　D. 理气疏肝　E. 解表燥湿

问题四：具有透邪解郁，疏肝理脾功效的方剂是_____。
A. 逍遥散　　　　　　B. 四逆散　　　　　　C. 小柴胡汤
D. 银翘散　　　　　　E. 蒿芩清胆汤

问题五：汗、下、清三法合于一方的方剂是_____。
A. 大柴胡汤　　　　　B. 防风通圣散　　　　C. 九味羌活汤
D. 葛根芩连汤　　　　E. 调胃承气汤

参考答案：E；A、B、B、B

>>> 任务 48　常用和解方

小柴胡汤（《伤寒论》）

【组成】柴胡 45g、黄芩 45g、党参 30g、制半夏 25g、炙甘草 15g、生姜 20g、大枣 60g。

【功能】和解少阳，扶正祛邪。

【主治】少阳病。证见寒热往来，精神不振，饥不饮食，口干色淡红，脉弦。

【方解】本方为治伤寒之邪传入少阳的代表方。由于少阳位于半表半里，在治疗上既不宜发汗，又不宜泻下，惟用和解少阳之法。方中柴胡透达少阳之邪，疏解气机的壅滞，为主药；黄芩清泄少阳之郁热，为辅药，若寒重于热，可加大柴胡用量，热重于寒，则加大黄芩用量，二药合用，能解除寒热往来；党参、甘草、大枣扶正和中，防止邪气内侵，半夏、生姜和胃止呕，且生姜还能助柴胡散表邪，同时姜枣配合既能调和营卫，输布津液，又能助半夏和胃止呕，共为佐使药。各药相合，可和解少阳，扶正祛邪。

【用法】共为末，开水冲调，候温灌服或水煎服。

【应用】本方去党参、甘草，加大黄、枳实、白芍、焙生姜，名大柴胡汤，能和解少阳，内泻热结，主治少阳阳明合病。

> 相关知识
>
> 凡是具有和解表里、调畅气机作用，用于治疗少阳病或肝脾不和、肠胃不和等病证的方剂，称为和解方。
>
> 和解方主要是针对少阳胆经病证而设，然肝胆相表里，肝和胆发病常互相影响，且极易影响到脾胃，常出现肝脾不和、肠胃不和等证候。
>
> 使用和解方时应注意，凡邪在肌表，或已入里、阳明热盛者，或虚劳内伤，气血虚弱，证见寒热者，皆不宜使用。

项目 2.2.7　常用温里方药

问题一：下列药物不属于温里药的是_____。
A. 附子　　B. 桂枝　　C. 肉桂　　D. 小茴香　　E. 艾叶

问题二：理中汤主要用于_____。
    A. 肝胃虚寒证　　　　B. 脾胃阴寒证　　　　C. 少阴病
    D. 风寒湿邪伤腰胯　　E. 脾胃虚寒证
问题三：四逆汤的主要功效为_____。
    A. 温中散寒、健脾　　B. 行气降逆　　　　　C. 温肾壮阳
    D. 温肾散寒　　　　　E. 回阳救逆
问题四：下列药物属于四逆汤组方药物的是_____。
    A. 熟附子　　B. 当归　　C. 豆蔻　　D. 厚朴　　E. 芍药
问题五：羊，5月龄。证见体瘦毛焦，慢草不食，腹痛泄泻，完谷不化，口色淡白，脉象沉细。若选用中药治疗，应以下述哪个方剂为主进行加减？_____
    A. 四逆散　　　　　　B. 参附汤　　　　　　C. 郁金散
    D. 理中汤　　　　　　E. 五苓散

参考答案：B、E、A、D

>>> 任务49　常用温里药

（1）附子。为毛茛科植物乌头的子根加工品。经炮制成盐附子、黑顺片、白附子后使用。主产于广西、广东、云南、贵州、四川等地。

【性味归经】大辛，大热。有毒。入心、脾、肾经。

【功能主治】温中散寒，回阳救逆，除湿止痛。主治大汗亡阳，四肢厥冷，伤水冷痛，风寒湿痹。

【用量】马、牛15～30g；猪、羊3～10g；犬、猫1～3g；兔、禽0.5～1g。

【应用】①寒伤脾胃所致的草料减少，或腹痛起卧、冷肠泄泻等，常与干姜、党参、白术、甘草等同用，如附子理中汤。②大汗、大吐或大泻所致的四肢厥冷、脉微欲绝、大汗不止等，常与干姜、甘草等同用，如四逆汤。③风寒湿痹所致的腰胯冷痛、束步难行、卧地不起等，常与桂枝、生姜、大枣、甘草等同用，如桂附汤。

【禁忌】孕畜禁用。不宜与半夏、瓜蒌、贝母、白及同用。

【药理】含乌头碱、次乌头碱、新乌头碱、去氧乌头碱和卡乌头碱等，具有强心、消炎、镇痛等作用。

（2）干姜。为姜科植物姜的干燥根状茎。切片生用。炒黑后称炮姜。主产于四川、陕西、河南、安徽、山东等地。

【性味归经】辛，热。入心、脾、胃、肾、肺、大肠经。

【功能主治】温中散寒，回阳通脉。主治脾胃虚寒，冷痛泄泻，四肢厥冷。

【用量】马、牛15～30g；猪、羊3～10g；犬、猫1～3g；兔、禽0.3～1g。

【应用】①脾胃虚寒所致的草少、泄泻、冷痛等，常与党参、白术、甘草同用，如理中汤；胃冷吐涎，常与桂心、青皮、益智仁、白术、厚朴、砂仁等同用，如桂心散。②四肢厥冷等，常与附子、甘草等同用，如四逆汤。

【禁忌】热证、阴虚及孕畜忌用。

【药理】含姜酚、姜烯、姜黄烯、谷甾醇、棕榈酸等,具有镇痛、镇呕、抗炎、止泻等作用。

(3) 肉桂。为樟科植物肉桂的干燥树皮。生用。主产于广东、广西、云南、贵州等地。

【性味归经】辛、甘,大热。入脾、心、肾、肝经。

【功能主治】补火助阳,温中除寒,行血止痛。主治肾阳不足,脾胃虚寒,风湿痹痛,产后寒痛。

【用量】马、牛15~30g;猪、羊5~10g;犬2~5g;兔、禽1~2g。

【应用】①肾阳不足或命门火衰所致的四肢厥冷、口色淡、脉沉细等,常与熟地、山茱萸等同用,如肾气丸。②脾胃虚寒所致的鼻寒耳冷、草少、口流清涎,或伤水冷痛、冷肠泄泻等,常与青皮、茯苓、白术、干姜、厚朴、当归、砂仁等同用,如桂心散。③风湿痹痛、产后寒痛等,常与当归、高良姜等同用。

【禁忌】孕畜禁用。

【药理】含肉桂醛、肉桂醇、苯甲醛等,具有抗菌、抗炎、止痛、增进食欲等作用。

(4) 吴茱萸。为芸香科植物吴茱萸、疏毛吴茱萸或石虎的干燥未成熟的果实。生用或炙用。主产于广东、湖南、贵州、浙江、陕西等地。

【性味归经】辛、苦,热。有小毒。入肝、肾、脾、胃经。

【功能主治】温中止痛,理气止呕。主治脾胃虚寒,阳虚久泻,胃冷吐涎。

【用量】马、牛10~30g;猪、羊3~10g;犬2~5g。

【应用】①脾胃虚寒所致的细食慢草、肚腹冷痛等,常与党参、生姜、大枣等同用。②阳虚久泻,常与五味子、肉豆蔻、补骨脂等同用,如四神丸。③胃冷吐涎,常与生姜、半夏等同用。

【禁忌】血虚有热及孕畜慎用。

【药理】含吴茱萸碱、吴茱萸次碱、去氢吴茱萸碱、羟基吴茱萸碱、小檗碱等,具有抗炎、收缩子宫、健胃、镇痛、止呕、抑菌等作用,对猪蛔虫有杀灭作用。

(5) 小茴香。为伞形花科植物小茴香的干燥成熟果实。生用或盐水炒用。主产于山西、陕西、江苏、安徽、四川等地。

【性味归经】辛,温。入肺、肾、脾、胃经。

【功能主治】祛寒止痛,理气和胃。主治脾胃虚寒,寒伤腰胯。

【用量】马、牛15~60g;猪、羊10~15g;犬、猫1~3g;兔、禽0.5~2g。

【应用】①脾胃虚寒所致的草少、冷痛、吐涎、寒泻等,常与干姜、木香等同用。②寒伤腰胯所致的腰脊紧硬、冷拖后脚等,常与肉桂、槟榔、白术、巴戟天、当归、牵牛子、藁本等同用,如茴香散。

【药理】含挥发性小茴香油,具有促进消化机能、增强胃肠蠕动、排除腐败气体及祛痰作用。

(6) 高良姜。为姜科植物高良姜的干燥根茎。切片生用。主产于广东、广西、浙江、福建和四川等地。

【性味归经】辛,热。入脾、胃经。

【功能主治】温中散寒,消食止痛。主治胃寒草少,冷肠泄泻,反胃呕吐。

【用量】马、牛15~30g,猪、羊3~10g,兔、禽0.3~1g。

【应用】胃寒草少、冷肠泄泻、反胃呕吐等，常与香附、半夏、厚朴、生姜等配伍。

【禁忌】阴虚火旺病畜禁用。

【药理】含1，8-桉叶醇、β-蒎烯、α-松油醇、莰烯、高良姜素、大黄素和槲皮素等，具有抗炎、镇痛和止呕等作用。

（7）艾叶。为菊科植物艾的干燥叶。生用、炒炭或捣绒。各地均产。

【性味归经】苦、辛，温。入脾、肝、肾经。

【功能主治】散寒止痛，温经止血，安胎。主治肚腹冷痛，宫寒不孕，胎动不安。

【用量】马、牛15～45g；猪、羊5～15g；犬、猫1～3g；兔、禽1～1.5g。

【应用】①肚腹冷痛、子宫出血等，常与小茴香、熟地、阿胶等同用。②宫寒不孕、胎动不安，常与香附、当归、肉桂等同用。

【药理】含挥发油，具有扩张支气管、镇咳、祛痰、抗菌等作用。

（8）花椒。为芸香科植物花椒或青椒的果实。生用或炒用。主产于四川、陕西、江苏、河南、山东、江西、福建、广东等地。

【性味归经】辛，温。入肺、脾、肾经。

【功能主治】温中散寒，杀虫止痛。主治冷肠泄泻，虫积，湿疹，疥癣。

【用量】马、牛10～20g；猪、羊6～10g。

【应用】①冷肠泄泻等，常与厚朴、陈皮、苍术等同用；脾胃虚寒等，常与干姜、党参等同用。②绦虫病和蛔虫病等，常与乌梅等配伍。③皮肤湿疹、疥癣等，常与黄柏、苦参等同用。

【药理】含挥发油，具有抗菌、抗炎、镇痛、止泻、杀虫等作用。

> **相关知识**
>
> 凡是药性温热，能够祛除寒邪的药物（方剂），称为温里药（方）或祛寒药（方）。
>
> 温里药（方）具有温中散寒，回阳救逆的功效，适用于因寒邪而引起的肠鸣泄泻、肚腹冷痛、大汗、口鼻俱凉、四肢厥冷、脉微欲绝等阴证。
>
> 本类药物多属于辛热之品，还具有行气止痛的作用，凡是寒凝气滞、肚腹胀满疼痛等都可选用。此外，温里药中一部分还有健运脾胃之功能，应用温里药时当按实际情况配伍，如里寒而兼表证者，则与解表药配伍；若脾胃虚寒，呕吐下利者，当选用健运脾胃作用的温里药物。
>
> 此类药物温热燥烈，易伤阴液，故热证及阴虚的患畜应忌用或少用。

>>> 任务50　常用温里方

1. 理中汤（《伤寒论》）

【组成】党参60g，干姜60g，炙甘草60g，白术60g。

【功能】健脾补气，温中散寒。

【主治】脾胃虚寒证。证见草料减少，口色淡白，体瘦毛焦，完谷不化。

【方解】本方是治疗中焦虚寒的要方。脾虚有寒，则运化失调，升清降浊之机受阻，泄泻腹痛随之而起，理当温运中焦，补益脾胃。方中干姜温中散寒为主药；辅以党参补气益脾；白术健脾燥湿为佐；使以甘草和中健脾，调和诸药。各药合用有健脾补气，温中散寒之功。

【用法】水煎服。

【应用】用于脾胃虚寒引起的慢草不食，腹痛泄泻等证，如慢性胃肠炎、胃及十二指肠溃疡等属脾胃虚寒者。寒甚者，重用干姜；虚甚者，重用党参；呕吐者，加生姜、吴茱萸；泄泻甚者，加肉豆蔻、诃子。本方加附子，名附子理中汤，适用于脾肾阳虚之阴寒重证。再加肉桂，名桂附理中汤，其回阳祛寒之力更大。

2. 四逆汤（《伤寒论》）

【组成】熟附子 45g、干姜 45g、炙甘草 30g。

【功能】回阳救逆。

【主治】少阴病和亡阳证。证见四肢厥冷，恶寒蜷卧，神疲力乏，腹痛泄泻，不渴，舌淡苔白，脉沉微。

【方解】本方是回阳救逆的主要方剂，四肢为诸阳之末，阳气不足，阴寒内盛，则阳气不能敷布，以致四肢厥冷；阳气衰微，不能温运全身，所以恶寒蜷卧；阳气虚衰，不能鼓动血液运行，则见脉象沉微。方中附子大辛大热，能振奋阳气，祛散寒邪为主药；附子无姜不热，姜附合用，功效倍增，故辅以干姜温中散寒，以助附子回阳之力；甘草和中益气并缓和姜附燥烈之性，为佐使药。三药相合，有回阳救逆之功。

【用法】共为末，开水冲服，或水煎取汁候温灌服。

【应用】凡大汗、大泻、阴盛阳衰之四肢厥冷，皆可应用。方中皆为纯阳之品，若为阳热郁闭、邪热内陷之四肢厥逆，则不宜应用。

3. 阳和汤（《外科证治全生集》）

【组成】熟地 90g、鹿角胶 25g、肉桂 15g、炮姜 10g、麻黄 19g、白芥子 15g、甘草 20g。

【功能】温阳补血，通脉散寒。

【主治】阴证疮疽。证见局部漫肿无头，皮色不变，不热，舌淡苔白，不渴，脉沉细或迟细。

【方解】本证常因畜体阳虚，阴寒之邪乘虚侵袭，阻于筋骨血脉之中，致血虚寒凝痰滞而成。方中熟地、鹿角胶大补精血为主药；辅以炮姜、肉桂温散寒邪兼通血脉；麻黄达卫散寒，协同姜、桂宣通气血，使鹿角胶、熟地补而不滞，白芥子祛肌肤之痰结，且能协同姜、桂散寒凝而化痰滞，均为佐药；甘草解毒化痰，协调诸药为使。各药合用，能补益精血，散寒通脉，排疮解毒。

【用法】共为末，开水冲调或煎汤，候温灌服。

【应用】阴证疮疡有气虚、血虚之分，本方主要针对血虚寒凝。凡慢性淋巴腺炎、肌肉深部脓疡等属血虚寒凝者，均可酌情应用。若兼气虚，加黄芪、党参以补气。阴虚有热、阳证疮疡已破溃者不宜应用。

项目 2.2.8　常用祛湿方药

问题一：下列药物不属于祛风湿药的是_____。
　　A. 肉桂　　　　B. 羌活　　　　C. 独活　　　　D. 威灵仙　　　　E. 木瓜

问题二：下列药物属于利湿药的是_____。
　　A. 五加皮　　B. 苍术　　C. 独活　　D. 木通　　E. 佩兰
问题三：下列药物不属于化湿药的是_____。
　　A. 藿香　　B. 佩兰　　C. 苍术　　D. 茵陈　　E. 白豆蔻
问题四：独活寄生汤主要用于_____。
　　A. 风湿痹痛　　B. 肝肾虚寒　　C. 风寒痹痛　　D. 小便不利　　E. 肌表风湿
问题五：五苓散主治_____。
　　A. 风湿痹痛　　　　　　　B. 湿热下注　　　　　　　C. 外感风寒
　　D. 中暑　　　　　　　　　E. 外有表证，内停水湿
问题六：藿香正气散主要用于_____。
　　A. 湿热下注　　　　　　　B. 肾虚水泛　　　　　　　C. 寒湿痹痛证
　　D. 胃寒少食　　　　　　　E. 外感风寒、内伤湿滞、中暑
问题七：（1～3题共用下列备选答案）
　　A. 桃仁　　B. 苍术　　C. 大黄　　D. 泽泻　　E. 白头翁
　1. 上述药物属于五苓散组方药物的是_____。
　2. 上述药物属于白头翁汤组方药物的是_____。
　3. 上述药物属于生化汤组方药物的是_____。
问题八：犬，雄性，5岁，体温39.6℃。精神不振，不食，时而小便，但每次小便量不多，色黄。证见腹部膨胀，触诊腹壁紧张；不停作小便姿势，呈滴水状；口色红赤，舌苔黄腻，脉象滑数。若选用中药治疗，应以下述哪个方剂为主进行加减？_____
　　A. 八正散　　B. 藿香正气散　　C. 五苓散　　D. 平胃散　　E. 健脾散

参考答案：A E D D E A

>>> 任务51　常用祛湿药

1. 祛风湿药

（1）羌活。为伞形花科植物羌活和宽叶羌活的干燥根茎及根。切片生用。主产于陕西、四川、甘肃等地。

【性味归经】辛，温。入膀胱、肾经。

【功能主治】解表散寒，祛风除湿，止痛。主治外感风寒，风湿痹痛。

【用量】马、牛15～45g；猪、羊3～10g；犬2～5g；兔、禽0.5～1.5g。

【应用】①外感风寒所致的发热恶寒等，常与防风、白芷、细辛、川芎等同用。②风寒湿邪阻络所致的腰背肢节疼痛、束步拘挛，尤其适用于前躯风湿痹痛，常与独活、防风、藁本、秦艽等同用。

【药理】含羌活酚、羌活醇、镰叶芹二醇等，具有抗炎、止痛、抗菌、抗病毒等作用。

（2）独活。为伞形花科植物重齿毛当归的干燥根。切片生用。主产于四川、陕西、云南、甘肃、内蒙古等地。

【性味归经】辛，温。入肝、肾经。

【功能主治】祛风除湿,散寒止痛。主治风寒湿痹,腰肢疼痛。

【用量】马、牛 30~45g;猪、羊 3~10g;犬 2~5g;兔、禽 0.5~1.5g。

【应用】①风寒湿邪阻络所致的四肢拘挛、腰肢疼痛等,常与桑寄生、秦艽、防风、细辛、党参、杜仲等同用,如独活寄生汤。②外感风寒挟湿所致的发热恶寒、肌肉紧硬等,常与羌活、防风、连翘、柴胡等同用。

【药理】含香豆素、萜类和挥发油等,具有镇静、催眠、镇痛、抗炎等作用。

(3) 威灵仙。为毛茛科植物威灵仙、棉团铁线莲或东北铁线莲的干燥根及根茎。切碎生用、炒用。主产于安徽、江苏等地。

【性味归经】辛、咸,温。入膀胱经。

【功能主治】祛风除湿,通经止痛。主治风湿痹痛,跌打损伤。

【用量】马、牛 15~60g;猪、羊 3~10g;犬、猫 3~5g;兔、禽 0.5~1.5g。

【应用】①风寒湿邪阻络或破伤风所致的四肢拘挛等,常与羌活、独活、秦艽、当归等同用。②跌打损伤所致的瘀血肿痛等,常与桃仁、红花、赤芍等同用。

【药理】含白头翁素、白头翁醇、甾醇以及挥发油、皂苷和糖类等,具有抗炎、镇痛、抗菌等作用。

(4) 木瓜。为蔷薇科植物贴梗海棠的干燥近成熟果实。蒸煮后切片用或炒用。主产于安徽、浙江、四川、湖北等地。

【性味归经】酸,温。入肝、脾、胃经。

【功能主治】舒筋通络,化湿和胃。主治风湿痹痛,呕吐,泄泻。

【用量】马、牛 15~45g;猪、羊 6~12g;犬、猫 2~5g;兔、禽 1~2g。

【应用】①风湿痹痛、腰胯紧硬、筋脉拘挛等,常与牛膝、威灵仙、川芎、当归等同用。②感受暑湿或湿困脾阳所致的呕吐、腹痛、泄泻等,常与吴茱萸、小茴香、生姜、紫苏叶等同用。

【药理】含有苹果酸、苯甲酸、对甲氧基苯甲酸等,具有抗炎、镇痛、抗肿瘤和抗菌等作用。

(5) 桑寄生。为桑寄生科植物桑寄生的干燥带叶茎枝。切段,干后生用。主产于河北、河南、广东、广西、浙江、江西、台湾等地。

【性味归经】苦,平。入肝、肾经。

【功能主治】补肝肾,强筋骨,祛风湿,安胎。主治风湿痹痛、腰胯无力、胎动不安。

【用量】马、牛 30~60g;猪、羊 5~15g;犬 3~6g。

【应用】①肝肾不足、气血亏虚兼风湿的腰胯无力等,常与杜仲、牛膝、独活、当归等同用,如独活寄生汤。②肝肾虚损所致的胎动不安,常与阿胶、续断、艾叶等同用。

【药理】含萹蓄苷、槲皮素、齐墩果酸等,具有抗炎、利尿、降压、抗菌和抗病毒等作用。

(6) 五加皮。为五加科植物细柱五加的干燥根皮。切片生用或炒用。主产于四川、湖北、河南、安徽等地。

【性味归经】辛、苦,温。入肝、肾经。

【功能主治】祛风湿,强筋骨,补肝肾。主治风寒湿痹,腰肢痿软,水肿。

【用量】马、牛 15~45g;猪、羊 6~12g;犬、猫 2~5g;兔、禽 1.5~3g。

【应用】①风寒湿邪所致的腰肢痿软、关节肿痛，单用或与木瓜、牛膝等同用。②水肿、尿不利等，常与茯苓皮、大腹皮、陈皮、生姜皮等同用，如五皮饮。

【药理】含4-甲基水杨醛、苯丙烯酸糖苷、丁香苷等，具有增强抵抗力、抗炎、镇痛、利尿等作用。

(7) 乌蛇。为游蛇科动物乌梢蛇去内脏的干燥尸体。砍去头，以黄酒闷透去骨用或炙用。主产于浙江、安徽、贵州、湖北、四川等地。

【性味归经】甘，平。入肝经。

【功能主治】祛风除湿，活络止痉。主治风寒湿痹，惊痫抽搐，破伤风。

【用量】马、牛15~30g；猪、羊3~6g；犬2~3g。

【应用】①风寒湿痹等，常与羌活、防风等同用。②惊痫抽搐，常与蜈蚣、全蝎等同用；破伤风，常与天麻、蔓荆子、羌活、独活、细辛等同用，如千金散。

【药理】含蛋白质及脂类等，具有抗炎、镇痛等作用。

(8) 防己。为防己科植物粉防己的干燥根。切片生用或炒用。主产于浙江、安徽、湖北、广东等地。

【性味归经】苦、辛，寒。入膀胱、肺经。

【功能主治】祛风止痛，利水消肿。主治风湿痹痛，尿不利，水肿。

【用量】马、牛15~45g；猪、羊5~10g；犬3~6g；兔、禽1~2g。

【应用】①风湿阻络所致的关节肿痛等，常与乌头、肉桂、生姜、白术等同用，如防己汤。②排尿不利或水湿停滞所致的水肿、胀满等，常与黄芪、白术、茯苓、甘草等同用。

【药理】含生物碱等，具有利尿、镇痛、抗炎、抗过敏、降压、解热、抗阿米巴原虫和清除自由基等作用。

2. 利湿药

(1) 茯苓。为多孔菌科真菌茯苓的干燥菌核。寄生于松树根。其傍附松根而生者，称为茯苓；抱附松根而生者，谓之茯神；内部色白者，称白茯苓；色淡红者，称赤茯苓；外皮称茯苓皮，均可供药用。晒干切片生用。主产于云南、安徽、江苏等地。

【性味归经】甘、淡，平。入脾、胃、心、肺、肾经。

【功能主治】渗湿利水，健脾安神。主治脾虚泄泻，痰湿水肿，躁动不安。

【用量】马、牛20~60g；猪、羊5~10g；犬3~6g；兔、禽1.5~3g。

【应用】①脾虚草少、泄泻等，常与党参、白术等同用，如参苓白术散。②水湿停滞、尿不利或水肿等，常与猪苓、白术、泽泻、桂枝等同用，如五苓散。③躁动不安，常与朱砂等同用。

【药理】含茯苓多糖、茯苓素、茯苓酸等，具有利尿、镇静、抗肿瘤、增强免疫等作用。

(2) 猪苓。为多孔菌科真菌猪苓的干燥菌核。切片生用。主产于山西、陕西、河北等地。

【性味归经】甘、淡，平。入肾、膀胱经。

【功能主治】渗湿利水。主治泄泻水肿，尿不利。

【用量】马、牛25~60g；猪、羊10~20g；犬3~6g。

【应用】泄泻水肿、尿不利等，常与茯苓、白术、泽泻等同用，如五苓散。

【药理】含有猪苓多糖、麦角甾醇、生物素和蛋白质等，具有抗肿瘤、增强免疫、利尿、抗菌等作用。

(3) 泽泻。为泽泻科植物泽泻的干燥块茎。切片生用。主产于福建、广东、江西、四川等地。

【性味归经】甘、淡、寒。入肾、膀胱经。

【功能主治】利水渗湿，清热泻火。主治水肿，尿不利，泄泻，淋浊。

【用量】马、牛 20~45g；猪、羊 10~15g；犬 5~8g；兔、禽 0.5~1g。

【应用】①水肿、泄泻等，常与茯苓、猪苓、白术等同用，如五苓散。②膀胱湿热所致的尿涩、尿血、尿浊等，常与茯苓、薏苡仁等同用。

【药理】含泽泻萜醇、泽泻二萜醇、泽泻二萜苷等，具有抗菌、抗炎、降血脂、利尿等作用。

(4) 车前子。为车前科植物车前草或平车前的干燥成熟种子。生用或炒用。主产于浙江、安徽、江西等地。

【性味归经】甘、淡、寒。入肝、肾、小肠经。

【功能主治】清热利尿，渗湿通淋，明目。主治湿热淋浊，泄泻，目赤肿痛。

【用量】马、牛 20~30g；猪、羊 10~15g；犬、猫 3~6g；兔、禽 1~3g。

【应用】①热结膀胱所致的尿少、尿涩、尿血，常与滑石、木通、瞿麦等同用。②泄泻，常与白术、茯苓、泽泻、薏苡仁等同用。③肝经风热所致的目赤、翳障等，常与菊花、夏枯草、青葙子等同用。

【药理】含车前子酸、车前子胶、车前子糖等，具有抗菌、抗炎、利尿、镇咳、平喘、祛痰和降血脂等作用。

(5) 滑石。为硅酸盐类矿物滑石族滑石。主含含水硅酸镁。打碎成小块，水飞或研细生用。主产于广东、广西、云南、山东、四川等地。

【性味归经】甘，寒。入胃、膀胱经。

【功能主治】利尿通淋，清热解暑，祛湿敛疮。主治热淋，石淋，暑热，湿热泄泻，湿疹。

【用量】马、牛 25~45g；猪、羊 10~20g；犬 3~9g；兔、禽 1.5~3g。

【应用】①湿热下注膀胱所致的尿赤涩疼痛或尿闭等，单用或与木通、车前草、瞿麦等同用。②暑热烦渴、尿少或泄泻等，常与黄芩、通草、甘草等同用。③湿疹、湿疮等，常与石膏、枯矾、炉甘石、黄柏等同用。

【药理】含硅酸镁、氧化铝、氧化镍等，具有吸附和收敛作用，内服能保护肠壁，止泻而不引起臌胀；滑石粉撒布有保护创面、吸收分泌物、促进结痂的作用。

(6) 木通。为木通科植物木通、三叶木通或白木通的干燥藤茎。切片生用。主产于湖南、贵州、四川、吉林、辽宁等地。

【性味归经】苦，寒。入心、小肠、膀胱经。

【功能主治】清热利尿，通经下乳。主治口舌生疮，膀胱湿热，乳汁不通。

【用量】马、牛 10~30g；猪、羊 3~6g；犬 1~2g。

【应用】①心火上炎所致的口舌生疮、尿短赤等，常与生地、竹叶、甘草等同用。②湿热下注所致的尿少、尿频、尿血、尿涩痛等，常与瞿麦、车前子、滑石、栀子等同用，如八正散。③乳汁不通，常与王不留行、穿山甲同用。

【禁忌】孕畜慎用。

【药理】含马兜铃酸、马兜铃酸 BII 甲酯、对羟基桂皮酸等,具有利尿、强心、抑菌、抗肿瘤等作用。

(7) 通草。为五加科植物通脱木的干燥茎髓。切碎生用。主产于江西、四川等地。

【性味归经】甘,淡,寒。入肺、胃经。

【功能主治】清热利尿,通气下乳。主治膀胱湿热,乳汁不通。

【用量】马、牛 15~30g;猪、羊 3~10g;犬 2~5g;兔、禽 0.5~2g。

【应用】①膀胱湿热所致的排尿不利、水肿、湿热淋浊等,可与滑石、生地、淡竹叶等同用。②乳汁不通,常与木通、王不留行、穿山甲、赤芍、当归等同用。

【药理】含通脱木多糖、肌醇、葡萄糖、果糖及半乳糖醛酸等,具有抗炎、解热、利尿、调节免疫和抗氧化等作用。

(8) 茵陈。为菊科植物茵陈蒿或滨蒿的干燥幼嫩茎叶。晒干生用。主产于安徽、山西、陕西等地。

【性味归经】苦,微寒。入脾、胃、肝、胆经。

【功能主治】清热,利湿,退黄。主治黄疸,尿不利。

【用量】马、牛 20~45g;猪、羊 5~15g;犬 3~6g;兔、禽 1~2g。

【应用】湿热黄疸,单用或与栀子、大黄等同用,如茵陈蒿汤;黄疸兼尿不利,常与猪苓、泽泻等同用,如茵陈五苓散;寒湿阴黄,常与附子、干姜、甘草等同用,如茵陈四逆汤。

【药理】含茵陈色原酮、7-甲氧基香豆素等,具有抑菌、利胆、抗肝损伤等作用。

3. 化湿药

(1) 藿香。为唇形科植物藿香的干燥茎叶。晒干切碎生用。主产于广东、吉林、贵州等地。

【性味归经】辛,微温。入脾、胃、肺经。

【功能主治】化湿和中,祛暑解表,行气化滞。主治夏伤暑湿,脾受湿困。

【用量】马、牛 15~45g;猪、羊 5~10g;犬 3~5g;兔、禽 1~2g。

【应用】①夏伤暑湿所致的恶寒发热、呕吐或泄泻等,常与香薷、苍术、砂仁等同用,如藿香正气散。②湿困脾土所致的草少、腹胀、泄泻等,常与厚朴、苍术、半夏等同用。

【药理】含广藿香醇、甲基胡椒酚、薄荷酮等,具有发汗、止呕、止痉、抗菌、助消化等作用。

(2) 苍术。为菊科植物茅苍术和北苍术的干燥根茎。晒干,烧去毛,切片生用或炒用。主产于江苏、安徽、浙江、河北、内蒙古等地。

【性味归经】辛、苦,温。入脾、胃经。

【功能主治】燥湿健脾,祛风散寒,明目。主治湿阻脾胃,风寒湿痹,夜盲。

【用量】马、牛 15~60g;猪、羊 9~15g;犬 5~8g;兔、禽 1~3g。

【应用】①湿阻脾胃所致的草少、腹痛泄泻,常与厚朴、陈皮、甘草等同用,如平胃散。②风寒湿邪所致的腰胯关节疼痛等,常与独活、秦艽、牛膝、薏苡仁、黄柏等同用。③夜盲症,单用或与石决明同用。

【药理】含挥发油,具有抗菌、抗炎、止痛等作用。

项目 2　中药与方剂

相关知识

凡能祛除湿邪，治疗湿证的药物（方剂），称为祛湿药（方）。

湿是一种阴寒、重浊、黏腻的邪气，有内湿、外湿之分，湿邪又可与风、寒、暑、热等外邪共同致病，并有寒化、热化的转机，所以湿邪致病的临床表现也有所不同，因而将祛湿药分为祛风湿药、利湿药和化湿药三类。

1. 祛风湿药　能祛风胜湿，治疗风湿痹证的药物，称为祛风湿药。这类药物大多味辛性温，具有祛风除湿、散寒止痛、通气血、补肝肾、壮筋骨之效。适用于风湿在表而出现的皮紧腰硬、肢节疼痛、颈项强直、拘行束步、卧地难起、筋络拘急、风寒湿痹等。其性多燥烈，凡阳虚、血虚的患畜应慎用。

2. 利湿药　本类药多味淡性平，以利湿为主，作用比较缓和，有利尿通淋、消水肿、除水饮、止水泻的功能，还能引导湿热下行。常用于尿赤涩、淋浊、水肿、水泻、黄疸和风湿性关节疼痛等。

3. 化湿药　本类药物多辛温香燥。芳香可助脾运，燥可祛湿，用于湿浊内阻、脾为湿困、运化失调等所致的肚腹胀满或呕吐草少、粪稀泄泻、精神短少、四肢无力、舌苔白腻等。阴虚血燥及气虚者慎用。

>>> 任务 52　常用祛湿方

1. 独活寄生汤（《备急千金要方》）

【组成】独活 30g、桑寄生 45g、秦艽 30g、防风 25g、细辛 6g、当归 30g、白芍 25g、川芎 15g、熟地 45g、杜仲 30g、牛膝 30g、党参 30g、茯苓 30g、桂心 15g、甘草 20g。

【功能】祛风湿，止痹痛，益肝肾，补气血。

【主治】痹证日久，肝肾两亏引起的风寒湿痹，腰胯疼痛或肢节屈伸不利等证。

【方解】风寒湿痹，经久不愈，入里滞留于筋骨肌肉之间，使得家畜肝肾两虚，气血不足，畏寒喜温，腰胯疼痛或肢节屈伸不利。方中重用独活、桑寄生祛风除湿、通经活络为主药；当归、白芍、川芎养血和营，熟地、杜仲、牛膝强肝肾、壮筋骨，党参、茯苓、甘草补气健脾，同为辅助药，可使气血旺盛，兼扶正祛邪、祛风除湿功能；细辛、桂心暖肾经搜风散寒，再配伍防风、秦艽解除肌肤周身风寒湿邪为佐药，共奏祛风湿，止痹痛，益肝肾，补气血之功效。

【用法】水煎服，或共为末，开水冲调，候温灌服。

【应用】对于慢性风湿症以及腰胯、肌肉、四肢、关节等处风湿，皆可酌情加减应用。

2. 藿香正气散（《和剂局方》）

【组成】藿香 30g、紫苏 30g、白芷 30g、大腹皮 30g、茯苓 30g、白术 60g、半夏曲 60g、陈皮（去白）60g、厚朴（姜汁炙）60g、桔梗 60g、炙甘草 75g。

【功能】解表化湿、理气和中。

【主治】外感风寒，内伤湿滞。

【方解】外感风寒，内伤湿滞，治宜外散风寒，内化湿浊，兼以和中理气。方中藿香辛散风寒，化浊和中为主药；半夏曲燥湿降气，和胃止呕，厚朴行气化湿，宽胸除满，紫苏和白芷助藿香外散风寒，兼可芳香化湿为辅药；陈皮理气燥湿，并能和中，茯苓、白术健脾运湿，大腹皮行气利湿，桔梗宣肺利膈为佐药；甘草、生姜、大枣调脾胃而和诸药，共为使药。

【用法】共为末，生姜、大枣煎水冲调，候温灌服，亦可水煎灌服。

【应用】适用于内伤湿滞、复感风寒，以湿滞脾胃为主之证。凡夏季感冒、胃肠型流感、急性胃肠炎、消化不良等，均可应用。表邪偏重者，加香薷以助其解表；兼有食积者，加三仙、莱菔子以消食导滞；泄泻重者，加猪苓、泽泻、车前以利水止泻。

3. 五苓散（《伤寒论》）

【组成】猪苓 30g、茯苓 30g、泽泻 45g、白术 30g、桂枝 25g。

【功能】化气利水，健脾除湿。

【主治】水湿内停所致的尿不利、水肿、泄泻等。

【方解】方中猪苓、茯苓渗湿利水，通利小便为主药；泽泻善利肾水，白术健脾燥湿，皆为辅药；桂枝通阳化气、疏散表邪为佐药。诸药相合，共奏化气利水，健脾除湿之效。

【用法】共为末，开水冲调或煎汤，候温灌服。

【应用】本方是利水消肿的常用方剂。若无表证，将方中桂枝改为肉桂，以增强化气利水的作用。本方合平胃散（陈皮、苍术、厚朴、甘草），名为胃苓汤，治寒湿作泻，尿不利。本方加茵陈，名为茵陈五苓散，治疗湿热性黄疸。

4. 八正散（《和剂局方》）

【组成】木通 30g、瞿麦 30g、扁蓄 30g、车前子 45g、滑石 10g、甘草梢 25g、栀子 25g、大黄 15g、灯芯草 10g。

【功能】清热泻火，利水通淋。

【主治】湿热下注而引起的热淋、石淋。证见尿频涩痛或闭而不通、口干舌红、苔黄、脉数。

【方解】湿热下注膀胱，则水道不利，尿频涩痛，甚则闭而不通。方中木通利水降火、瞿麦利水通淋、清热凉血为主药；辅以扁蓄、车前子、滑石、灯芯草清热除湿，利尿通淋；佐以栀子泻三焦湿热、大黄清热泻火，泻热下行；甘草梢止尿痛，协调诸药为使药。合而用之，成为清热通淋之剂。

【用法】共为末，开水冲调或煎汤，候温灌服。

【应用】用于湿热下注所致的膀胱炎、尿道炎等症，也可用于泌尿系统结石和急性肾炎。血淋者，加小蓟、白茅根以凉血止血；内热甚者，加蒲公英、金银花等清热解毒；结石出现涩痛者，加金钱草、海金沙、石苇、鸡内金等通淋化石。

项目 2.2.9　常用理气方药

问题一：下列药物不属于理气药的是_____。
　A. 陈皮　　　B. 青皮　　　C. 厚朴　　　D. 枳实　　　E. 川芎
问题二：橘皮散主要用于_____。
　A. 胃肠臌气　　　　　　B. 脾气痛　　　　　　C. 马伤水起卧
　D. 六郁证　　　　　　　E. 肠气胀

问题三：越鞠丸主要用于_____。
   A. 胃肠臌气   B. 脾气痛   C. 马伤水起卧   D. 六郁证   E. 肠气胀
问题四：（1～3题共用下列备选答案）
   A. 越鞠丸   B. 健脾散   C. 理中汤   D. 四逆汤   E. 橘皮散
1. 用于治疗脾胃虚寒、胃肠寒湿性的腹痛、泄泻等症的是_____。
2. 用于治疗马伤水腹痛起卧的是_____。
3. 用于行气解郁的是_____。

参考答案：E C D B A

>>> 任务53　常用理气药

（1）陈皮。为芸香科植物柑橘的干燥成熟果皮。生用或炒用。主产于长江以南各省区。

【性味归经】辛、苦，温。入脾、肺经。

【功能主治】理气健脾，燥湿化痰。主治食欲减少，肚腹胀满，泄泻，痰湿咳嗽。

【用量】马、牛15～45g；猪、羊5～10g；犬、猫2～5g；兔、禽1～3g。

【应用】①脾胃气滞所致的食欲减少、肚腹胀满、泄泻等，常与党参、白术、茯苓、木香等同用。②痰湿壅滞所致的气逆喘咳等，常与半夏、茯苓、甘草等同用，如二陈汤。

【药理】含挥发油等，具有助消化、祛痰、抗氧化、利胆、强心等作用。

（2）青皮。为芸香科植物柑橘及其栽培变种的干燥幼果或未成熟果实的果皮。切片生用或炒用。主产于长江以南各省区。

【性味归经】苦、辛，温。入肝、胆经。

【功能主治】疏肝止痛，破气消积。主治胸腹胀痛，食积不化，乳痈。

【用量】马、牛15～30g；猪、羊5～10g；犬3～5g；兔、禽1.5～3g。

【应用】①肝郁气滞所致的胸腹胀痛，常与郁金、香附、柴胡等同用。②食积肚腹胀痛、草少、呕吐或泄泻等，常与神曲、山楂、麦芽等同用。③气血郁结疼痛，常与枳实、三棱、莪术等同用；乳痈，常与金银花、瓜蒌、香附等同用。

【药理】含挥发油，具有祛痰和调整胃肠功能的作用。

（3）香附。为莎草科植物香附的干燥根茎。去毛打碎用，或醋制、酒制后用。我国沿海各地均产。

【性味归经】辛、微苦，平。入肝、胆、脾经。

【功能主治】理气解郁，活血止痛。主治气血郁滞，肚腹疼痛，产后腹痛。

【用量】马、牛15～45g；猪、羊10～15g；犬4～8g；兔、禽1～3g。

【应用】①气血郁滞所致的草少、食积不消、肚腹胀满、呕吐等，常与川芎、神曲、栀子等同用，如越鞠丸。②寒凝气滞所致的肚腹疼痛，常与吴茱萸、高良姜等同用。③产后腹痛，常与当归、艾叶等同用。

【药理】含挥发油，具有抗炎、抗菌、解热、镇痛和抑制子宫平滑肌收缩等作用。

（4）木香。为菊科植物云木香的干燥根。切片生用。主产于云南、四川等地。

【性味归经】辛、微苦，温。入脾、胃、大肠、胆经。

【功能主治】行气止痛，健脾和胃。主治脾胃气滞，食积不化，湿热泻痢。

【用量】马、牛30～60g；猪、羊9～15g；犬、猫2～5g；兔、禽0.3～1g。

【应用】①脾胃气滞所致的肚腹胀满，常与厚朴、枳实、槟榔、神曲等同用。②胃失和降所致的食积不化、肠鸣腹痛等，常与党参、白术、砂仁等同用。③湿热泻痢，常与黄连等同用。

【药理】含挥发油，具有抗炎、抗菌、降压和促进胃肠蠕动等作用。

(5) 厚朴。为木兰科植物厚朴或凹叶厚朴的干燥根皮或枝皮。切片生用或制用。主产于四川、云南、福建、贵州、湖北等地。

【性味归经】苦、辛，温。入脾、胃、大肠经。

【功能主治】化湿导滞，消胀下气。主治宿食不消，肚腹胀满，气逆咳喘。

【用量】马、牛15～45g；猪、羊5～15g；犬3～5g；兔、禽1.5～2g。

【应用】①湿阻中焦、气滞不利所致的肚腹胀满、腹痛或反胃呕吐等，常与苍术、陈皮、甘草等药配伍，如平胃散。②肚腹胀痛兼见便秘，常与枳实、芒硝、大黄等同用。③外感风寒，气逆咳喘，常与麻黄、半夏、杏仁等同用。

【药理】含厚朴酚、挥发油和生物碱等，具有健胃、抗菌、解痉、平喘等作用。

(6) 砂仁。为姜科植物阳春砂、绿壳砂或海南砂的干燥成熟果实。生用或炒用。主产于云南、广东、广西等地。

【性味归经】辛，温。入胃、脾、肾经。

【功能主治】行气和中，温脾止泻，安胎。主治脾胃气滞，脾胃气虚，脾胃虚寒及胎动不安。

【用量】马、牛15～30g；猪、羊3～10g；犬1～3g；兔、禽1～2g。

【应用】①脾胃气滞、湿阻中焦、食少便溏、肚腹胀满等，常与枳实、陈皮等同用。②脾胃虚寒、泄泻等，常与木香、党参、白术、茯苓等同用。③胎动不安，常与白术、桑寄生、续断等同用。

【药理】含挥发油，具有健胃、抑制肠痉挛、抗炎、镇痛等作用。

(7) 枳实。为芸香科植物酸橙及其栽培变种或甜橙的干燥幼果。切片晒干生用、清炒、麸炒及酒炒用。主产于浙江、福建、广东、江苏、湖南等地。

【性味归经】苦，微寒。入脾、胃经。

【功能主治】破气消积，通便除满。主治肚腹胀满，热结便秘。

【用量】马、牛15～45g；猪、羊5～10g；犬2～4g；兔、禽1～3g。

【应用】①脾胃气滞所致的食少、肚腹胀满等，常与陈皮、厚朴、木香等同用。②热结便秘，常与大黄、芒硝等同用，如大承气汤。

【禁忌】孕畜慎服。

【药理】含挥发油，能增强胃肠节律性运动有利于粪便和气体排出。对子宫有显著的兴奋作用，使子宫收缩有力，子宫平滑肌张力增大，并有收缩血管作用，可使血压升高。

> [附] 枳壳
> 枳壳，为芸香科植物酸橙及其栽培变种或甜橙的干燥未成熟果实（枳实为5～6月收集未成熟幼果，枳壳为7月果皮尚绿时采收）。枳壳性缓而枳实性速，枳壳偏于破胸膈之浊气，治胸腹胀满、呼吸喘急等症；枳实偏于破肠中之气，治肚腹胀大、粪便秘结之症。

(8)槟榔。为棕榈科植物槟榔的成熟种子。切片生用或炒用。主产于广东、台湾、云南等地。

【性味归经】辛、苦,温。入胃、大肠经。

【功能主治】杀虫消积,行气利水。主治食积腹痛,脾虚水肿,绦虫病,姜片吸虫病。

【用量】马5~15g;牛12~60g;猪、羊6~12g;兔、禽1~3g。鱼每千克体重2~4g,混于饲料中投服。

【应用】①绦虫、姜片吸虫等寄生虫病,单用或与南瓜子、贯众、木香等同用,尤以猪、鹅、鸭绦虫最有效,对于蛔虫、蛲虫、血吸虫等也有驱杀作用。②食积气滞,常与青皮、枳壳、神曲、厚朴等同用;腹胀便秘,可与大黄、枳实等同用;里急后重,常与木香、黄芩等同用。③脾虚水肿,常与白术、黄芪、桂枝、茯苓等同用。

【药理】含槟榔碱、槟榔次碱、去甲槟榔碱等,具有抗菌、抗病毒、杀虫、泻下、促进腺体分泌和缩瞳等作用。

> **相关知识**
>
> 凡能疏通气机,调理气分疾病的一类药物(方剂),称理气药(方)。
>
> 本类药物大部分辛温芳香,具有行气消胀、解郁、止痛、降气等作用,主要用于脾胃气滞所表现的肚腹胀满、疼痛不安、嗳气酸臭、食欲不振、粪便失常,以及肺气壅滞所致咳喘等。此外,有些理气药还分别兼有健胃、祛痰、散结等功能。
>
> 应用本类药物时,应针对病情,并根据药物的特长作适宜的选择和配伍。如湿邪困脾而兼见脾胃气滞证,应根据病情的偏寒或偏热,将理气药同燥湿、温中或清热药配伍使用。草料停积,为脾胃气滞中最常见者,每将理气药同消食药或泻下药同用;而脾胃虚弱,运化无力所致的气滞,则应与健脾、助消化的药物配伍,方能标本兼顾。至于痰饮、瘀血而兼有气滞者,则应分别与祛痰药或活血祛瘀药配伍。
>
> 理气药多辛温香燥,易耗气伤阴,气虚、阴虚的病畜慎用,必要时可配伍补气、养阴药。

>>> 任务54 常用理气方

橘皮散(《元亨疗马集》)

【组成】青皮25g、陈皮30g、厚朴30g、桂心15g、细辛5g、茴香30g、当归25g、白芷15g、槟榔15g。

【功能】理气散寒,和血止痛。

【主治】马伤水起卧。证见腹痛起卧,肠鸣如雷,口色淡青,脉沉涩。

【方解】伤水冷痛证,伤水为本,腹痛为标。方中青皮、陈皮、当归理气活血为主药;水为阴邪,阴盛则寒,故以桂心、茴香、厚朴、大葱等辛温散寒之品以驱在里之寒,均为辅药;佐以白芷、细辛、槟榔等散寒止痛、温经行气;加盐、醋引经以助药力为使药。诸药合用共奏理气散寒、活血止痛之功。

【用法】共为末,开水冲,候温加葱白3支、炒盐10g、醋120mL,同调灌服。

【应用】用于马伤水腹痛起卧。若大肠痛，加苍术、木通，减白术；小肠痛，加吴茱萸、苍术；胞经痛尿不利，加木通、滑石、枳壳、茵陈，减茴香；冷气痛，加皂角、艾叶；脾经痛，加白术、甘草，减茴香；肠鸣如雷，加苍术。

项目 2.2.10　常用理血方药

问题一：下列药物属于活血祛瘀药的是_____。
　　A. 仙鹤草　　B. 白及　　C. 蒲黄　　D. 地榆　　E. 红花
问题二：红花散主要用于_____。
　　A. 胃肠臌气　　　　　　B. 跌打损伤、腰胯疼痛　　　C. 六郁证
　　D. 血瘀、气瘀　　　　　E. 料伤五攒痛
问题三：通乳散主要用于_____。
　　A. 产后血虚受寒　　　　B. 养血安胎　　　　　　　　C. 胸膊痛
　　D. 气血不足之缺乳症　　E. 乳痈
问题四：下列药物不属于桃红四物汤组方药物的是_____。
　　A. 桃仁　　B. 白芍　　C. 当归　　D. 红花　　E. 阿胶
问题五：秦艽散主要功效是_____。
　　A. 清热通淋、祛瘀止血　B. 养血安胎　　　　　　　　C. 清热疏风
　　D. 凉血止血　　　　　　E. 通经下乳
问题六：槐花散主治_____。
　　A. 产后血虚受寒　　　　B. 肠风下血或粪中带血
　　C. 膀胱湿热　　　　　　D. 尿血
　　E. 乳痈
问题七：(1~3题共用下列备选答案)
　　A. 白术散　　B. 十黑散　　C. 生化汤　　D. 桃红四物汤　　E. 定痛散
1. 主治产后血虚受寒，恶露不行，肚腹疼痛的是_____。
2. 具有养血安胎功效的是_____。
3. 主治膀胱积热所致的尿血的是_____。

参考答案：E B D E A，B C A，C D E

>>> 任务 55　常用理血药

1. 活血祛瘀药

(1) 川芎。为伞形科植物川芎的干燥根茎。切片生用或炒用。主产于四川。

【性味归经】辛，温。入肝、胆、心包经。

【功能主治】活血行气，祛风止痛。主治气血瘀滞、跌打损伤，胎衣不下，产后血瘀，风湿痹痛。

【用量】马、牛 15~45g；猪、羊 3~10g；犬、猫 1~3g；兔、禽 0.5~1.5g。

【应用】①气血瘀滞所致的难产、胎衣不下、恶露不行，常与当归、赤芍、桃仁等同用，

如桃仁四物汤。②风湿痹痛，常与羌活、独活、当归等同用。

【药理】含挥发油，具有抗炎、解痉、解热、降低血压、改善血液微循环等作用。本品少量能刺激子宫的平滑肌使之收缩，大量则使子宫麻痹。

（2）丹参。为唇形科植物丹参的干燥根及根茎。切片生用。主产于四川、安徽、湖北等地。

【性味归经】苦，微寒。入心、心包、肝经。

【功能主治】活血祛瘀，通经止痛。主治气血瘀滞，跌打损伤，疮痈肿毒。

【用量】马、牛 15～45g；猪、羊 5～10g；犬、猫 3～5g；兔、禽 0.5～1.5g。

【应用】①产后恶露不尽、瘀滞腹痛等，常与桃仁、红花、当归、丹皮、益母草等同用。②跌打损伤，常与当归、桃仁、红花、乳香、没药等同用，如跛行镇痛散。③疮痈肿毒，常与金银花、乳香、穿山甲等同用。

【禁忌】不宜与藜芦同用。

【药理】含丹参酮、丹参酚，具有镇静、抑菌、降压、改善微循环等作用。

（3）益母草。为唇形科植物益母草的新鲜或干燥地上部分。切碎生用。各地均产。

【性味归经】辛、苦，微寒。入肝、心、膀胱经。

【功能主治】活血祛瘀，利尿消肿。主治产后瘀血腹痛，胎衣不下，水肿尿少。

【用量】马、牛 30～60g；猪、羊 10～30g；犬 5～10g；兔、禽 0.5～1.5g。

【禁忌】孕畜慎用。

【应用】①产后血瘀腹痛、胎衣不下，常与当归、川芎、桃仁、炮姜、甘草等同用，如益母生化汤。②水肿尿少，常与茯苓、猪苓等同用。

【药理】含益母草碱甲、益母草碱乙和水苏碱、氯化钾、有机酸等，具有兴奋子宫、利尿、抗真菌等作用。

（4）桃仁。为蔷薇科植物桃或山桃的干燥成熟种子。去果肉及核壳，生用或捣碎用。主产于四川、陕西、河北、山东、贵州等地。

【性味归经】甘、苦，平。入肝、肺、大肠经。

【功能主治】活血祛瘀，润肠通便。主治产后瘀血，跌打损伤，肠燥便秘。

【用量】马、牛 15～30g；猪、羊 3～10g。

【应用】①产后瘀血疼痛或跌打损伤、气滞血瘀所致的瘀血肿痛，常与红花、当归、川芎等同用。②肠燥便秘，常与柏子仁、火麻仁、杏仁等同用。

【禁忌】孕畜慎用。

【药理】含苦杏仁苷和苦杏仁酶、脂肪油、挥发油、维生素 B_1 等，具有抗血栓、止咳、通便的作用。苦杏仁苷能分解产生氢氰酸，大量可使呼吸中枢麻痹而中毒。

（5）红花。为菊科植物红花的干燥花。生用。主产于四川、河南、云南、河北等地。

【性味归经】辛，温。入心、肝经。

【功能主治】活血，散瘀，止痛。主治跌打损伤，瘀血疼痛，胎衣不下，痈肿疮疡。

【用量】马、牛 15～30g；猪、羊 3～10g；犬 3～5g。

【禁忌】孕畜慎用。

【应用】①产后瘀血疼痛、胎衣不下等，常与桃仁、川芎、当归、赤芍等同用，如桃红四物汤。②跌打损伤、瘀血疼痛等，常与桃仁、川芎、乳香、草乌等同用。③痈肿疮疡，常与赤芍、生地、蒲公英等同用。

【药理】含红花苷、红花黄色素、红花油等，具有兴奋子宫、肠道、血管和支气管平滑肌，促进血液循环，增加冠脉流量等作用。小剂量对心肌有轻度兴奋作用，大剂量则抑制，并能使血压下降。

(6) 牛膝。为苋科植物牛膝或川牛膝的干燥根。前者习称怀牛膝，后者习称川牛膝。切片生用。怀牛膝主产于河南、河北等地，川牛膝主产于四川、云南、贵州等地。

【性味归经】苦、酸，平。入肝、肾经。

【功能主治】活血祛瘀，引血下行，补肝肾，强筋骨。主治产后瘀血，胎衣不下，跌打损伤，风湿痹痛，腰胯痿弱。

【用量】马、牛 15~45g；猪、羊 5~10g；犬、猫 1~3g；兔、禽 0.5~1.5g。

【禁忌】孕畜慎用。

【应用】①产后瘀血、胎衣不下等，常与红花、川芎、当归等同用。②跌打损伤，尤以四肢下部肿痛为佳，常与当归、赤芍、乳香、没药等同用。③风湿痹痛，常与桑寄生、独活、杜仲等同用，如独活寄生汤。④肝肾不足、腰膝痿弱等，常与熟地、杜仲、菟丝子、当归等同用。

【药理】含 β-蜕皮甾酮、β-谷甾醇、豆甾醇、齐墩果酸和胡萝卜苷等，具有降压、增强子宫收缩及轻度利尿作用，并能降低全血黏度、改善血液循环。

(7) 王不留行。为石竹科植物麦篮菜的种子。生用或炒用。主产于东北、华北、西北等地。

【性味归经】苦，平。入肝、胃经。

【功能主治】通络下乳，活血消瘀。主治乳汁不通，乳痈肿痛。

【用量】马、牛 30~100g；猪、羊 15~30g；犬、猫 3~5g。

【应用】①产后乳少或乳汁不通，常与穿山甲、通草等同用。②乳痈肿痛，常与瓜蒌、蒲公英、夏枯草等同用。

【禁忌】孕畜慎用。

【药理】含王不留行黄酮苷、异肥皂草苷、刺桐碱等，具有收缩子宫、促进子宫复旧、催乳、镇痛、改善血液循环等作用。

(8) 赤芍。为毛茛科植物芍药或川赤芍的干燥根。切段生用。主产于内蒙古、甘肃、山西、贵州、四川、湖南等地。

【性味归经】苦，凉。入肝经。

【功能主治】清热凉血，活血散瘀。主治热入营血，瘀血肿痛，疮黄肿毒，目赤肿痛，赤白痢疾。

【用量】马、牛 15~45g；猪、羊 3~10g；犬 2~5g；兔、禽 1~2g。

【应用】①热入营血，发热、舌绛、斑疹等，常与水牛角、生地、丹皮等同用。②跌打损伤，瘀血肿痛等，常与桃仁、红花、川芎、当归等同用。③疮黄肿毒，常与当归、金银花、甘草等同用。④目赤肿痛，常与菊花、夏枯草、薄荷等同用。⑤赤白痢疾，常与大黄、木香、黄芩等同用。

【药理】含芍药苷、羟基芍药苷、芍药花苷等，具有抗菌、解痉、抗血栓、抗自由基等作用。

(9) 延胡索。为罂粟科植物延胡索的干燥块茎。醋炒捣碎用。主产于浙江、天津、黑龙江等地。

【性味归经】苦、微辛,温。入肝、脾经。

【功能主治】活血散瘀,行气止痛。主治气滞血瘀、跌打损伤、风湿痹痛。

【用量】马、牛15～30g;猪、羊3～10g;犬1～5g;兔、禽0.5～1.5g。

【应用】①气滞血瘀所致的肚腹疼痛等,常与五灵脂、青皮、没药等同用。②跌打损伤、风湿痹痛,常与当归、川芎、桃仁等同用。

【禁忌】孕畜慎用。

【药理】含延胡索甲素、乙素和丙素等,具有镇痛、解痉、抗炎、止吐等作用。

(10) 郁金。为姜科植物温郁金、姜黄、广西莪术或蓬莪术的干燥块根。切片生用。主产于四川、云南、广东、广西等地。

【性味归经】辛、苦,寒。入肝、心、肺经。

【功能主治】凉血止血,行气解郁,祛瘀止痛,利胆退黄。主治急慢性肠黄,胸腹疼痛,湿热黄疸。

【用量】马、牛15～45g;猪、羊3～10g;犬3～6g;兔、禽0.3～1.5g。

【应用】①急慢肠黄,常与黄柏、黄连、黄芩、大黄、白芍、诃子等同用,如郁金散。②肝郁气滞所致的胸腹疼痛等,常与柴胡、白芍、香附、当归等同用。③湿热黄疸,常与茵陈、栀子等同用。

【禁忌】不宜与丁香同用。

【药理】含姜黄素和挥发油,具有促进胆汁分泌和排泄的作用,并能抑制血小板聚集、保护胃肠黏膜。

2. 止血药

(1) 三七。为五加科植物三七的干燥根。打碎或磨末生用。主产于云南、广西、江西等地。

【性味归经】甘、微苦,温。入肝,胃经。

【功能主治】散瘀止血,消肿止痛。主治便血、衄血、吐血、外伤出血、跌打损伤。

【用量】马、牛10～30g;猪、羊3～6g;犬、猫1～3g。

【应用】①便血、衄血、吐血、外伤出血等,均可单用内服或外用,或配花蕊石、血余炭等同用。②跌打损伤,可单用内服或外敷,或与乳香、没药、血竭、土鳖虫等同用。

【禁忌】孕畜慎用。

【药理】含三萜类皂苷、黄酮苷及生物碱,能缩短血凝时间,并使血小板增加而止血。

(2) 白及。为兰科植物白及的干燥块茎。打碎或切片生用。主产于华东、华南及陕西、四川、云南等地。

【性味归经】苦、甘、涩,微寒。入肺、胃、肝经。

【功能主治】收敛止血,消肿生肌。主治肺胃出血,外伤出血,痈肿疮毒。

【用量】马、牛25～60g;猪、羊6～12g;犬、猫1～5g;兔、禽0.5～1.5g。

【应用】①肺胃出血,单用或与阿胶、藕节、生地等同用;外伤出血,单味研末外敷。②疮痈初起未溃者,常与金银花、天花粉、乳香等同用;疮疡已溃而久不收口,研末外用。

【禁忌】不宜与乌头同用。

【药理】含苄类、联苄类、菲类、联菲类等，具有止血、保护胃黏膜及抗菌等作用。

（3）仙鹤草。为蔷薇科植物龙芽草的干燥地上部分。切段生用。全国大部分地区均有分布。

【性味归经】苦、涩，凉。入肝、肺、脾经。

【功能主治】收敛止血，疗疮解毒。主治出血证，痈肿疮毒，血痢。

【用量】马、牛15～60g；猪、羊6～15g；犬、猫2～5g；兔、禽1～1.5g。

【应用】①衄血、便血、尿血等各种出血证，单用或与侧柏叶、白及、大蓟、当归等同用。②痈肿疮毒，单味外用或内服。③血痢久不愈，单用或与地榆、槐花、白头翁等同用。

【药理】含仙鹤草酚、伪绵马素、仙鹤草内酯等，具有抗菌、止血、抗血栓、抗炎和止痛等作用。

（4）棕榈。为棕榈科植物棕榈的干燥叶柄。除去纤维状棕毛，炒炭或生用。主产于广东、福建等地。

【性味归经】苦、涩，平。入肝、肺、大肠经。

【功能主治】收敛止血。主治出血证。

【用量】马、牛15～45g；猪、羊5～15g。

【应用】衄血、咳血、便血、尿血、子宫出血等出血证，常与侧柏叶、血余炭、蒲黄等同用，如十黑散。

【药理】含对羟基苯甲酸、原儿茶酸、原儿茶醛、没食子酸等，具有止血作用。

（5）蒲黄。为香蒲科植物水烛香蒲、东方香蒲或同属植物的干燥花粉。炒用或生用。主产于浙江、山东、安徽等地。

【性味归经】甘，平。入肝、脾、心包经。

【功能主治】活血祛瘀，收敛止血。主治出血证，产后血瘀。

【用量】马、牛15～45g；猪、羊5～10g；犬3～5g；兔、禽0.5～1.5g。

【应用】①子宫出血，常与益母草、艾叶、阿胶等同用；尿血，常与白茅根、大蓟、小蓟等同用；咯血，常与白及、血余炭等同用。②产后血瘀所致的腹痛、胎衣不下、恶露不尽等，常与五灵脂、桃仁、红花、赤芍等同用。

【药理】含β-谷甾醇、槲皮素、山柰素、异鼠李苷、棕榈酸等，具有止血、止痛和收缩子宫的作用。

（6）侧柏叶。为柏科植物侧柏的干燥枝叶。生用或炒炭用。主产于辽宁和山东。

【性味归经】苦、涩，微寒。入肝、肺、大肠经。

【功能主治】凉血止血，清肺止咳。主治出血证，肺热咳嗽。

【用量】马、牛15～60g；猪、羊5～15g；兔、禽0.5～1.5g。

【应用】①血热妄行所致的便血、尿血、子宫出血等均可应用。便血，常与槐花等同用，如槐花散；尿血，常与知母、栀子等同用，如十黑散；衄血，常与仙鹤草、阿胶、白及等同用，如仙鹤草散。②肺热咳嗽，单味研末内服，或与大枣等同用。

【药理】含挥发油，具有止血、止咳、祛痰、平喘作用。

（7）地榆。为蔷薇科植物地榆或长叶地榆的干燥根。生用或炒炭用。主产于浙江、安徽、湖北、湖南、山东、贵州等地。

【性味归经】苦、酸，微寒。入肝、胃、大肠经。

项目 2 中药与方剂

【功能主治】凉血解毒，止血敛疮。主治出血证，烫火伤。

【用量】马、牛 15~60g；猪、羊 6~12g；兔、禽 1~2g。

【应用】①便血、血痢、衄血、子宫出血等，常与槐花、侧柏等同用，或与黄连、木香、诃子等同用。②烫火伤，生地榆研末，麻油调敷，或地榆炭与大黄、黄柏等共研细末，植物油调敷。

【药理】含地榆苷、没食子酸、熊果酸、β-胡萝卜苷等，具有止血、收敛、抑菌、抗炎等作用。

（8）槐花。为豆科植物槐的干燥花及花蕾。生用或炒用。主产于辽宁、湖北、安徽、北京等地。

【性味归经】苦，微寒。入肝、大肠经。

【功能主治】清肝泻火，凉血止血。主治肠风便血，赤白痢疾，目赤肿痛。

【用量】马、牛 30~45g；猪、羊 5~15g；犬 5~8g。

【应用】①肠风便血等，常与地榆同用，也可与侧柏叶、荆芥炭、枳壳等配伍，如槐花散。②肝火上炎所致的目赤肿痛，常与夏枯草、菊花、黄芩、草决明等同用。

【药理】含芦丁、槲皮素、槐花米甲素、槐花米乙素、槐花米丙素等，具有止血、抗炎、抗氧化、抗真菌等作用。

（9）血竭。为棕榈科植物麒麟竭果实渗出的树脂经加工制成。捣碎研末用。主产于广东、广西、云南等地。

【性味归经】甘、咸，平。入心、肝经。

【功能主治】散瘀止血，敛疮生肌。主治跌打损伤，出血证，疮口不敛。

【用量】马、牛 15~25g；猪、羊 3~6g；犬 1~3g。外用研末撒布或入膏药用。

【应用】①跌打损伤、产后瘀阻疼痛等，常与乳香、没药、红花等同用。②外伤出血，单味敷出血处，或与蒲黄等同用；鼻衄，可与血余炭研末吹鼻。③疮口不敛，常与乳香、没药、儿茶等同用，如生肌散。

【药理】含血竭红素、血竭素、去甲血竭红素等，具有止血、镇痛、抗炎和抗真菌等作用。

相关知识

凡能调理和治疗血分病证的药物（方剂），称为理血药（方）。

血分疾病一般分为血虚、血溢、血热和血瘀四种。血虚宜补血，血溢宜止血，血热宜凉血，血瘀宜活血。故理血药有补血、活血、凉血和止血四类。清热凉血药已在清热药中叙述，补血药将在补益药中叙述，本任务只介绍活血祛瘀药和止血药两类。

1. 活血祛瘀药 具有活血祛瘀、疏通血脉的作用，适用于瘀血疼痛，痈肿初起，跌打损伤，产后血瘀腹痛，肿块及胎衣不下等病症。由于气与血关系密切，气滞则血瘀，血瘀则气滞，故使用本类药物时，常与行气药同用，可增强活血功能。

2. 止血药 具有制止内外出血的作用，适用于各种出血证，如咯血、吐血、便血、衄血、尿血、子宫出血及创伤出血等。治疗出血，必须根据出血的原因和不同的症状，选择适当药物进行配伍，增强疗效。如属血热妄行之出血，应与清热凉血药同用；属阴虚阳亢的，应与滋阴潜阳药同用；属于气虚不能摄血的，应与补气药同用；属于瘀血内阻的，应与活血祛瘀药同用。

使用理血药时应注意：

(1) 活血祛瘀药兼有催产下胎作用，对孕畜要禁用或慎用。

(2) 在使用止血药时，除大出血应急救止血外，还须注意有无瘀血，若瘀血未尽（如出血暗紫），应酌加活血祛瘀药，以免留瘀之弊；若出血过多，虚极欲脱时，可加用补气药以固脱。

>>> 任务56 常用理血方

1. 桃红四物汤（《医宗金鉴》）

【组成】桃仁45g、当归45g、赤芍45g、红花30g、川芎20g、生地60g。

【功能】活血祛瘀。

【主治】血瘀所致的四肢疼痛，产后腹痛，不孕症等。

【方解】本方为治疗瘀血阻滞的基础方，由"四物汤"加桃仁、红花组成。原四物汤中的白芍以活血祛瘀的赤芍替代，熟地以凉血消瘀的生地替代，使补血调血变为活血凉血，再加入活血祛瘀的桃仁、红花为主药，突出活血化瘀的作用。

【用法】水煎服，或共为末，开水冲调，候温灌服。

【应用】用于血瘀诸证。因跌打损伤所致的四肢瘀血疼痛、血虚有瘀、产后血瘀腹痛以及瘀血所致的不孕症等，均可在本方的基础上加减运用。治疗跌打损伤，以行血散瘀的丹皮取代滋阴凉血之生地并适当加减；关节、肌肉肿胀、渗出，加防己、木通以除湿消肿；炎症消除或不肿不热者，去丹皮，加苏木、香附、生地以理气、养阴、生新；热盛，加柴胡、沙参以滋阴退热。

2. 生化汤（《傅青主女科》）

【组成】当归120g、川芎45g、桃仁45g、炮姜10g、炙甘草10g。

【功能】活血化瘀，温经止痛。

【主治】产后血虚受寒，恶露不行，肚腹疼痛。

【方解】方中重用当归活血补血，化瘀生新为主药；川芎活血行气，桃仁活血祛瘀，均为辅药；炮姜温经散寒，止痛为佐药；炙甘草调和诸药，黄酒、童便温通血脉，并助药力直达病所引败血下行，均为使药。诸药合用，有活血化瘀，温经止痛之功。

【用法】加黄酒250mL、童便250mL煮，候温灌服；亦可水煎服。

【应用】本方为治疗产后瘀血阻滞的基础方。如产后腹痛，恶露不尽且带有较多血块者，加蒲黄、五灵脂；腹痛寒甚者，加肉桂、吴茱萸等；产后恶露已去，仅有腹痛者，去桃仁，加元胡、益母草；产后发热者，去炮姜，加黄芩、柴胡等；宫缩腹痛，乳汁分泌不足，加穿山甲、山楂、党参等；胎衣不下者，加党参、黄芪、益母草、丹皮等。本方加益母草名益母生化汤，具有活血化瘀，温经止痛的功能，亦主治产后恶露不行。

3. 白术散（《元亨疗马集》）

【组成】白术30g、当归30g、熟地30g、党参30g、阿胶60g、陈皮30g、苏叶20g、黄芩 20g、砂仁 20g、川芎 20g、生姜 15g、甘草 15g、白芍 20g。

【功能】养血安胎。

【主治】胎动不安。证见患畜站立不安，回头顾腹，蹲腰努责，阴门频频外翻，排出少量尿液，或流出带血水的浊液，间有起卧或腹痛剧烈，口色青黄，脉象浮紧。

【方解】安胎应以养血为本，方中熟地、白芍、当归、川芎、阿胶养血为主药；营出中焦，血因气行，用党参、白术、甘草健脾益气为辅药；砂仁、陈皮理气安胎，紫苏升举胎元，黄芩配白术清热安胎，均为佐药；生姜、甘草协调诸药为使药。诸药相合，共奏养血安胎之效。

【用法】水煎服，或共为末，开水冲调，候温灌服。

【应用】用于马、牛气血虚衰所致的胎动不安、习惯性流产、先兆流产等。若为外伤引起之胎动不安，可加川断、杜仲、炙乳香、炙没药；腹痛甚者，加延胡索。

4. 十黑散（《中兽医诊疗经验第二集》）

【组成】知母 30g、黄柏 30g、地榆 30g、蒲黄 30g、栀子 20g、槐花 20g、侧柏叶 20g、血余炭 20g、杜仲 20g、棕榈 15g。

【功能】清热泻火，凉血止血。

【主治】膀胱积热所致的尿血，证见精神倦怠，食欲减少，畜体发热，排尿困难，尿色鲜红，口色淡红，脉象细数等。

【方解】方中黄柏、知母、栀子清降肾火，治热淋尿血，导热下行由小便而出，为主药；地榆、槐花、侧柏叶凉血止血，蒲黄、血余炭、棕榈收敛止血，以治尿血为辅药；杜仲补益肝肾，以治劳伤，为佐药；童便清热降火，引药归经为使药。诸药合用，能清热泻火，凉血止血。

【用法】除血余炭外，以上各药均炒黑为度，共为细末，开水冲调，候温加童便 200mL，灌服。

【应用】本方为治劳伤过度，热积膀胱之尿血证，以尿中混血或有血块，舌红苔黄，脉象数为应用要点。凡泌尿系统出血、去势出血、创伤出血等均可用本方加减。

项目 2.2.11　常用收涩方药

问题一：下列药物不属于敛汗涩精药的是_____。
　　A. 五味子　　B. 浮小麦　　C. 五倍子　　D. 金樱子　　E. 牡蛎

问题二：下列药物属于涩肠止泻药的是_____。
　　A. 芡实　　B. 五味子　　C. 山药　　D. 牡蛎　　E. 诃子

问题三：具有敛汗、除热作用的药物是_____。
　　A. 麻黄根　　B. 五味子　　C. 浮小麦　　D. 山茱萸　　E. 金樱子

问题四：既能敛肺滋肾，又能宁心安神的药物是_____。
　　A. 山茱萸　　B. 酸枣仁　　C. 远志　　D. 乌梅　　E. 五味子

问题五：上能敛肺气，下能滋肾阴的药物是_____。
　　A. 诃子　　B. 五味子　　C. 乌梅　　D. 五倍子　　E. 覆盆子

问题六：善治蛔厥腹痛的药物是_____。
　　A. 金樱子　　B. 五倍子　　C. 五味子　　D. 乌梅　　E. 诃子

问题七：既能敛肺止咳，又能涩肠止泻的药物是_____。
　　A. 乌梅　　　B. 金樱子　　　C. 白果　　　D. 肉豆蔻　　　E. 赤石脂
问题八：乌梅散主治_____。
　　A. 幼畜奶泻或湿热下痢　　　B. 脾肾虚寒泄泻　　　C. 体虚自汗
　　D. 脾虚少食　　　E. 表虚自汗
问题九：玉屏风散主要用于_____。
　　A. 表虚自汗　　B. 肾虚不固　　C. 脾肾虚寒　　D. 脾虚少食　　E. 肺虚咳嗽

参考答案：C、E、C、A、A、D、B；A

>>> 任务57　常用收涩药

1. 涩肠止泻药

（1）乌梅。为蔷薇科植物梅的成熟果实的加工熏制品。打碎生用。主产于浙江、福建、广东、湖南、四川等地。

【性味归经】酸、涩，平。入肝、脾、肺、大肠经。

【功能主治】敛肺涩肠，生津止渴，安蛔止痛。主治肺虚久咳，久泻久痢，蛔虫病。

【用量】马、牛15～60g；猪、羊3～10g；犬、猫2～5g；兔、禽0.6～1.5g。

【应用】①肺虚久咳，常与款冬花、半夏、杏仁等同用。②久泻久痢，常与诃子、肉豆蔻等同用；新驹奶泻，常与黄连、姜黄、诃子等同用，如乌梅散。③虚热所致的口渴贪饮，常与天花粉、麦门冬、葛根等同用。④蛔虫所致的腹痛、呕吐等，常与干姜、细辛、黄柏等同用。

【药理】含柠檬酸、苹果酸、草酸、酒石酸、挥发油等，具有抗菌、抗休克作用，对离体肠管收缩有抑制作用。

（2）诃子。为使君子科植物诃子或绒毛诃子的干燥成熟果实。煨用或生用。主产于广东、广西、云南等地。

【性味归经】苦、酸、涩，温。入肺、大肠经。

【功能主治】涩肠止泻，敛肺止咳。主治久泻久痢，便血，脱肛，肺虚咳喘。

【用量】牛、马15～60g；猪、羊6～10g；犬、猫1～3g；兔、禽0.5～1.5g。

【应用】①久泻久痢、脱肛，常与肉豆蔻、干姜、陈皮等同用；泻痢日久，气阴两伤时，常与党参、白术、山药等同用。②肺虚咳喘，常与党参、麦冬、五味子等同用；肺热咳嗽，可与瓜蒌、百部、贝母、玄参、桔梗等同用。

【药理】含鞣质，具有抑菌、强心、解痉等作用。

（3）肉豆蔻。为肉豆蔻科植物肉豆蔻的干燥种仁。煨用。主产于印度尼西亚、西印度洋群岛和马来半岛等地。

【性味归经】辛，温。入脾、胃、大肠经。

【功能主治】涩肠止泻，温中行气。主治久泻不止，脾胃虚寒。

【用量】马、牛15～30g；猪、羊5～10g；犬3～5g。

【应用】①久泻不止，常与补骨脂、吴茱萸、五味子等同用，如四神丸。②脾胃虚寒所致的食少、呕吐、肚腹胀满等，常与木香、陈皮、半夏等同用。

【药理】含挥发油，具有抗炎、抗菌作用。生肉豆蔻有滑肠作用，经煨去油后则有涩肠止泻作用。

（4）石榴皮。为石榴科植物石榴的干燥果皮。切碎生用。我国南方各地均产。

【性味归经】酸、涩，温。入大肠经。

【功能主治】涩肠止泻，杀虫。主治久泻久痢、虫积。

【用量】马、牛15～30g；猪、羊3～15g；犬、猫1～5g；兔、禽1～2g。

【应用】①脾胃虚寒所致的久泻久痢、便血、脱肛等，单用或与诃子、肉豆蔻、干姜、黄连等同用。②蛔虫病、蛲虫病，单用或与使君子、槟榔等同用。

【药理】含鞣质、石榴皮碱、异榭皮苷等，具有抗病毒、抗菌和止泻作用。

2. 敛汗涩精药

（1）五味子。为木兰科植物五味子的干燥成熟果实。生用或经醋、蜜等拌蒸晒干。主产于东北、内蒙古、河北、山西等地。

【性味归经】酸，温。入肺、心、肾经。

【功能主治】敛肺涩肠，生津止汗。主治久咳虚喘，久泻，自汗，盗汗。

【用量】马、牛15～30g；猪、羊3～10g；犬、猫1～2g；兔、禽0.5～1.5g。

【应用】①肺虚或肾虚不能纳气所致的久咳虚喘，常与党参、麦冬、熟地、山萸肉等同用。②津少口渴，常与麦冬、生地、天花粉等同用；体虚多汗，常与党参、麦冬、浮小麦等配伍。③脾肾阳虚泄泻，常与补骨脂、吴茱萸、肉豆蔻等同用，如四神丸；滑精及尿频数等，可与桑螵蛸、菟丝子同用。

【药理】含木脂素类、挥发油类、多糖类及氨基酸等，具有降低血清转氨酶、促进胆汁分泌、抗惊厥、催产作用，并能调节心血管系统从而改善血液循环。

（2）牡蛎。为牡蛎科动物长牡蛎、近江牡蛎或大连湾牡蛎的贝壳。生用或煅用。主产于沿海地区。

【性味归经】咸、涩，微寒。入肝、胆、肾经。

【功能主治】滋阴潜阳，敛汗固涩，软坚散结。主治躁动不安，虚汗，滑精，瘰疬。

【用量】马、牛30～90g；猪、羊10～30g；犬5～10g；兔、禽1～3g。

【应用】①阴虚阳亢引起的躁动不安、易惊等，常与龟板、白芍等同用。②瘰疬、肿块等，常与玄参、丹参、贝母等同用。③自汗、盗汗，常与浮小麦、麻黄根、黄芪等同用，如牡蛎散。④滑精，常与金樱子、芡实等同用。

【药理】含碳酸钙、磷酸钙和硫酸钙等，酸性提取物对脊髓灰质炎病毒有抑制作用，使感染鼠的死亡率降低。

（3）金樱子。为蔷薇科植物金樱子的干燥成熟果实。擦去刺，剥去核，洗净晒干，备用。主产于江苏、湖南、广东、广西、江西、浙江、安徽等地。

【性味归经】酸、涩，平。入肾、膀胱、大肠经。

【功能主治】固精缩尿，涩肠止泻。主治滑精，脾虚久泻，脱肛，子宫脱垂。

【用量】马、牛15～45g；猪、羊5～10g。

【应用】①肾虚所致的滑精、尿频等，常与芡实、莲子、菟丝子、补骨脂等同用。②脾虚久泻，常与党参、白术、山药、茯苓等同用。③脱肛、子宫脱垂，单用或与党参、罂粟壳、白术等同用。

【药理】含金樱子多糖、金樱子皂苷A、β-谷甾醇等，具有抑菌、抗病毒、抗炎、抗氧化、止泻等作用。

（4）桑螵蛸。为螳螂科昆虫大刀螂、小刀螂或巨斧螳螂的干燥卵鞘。生用或炙用。主产于各地桑蚕区。

【性味归经】甘、咸、涩，平。入肝、肾经。

【功能主治】益肾，固精，缩尿。主治阳痿，滑精，尿频数。

【用量】马、牛 15~30g；猪、羊 5~15g；兔、禽 0.5~1g。

【应用】①肾虚阳痿、滑精等，常与益智仁、菟丝子、黄芪等同用。②肾虚不固所致的尿频数，常与巴戟天、肉苁蓉、枸杞子、黄芪、山药等同用。

【药理】含苏氨酸、缬氨酸、蛋氨酸、异亮氨酸、亮氨酸、苯丙氨酸、赖氨酸、色氨酸，以及常量元素钾、磷、钙、钠、镁和微量元素铁、铜、锌、锰、镍等，具有增强免疫、提高耐力、抗利尿及降血脂等作用。

> **相关知识**
>
> 凡具有收敛固涩作用，能治各种滑脱证的药物（方剂），称为收涩药（方）。
>
> 滑脱病证，主要表现为子宫脱出、滑精、自汗、盗汗、久泻、久痢、粪尿失禁、脱肛、久咳虚喘等。由于脱证的表现各异，故本类药物又分为涩肠止泻和敛汗涩精两类。
>
> **1. 涩肠止泻药**　适用于脾肾虚寒所致的久泻久痢、二便失禁、脱肛或子宫脱等症。
>
> **2. 敛汗涩精药**　具有固肾涩精或缩尿的作用，适用于肾虚气弱所致的自汗、盗汗、阳痿、滑精、尿频等证，在应用上常配伍补肾药和补气药。

>>> 任务58　常用收涩方

1. 乌梅散（《蕃牧纂验方》）

【组成】乌梅（去核）15g、干柿 25g、诃子肉 6g、黄连 6g、郁金 6g。

【功能】涩肠止泻，清热燥湿。

【主治】幼驹奶泻及其他幼畜的湿热下痢。

【方解】幼畜奶泻，多因乳热所伤，湿热病邪积于胃肠。但因幼畜体质娇嫩，不耐克伐，故应固涩与祛邪并用。方中乌梅涩肠止泻，生津止咳为主药；诃子肉、干柿敛涩大肠为辅药；黄连清热燥湿而止泻，郁金行气活血止痛，为佐药。诸药合用，涩肠止泻，清热燥湿。

【用法】共为末，开水冲调，候温灌服，亦可水煎服。

【应用】用于幼驹或其他幼畜奶泻。体热者，减干柿、诃子，加银花、蒲公英、黄柏等；水泻严重者，加猪苓、泽泻等；体虚者，加党参、白术、茯苓、山药等。

2. 玉屏风散（《世医得效方》）

【组成】黄芪 90g、白术 60g、防风 30g。

【功能】益气健脾，固表止汗。

【主治】表虚自汗及体虚易感风邪者。证见自汗、恶风、苔白、舌淡、脉浮缓。

【方解】方中重用黄芪益气固表，为主药；辅以白术助黄芪益气固表止汗，二药合用使气旺表实，汗不外泄，邪不内侵；防风走表散风祛寒，为佐使药。三药合用，犹如御风屏障，益气固表止汗。

【用法】共为末,开水冲调,候温灌服,或水煎服。

【应用】本方为治表虚自汗以及体虚患畜易感风邪的常用方剂。若表虚自汗不止,酌加牡蛎、浮小麦、五味子等,以增强固表止汗的作用;若表虚外感风邪、汗出不解,合桂枝汤以解肌祛风,固表止汗。

项目 2.2.12 常用补虚方药

问题一:下列药物不属于补血药的是_____。
　　A. 当归　　　B. 生地　　　C. 白芍　　　D. 阿胶　　　E. 熟地
问题二:下列药物不属于滋阴药的是_____。
　　A. 沙参　　　B. 大枣　　　C. 天冬　　　D. 麦冬　　　E. 百合
问题三:下列药物不属于补气药的是_____。
　　A. 党参　　　B. 白芍　　　C. 黄芪　　　D. 白术　　　E. 甘草
问题四:具有补血养阴,填精益髓之功效,为补血要药的是_____。
　　A. 熟地黄　　B. 白芍　　　C. 当归　　　D. 阿胶　　　E. 何首乌
问题五:治疗肾不纳气之虚喘,首选的药物是_____。
　　A. 补骨脂　　B. 蛤蚧　　　C. 益智仁　　D. 续断　　　E. 淫羊藿
问题六:能补肾益精,安胎的药物是_____。
　　A. 枸杞子　　B. 桑葚子　　C. 菟丝子　　D. 沙苑子　　E. 五味子
问题七:不具有安胎作用的药物是_____。
　　A. 杜仲　　　B. 续断　　　C. 桑寄生　　D. 菟丝子　　E. 阳起石
问题八:下列药物不属于四物汤组成药物的是_____。
　　A. 熟地　　　B. 白芍　　　C. 白术　　　D. 川芎　　　E. 当归
问题九:补中益气汤主治_____。
　　A. 气虚下陷　B. 肾虚不固　C. 脾肾虚寒　D. 肺虚咳嗽　E. 血虚
问题十:六味地黄汤主要用于_____。
　　A. 肝肾阴虚　B. 暑热伤津　C. 血虚诸证　D. 气虚证　　E. 劳伤咳嗽
问题十一:(1~2题共用下列备选答案)
　　A. 四物汤　　　　　　B. 四君子汤　　　　　C. 金锁固精丸
　　D. 玉屏风散　　　　　E. 六味地黄汤
1. 血虚诸证一般选用_____。
2. 肝肾阴虚一般选用_____。

参考答案:B、B、B、A、B、C、E、C、A、A;A、E

>>> 任务 59　常用补虚药

1. 补气药

(1)党参。为桔梗科植物党参、素花党参或川党参的干燥根。生用或蜜炙用。主产于东北、西北、山西及四川等地。

【性味归经】甘,平。入脾、肺经。

【功能主治】补中益气，养血生津。主治脾胃虚弱，肺虚咳喘，气虚垂脱，津伤口渴。

【用量】马、牛20～60g；猪、羊5～10g；犬3～5g；兔、禽0.5～1.5g。

【应用】①脾虚所致的草少、体瘦无力、泄泻等，常与白术、茯苓、炙甘草等同用，如四君子汤。②肺气亏虚所致的咳喘等，常与五味子、紫菀等同用。③气虚下陷所致的脱肛、子宫脱垂等，常与黄芪、白术、柴胡、升麻等同用，如补中益气汤。④津伤口渴，常与麦冬、五味子、生地等同用。

【禁忌】不宜与藜芦同用。

【药理】含多糖、单糖、党参苷、苍术内酯类、烯醇类等，具有降压、增强机体抵抗力、升高血糖、促进凝血、抗惊厥等作用。

(2) 人参。为五加科植物人参的干燥根。生用。主产于吉林、辽宁、黑龙江等地。

【性味归经】甘、微苦，微温。入脾、肺、心经。

【功能主治】大补元气，补脾益肺，生津安神。主治体虚欲脱，脾虚胃弱，肺气亏虚，惊悸不安，热病伤津。

【用量】马、牛15～30g；羊、猪5～10g；犬、猫0.5～2g。

【应用】①气血津液耗损所致的气虚欲脱，常与附子同用，如参附汤。②脾虚胃弱，常与白术、茯苓、甘草等同用；肺气亏虚，常与马兜铃等同用；心气虚，惊悸不安，常与当归、酸枣仁等同用。③病后津气两亏、汗多口渴，常与麦冬、五味子等同用。

【禁忌】不宜与藜芦同用，畏五灵脂。

【药理】含人参皂苷、脂肪油、有机酸、甾醇、挥发油等，具有抗疲劳、抗休克、抗炎、抗应激、抗肿瘤、降血脂、增强机体免疫力、强心、改善贫血等作用。

(3) 黄芪。为豆科植物膜荚黄芪或蒙古黄芪的干燥根。生用或蜜炙用。主产于甘肃、内蒙古、陕西、河北及东北、西藏等地。

【性味归经】甘，微温。入脾、肺经。

【功能主治】补气固表，托毒生肌，利水退肿。主治脾肺气虚，中气下陷，表虚汗出，疮痈难溃，久溃不敛，气虚水肿。

【用量】马、牛20～60g；猪、羊5～15g；犬5～10g；兔、禽1～2g。

【应用】①脾肺气虚、食少倦怠、气短、泄泻等，常与党参、白术、山药、炙甘草等同用；气虚下陷引起的脱肛、子宫脱垂等，常与党参、升麻、柴胡等配伍，如补中益气汤。②表虚自汗，常与麻黄根、浮小麦、牡蛎等同用；表虚易感风寒，可与防风、白术同用；阴虚盗汗，常与当归、生地、熟地、黄芩、黄连等同用，如当归六黄汤。③气血不足所致的疮痈脓成不溃，常与白芷、当归、川芎、皂角刺等同用；疮痈内陷或久溃不敛，常与党参、肉桂、当归等同用。④气虚脾弱所致的尿少、水肿等，常与防己、白术等同用。

【药理】含黄芪多糖、胆碱、甜菜碱等，具有抗炎、增强免疫、提高耐力、强心、降压、利尿、止汗及抗菌、抗病毒等作用。

(4) 山药。为薯蓣科植物薯蓣的块根。切片生用或炒用。主产于河南、湖南、河北、广东等地。

【性味归经】甘，平。入脾、肺、肾经。

【功能主治】补脾养胃，益肺生津，补肾涩精。主治食欲不振，脾虚泄泻，肺虚久咳，肾虚滑精，尿频数。

【用量】马、牛30～90g；猪、羊10～30g；犬5～15g；兔、禽1.5～3g。

【应用】①脾胃虚弱所致的食欲不振、泄泻等，常与党参、白术、茯苓、扁豆等同用。②肺虚久咳，可与沙参、麦冬、五味子等同用。③肾虚滑精、尿频数等，常与熟地、山萸肉、五味子、菟丝子等同用。

【药理】含山药多糖、皂苷、黏液质、尿囊素、胆碱等，具有增强免疫、止泻、降血糖等作用。

（5）白术。为菊科植物白术的干燥根茎。切片生用或炒用。主产于浙江、安徽、湖南、湖北及福建等地。

【性味归经】甘、苦，温。入脾、胃经。

【功能主治】补脾和胃，燥湿利水，固表止汗，安胎。主治脾虚泄泻，水肿，自汗，胎动不安。

【用量】马、牛20～60g；猪、羊10～15g；犬、猫1～5g；兔、禽1～2g。

【应用】①脾胃虚弱所致的食少胀满、倦怠乏力等，常与党参、茯苓等同用，如四君子汤。②脾虚泄泻，常与党参、干姜、炙甘草等同用，如理中汤。③水湿内停或水湿外溢之水肿，常与茯苓、猪苓、泽泻等同用，如五苓散。④表虚自汗，常与黄芪、牡蛎、浮小麦等同用。⑤气弱脾虚所致的胎动不安，常与当归、白芍、黄芩等配伍。

【药理】含挥发油，具有利尿、降血糖、增强免疫、抗疲劳、抗氧化和抑制子宫兴奋性收缩等作用。

（6）甘草。为豆科植物甘草、胀果甘草或光果甘草的干燥根及根茎。切片生用或炙用。主产于辽宁、内蒙古、甘肃、新疆、青海等地。

【性味归经】甘，平。入十二经。

【功能主治】补中益气，祛痰止咳，和中缓急，解毒，调和药性。主治脾胃虚弱，咳喘，疮痈肿痛，咽喉肿痛，中毒。

【用量】马、牛15～60g；猪、羊3～10g；犬、猫1～5g；兔、禽0.6～3g。

【应用】①脾胃虚弱，常与党参、白术等同用，如四君子汤、补中益气汤；气虚血少所致的心悸、脉结代等，可用炙甘草与党参、生地、麦冬、阿胶、桂枝、麻仁、大枣、生姜等同用，如炙甘草汤。②疮痈肿痛，常与金银花、连翘等同用；咽喉肿痛，可与桔梗、牛蒡子等同用；中毒，单味煎汤服或与绿豆同用。③风热咳嗽，常与牛蒡子、桔梗等同用；风寒咳嗽，常与麻黄、杏仁等同用；肺热咳嗽，可与黄芩、瓜蒌等同用；寒痰咳喘，常与细辛、干姜等同用。④临床处方中，多作为使药以缓和药性。

【禁忌】不宜与大戟、甘遂、芫花、海藻同用。

【药理】含甘草酸、甘草次酸、甘草素等，具有解毒、抗炎、抗利尿、抗过敏、镇咳、抗菌等作用。

2. 补血药

（1）当归。为伞形科植物当归的干燥根。切片生用或酒炒用。主产于甘肃、宁夏、四川、云南、陕西等地。

【性味归经】甘、辛、苦，温。入肝、脾、心经。

【功能主治】补血和血，活血止痛，润肠通便。主治血虚劳损，血瘀疼痛，肠燥便秘。

【用量】马、牛15～60g；猪、羊5～15g；犬、猫2～5g；兔、禽1～2g。

【应用】①体弱血虚,常与党参、熟地、白芍等同用,如四物汤。②跌打损伤所致的血瘀疼痛,常与红花、桃仁、乳香等同用,如定痛散;治痈肿疼痛,常与金银花、牡丹皮、赤芍等同用;产后瘀血疼痛,常与益母草、川芎、桃仁等同用;风湿痹痛,可与羌活、独活、秦艽等同用。③血虚所致的肠燥便秘,常与肉苁蓉、麻仁、杏仁等同用,如当归苁蓉汤。

【药理】含挥发油、糖类和有机酸等,具有刺激骨髓细胞再生、促进血液循环、抗炎、解痉、镇痛及增强免疫等作用,对子宫平滑肌有"双向性"调节作用,但以兴奋为主。

(2) 白芍。为毛茛科植物白芍的干燥根。切片生用或炒用。主产于东北、河北、内蒙古、陕西、山西、山东、安徽、浙江、四川、贵州等地。

【性味归经】苦、酸,微寒。入肝经。

【功能主治】敛阴养血,平肝止痛。主治肝血不足,肝脾不和,泻痢腹痛,自汗,盗汗。

【用量】马、牛15~60g;猪、羊6~15g;犬、猫1~5g;兔、禽1~2g。

【应用】①肝血不足所致的四肢抽搐等,常与钩藤、当归、熟地等同用。②肝脾不和所致的食少、泄泻等,常与柴胡、当归等同用,如逍遥散;热毒下痢所致的腹痛,常与黄连、木香、大黄、槟榔等同用,如通肠芍药汤。③表虚自汗,常与桂枝配伍,如桂枝汤;阴虚盗汗,常与牡蛎、地黄等同用。

【禁忌】不宜与藜芦同用。

【药理】含芍药苷、氧化芍药苷、苯甲酰芍药苷等,具有解痉、止痛、抗炎、镇静及抗菌等作用。

(3) 阿胶。为马科动物驴的皮熬煮加工而成的胶块。溶化冲服或炒珠用。主产于山东、浙江。

【性味归经】甘,平。入肺、肾、肝经。

【功能主治】补血止血,滋阴润肺,安胎。主治血虚体弱,出血证,虚劳咳嗽,胎动不安。

【用量】马、牛15~60g;猪、羊10~15g;犬5~8g;兔、禽1.2~3g。

【应用】①血虚体弱,常与当归、黄芪、熟地等同用。②肺出血及肺热所致的鼻衄,常与白及、生地、仙鹤草、白茅根等同用,如仙鹤草散;脾虚所致的便血,常与槐花、地榆、白术等同用;子宫出血,常与艾叶、生地、当归等同用。③虚劳咳嗽,常与马兜铃、牛蒡子等同用。④妊娠胎动不安、下血等,常与艾叶、当归、地黄等同用,如胶艾汤。

【药理】含骨胶原,具有抗炎、增强免疫、止血等作用,并能加速血液中红细胞和血红蛋白生成,能促进钙的吸收,改善动物体内钙的平衡。

(4) 熟地黄。为玄参科植物地黄或怀庆地黄的根茎,经加工炮制而成。切片用。主产于河南、浙江、北京。

【性味归经】甘,微温。入心、肝、肾经。

【功能主治】滋阴补血,益精填髓。主治血虚证,肝肾阴虚。

【用量】马、牛30~60g;猪、羊5~15g;犬3~5g。

【应用】①血虚体弱、产后血虚等,常与当归、川芎、白芍等同用,如四物汤。②肝肾阴虚所致的潮热、虚汗、滑精等,常与山茱萸、山药等同用,如六味地黄丸。

【药理】含5-羟甲基糠醛、梓醇、果糖等,具有强心、利尿、降血糖、增强免疫和抗真菌等作用。

(5) 何首乌。为蓼科植物何首乌的干燥块根。晒干未经炮制的为生首乌,加黑豆汁反复蒸晒而成制首乌。主产于广东、广西、河南、安徽、贵州等地。

【性味归经】甘、苦、涩,微温。入肝、肾经。

【功能主治】制首乌:补肝肾,益精血,壮筋骨;生首乌:润肠通便,解疮毒。制首乌主治肝肾阴虚、血虚,生首乌主治肠燥便秘、疮黄肿毒。

【用量】马、牛30~90g;猪、羊10~15g;犬、猫2~6g;兔、禽1~3g。

【应用】①肝肾阴虚、精血不足、腰胯无力等,常与熟地、枸杞子、菟丝子等同用。②肠燥便秘或血虚便秘,常与当归、肉苁蓉、麻仁等同用。③疮黄肿毒、皮肤瘙痒等,常与玄参、紫花地丁、天花粉等同用。

【药理】含蒽醌类化合物,具有抗炎、镇痛、保肝、缓泻作用,并能促进细胞的新生和发育。

3. 助阳药

(1) 巴戟天。为茜草科植物巴戟天的干燥根。生用或盐炒用。主产于广东、广西、福建、四川等地。

【性味归经】辛、甘,微温。入肝、肾经。

【功能主治】补肾阳,强筋骨,祛风湿。主治阳痿滑精,腰胯无力,风湿痹痛。

【用量】马、牛30~50g;猪、羊10~15g;犬、猫1~5g;兔、禽0.5~1.5g。

【应用】①肾虚阳痿滑精等,常与肉苁蓉、补骨脂、胡芦巴等同用,如巴戟散。②肾虚腰胯无力所致的运步困难等,常与杜仲、续断、菟丝子等同用。③风湿痹痛,常与续断、淫羊藿、羌活、独活等同用。

【药理】含甲基异茜草素、大黄素甲醚等,具有降压、抑菌、增强免疫、抗疲劳等作用。

(2) 肉苁蓉。为列当科植物肉苁蓉的干燥带鳞叶的肉质茎,用盐水浸渍称"咸苁蓉",再以清水漂洗,蒸熟晒干,称"淡苁蓉"。切片生用。主产于内蒙古、甘肃、青海、新疆等地。

【性味归经】甘、咸,温。入肾、大肠经。

【功能主治】补肾阳,益精血,润肠通便。主治肾虚阳痿,滑精,垂缕不收,肠燥便秘。

【用量】马、牛15~45g;猪、羊5~10g;犬3~5g;兔、禽1~2g。

【应用】①肾虚阳痿,常与巴戟天、熟地等同用;滑精,常与牡蛎、白芍、山茱萸等同用;垂缕不收,常与附子、小茴香、补骨脂等同用。②老弱血虚及病后、产后津液不足所致的肠燥便秘,常与麻仁、柏子仁、当归等同用。

【药理】含苯乙醇苷类、环烯醚萜类、木脂素类、多糖、生物碱等,具有增强免疫、增重、抗疲劳、泻下、抗氧化等作用。

(3) 淫羊藿。为小檗科植物淫羊藿、箭叶淫羊藿、柔毛淫羊藿、巫山淫羊藿、朝鲜淫羊藿或大花淫羊藿的干燥茎叶。切段生用。主产于陕西、甘肃、四川、台湾、安徽、浙江、江苏、广东、广西、云南等地。

【性味归经】辛,温。入肾经。

【功能主治】补肾阳,强筋骨,祛风湿。主治肾阳不足,风湿痹痛。

【用量】马、牛15~30g;猪、羊10~15g;犬3~5g;兔、禽0.5~1.5g。

【应用】①肾阳不足所致的阳痿、滑精、尿频、腰膝冷痛、肢冷恶寒等,常与仙茅、山茱萸、肉苁蓉等同用。②风湿阻络所致的四肢屈伸不利、筋骨痿弱等,常与威灵仙、独活、肉桂、当归、川芎等同用。

【药理】含多种淫羊藿苷及其衍生物,具有雌激素、雄性激素样作用,能明显提高性机能,增加性器官重量,提高性激素分泌量,并能增强免疫、促进蛋白质的合成等。

(4) 补骨脂。为豆科植物补骨脂的干燥成熟种子，又称破故纸。生用或盐水炒用。主产于河南、安徽、山西、陕西、江西、云南、四川、广东等地。

【性味归经】辛、苦，大温。入脾、肾经。

【功能主治】温肾壮阳，止泻。主治阳痿，滑精，尿频数，腰胯寒痛，脾虚冷泻。

【用量】马、牛 15～45g；猪、羊 5～10g；犬 2～5g；兔、禽 1～2g。

【应用】①肾阳不振所致的阳痿、滑精、尿频数等，常与淫羊藿、菟丝子、熟地、肉桂、小茴香等同用。②腰胯寒痛，常与牛膝、续断、杜仲、胡芦巴、肉桂等同用。③脾肾阳虚所致的泄泻，常与肉豆蔻、吴茱萸、五味子等同用，如四神丸。

【药理】含补骨脂素、异补骨脂素、新补骨脂素等，具有抗菌、抗肿瘤、兴奋心脏、促进细胞生长等作用。

(5) 杜仲。为杜仲科植物杜仲的干燥树皮。切丝生用，或酒炒、盐炒用。主产于四川、贵州、云南、湖北等地。

【性味归经】甘、微辛，温。入肝、肾经。

【功能主治】补肝肾，强筋骨，安胎。主治肾虚腰痛，风湿痹痛，胎动不安。

【用量】马、牛 15～60g；猪、羊 6～15g；犬 3～5g。

【应用】①肾虚腰痛等，常与补骨脂、菟丝子、枸杞子、熟地、山茱萸、牛膝等同用；风湿痹痛，常与独活、桑寄生等同用。②孕畜体虚、肝肾亏损所致的胎动不安，常与续断、阿胶、白术、党参、砂仁、艾叶等同用。

【药理】含木质素、苯丙素、环烯醚萜、杜仲胶等，具有降压、降血脂、利尿、利胆、抑制子宫平滑肌收缩、抗菌和抗病毒等作用。

(6) 骨碎补。为水龙骨科植物槲蕨或中华槲蕨的干燥根茎。去毛晒干切片生用。主产于浙江、福建、台湾、广东、广西、云南、四川、江西、湖南、湖北等地。

【性味归经】苦，温。入肝、肾经。

【功能主治】补肾壮骨，活血止痛。主治肾虚久泻、筋伤骨折。

【用量】马、牛 15～45g；猪、羊 5～10g；犬 3～5g；兔、禽 1.5～3g。

【应用】①肾阳不足所致的久泻，常与菟丝子、五味子、肉豆蔻等同用。②跌打损伤及骨折等，常与续断、自然铜、乳香、没药等同用。

【药理】含柚皮苷、甲基丁香酚、β-谷甾醇等，具有抗炎、促进钙磷沉积和改善软骨细胞的功能、推迟细胞退行性变、降低骨关节病变率的作用。

4. 滋阴药

(1) 沙参。为桔梗科植物轮叶沙参、杏叶沙参或伞形科植物珊瑚菜等的干燥根。前两种习称南沙参，后者习称北沙参。切片生用。南沙参主产于安徽、江苏、四川等地；北沙参主产于山东、河北等地。

【性味归经】甘，凉。入肺、胃经。

【功能主治】润肺止咳，养胃生津。主治干咳痰少，热病伤津。

【用量】马、牛 15～45g；猪、羊 5～10g；犬、猫 2～5g；兔、禽 1～2g。

【应用】①肺虚久咳及热伤肺阴所致的干咳痰少等，常与麦冬、天花粉等同用。②热病伤津所致的口干舌燥、便秘、舌红脉数等，常与生地、麦冬、玉竹等同用。

【禁忌】不宜与藜芦同用。

【药理】南沙参含沙参皂苷、呋喃香豆精;北沙参含挥发油、三萜酸、豆甾醇、β-谷甾醇、生物碱等,具有止咳、祛痰等作用。

(2)天冬。为百合科植物天冬的干燥块根。生用或酒蒸用。主产于华南、西南、华中及山东等地。

【性味归经】甘、微苦,寒。入肺、肾经。

【功能主治】清热养阴,润肺生津。主治肺热燥咳,热病伤阴,肠燥便秘。

【用量】马、牛15~40g;猪、羊5~10g;犬、猫1~3g;兔、禽0.5~2g。

【应用】①肺热阴虚所致的燥咳痰少等,常与麦冬、百部、玄参、川贝等同用。②热病伤阴所致的阴虚内热、津少口渴等,常与生地、党参、沙参等同用。③肠燥便秘,常与玄参、生地、火麻仁等同用。

【药理】含皂苷、氨基酸、多糖及维生素和微量元素等,具有镇咳、祛痰、抗菌、抗肿瘤等作用。

(3)麦冬。为百合科植物麦冬的干燥块根。生用。主产于江苏、安徽、浙江、福建、四川、广西、云南、贵州等地。

【性味归经】甘、微苦,凉。入肺、胃、心经。

【功能主治】润肺清心,养阴生津。主治肺热燥咳,热病伤阴,肠燥便秘。

【用量】马、牛20~60g;猪、羊10~15g;犬5~8g;兔、禽0.6~1.5g。

【应用】①肺热燥咳,常与天冬、知母、贝母、桔梗等同用。②热病伤阴所致的口渴贪饮等,常与知母、天花粉等同用。③肠燥便秘,常与玄参、生地等同用,如增液汤。④心阴虚所致的心悸、多汗、舌红津少等,常与茯神、远志、丹参等同用。

【药理】含麦冬皂苷、阔叶麦冬皂苷等,具有抗过敏、抗菌和抗心肌缺血等作用。

(4)百合。为百合科植物百合、细叶百合或卷丹的干燥肉质鳞叶。生用或蜜炙用。主产于浙江、江苏、湖南、广东、陕西等地。

【性味归经】甘、微苦,微寒。入心、肺经。

【功能主治】养阴润肺,清心安神。主治肺燥咳喘,阴虚久咳,躁动不安。

【用量】马、牛30~60g;猪、羊5~10g;犬3~5g。

【应用】①肺热燥咳或阴虚久咳等,常与生地、熟地、麦冬、玄参、贝母、甘草等同用,如百合固金汤。②久热病后,余热未清,气阴不足所致的躁动不安等,常与生地、知母等同用。

【药理】含皂苷、生物碱等,具有止咳、祛痰、抗应激、抗疲劳等作用。

(5)石斛。为兰科植物金钗石斛、鼓槌石斛或流苏石斛的干燥茎。生用或熟用。主产于广西、台湾、四川、贵州、云南、广东等地。

【性味归经】甘,微寒。入肺、胃、肾经。

【功能主治】滋阴生津,清热养胃。主治热病伤津,阴虚久热。

【用量】马、牛15~60g;猪、羊5~15g;犬、猫3~5g;兔、禽1~2g。

【应用】①热病伤阴所致的津少口渴、舌红、草料减少等,常与麦冬、沙参、生地、天花粉等同用。②阴虚久热不退,常与生地、沙参、麦冬等同用。

【药理】含石斛碱、石斛氨碱、石斛醚碱等,具有助消化、抗氧化等作用。

(6)鳖甲。为鳖科动物鳖的背甲。生用或炒后浸醋用。主产于安徽、江苏、湖北、浙江等地。

【性味归经】咸,平。入肝、肾经。

【功能主治】滋阴清热，平肝潜阳，软坚散结。主治阴虚发热，痞块肿瘤。

【用量】马、牛 15~60g；猪、羊 5~10g；犬 3~5g。

【应用】①阴虚日久不退所致的消瘦、盗汗等，常与龟板、地骨皮、青蒿、地黄等同用。②痞块肿瘤，常与三棱、莪术、木香、桃仁、红花、青皮、香附等同用。

【药理】含甘氨酸、脯氨酸、谷氨酸等，具有抗疲劳、抗肿瘤作用，能抑制结缔组织增生，有软肝脾的作用，故对肝硬化、脾肿大有治疗作用。

（7）枸杞子。为茄科植物宁夏枸杞的干燥成熟果实。生用。主产于宁夏、甘肃、河北、青海等地。

【性味归经】甘，平。入肝、肾经。

【功能主治】补益肝肾，益精明目。主治肝肾阴虚、视力减退。

【用量】马、牛 15~60g；猪、羊 10~15g；犬 3~8g。

【应用】①肝肾阴虚所致的精血不足、腰肢无力等，常与菟丝子、熟地、山萸肉、山药等同用。②肝肾不足所致的视力减退、眼目昏暗等，常与菊花、熟地、山萸肉等同用，如杞菊地黄丸。

【药理】含枸杞多糖、甜菜碱、玉蜀黍黄素等，具有增强免疫、促进骨髓细胞增殖和分化、促进视网膜内视紫质的合成或再生等作用。

（8）山茱萸。为山茱萸科植物山茱萸的干燥成熟果肉。生用或熟用。主产于山西、陕西、山东、安徽、河南、四川、贵州等地。

【性味归经】酸、涩，微温。入肝、肾经。

【功能主治】补益肝肾，涩精敛汗。主治肝肾阴亏，阴虚盗汗。

【用量】马、牛 15~30g；猪、羊 10~15g；犬、猫 3~6g；兔、禽 1.5~3g。

【应用】①肝肾阴虚所致的腰肢无力等，常与熟地、山药、泽泻、茯苓、丹皮等同用，如六味地黄汤；阳痿滑精，常与牡蛎、赤石脂等同用。②阴虚盗汗等，常与地黄、牡丹皮、知母等同用。

【药理】含山茱萸苷、山茱萸新苷、马钱子苷等，具有抗菌、利尿、降压、降血糖、抗炎等作用。

> **相关知识**
>
> 凡能补益机体气血阴阳的不足，治疗各种虚证的药物（方剂），称为补虚药（方）。虚证一般分为气虚、血虚、阴虚、阳虚四种，故补虚药也分为补气、养血、滋阴、助阳四类。
>
> **1. 补气药** 多味甘，性平或偏温，主入脾、胃、肺经，具有补肺气、益脾气的功能，适用于脾肺气虚证。又因气为血帅，气旺可以生血，故补气药又常用于血虚病证。
>
> **2. 补血药** 多味甘，性平或偏温，多入心、肝、脾经，有补血的功能，适用于体瘦毛焦、口色淡白、精神萎靡、心悸脉弱等血虚之证。因心主血，肝藏血，脾统血，故血虚证与心、肝、脾密切相关，治疗时以补心、肝药为主，配以健脾药物。如血虚兼气虚者配用补气药，如血虚兼阴虚者配以滋阴药。
>
> **3. 助阳药** 味甘或咸，性温或热，多入肝、肾经，有补肾助阳，强筋壮骨作用，

项目 2　中药与方剂

适于形寒肢冷、腰胯无力、阳痿滑精、肾虚泄泻等。因"肾为先天之本",故助阳药主要用于温补肾阳。助阳药多属温燥,阴虚发热及实热证等均不宜用。

4. 滋阴药　多味甘,性凉。主入肺、胃、肝、肾经。具有滋肾阴、补肺阴、养胃阴、益肝阴等功能,适用于舌光无苔、口舌干燥、虚热口渴、肺燥咳嗽等阴虚证。滋阴药多甘凉滋腻,凡阳虚阴盛、脾虚泄泻者不宜应用。

但在畜体生命活动中,气、血、阴、阳是密切联系的,一般阳虚多兼气虚,而气虚也常导致阳虚;阴虚多兼血虚,而血虚也常导致阴虚。所以在应用补气药时,常与助阳药配伍,使用补血药时常与滋阴药并用。同时,在临床上又往往数证兼见,如气血两亏、阴阳俱虚等。因此,补气药、养血药、滋阴药、助阳药常常相互配伍应用。此外,脾胃为后天之本,肺主一身之气,故应以补脾、胃、肺为主;肾既主一身之阳,又主一身之阴,使用助阳药、滋阴药时应以补肾阳及滋肾阴为主。

补虚药虽能扶正,但应用不当会产生留邪的副作用,所以当病畜实邪未尽时,不宜早用。若病邪未解,正气已虚,则以祛邪为主,酌加补虚药以扶正,增强抵抗力,达到既祛邪又扶正的目的。

>>> 任务60　常用补虚方

1. 四君子汤（《和剂局方》）

【组成】党参60g、炒白术60g、茯苓60g、炙甘草30g。

【功能】益气健脾。

【主治】脾胃气虚。证见体瘦毛焦,精神倦怠,四肢无力,食少便溏,舌淡苔白,脉细弱等。

【方解】本方主证脾气虚弱。脾胃为后天之本,气血营卫之源,补气必从脾胃着手。方中党参补中益气为主药;白术健脾燥湿为辅药;茯苓健脾渗湿为佐药;炙甘草益气和中,调和诸药为使药。诸药相合,益气健脾。

【用法】共为末,开水冲调,候温灌服,或水煎服。

【应用】用于脾胃虚弱所致的慢性胃肠炎、消化不良、胃肠功能紊乱等证。本方加陈皮,名为异功散,主治脾虚不食;加陈皮、半夏,名为六君子汤,主治嗳气多、食少、咳嗽痰多;加木香、砂仁,名为香砂六君子汤,主治脾胃寒痛;加诃子、肉豆蔻,名加味四君子汤,主治脾虚泄泻。

2. 补中益气汤（《脾胃论》）

【组成】炙黄芪90g、党参60g、白术60g、当归60g、陈皮60g、炙甘草45g、升麻30g、柴胡30g。

【功能】升阳益气,调补脾胃。

【主治】脾胃气虚及气虚下陷诸证。证见精神倦怠,草料减少,发热,自汗,口渴喜饮,粪便稀溏,舌质淡,苔薄白,或久泻脱肛、子宫脱垂等。

【方解】本方针对脾胃气虚及气虚下陷诸证。方中黄芪补中益气,升阳固表为主药;党参、白术、甘草温补脾胃为辅药;当归养血,陈皮理气行滞,升麻、柴胡升阳举陷,均为佐药。诸药相合,升阳益气,调补脾胃。

【用法】水煎服。

【应用】本方为补气升阳的代表方。本方去当归，加阿胶、焦艾，名加减补中益气汤，功能是补气安胎，升阳举陷。

3. 四物汤（《和剂局方》）

【组成】熟地黄 45g、白芍 45g、当归 45g、川芎 30g。

【功能】补血和血。

【主治】血虚、血瘀诸证，证见舌淡，脉细者，或血虚夹有瘀滞者。

【方解】本方是补血和血的基础方剂。方中熟地滋阴补血，为主药；当归补血养肝，并能活血行滞，为辅药；白芍养血敛阴，为佐药；川芎入血分行气活血，为使药。从药物配伍关系看，地、芍是血中之血药，芎、归是血中之气药，两相配伍，可使补而不滞，营血调和。因此，不仅血虚之证可用以补血，即使血滞之证，亦可加减运用。

【用法】共为末，开水冲调，候温灌服，或水煎服。

【应用】用于营血虚损、气滞血瘀、胎前产后诸疾，现代常用于治疗血液系统、循环系统等多种疾病，尤其是围产期疾病。血虚有热者，加黄芩、丹皮，改熟地为生地以清热凉血；胎动不安，加艾叶、阿胶以养血安胎；血虚气滞腹痛，加香附、元胡。本方加桃仁、红花，即桃红四物汤，活血祛瘀；合四君子汤，名为八珍汤，气血双补；再加肉桂、附子，名为十全大补汤，用于气血双亏兼阳虚有寒。

4. 六味地黄汤（《小儿药证直诀》）

【组成】熟地黄 80g、山萸肉 40g、山药 40g、泽泻 30g、茯苓 30g、丹皮 30g。

【功能】滋阴补肾。

【主治】肝肾阴虚，虚火上炎所致的潮热盗汗，腰膝痿软无力，耳鼻四肢温热，舌燥喉痛，滑精早泄，粪干尿少，舌红苔少，脉细数。

【方解】本方证因肾阴亏虚，虚火上炎所致。方中熟地补肾滋阴，养血生津，为主药；山萸肉养肝肾而涩精，山药补脾固精，共为辅药。主辅配合，肾、脾、肝三阴同补，为"三补"，是本方的主体。泽泻清泻肾火、利水，丹皮凉血清肝泻伏火、退骨蒸，茯苓利脾除湿，三药同用为"三泻"，共为佐使药。"三补""三泻"合而用之，补中有泻，寓泻于补，相辅相成，共成通补开泻之剂。

【用法】水煎服，亦可制成散剂服用。

【应用】本方是滋阴补肾的代表方，对于肝肾阴虚不足诸证均可加减应用，如慢性肾炎、肺结核、骨软症、贫血消瘦、子宫内膜炎、周期性眼炎、慢性消耗性疾病等属于肝肾阴虚者。本方加知母、黄柏，名为知柏地黄汤，主治阴虚火旺、潮热盗汗；加枸杞子、菊花，名杞菊地黄汤，主治肝肾阴虚之夜盲、弱视；加五味子，名都气汤，主治肾虚气喘；加麦冬、五味子，名麦味地黄汤，主治肺肾阴虚；加桂枝、附子，名肾气丸，主治肾阳不足。

5. 生脉散（《内外伤辨惑论》）

【组成】党参 90g、麦门冬 60g、五味子 30g。

【功能】补气生津，敛阴止汗。

【主治】暑热伤气，气津两伤之证。证见精神倦怠，汗多气短，口渴舌干，或久咳肺虚，干咳少痰，气短自汗，舌红无津，脉象虚弱。

【方解】本方原主证暑热汗多或久咳肺虚致气阴两伤之证。方中党参补肺益气而生津，为主药；麦冬甘寒养阴，清热生津，为辅药；五味子敛肺止汗而生津，为佐药。三药相合，一补、一清、一敛，共奏益气养阴、生津止渴、敛阴止汗之效。

【用法】水煎灌服。

【应用】本方为治气津两伤的基础方。现多用本方加减治疗肺结核、慢性支气管炎、心律不齐、心源性休克、失血性休克等属气津不足者。

6. 巴戟散（《元亨疗马集》）

【组成】巴戟天45g、肉苁蓉45g、补骨脂45g、胡芦巴45g、小茴香30g、肉豆蔻30g、陈皮30g、青皮30g、肉桂20g、木通20g、川楝子20g、槟榔15g。

【功能】温补肾阳，通经止痛，散寒除湿。

【主治】肾阳虚衰证。证见腰胯疼痛，后腿难移，腰脊僵硬等。

【方解】命门火衰，不能温暖下焦，寒湿之邪侵于腰胯，则见腰脊僵硬，后腿难移。治宜温补肾阳为主。方中巴戟天、肉苁蓉、补骨脂、胡芦巴、小茴香、肉桂温补肾阳，强筋健骨，散寒止痛，以治下元虚冷、肾阳不振所致的腰胯疼痛，运步不灵，为主药；陈皮、青皮、槟榔健胃温脾行气，肉豆蔻温中暖脾肾，为辅药；川楝子止痛为佐药；木通通经利湿，引药归肾，为使药。诸药相合，温补肾阳，通经止痛，散寒除湿。

【用法】共为末，开水冲调，候温灌服，或水煎服。

项目 2.2.13 常用平肝方药

问题一：下列药物不属于平肝药的是_____。
A. 石决明　　B. 决明子　　C. 木贼　　D. 木鳖子　　E. 天麻

问题二：石决明、决明子的共同作用是_____。
A. 润肠通便　B. 清肝明目　C. 息风止痉　D. 止咳平喘　E. 降气化痰

问题三：既能息风止痉，平抑肝阳，又能祛风通络的药物是_____。
A. 夏枯草　　B. 僵蚕　　C. 天麻　　D. 决明子　　E. 代赭石

问题四：治疗多种原因所致的痉挛抽搐，多与全蝎配伍相须使用的是_____。
A. 蜈蚣　　B. 僵蚕　　C. 钩藤　　D. 天麻　　E. 地龙

问题五：下列哪组药物具有清热解毒，息风止痉的功效？_____
A. 桑叶、薄荷　B. 柴胡、葛根　C. 牛黄、羚羊角
D. 荆芥、防风　E. 紫花地丁、野菊花

问题六：决明散主治_____。
A. 肝经积热　B. 阴虚阳亢　C. 血虚诸证　D. 幼畜癫痫　E. 破伤风

问题七：牵正散主治_____。
A. 歪嘴风　　B. 破伤风　　C. 肝经风热　D. 幼畜癫痫　E. 睛生云翳

问题八：镇肝息风汤主要用于_____。
A. 肝经积热　B. 阴虚阳亢　C. 破伤风　　D. 癫痫　　E. 气血两虚

参考答案：D B C A C；A B B

>>> 任务61　常用平肝药

1. 平肝明目药

（1）石决明。为鲍科动物杂色鲍、皱纹盘鲍的贝壳。打碎生用或煅后碾碎用。主产于广

东、山东、辽宁等地。

【性味归经】咸，平。入肝经。

【功能主治】平肝潜阳，退翳明目。主治目赤肿痛，睛生翳障。

【用量】马、牛30~60g；猪、羊15~25g；犬、猫3~5g；兔、禽1~2g。

【应用】①肝肾阴虚、肝阳上亢所致的目赤肿痛，常与生地、白芍、菊花等同用。②肝热实证所致的目赤肿痛、畏光流泪、睛生翳障等，常与夏枯草、菊花、钩藤等同用。

【药理】含碳酸钙、胆素等，可治视力障碍及眼内障，为眼科明目退翳的常用药。

(2) 决明子。为豆科植物决明或小决明的干燥成熟种子。生用或炒用。主产于安徽、广西、四川、浙江、广东等地。

【性味归经】甘、苦，微寒。入肝、大肠经。

【功能主治】清肝明目，润肠通便。主治目赤肿痛，粪便燥结。

【用量】马、牛20~60g；猪、羊10~15g；犬5~8g；兔、禽1.5~3g。

【应用】①肝火上攻所致的目赤肿痛、畏光流泪，单用或与龙胆草、夏枯草、菊花、黄芩等同用。②粪便燥结，单用或与蜂蜜同用。

【药理】含大黄素、芦荟大黄素、大黄酚、大黄素甲醚等，具有泻下、降压、降脂、保肝、增强免疫及抑菌等作用。

(3) 夏枯草。为唇形科植物夏枯草的干燥果穗。生用。主产于江苏、安徽、浙江、湖北、河南等地。

【性味归经】辛、苦，寒。入肝、胆经。

【功能主治】清肝火，散郁结。主治目赤肿痛，乳痈，疮疡肿毒。

【用量】马、牛15~60g；猪、羊5~10g；兔、禽1~3g。

【应用】①目赤肿痛，常与菊花、金银花、谷精草等同用。②乳痈，常与蒲公英、紫花地丁、连翘等同用。③疮疡肿毒，常与忍冬藤、蒲公英、栀子等同用。

【药理】含齐墩果酸、熊果酸、夏枯草皂苷等，具有降血糖、抗炎、镇痛等作用。

2. 平肝息风药

(1) 天麻。为兰科植物天麻的干燥块茎。生用。主产于四川、贵州、云南、陕西等地。

【性味归经】甘，微温。入肝经。

【功能主治】平肝息风，解痉止痛。主治惊风抽搐，破伤风，风湿痹痛。

【用量】马、牛10~40g；猪、羊6~10g；犬、猫1~3g。

【应用】①肝风内动所致抽搐拘挛，常与钩藤、全蝎、川芎、白芍等同用；破伤风，常与天南星、僵蚕、全蝎等同用，如千金散。②风湿痹痛，常与秦艽、牛膝、独活、杜仲等同用。

【药理】含天麻素、对羟基苯甲醇、对羟基苯甲醛等，具有抑制癫痫样发作、促进胆汁分泌、镇痛和抗炎等作用。

(2) 钩藤。为茜草科植物钩藤、大叶钩藤或毛钩藤等同属植物的干燥带钩茎枝。生用。不宜久煎。主产于广西、广东、湖南、江西、浙江、福建、台湾等地。

【性味归经】甘，微寒。入肝、心包经。

【功能主治】清热平肝，息风定惊。主治肝经风热，痉挛抽搐。

【用量】马、牛15~60g；猪、羊5~15g；犬5~8g；兔、禽1.5~2.5g。

【应用】①肝经风热所致的目赤肿痛等，常与石决明、白芍、菊花、夏枯草等同用。②肝热化火生风所致的痉挛抽搐等，常与天麻、蝉蜕、全蝎等同用。

【药理】含钩藤碱、异钩藤碱、去氢钩藤碱等，具有镇痛、镇静、抗癫痫等作用。

（3）全蝎。为钳蝎科动物东亚钳蝎的干燥体，又称全虫。生用、酒洗用或制用。主产于河南、山东等地。

【性味归经】辛、甘，平。有毒。入肝经。

【功能主治】息风解痉，攻毒散结，通络止痛。主治痉挛抽搐，疮疡肿毒，风湿痹痛。

【用量】马、牛15～30g；猪、羊3～9g；犬、猫1～3g；兔、禽0.5～1g。

【应用】①惊痫抽搐、口眼歪斜等，常与白附子、白僵蚕、天麻、当归等同用；破伤风，常与蔓荆子、旋覆花、乌蛇等同用，如千金散。②疮疡肿毒，常与蜈蚣同用。③风湿痹痛，常与蜈蚣、僵蚕、川芎、羌活等同用。

【药理】含蝎毒、三甲胺、甜菜碱等，具有镇痛、解痉、镇静和抗惊厥作用，对心脏、血管、小肠、膀胱、骨骼肌等有兴奋作用。

（4）蜈蚣。为蜈蚣科少棘巨蜈蚣的干燥体。生用或微炒用。主产于江苏、浙江、安徽、湖北、湖南、四川、广东、广西等地。

【性味归经】辛、温。有毒。入肝经。

【功能主治】息风解痉，攻毒疗疮，通络止痛。主治痉挛抽搐，疮疡肿毒，风湿痹痛。

【用量】马、牛5～10g；猪、羊1～1.5g；犬0.5～1g。

【应用】①癫痫或破伤风等引起的痉挛抽搐等，单用或与全蝎、钩藤、防风等同用。②疮疡肿毒，常与雄黄配伍外用，或与连翘、当归、栀子等同用。③风湿痹痛，常与天麻、川芎等同用。

【禁忌】孕畜禁用。

【药理】含脂肪酸、蛋白质、氨基酸、酶和胆甾醇等，具有抗惊厥、镇静、抑菌等作用。

（5）僵蚕。为蚕蛾科昆虫家蚕的幼虫，感染或人工接种白僵菌而致死的干燥体。生用或炒用。主产于浙江、江苏、安徽等地。

【性味归经】辛、咸，平。入肝、肺经。

【功能主治】祛风解痉，化痰散结。主治痉挛抽搐，咽喉肿痛，皮肤瘙痒。

【用量】马、牛30～60g；猪、羊10～15g；犬5～8g。

【应用】①肝风内动所致的痉挛抽搐等，常与天麻、全蝎、蝉蜕、天南星等同用，如五虎追风散。②外感风热所致的咽喉肿痛，可与桂枝、荆芥、薄荷等同用。③皮肤瘙痒，常与黄药子、白药子、金银花等同用。

【药理】含蛋白、脂肪、麦角甾醇、棕榈酸等，具有抗凝血、抗惊厥等作用。

相关知识

凡能清肝热、息肝风的药物（方剂），称为平肝药（方）。

肝藏血，主筋，外应于目。故当肝受风热外邪侵袭时，表现目赤肿痛，畏光流泪，甚至云翳遮睛等症状；当肝风内动时，可引起四肢抽搐，角弓反张，甚至猝然倒地。根据本类药物疗效，可分为平肝明目和平肝息风两类。

1. 平肝明目药 具有清肝火、退目翳的功能，适用于肝火亢盛、目赤肿痛、睛生翳膜等。

2. 平肝息风药 具有潜降肝阳、止息肝风的作用，适用于肝阳上亢，肝风内动，惊痫癫狂，痉挛抽搐等。

>>> 任务62 常用平肝方

1. 决明散（《元亨疗马集》）

【组成】煅石决明45g、草决明45g、栀子30g、大黄30g、白药子30g、黄药子30g、黄芪30g、黄芩20g、黄连20g、没药20g、郁金20g。

【功能】清肝明目，退翳消瘀。

【主治】肝经积热外传于眼所致的目赤肿痛、云翳遮睛等。

【方解】本方为明目退翳之剂。方中石决明、草决明清肝热，消肿痛，退云翳为主药；黄连、黄芩、栀子、鸡蛋清清热泻火，黄药子、白药子凉血解毒，加强清肝解毒作用为辅药；大黄、郁金、没药散瘀消肿止痛，黄芪补脾气，均为佐药；使以蜂蜜为引。诸药相合，清肝明目，退翳消瘀。

【用法】煎汤候温加蜂蜜60g、鸡蛋清2个，同调灌服。

【应用】用于外障眼及外伤所致的眼目赤肿、睛生云翳、眵盛难睁、畏光等症。

2. 镇肝息风汤（《医学衷中参西录》）

【组成】怀牛膝90g、生赭石90g、生龙骨45g、生牡蛎45g、生龟板45g、生杭芍45g、玄参45g、天冬45g、川楝子15g、生麦芽15g、茵陈15g、甘草15g。

【功能】镇肝息风，滋阴潜阳。

【主治】阴虚阳亢，肝风内动。证见口眼歪斜，转圈运动或四肢活动不利，痉挛抽搐，脉弦有力。

【方解】方中重用牛膝滋养肝肾，引血下行，为主药；重用赭石、合龙骨、牡蛎降逆气，镇肝息风为辅药；龟板、玄参、杭芍、天冬滋阴清热，茵陈、川楝子、生麦芽清泄肝热，疏肝理气，共为佐药；甘草和中缓急，为使药。诸药相合，镇肝息风，滋阴潜阳。

【用法】水煎服，或共为末，开水冲调，候温灌服。

【应用】用于肝肾阴虚，肝阳上亢，肝风内动所致的拘挛抽搐、口眼歪斜、转圈运动等症。

项目2.2.14 常用安神开窍方药

问题一：下列药物属于安神药的是_____。
　　A. 石菖蒲　　B. 远志　　C. 皂角　　D. 牛黄　　E. 蟾酥

问题二：下列哪项不是牛黄的功效？_____
　　A. 清热解毒　B. 凉肝息风　C. 清热燥湿　D. 化痰开窍　E. 开窍醒神

问题三：走窜力强，能兴奋子宫，孕畜忌用的药物是_____。
　　A. 安息香　　B. 麝香　　C. 牛黄　　D. 苏合香　　E. 石菖蒲

问题四：既开窍宁神，又化湿和胃的是_____。

A. 白豆蔻　　B. 牛黄　　C. 石菖蒲　　D. 苏合香　　E. 安息香

问题五：石菖蒲与远志均有的功效是_____。

A. 开窍清热　　B. 开窍宁神　　C. 开窍活血　　D. 开窍和胃　　E. 开窍散寒

问题六：通关散主要用于_____。

A. 胃肠臌气

B. 跌打损伤、腰胯疼痛

C. 猝然昏倒、牙关紧闭、口吐涎沫等

D. 全身出汗、肉颤头摇、气促喘粗、左右乱跌

E. 牛宿草不转

问题七：（1~3题共用下列备选答案）

A. 麝香　　B. 酸枣仁　　C. 朱砂　　D. 柏子仁　　E. 皂角

1. 具有定惊安神，清心解毒作用的是_____。
2. 具有养心安神，益阴敛汗功效的是_____。
3. 具有养心安神，润肠通便作用的是_____。

参考答案：B C B C；C B D

>>> 任务 63　常用安神开窍药

1. 安神药

（1）朱砂。为硫化物类矿物辰砂族辰砂，主含硫化汞（HgS），又称丹砂。研末或水飞用。主产于湖南、湖北、四川、广西、贵州、云南等地。

【性味归经】甘，凉。有毒。入心经。

【功能主治】定惊安神，清心解毒。主治热病癫狂，躁动不安，疮疡肿毒。

【用量】马、牛 3~6g；猪、羊 0.3~1.5g；犬 0.05~0.45g。

【应用】①心热风邪所致的癫狂或心火上炎所致的躁动不安等，常与黄连、茯神同用，如朱砂散；心虚血少所致的心神不宁，常与熟地、当归、丹参、酸枣仁等同用。②疮疡肿毒，常与雄黄配伍外用，或与冰片、硼砂、玄明粉等同用。

【禁忌】孕畜禁用。本品有毒，不宜大量服用，也不宜少量久服。

【药理】含硫化汞（HgS），具有镇静、催眠作用，外用能抑杀皮肤细菌及寄生虫。

（2）酸枣仁。为鼠李科植物酸枣的干燥成熟种子。生用或炒用。主产于河北、河南、陕西、辽宁等地。

【性味归经】甘、酸，平。入心、肝经。

【功能主治】养心安神，益阴敛汗。主治心虚惊恐，躁动不安，虚汗。

【用量】马、牛 20~60g；猪、羊 5~10g；犬 3~5g；兔、禽 1~2g。

【应用】①心肝血虚惊恐或躁动不安等，常与党参、熟地、柏子仁、茯苓、丹参等同用。②自汗、盗汗等，与牡蛎、麻黄根、浮小麦、五味子等同用。

【药理】含酸枣仁皂苷、白桦脂酸、白桦脂醇、阿魏酸和维生素C等，具有镇静、增强

免疫、降压等作用。

(3) 柏子仁。为柏科植物侧柏的干燥成熟种仁。生用。主产于山东、湖南、河南、安徽等地。

【性味归经】甘，平。入心、肝、肾经。

【功能主治】养心安神，润肠通便。主治心虚惊悸，肠燥便秘。

【用量】马、牛 25~60g；猪、羊 10~15g；犬 2~5g。

【应用】①血不养心引起的心神不宁、易惊等，常与酸枣仁、远志、熟地、茯神等同用。②阴虚血少及产后血虚所致的肠燥便秘，常与火麻仁、郁李仁等同用。

【药理】含十六碳三烯酸甲酯、棕榈酸、硬脂酸等，具有润肠作用。

(4) 远志。为远志科植物远志的根或根皮。生用或炙用。主产于山西、陕西、吉林、河南等地。

【性味归经】辛、苦，微温。入心、肺经。

【功能主治】安神，祛痰，消肿。主治心虚惊悸，咳嗽痰多，疮痈肿毒。

【用量】马、牛 10~30g；猪、羊 5~10g；犬 3~6g；兔、禽 0.5~1.5g。

【应用】①心气虚弱所致的惊悸、躁动不安等，常与朱砂、茯神等同用；痰阻心窍所致的狂躁、惊痫等，常与石菖蒲、郁金等同用。②咳嗽痰多，常与杏仁、桔梗等同用。③疮痈肿毒等，单味为末加酒灌服或调敷。

【药理】含远志苷等，具有较强的祛痰、镇咳、镇静、抗真菌等作用。

2. 开窍药

(1) 石菖蒲。为天南星科植物石菖蒲的干燥根茎。切片生用。主产于四川、浙江等地。

【性味归经】辛，温。入心、肝、胃经。

【功能主治】开窍豁痰，化湿和胃。主治神昏癫狂，肚腹胀满，寒湿泄泻。

【用量】马、牛 20~45g；猪、羊 10~15g；犬、猫 3~5g；兔、禽 1~1.5g。

【应用】①痰湿蒙蔽清窍，清阳不升所致的神昏、癫狂，常与远志、茯神、郁金等同用。②湿阻脾胃所致的食欲不振、肚腹胀满、泄泻等，单用或与香附、郁金、藿香、陈皮、厚朴等同用。

【药理】含挥发油以及氨基酸和糖类，具有解痉、止痛、抗惊厥作用，能促进消化液的分泌，制止胃肠异常发酵，并有延缓肠管平滑肌痉挛的作用。

(2) 皂角。为豆科植物皂荚的干燥成熟果实。打碎生用。皂角刺为皂荚茎上的干燥棘刺。主产于东北、华北、华东、中南和四川、贵州等地。

【性味归经】辛，温。有小毒。入肺、大肠经。

【功能主治】开窍豁痰，消肿排脓。主治高热神昏，癫痫，疮痈肿毒。

【用量】马、牛 15~30g；猪、羊 5~10g；犬 1.5~3g。

【应用】①高热神昏或癫痫等，常与细辛研末吹鼻。②疮痈肿毒，单味煎膏外涂，或与金银花、紫花地丁等同用。

【药理】含三萜皂苷、鞣质、蜡醇等，具有刺激呼吸道黏膜、抑菌等作用。

【禁忌】本品用量过大，可产生全身毒性，特别是影响中枢神经系统，先痉挛、后麻痹，重者导致死亡。

(3) 蟾酥。为蟾蜍科动物中华大蟾蜍、黑眶蟾蜍耳后腺及皮肤腺所分泌的白色浆液，经

项目 2　中药与方剂

收集加工干燥而成。研细末用。产于全国大部分地区。

【性味归经】甘、辛,温。有毒。入心、胃经。

【功能主治】解毒,消肿,止痛,开窍。主治咽喉肿痛,疮黄疔毒,猝然昏倒。

【用量】马、牛 0.1～0.2g；猪、羊 0.03～0.06g；犬 0.075～0.15g。

【应用】①咽喉肿痛等,常与朱砂、麝香、牛黄等同用,如六神丸。②疮黄疔毒,常与雄黄、冰片等同用。③猝然昏倒,常与麝香、雄黄等配伍。

【禁忌】孕畜慎用。

【药理】含蟾毒和肾上腺素等,具有强心、镇痛、抗凝血等作用。

(4) 牛黄。为牛科动物牛的干燥胆囊结石。研细末用。主产于西北、华北、东北等地。

【性味归经】苦、甘,凉。入心、肝经。

【功能主治】开窍豁痰,清热解毒,息风定惊。主治热病神昏,痰热癫痫,咽喉肿痛,痉挛抽搐。

【用量】马、牛 6～9g；猪、羊 1～2g；犬 0.3～1.2g。

【应用】①热病神昏或痰迷心窍所致的癫痫、狂乱等,多与麝香、冰片等同用。②热毒郁结所致的咽喉肿痛、口舌生疮、痈疽疔毒等,常与黄连、麝香、雄黄等同用。③热盛所致的痉挛抽搐等,常与朱砂、水牛角等同用。

【禁忌】孕畜慎用。

【药理】含胆红素、胆酸、去氧胆酸等,具有镇静、强心、抗惊厥、解热等作用。

(5) 麝香。为鹿科动物麝成熟雄体香囊中的分泌物干燥制成。研细末用。主产于四川、西藏、云南、陕西、甘肃、内蒙古等地。

【性味归经】辛,温。入十二经。

【功能主治】开窍通络,活血散瘀,催产下胎。主治高热神昏,疮疡肿毒,死胎,胎衣不下。

【用量】马、牛 0.6～1.5g；猪、羊 0.1～0.2g；犬 0.05～0.1g。

【应用】①温热病热入心包所致的神昏惊厥等,常与冰片、牛黄等同用。②疮疡肿毒,单用或与雄黄、蟾蜍等同用。③死胎、胎衣不下,常单用或与皂角刺、三棱、穿山甲等配伍。

【禁忌】孕畜禁用。

【药理】含麝香酮、麝香醇等,具有兴奋呼吸和心跳、促进子宫收缩、利尿、发汗等作用,对中枢神经系统有双向影响,小剂量兴奋,大剂量则抑制。

相关知识

凡具有安神、开窍性能,治疗心神不宁,窍闭神昏病证的药物(方剂),称为安神开窍药(方)。由于药物性质及功用的不同,故本类药又分为安神药与开窍药两类。

1. 安神药　以入心经为主,具有镇静安神作用。适用于心悸、狂躁不安之证。

2. 开窍药　本类药善于走窜,通窍开闭,苏醒神昏,适用于高热神昏、癫痫等病出现猝然昏倒的证候。

>>> **任务64　常用安神开窍方**

1. 朱砂散（《元亨疗马集》）

【组成】朱砂（另研）10g、党参30g、茯神45g、黄连45g。

【功能】安神清热，扶正祛邪。

【主治】心热风邪。证见全身出汗，肉颤头摇，气促喘粗，左右乱跌，口色赤红，脉洪数。

【方解】本方证因外受热邪，内积于心，扰乱神明所致。方中朱砂镇心安神，茯神宁心安神，为主药；辅以黄连清降心火，宁心除烦；党参益气宁神，固卫止汗，扶正祛邪，为佐药。诸药合用，安神清热，扶正祛邪。

【用法】共为末，开水冲，候温，加猪胆汁50mL，童便100mL，灌服。

【应用】用于心热风邪证。配合放颈脉血、冷水浇淋头部、冷水灌肠、迅速将动物移于阴凉通风处等措施。火盛伤阴者，加生地、竹叶、麦冬；正虚邪实者，加栀子、大黄、郁金、天南星、明矾等。

2. 通关散（《丹溪心法附余》）

【组成】猪牙皂角、细辛各等份。

【功能】通关开窍。

【主治】高热神昏，痰迷心窍。证见猝然昏倒，牙关紧闭，口吐涎沫等。

【方解】本方为救急催醒之剂。方中皂角味辛散，性燥烈，祛痰开窍；细辛辛香走窜，开窍醒神，二者合用有开窍通关的作用。因鼻为肺窍，用于吹鼻，能使肺气宣通，气机畅利，神志苏醒而用于急救。

【用法】共为极细末，和匀，吹少许入鼻取嚏。

【应用】本方为临时急救之法，苏醒后应按病情辨证施治。

项目2.2.15　常用驱虫方药

问题一：下列药物不属于驱虫药的是_____。
　A. 南瓜子　　B. 常山　　C. 肉苁蓉　　D. 川楝子　　E. 雷丸

问题二：有消积的作用，且味香不苦，常用于治疗幼畜蛔虫病的药物是_____。
　A. 使君子　　B. 苦楝皮　　C. 槟榔　　D. 南瓜子　　E. 榧子

问题三：下列药物中，不宜入煎剂的是_____。
　A. 槟榔　　B. 使君子　　C. 川楝子　　D. 鹤草芽　　E. 榧子

问题四：具有润肠作用的驱虫药是_____。
　A. 鹤虱　　B. 芜荑　　C. 雷丸　　D. 鹤草芽　　E. 榧子

问题五：以菌核入药的药物是_____。
　A. 鹤虱　　B. 雷丸　　C. 芜荑　　D. 槟榔　　E. 榧子

问题六：万应散主治_____。
　A. 幼畜奶泻或湿热下痢　　　　B. 蛔虫、姜片吸虫、绦虫等虫积证
　C. 体虚自汗　　　　　　　　　D. 脾虚少食
　E. 暑热伤气，气津两伤之证

问题七：（1~3题共用下列备选答案）

  A．常山   B．南瓜子   C．使君子   D．槟榔   E．贯众

 1．常用于驱杀球虫的是_____。
 2．常用于驱杀蛔虫或蛲虫的是_____。
 3．常用于治疗绦虫病、姜片吸虫病的是_____。

参考答案：C A D E；B A C D

>>> 任务65　常用驱虫药

（1）雷丸。为白蘑科真菌雷丸的干燥菌核。多寄生于竹的枯根上。切片生用或研粉用，不宜煎煮。主产于四川、贵州、云南等地。

【性味归经】苦，寒。有小毒。入胃、大肠经。

【功能主治】杀虫消积。主治虫积腹痛。

【用量】马、牛30~60g；猪、羊10~20g。

【应用】绦虫病、蛔虫病、钩虫病等，单用或与槟榔、牵牛子、木香等同用，如万应散。

【药理】含雷丸素（蛋白分解酶）、凝集素、钙、镁和铝等，具有驱杀绦虫的作用，对丝虫病、脑囊虫病也有一定的疗效。

（2）使君子。为使君子科植物使君子的干燥成熟果实。打碎生用或去壳取仁炒用。主产于四川、江西、福建、台湾、湖南等地。

【性味归经】甘，温。入脾、胃经。

【功能主治】杀虫消积。主治虫积腹痛。

【用量】马、牛30~90g；猪、羊6~12g；犬5~10g；兔、禽1.5~3g。

【临床应用】蛔虫或蛲虫所致的虫积腹痛，单用或与槟榔、鹤虱等同用，如化虫汤。

【药理】含使君子氨酸、使君子酸钾、胡芦巴碱、脂肪油等，具有杀虫和抗真菌作用。

（3）川楝子。为楝科植物川楝的干燥成熟果实。又称金铃子。生用或炒用。主产于四川、湖北、贵州、云南等地。

【性味归经】苦，寒。有小毒。入肝、心包、小肠、膀胱经。

【功能主治】疏肝理气，杀虫止痛。主治肚腹胀痛，虫积。

【用量】马、牛15~45g；猪、羊5~10g；犬3~5g。

【应用】①湿热气滞所致的肚腹胀痛，常与延胡索、木香等同用。②蛔虫病、蛲虫病，常与使君子、槟榔等同用。

【禁忌】猪慎用。

【药理】含川楝素、生物碱、楝树碱等，具有镇痛、抗炎、杀虫和抗真菌等作用。

（4）南瓜子。为葫芦科植物南瓜的干燥成熟种子。研末生用。主产于我国南方各地。

【性味归经】甘，平。入胃、大肠经。

【功能主治】驱虫。主治绦虫病、蛔虫病。

【用量】马、牛60~150g；猪、羊60~90g；犬、猫5~10g。

【应用】绦虫病，单用或与槟榔同用。也可用于蛔虫病和血吸虫病。

【药理】含南瓜子氨酸及脂肪酸、类酯等，具有驱虫作用。

（5）贯众。为鳞毛蕨科植物粗茎毛蕨的干燥根茎及叶柄残基。生用或炒炭用。主产于湖南、广东、四川、云南、福建等地。

【性味归经】苦，寒。有小毒。入肝、胃经。

【功能主治】驱虫，清热解毒。主治虫积腹痛，湿热疮毒。

【用量】马、牛20~60g；猪、羊10~15g。

【应用】①绦虫病、蛲虫病、钩虫病、肝片吸虫病等，常与槟榔、苦参、百部等同用。②湿热毒疮等，单用或与金银花、连翘、板蓝根等同用。

【药理】含绵马酸、黄绵马酸、白绵马素、绵马素等，具有驱虫、抗病毒、抗菌、抗肝损伤等作用。

> **相关知识**
>
> 凡能驱除或杀灭畜禽体内、体外寄生虫的药物（方剂），称为驱虫药（方）。
>
> 虫证一般具有毛焦肷吊、饱食不长或粪便失调等症状。使用驱虫药时，必须根据寄生虫的种类，病情的缓急和体质的强弱，采取急攻或缓驱。对于体弱脾虚的病畜，可先补脾胃后驱虫或攻补兼施。为了增强驱虫作用，应配合泻下药。驱虫时以空腹投药为好，驱虫后要加强饲养管理，使虫去而不伤正，迅速恢复健康。
>
> 驱虫药不但对虫体有毒害作用，而且对畜体也有不同程度的副作用，所以使用时必须掌握药物的用量和配伍，以免引起中毒。

>>> 任务66 常用驱虫方

万应散（《医学正传》）

【组成】槟榔30g、大黄60g、皂角30g、苦楝根皮30g、黑丑30g、雷丸20g、沉香10g、木香15g。

【功效】攻积杀虫。

【主治】蛔虫、姜片虫、绦虫等虫积证。

【方解】方中雷丸、苦楝根皮杀虫为主药；黑丑、大黄、槟榔、皂角既能攻积，又可杀虫为辅药；木香、沉香行气温中为佐药。诸药合用，具有攻积杀虫之功。

【用法】共为末，温水冲服。

【应用】用于驱除蛔虫、姜片虫、绦虫等。本方攻逐力较强，对孕畜及体弱者慎用。

项目2.2.16 常用外用方药

问题一：冰片不具有的功效是_____。
　A. 开窍醒神　　B. 消肿生肌　　C. 化湿　　D. 止痛　　E. 清热

问题二：冰硼散主要用于_____。
　A. 疥癣　　B. 烧烫伤　　C. 云翳遮睛　　D. 舌疮　　E. 创伤出血

问题三：如意金黄散主治_____。
　A. 疥癣　　B. 阳证疮痈肿毒　C. 云翳遮睛　　D. 舌疮　　E. 创伤出血

问题四：(1~3题共用下列备选答案)

    A. 赤芍   B. 党参   C. 白芍   D. 泽泻   E. 硼砂

1. 上述药物属于冰硼散组方药物的是_____。
2. 上述药物属于六味地黄汤组方药物的是_____。
3. 上述药物属于四物汤组方药物的是_____。

问题五：桃花散主治_____。

    A. 疥癣   B. 烧烫伤   C. 云翳遮睛   D. 舌疮   E. 创伤出血

参考答案：E C D B C

>>> 任务67 　常用外用药

（1）冰片。为菊科植物大风艾的鲜叶经蒸馏、冷却所得的结晶品，或以松节油、樟脑为原料化学方法合成。研末用。主产于广东、广西、上海、北京、天津等。

【性味归经】辛、苦，微寒。入心、肝、脾、肺经。

【功能主治】通窍醒脑，消肿止痛。主治咽喉肿痛，口舌生疮，目赤翳障，疮疡肿毒，神昏惊厥。

【用量】马、牛3~6g；猪、羊1~1.5g；犬0.5~0.75g。外用适量。

【应用】①咽喉肿痛、口舌生疮等，常与硼砂、朱砂、玄明粉等同用，如冰硼散；目赤翳障，单味或与炉甘石、硼砂、琥珀等配伍点眼；疮疡肿毒溃后久不收口，常与硼砂、滑石等同用。②神昏惊厥，常与麝香同用，如安宫牛黄丸。

【药理】含龙脑，具有抗菌、抗炎、促进其他药物透皮吸收等作用。

（2）硫黄。为自然元素类矿物硫族自然硫，或用含硫矿物经加工而成。研末或制用。主产于山西、陕西、河南、广东、台湾等地。

【性味归经】酸，温。有毒。入肾、脾、大肠经。

【功能主治】解毒杀虫，补火助阳。主治疥癣疮毒，阳痿，虚寒气喘。

【用量】马、牛10~30g；猪、羊0.3~1g。外用适量。

【应用】①疥癣疮毒所致的皮肤湿烂等，常制成10%~25%的软膏外敷，或与大风子、木鳖子、狼毒等同用。②命门火衰所致的阳痿等，常与附子、肉桂等同用。③肾不纳气所致的气喘，常与胡芦巴、补骨脂等同用。

【禁忌】孕畜慎用。

【药理】含硫及杂有少量砷、铁、石灰、黏土、有机质等，外用具有杀灭皮肤寄生虫、抑制皮肤真菌等作用，内服刺激肠壁而起缓泻作用。

（3）雄黄。为硫化物类矿物雄黄族雄黄，主含二硫化二砷。研极细粉或水飞。主产于湖南、贵州、湖北、云南、四川等地。

【性味归经】辛，温。有毒。入肝、胃经。

【功能主治】解毒杀虫，燥湿祛痰。主治疮痈肿毒，疥癣，蛇虫咬伤。

【用量】马、牛5~15g；猪、羊0.5~1.5g；犬0.05~0.15g；兔、禽0.03~0.1g。

【应用】①疮痈肿毒，常与白及、白蔹、大黄等同用。②疥癣，单味研末外敷或制成油剂外涂，或与狼毒、猪牙皂、巴豆等同用。③蛇虫咬伤，常与五灵脂为末，酒调涂患处。

【禁忌】孕畜禁用。

【药理】含三硫化二砷及少量重金属盐，具有抑菌、杀虫作用。内服在肠道吸收，毒性较大，有引起中毒的危险，也能从皮肤吸收，大面积或长期使用会产生中毒。

（4）儿茶。为豆科植物儿茶的去皮枝、干的干燥煎膏。生用。主产于云南南部。

【性味归经】苦、涩，微寒。入肺经。

【功能主治】收湿敛疮，生肌止血。主治疮疡多脓、久不收口，外伤出血，泻痢便血，肺热咳嗽。

【用量】马、牛 15～30g；猪、羊 3～10g；犬、猫 1～3g。外用适量。

【应用】①疮疡多脓、久不收口及外伤出血等，常与冰片、乳香、没药等同用，如生肌散。②泻痢便血，常与黄连、黄柏等同用。③肺热咳嗽，常与桑叶、硼砂等同用。

【药理】含儿茶鞣酸、儿茶精及表儿茶酚等，具有抑菌、止泻、止血、促进创伤形成痂膜等作用。

（5）白矾。为含硫酸盐类矿石中的明矾石煎炼而成。又称明矾，煅后称枯矾。捣碎用或煅用。主产于山西、甘肃、湖北、浙江、安徽等地。

【性味归经】涩、酸，寒。入脾经。

【功能主治】燥湿祛痰，杀虫止痒，止血止泻。主治痈肿疮毒，湿疹，疥癣，口舌生疮，咳喘，久泻便血。

【用量】马、牛 15～30g；猪、羊 5～10g；犬、猫 1～3g；兔、禽 0.5～1g。外用适量。

【应用】①痈肿疮毒，常与雄黄同用；皮肤湿疹，常与冰片、黄柏等同用；疥癣，常与硫黄、大风子等同用；口舌生疮，常与冰片研末外用。②痰涎壅盛所致的鼻流白脓、咳喘等，常与白及、贝母、黄芩、葶苈子等同用。③久泻不止、便血等，单用或与五倍子、诃子、五味子等同用。

【药理】含硫酸钾铝，内服后能刺激胃黏膜引起反射性呕吐，至肠则不吸收，能抑制肠腺的分泌，因而有止泻之效。枯矾能与蛋白形成难溶于水的化合物而沉淀，故可用于局部创伤止血；对人型结核杆菌、牛型结核杆菌、金黄色葡萄球菌、伤寒杆菌、痢疾杆菌均有抑制作用。

（6）硼砂。为硼砂矿经精制而成的结晶。研细用。主产西藏、青海、四川等地。

【性味归经】甘、咸，凉。入肺、胃经。

【功能主治】清热，祛痰，解毒。主治口舌生疮，咽喉肿痛，目赤肿痛，痰热咳喘。

【用量】马、牛 10～25g；猪、羊 2～5g。外用适量。

【应用】①口舌生疮、咽喉肿痛，常与冰片、玄明粉、朱砂等同用；目赤肿痛，单味制成洗眼剂使用。②痰热咳喘，常与瓜蒌、青黛、贝母等同用。

【药理】含四硼酸二钠，能刺激胃液的分泌，至肠吸收后由尿排出，能促进尿液分泌及防止尿道炎症。外用对皮肤、黏膜有收敛保护作用，并能抑制某些细菌的生长，故可治湿毒引起的皮肤糜烂。

相关知识

凡以外用为主，通过涂敷、喷洗形式治疗家畜外科疾病的药物（方剂），称为外用药（方）。

> 外用药一般具有杀虫解毒、消肿止痛、去腐生肌、收敛止血等功用。临床多用于疮疡肿毒、跌打损伤、疥癣等病症。由于疾病发生部位及症状不同,用药方法各异,如内服、外敷、喷撒、熏洗、浸浴等。
>
> 外用药多数具有毒性,内服时必须严格按制药的方法,进行处理及操作,以保证用药安全。本类药一般都与他药配伍。较少单味使用。

>>> 任务68 常用外用方

1. 桃花散(《医宗金鉴》)

【组成】陈石灰250g、大黄45g。

【功效】防腐收敛止血。

【主治】创伤出血。

【方解】方中石灰解毒防腐,收敛止血;大黄凉血解毒。二药同炒增强石灰敛伤止血之功。

【用法】陈石灰用水泼成末,与大黄同炒至石灰呈粉红色为度,去大黄,将石灰研细末,过筛,装瓶备用。外用时撒布于创面或撒布后用纱布包扎。

【应用】用于新鲜创伤出血、化脓疮、褥疮、皮肤型猪坏死杆菌病等。

2. 如意金黄散(《外科正宗》)

【组成】天花粉120g、黄柏60g、大黄60g、白芷60g、姜黄60g、生南星60g、苍术30g、厚朴30g、陈皮30g、生甘草30g。

【功效】清热解毒,消肿止痛

【主治】阳证疮痛肿毒,跌打损伤。

【方解】方中天花粉、黄柏、大黄药性寒凉,清热泻火,散瘀消肿;姜黄辛温,活血行气;生南星散结消肿;苍术、厚朴、陈皮行气除湿;白芷疏风活血,消肿定痛;生甘草解毒;醋或蜂蜜调敷以除热毒。诸药合用,清热解毒,消肿止痛。

【用法】共研细末,混匀,装瓶备用。用时以醋、麻油或蜂蜜调敷患部。

【应用】疮疡肿毒未成脓者或湿疹等。临床凡疮疡证见红肿热痛的阳证均可应用,亦可用治烫火伤。

项目2.2.17 常用饲料添加剂

> 问题一:为了某种目的而以微小剂量添加到饲料中的物质称为_____。
>   A. 饲料　　　　　　　　B. 饲料添加剂
>   C. 添加剂预混料　　　　D. 精料
>   E. 粗饲料
>
> 问题二:中药饲料添加剂的作用是_____。
>   A. 防病保健　　　　　　B. 增加动物产品产量
>   C. 提高动物产品质量　　D. 改善饲料品质
>   E. 以上都是

问题三：中药饲料添加剂的特点是_____。
A. 来源天然性　　　　　B. 功能多样性　　　　　C. 安全可靠性
D. 经济环保性　　　　　E. 以上都是

问题四：用于治疗脾肾阳虚，促进母畜发情的中药方剂是_____。
A. 白术散　　　　　　　B. 催情散　　　　　　　C. 阳和汤
D. 补中益气汤　　　　　E. 八珍汤

问题五：健鸡散的主要功效是_____。
A. 益气健脾，消食开胃　　　B. 清热解毒，涩肠止泻
C. 理气散寒，和血止痛　　　D. 健脾补气，温中散寒
E.补气生津，敛阴止汗

参考答案：B E E B A

>>> 任务69　常用饲料添加剂

1. 催情散（《中华人民共和国兽药典二〇一五年版二部》）

【组成】淫羊藿 6g、阳起石（酒淬）6g、当归 4g、香附 5g、益母草 6g、菟丝子 5g。

【制法】粉碎，过筛，混匀。

【功效】催情。

【方解】母畜不发情，多因脾肾阳虚。方中淫羊藿、阳起石补肾壮阳，当归补血活血，香附、益母草活血理气，菟丝子补肾养肝。诸药合用，补肾壮阳，催情。

【用量】猪 30～60g。

【应用】用于母猪不发情。也可用于其他母畜不发情。

2. 健鸡散（《中华人民共和国兽药典二〇一五年版二部》）

【组成】党参 20g、黄芪 20g、茯苓 20g、神曲 10g、麦芽 10g、山楂（炒）10g、甘草 5g、槟榔（炒）5g。

【制法】粉碎，过筛，混匀。

【功效】益气健脾，消食开胃。

【方解】党参、黄芪、茯苓、甘草益气健脾，神曲、麦芽、山楂、槟榔消食开胃。

【用量】按 2% 的比例拌料饲喂。

【应用】用于鸡食欲不振，生长迟缓。

3. 激蛋散（《中华人民共和国兽药典二〇一五年版二部》）

【组成】虎杖 100g、丹参 80g、菟丝子 60g、当归 60g、川芎 60g、牡蛎 60g、地榆 50g、肉苁蓉 60g、丁香 20g、白芍 50g。

【制法】粉碎，过筛，混匀。

【功效】清热解毒，活血祛瘀，补肾强体。

【方解】方中虎杖清热解毒，丹参、川芎、地榆活血止血，当归、白芍养血敛阴，丁香理气，肉苁蓉、菟丝子补肾壮阳，牡蛎涩精。共奏清热解毒，活血祛瘀，补肾强体之功效。

【用量】按 1% 的比例拌料饲喂。

【应用】用于输卵管炎，产蛋功能低下。

4. 肥猪散（《中华人民共和国兽药典二〇一五年版二部》）

【组成】绵马贯众 30g、何首乌（制）30g、麦芽 500g、黄豆（炒）500g。

【制法】粉碎，过筛，混匀。

【功效】开胃，驱虫，补养，催肥。

【方解】方中绵马贯众驱虫，制首乌补肝肾、益精血，麦芽健胃消食，黄豆补充营养，炒用增加饲料香味，促进采食。

【用量】猪 50～100g。

【应用】用于食少，瘦弱，生长缓慢。

项目 3

针 灸

项目 3.1 针灸用具及其使用

问题一：古代最早的针具为_____。
  A. 铜针   B. 银针   C. 砭石   D. 青铜砭针   E. 铁针
问题二：最早的拔罐用具是用什么制成的？_____
  A. 铜   B. 铁   C. 竹   D. 陶土   E. 兽角
问题三：下列各种材料中，哪种最常用来制作现代毫针？_____
  A. 不锈钢   B. 金   C. 银   D. 氧化铬   E. 铁
问题四：画烙时烙铁烧为_____。
  A. 黄白色   B. 杏黄色   C. 黑红色   D. 红色   E. 黑色
问题五：针具的消毒通常用_____。
  A. 煮沸   B. 75%的酒精浸泡   C. 高压消毒
  D. 来苏儿溶液浸泡   E. 火烧
问题六：不适合三棱针的操作方法为_____。
  A. 点刺法   B. 散刺法   C. 泻血法
  D. 挑刺法   E. 捻转进针法
问题七：针灸扶正祛邪作用主要取决于_____。
  A. 刺灸法的合理应用   B. 腧穴的配伍
  C. 腧穴和针刺手法   D. 体质因素和刺灸手法
  E. 腧穴的配伍和刺灸手法

参考答案：C、E、A、B、B、E、E

>>> 任务 70　白针用具

1. 毫针　用不锈钢或合金制成。特点是针尖圆锐，针体细长。针体直径 0.64～1.25mm，长度有 3cm、4cm、5cm、6cm、9cm、12cm、15cm、18cm、20cm、25cm、30cm 等多种。

针柄主要有盘龙式和平头式两种（图3-1）。多用于白针穴位或深刺、透刺和针刺麻醉。

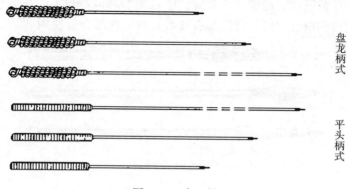

图3-1 毫 针

2. 圆利针 用不锈钢制成。特点是针尖呈三棱状，较锋利，针体较粗。针体直径1.5～2mm，长度有2cm、3cm、4cm、6cm、8cm、10cm数种。针柄有盘龙式、八角式、圆球式3种（图3-2）。短针多用于针刺马、牛的眼部周围穴位及仔猪的白针穴位；长针多用于针刺马、牛、猪的躯干和四肢上部的白针穴位。

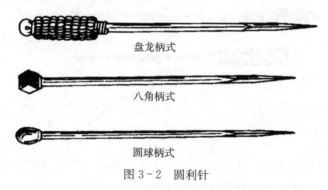

图3-2 圆利针

>>> **任务71　血针用具**

1. 宽针 用优质钢制成。针头部如矛状，针刃锋利；针体部呈圆柱状。分大、中、小三种。大宽针长约12cm，针头部宽8mm，用于放大动物的颈脉、肾堂、蹄头血；中宽针长约11cm，针头部宽6mm，用于放大动物的带脉、尾本血；小宽针长约10cm，针头部宽4mm，用于放马、牛的太阳、缠腕血（图3-3）。

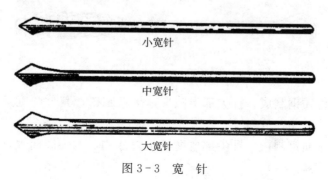

图3-3 宽 针

2. 三棱针 用优质钢或合金制成。针头部呈三棱锥状，针体部为圆柱状。有大、小两种，大三棱针用于针刺三江、通关、玉堂等位于较细静脉或静脉丛上的穴位或点刺分水穴，小三棱针用于针刺猪的白针穴位；针尾部有孔者，也可作缝合针使用（图 3-4）。

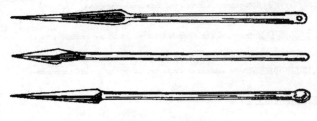

图 3-4 三棱针

>>> 任务 72 火针用具

火针用不锈钢制成。针尖圆锐，针体光滑，比圆利针粗。针体长度有 2cm、3cm、4cm、5cm、6cm、8cm、10cm 等多种。针柄有盘龙式、双翅式、拐子式多种，也有另加木柄、电木柄的，以盘龙式、针柄夹垫石棉类隔热物质为多。用于动物的火针穴位（图 3-5）。

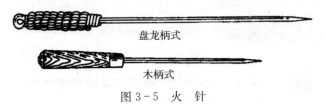

图 3-5 火 针

>>> 任务 73 巧治针具

1. 三弯针 用优质钢制成。长约 12cm，针尖锐利，距尖端约 5mm 处呈直角双折弯。专用于针马的开天穴，治疗浑睛虫病（图 3-6）。

图 3-6 三弯针

2. 玉堂钩 用优质钢制成。尖部弯成直径约 1cm 的半圆形，针尖呈三棱针状，针身长 6~8cm，针柄多为盘龙式。专用于放玉堂血（图 3-7）。

图 3-7 玉堂钩

3. 姜牙钩 用优质钢制成。针尖部半圆形，钩尖圆锐，其他与玉堂钩相似。专用于姜牙穴钩取姜牙骨（图 3-8）。

4. 抽筋钩 用优质钢制成。针尖部弯度小于姜牙钩，钩尖圆而钝，比姜牙钩粗。专用于抽筋穴钩拉肌腱（图 3-9）。

图 3-8 姜牙钩

图 3-9 抽筋钩

5. 骨眼钩 用优质钢制成。钩弯小，钩尖细而锐，尖长约 0.3cm。专用于马、牛的骨眼穴钩取闪骨（图 3-10）。

图 3-10 骨眼钩

6. 宿水管 用铜、铝或铁皮制成的圆锥形小管，形似毛笔帽。长约 5.5cm，尖端密封，扁圆而钝，粗端管口直径 0.8cm，有一唇形缘，管壁有 8～10 个直径 2.5mm 的小圆孔。用于针刺云门穴放腹水（图 3-11）。

图 3-11 宿水管

>>> 任务74 针 锤

针锤用硬质木料车制而成。长约 35cm，锤头呈椭圆形，通过锤头中心钻有一横向洞道，用以插针。沿锤头正中通过小孔锯一道缝至锤柄上段的 1/5 处。锤柄外套一皮革或藤制的活动箍。插针后将箍推向锤头部则锯缝被箍紧，即可固定针具；将箍推向锤柄部，锯缝松开，即可取下针具。主要用于安装宽针，放颈脉、带脉和蹄头血等（图 3-12）。

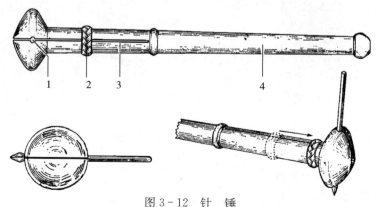

图 3-12 针 锤
1. 插针孔 2. 活动圈 3. 锯口 4. 锤柄

>>> 任务75 电针治疗机

电针机种类很多,现在广泛应用的是半导体低频调制脉冲式电针机,这种电针机具有波型多样、输出量及频率可调、刺激作用较强、对组织无损伤等特点。由于是用半导体元件组装而成,故具有体积小、便于携带、操作简单、交直流电源两用、一机多用等优点,可做电针治疗、电针麻醉、穴位探测等(图3-13)。

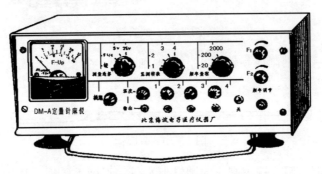

图 3-13 电针机

>>> 任务76 激光针灸仪

目前在兽医针灸中常用的有氦氖激光器和二氧化碳激光器两种。氦氖激光器能发出波长632.8nm的红色光,输出功率1~40mW,由于功率低,常用于穴位照射,称为激光针疗法。二氧化碳激光器发出波长10.6μm的无色光,输出功率5~30W,由于功率高,常用于穴位灸灼、患部照射或烧烙,因而又称激光灸疗法(图3-14、图3-15)。

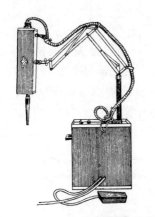

图 3-14 5W 二氧化碳激光机　　　　图 3-15 30W 二氧化碳激光机

>>> 任务77 艾灸用具

1. 艾炷　呈圆锥形,有大小之分,一般为大枣大、枣核大、黄豆大等,使用时可根据动物体质、病情选用(图3-16)。

2. 艾卷　是用陈久的艾绒摊在棉皮纸上卷成,直径1.5cm,长约20cm(图3-16)。

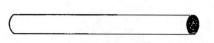

艾炷　　　　　　　　　　艾卷

图 3-16　艾炷和艾卷

>>> 任务 78　温熨用具

有软烧棒，麻袋，毛刷等。软烧棒可临时制作，用圆木一根（长 40cm，直径 1.5cm），一端为木柄，另一端用棉花包裹，外用纱布包扎，再用细铁丝结紧，使之呈鼓槌状，槌头长约 8cm，直径 3cm。

> **相关知识**
>
> 针灸包括针和灸两种治疗技术。都是在中兽医理论指导下，根据辨证施治和补虚泻实等原则，运用针灸工具对穴位施以物理刺激以促使经络通畅、气血调和，达到扶正祛邪、防治病证的目的，二者常常合并使用，又同属于外治法，所以自古以来就把它们合称为针灸。
>
> **1. 针术**　传统的针术是运用各种不同类型的针具刺入机体一定的穴位，施以不同的手法，通过机械刺激来防治疾病的技术。针术有多种分类方法：①按照针刺时出血与不出血，可分为血针术和白针术；②按照针刺前针具是否加热，可分为火针术和冷针术；③按照针刺后导入的物质，可分为气针术、水针术等；④按照针具的名称，可分为毫针术、宽针术、三棱针术、夹气针术、穿黄针术等。
>
> **2. 灸术**　传统的灸术是应用点燃的艾绒或其他温热物体熏灼畜体一定的穴位或患部，通过温热刺激来防治疾病的技术。根据施灸的材料和方法，灸术包括艾灸、温熨和烧烙。
>
> 随着科学技术的发展，现代又研制出不少针灸仪器，如电针机、激光机、微波机、磁疗机、特定电磁波谱（TDP）等。它们有些用于针术，如电针术、磁针术、微波针术；有些用于灸术，如 TDP 疗法、磁疗法；有些两者兼用，如激光针灸术、微波针灸术等。
>
> 此外，埋植疗法、拔火罐、刮痧和按摩，也都是通过对穴位或患部施以刺激来防治疾病，也属针灸疗法的范畴。
>
> 在临床实践中，针术和灸术常常配合应用，如白针与艾灸（温针术）、血针与拔罐（刺血拔罐法）、电针与按摩等。也常将针灸与药物配合应用，以相互取长补短。

项目 3.2　针灸取穴方法

问题一：指切押手法适用于针刺马_____。
　　A. 百会穴　　B. 锁口穴　　C. 三江穴　　D. 九委穴　　E. 通关穴

问题二：弹琴式持针法适用于针刺马_____。
    A. 百会穴   B. 三江穴   C. 脾俞穴   D. 分水穴   E. 后海穴

问题三：舒张押手法适用于针刺马_____。
    A. 百会穴   B. 锁口穴   C. 三江穴   D. 九委穴   E. 通关穴

问题四：在皮肤松弛部位进针，最好选下列哪种进针法？_____
    A. 指切进针   B. 舒张进针   C. 夹持进针   D. 管针进针   E. 单手进针

问题五：针刺皮肉浅薄部位的腧穴，最适宜采用的押穴方法为_____。
    A. 指切押穴法   B. 舒张押穴法   C. 提捏押穴法
    D. 骈指押穴法   E. 以上均可以

问题六：（1～2题共用下列备选答案）
    A. 捻转幅度大，肌纤维缠绕针身   B. 针身剥蚀损坏
    C. 体位移动   D. 误伤血管神经
    E. 体质虚弱

1. 晕针的主要原因是_____。
2. 滞针的主要原因是_____。

问题七：针刺的深度主要根据_____而定。
    A. 体质   B. 部位   C. 体形   D. 病情   E. 术者经验

问题八：针刺后海穴宜采用_____。
    A. 直刺、深刺   B. 向上斜刺   C. 向下斜刺
    D. 沿脊椎方向刺入   E. 平刺

问题九：下列关于"得气"的描述错误的是？_____
    A. 是针刺部位所产生的经气感应
    B. 和针刺效果关系不大
    C. 得气时动物会出现提肢、拱腰、摆尾、局部肌肉收缩或跳动
    D. 亦称针感
    E. 术者会感到针下有沉紧、滞涩等感觉

问题十：治疗扭伤的取穴原则是_____。
    A. 以循经取穴为主   B. 以远端取穴为主
    C. 以受伤局部取穴为主   D. 以受伤局部阳经取穴为主
    E. 以受伤局部阴经取穴为主

问题十一：（1～2题共用下列备选答案）
    A. 前后配穴法   B. 上下配穴法   C. 左右配穴法
    D. 表里配穴法   E. 远近配穴法

1. 胸腹或腰背疼痛的病症选_____。
2. 头面、躯干和内脏的病症选_____。

问题十二：脾俞和后三里配伍属于_____。
    A. 前后配穴   B. 上下配穴   C. 表里配穴   D. 单侧配穴   E. 远近配穴

参考答案：A、B、C、D；E、A；D、B、C、C；

任务79 施针前的准备

1. 用具准备 针灸治疗前必须制订治疗方案,确定使用何种针灸方法和穴位,准备适当的针灸工具和材料。使用针术时,应检查针具是否有生锈、带钩、针柄松动或损坏等现象,若有应修理好;如发现有折断危险时,则不得使用。使用灸术时,应准备好灸烙器材。使用针灸仪器时应预先调试好,若使用交流电应准备好接线板。同时,还要准备好消毒、保定器材和其他辅助用品,如血针时应准备止血用品,火针时准备碘酊、橡皮膏等。

2. 动物保定 在施行针灸术时,为了取穴准确,顺利施术,保证术者和动物安全,对动物必须进行确实保定,并保持适当的体位以方便施术。

3. 消毒准备 针具消毒一般用75%酒精擦拭,必要时用高压蒸汽灭菌。术者手指亦要用酒精棉球消毒。针刺穴位选定后,大动物宜剪毛,先用碘酊消毒,再用75%酒精脱碘,待干后即可施针。

任务80 针灸取穴方法

1. 解剖标志定位法 主要以动物不活动时的自然标志为依据。

(1) 以器官作为标志。例如,尾巴末端取尾尖穴,蹄匣上缘取蹄头穴等。

(2) 以骨骼作为标志。例如,肩胛骨前角取膊尖穴,腰荐十字部取百会穴等。

(3) 以肌沟作为标志。例如,腓沟内取后三里穴,臂三头肌长头、外头与三角肌之间的凹陷中取抢风穴等。

有时以摇动肢体或改变体位时出现的明显标志作为定位依据。如,上下摇动头部,在动与不动处取天门穴;上下摇动尾巴,在动与不动处取尾根穴;压低头部,在穴位下方按压取三江穴等。

2. 体躯连线比例定位法 在某些解剖标志之间画线,以一线的比例分点或两线的交叉点为定穴依据。例如,百会穴与股骨大转子连线中点取巴山穴,胸骨后缘与肚脐连线中点取中脘穴等。

3. 指量定位法 以术者手指第二节关节处的横宽作为度量单位来量取定位。指量时,食指、中指相并(二横指)为1寸*,加上无名指三指相并(三横指)为1.5寸,再加上小指四指相并(四横指)为2寸(图3-17)。例如,肘后四指血管上取带脉穴,邪气穴下四

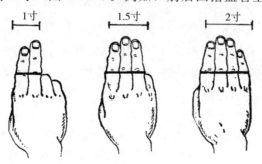

图3-17 指量定位

---

* 寸为非法定计量单位,中兽医学中常以寸为计量单位,1寸≈3.3cm。

指取汗沟穴，耳后一指取风门穴，耳后二指取伏兔穴等。指量法适用于体型和营养状况中等的动物，如体型过大或过小，术者的手指过粗或过细，则指间距离应灵活放松或收紧一些，并结合解剖标志加以弥补。

>>> 任务81　选配穴方法

1. 选穴

（1）局部选穴。在患病区内选穴，即哪里有病就在哪里选穴。例如，舌肿痛选通关穴，蹄病选蹄头穴等。

（2）邻近选穴。在病变部位附近选穴。这样既可与局部选穴相配合，又可因局部不便针灸（如疮疖）而代替之。例如，蹄痛选缠腕穴等。

（3）循经选穴。根据经脉的循行路线选取穴位。如脏腑有病，就在其所属经脉上选取穴位。如肺热咳喘选肺经的颈脉穴，胃气不足选胃经的后三里穴等。

（4）随证选穴。主要是针对全身疾病选取有效的穴位。例如，发热选大椎穴，中暑、中毒选颈脉、耳尖、尾尖穴等。

2. 配穴

（1）单、双侧配穴。选取患病同侧或两侧的穴位配合使用。四肢病常在单侧施针，例如，股胯扭伤选患侧的大胯、小胯为主穴，邪气、汗沟为配穴等。脏腑病常选双侧穴位，例如，结症选双侧的关元俞穴等。有时，也可以病侧穴位为主穴，健侧穴位为配穴，例如，歪嘴风选患侧锁口、开关为主穴，健侧的相同穴位为配穴等。

（2）远近、前后配穴。选取患病部位附近和远隔部位或体躯前部和后部具有共同效能的穴位配合使用。例如，歪嘴风选锁口为主穴、开关为配穴，胃病选胃俞为主穴、后三里为配穴，冷痛选三江为主穴、尾尖为配穴等。

（3）背腹、上下配穴。选取背部与腹部或体躯上部和下部的穴位配合使用。例如，脾胃虚弱选脾俞为主穴、中脘为配穴，血尿选断血为主穴、阴俞为配穴等。

（4）表里、内外配穴。选取互为表里的两条经络上的穴位或体表与体内的穴位配合使用。例如，脾虚慢草选脾经的脾俞为主穴、胃经的后三里为配穴，食欲不振选六脉为主穴、玉堂为配穴等。

>>> 任务82　施针的基本技术

1. 持针法

（1）毫针的持针法。普通毫针施术时，常用右手拇指对食指和中指夹持针柄，无名指抵住针身以辅助进针并掌握进针的深度（图3-18）。如用长毫针，则可捏住针尖部，先将针尖刺入穴位皮下，再用上述方法捻转进针（图3-19）。

（2）圆利针的持针法。与地面垂直进针时，以拇指、食指夹持针柄，以中指、无名指抵住针身（图3-20-A）。与地面水平进针时，则用全握式持针法，即以拇指、食指、中指捏住针体，针柄抵在掌心（图3-20-B）。进针时，可先将针尖刺至皮下，然后根据所需的进针方向，调好针刺角度，用拇指、食指、中指持针柄捻转进针达所需深度。

（3）宽针的持针法。

①全握式持针法。以右手拇指、食指、中指持针体，根据所需的进针深度，针尖露出一

定长度，针柄端抵于掌心内（图 3-21-A）。进针时动作要迅速、准确。使针刃一次穿破皮肤及血管，针退出后，血即流出。

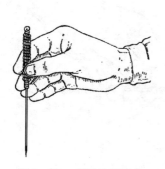

图 3-18 毫针的持针法

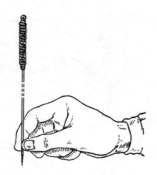

图 3-19 长毫针的持针法

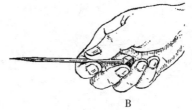

图 3-20 圆利针持针法

A. 与地面垂直进针　B. 与地面水平进针

②手代针锤持针法。以持针手的食指、中指和无名指握紧针体，用小指的中节，放在针尖的内侧，抵紧针尖部，拇指抵压在针的上端，使针尖露出所需刺入的长度（图 3-21-B）。针刺时，挥动手臂，使针尖顺血管刺入，随即出血。

③针锤持针法。先将针具夹在锤头针缝内，针尖露出适当的长度，推上锤箍，固定针体。术者手持锤柄，挥动针锤使针刃顺血管刺入，随即出血。

(4) 三棱针的持针法。

①执笔式持针法。以拇指、食指、中指三指持针身，中指尖抵于针尖部以控制进针的深度，无名指抵按在穴旁以助准确进针（图 3-22-A）。

图 3-21 宽针持针法

A. 全握式持针法　B. 手代针锤持针法

②弹琴式持针法。以拇指、食指夹持针尖部，针尖留出适当的长度，其余三指抵住针身（图 3-22-B）。

(5) 火针的持针法。烧针时，必须持平。若针尖向下，则火焰烧手；针尖朝上，则热油流在手上。扎针时，因穴而异。与地面垂直进针时，似执笔式，以拇指、食指、中指三指捏住针柄，针尖向下（图 3-23-A）；与地面水平进针时，似全握式，以拇指、食指、中指三指捏住针柄，针尖向前（图 3-23-B）。

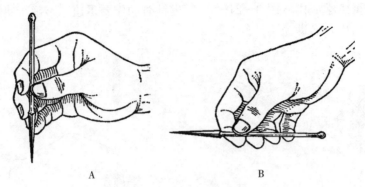

图 3-22　三棱针持针法
A. 执笔式持针法　B. 弹琴式持针法

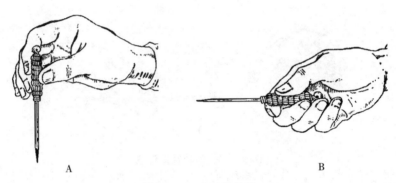

图 3-23　火针持针法
A. 与地面垂直进针　B. 与地面水平进针

2. 按穴（押手）法

（1）指切押手法。以左手拇指指甲切压穴位及近旁皮肤，右手持针使针尖靠近押手拇指边缘，刺入穴位内。适用于短针的进针（图3-24）。

（2）骈指押手法。用左手拇指、食指夹捏棉球，裹住针尖部，右手持针柄，当左手夹针下压时，右手顺势将针尖刺入。适用于长针的进针（图3-25）。

图 3-24　指切押手法　　　　　图 3-25　骈指押手法

（3）舒张押手法。用左手拇指、食指，贴近穴位皮肤向两侧撑开，使穴位皮肤紧张，以利进针。适用于位于皮肤松弛部位或不易固定的穴位（图3-26）。

（4）提捏押手法。用左手拇指和食指将穴位皮肤捏起来，右手持针，使针体从侧面刺入穴位。适用于头部或皮肤薄、穴位浅等部位的穴位，如锁口、开关穴（图3-27）。

图 3-26 舒张押手法

图 3-27 提捏押手法

3. 进针法

（1）捻转进针法。毫针、圆利针多用此法。操作时，一般是一手切穴，一手持针，先将针尖刺入穴位皮下，然后缓慢捻转进针。

（2）速刺进针法。多用于宽针、火针、圆利针、三棱针的进针。用宽针时，使针尖露出适当的长度，对准穴位，以轻巧敏捷手法，刺入穴位，即可一针见血。用火针时，则可一次刺入所需的深度，再作短时间的留针。用圆利针时，可先将针尖刺入穴位皮下，再调整针向，随手刺入。

4. 针刺角度和深度

（1）针刺角度。

①直刺。针体与穴位皮肤呈垂直或接近垂直的角度刺入。常用于肌肉丰满处的穴位，如大胯、抢风等穴（图 3-28）。

②斜刺。针体与穴位皮肤约呈 45°角刺入，适用于骨骼边缘和不宜于深刺的穴位，如风门、伏兔、九委等穴（图 3-28）。

③平刺。针体与穴位皮肤约呈 15°角刺入，多用于肌肉浅薄处的穴位，如锁口、开关穴等（图 3-28）。

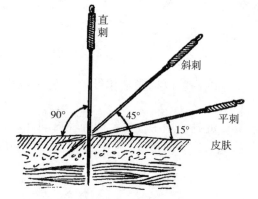
图 3-28 针刺角度

（2）针刺深度。针刺时进针深度必须适当，不同的穴位对针刺深度有不同的要求，一般以穴位规定的深度作标准。如开关穴刺入 2~3cm，而抢风穴一般要刺入 6~8cm。但是，随着畜体的胖瘦、病证的虚实、病程的长短以及补泻手法等的不同，进针深度应有所区别。针刺的深浅与刺激强度有一定关系，进针深，刺激强度大；进针浅，刺激强度小。应注意的是，凡靠近大血管和深部有重要脏器处的穴位，如胸壁部和肋缘下针刺不宜过深。

5. 得气与行针

（1）得气。针刺后，施以不同的行针手法，针刺部位产生了经气的感应，称为"得气"，也称"针感"。得气以后，动物会出现提肢、拱腰、摆尾、局部肌肉收缩或跳动，术者手下亦有沉紧的感觉。

（2）行针手法。

①提插。将针从深层提到浅层，再由浅层插入深层，如此反复地上提下插。提插幅度大、频率快，刺激强度就大；提插幅度小、频率慢，刺激强度就小（图 3-29）。

②捻转。将针左右、来回反复地旋转捻动。捻转幅度一般在 180°~360°。捻转的角度大、频率快，所产生的刺激就强；捻转的角度小、频率慢，所产生的刺激就弱（图 3-30）。

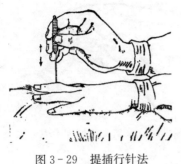
图 3-29 提插行针法

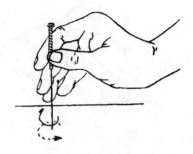
图 3-30 捻转行针法

③搓。单向捻动针身。有增强针感的作用，也是调气、催气的常用手法之一（图 3-31）。
④弹。用手指弹击针柄，使针体微微颤动，以增强针感（图 3-32）。

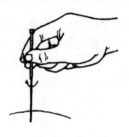
图 3-31 搓法

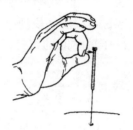
图 3-32 弹法

⑤刮。以拇指抵住针尾、食指或中指指甲轻刮针柄，以加强针感、促进针感的扩散（图 3-33）。
⑥摇。用手捏住针柄轻轻摇动针体。直立针身而摇可增强针感，卧倒针身而摇可促使针感向一定方向传导，使针下之气直达病所（图 3-34）。

图 3-33 刮法

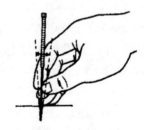
图 3-34 摇法

临诊上大多采用复式行针法，尤以提插捻转最为常用。行针法虽然用于毫针、圆利针术，但对有些穴位（如睛俞、睛明穴）则禁用或少用，火针术在留针期间也可轻微捻转针体，但禁用其他行针手法。

（3）行针间隔。
①直接行针。当进针达一定深度并出现了针感后，再将针体均匀地提插捻转数次即出针，不留针。
②间歇行针。针刺得气后，不立即出针，把针留在穴位内，在留针期间反复多次行针。如留针 30min，可每隔 10min 行针 1 次，每次行针不少于 1min。
③持续行针。针刺得气后，仍持续不断地行针，直至症状缓解或痊愈为止。

6. 留针与起针

(1) 留针法。针刺治病，要达到一定的刺激量，除取决于刺激强度外，还需要一定的刺激时间，才能取得较好的效果。留针主要用于毫针术、圆利针术以及火针术。

留针时间的长短要依据病情、得气情况以及患病动物具体情况而定。一般情况下，表、热、实证多急出针，里、寒、虚证以及经久不愈者多需留针。得气慢者，则需长时间留针；患病动物骚动不安可不留针。留针时间一般为 10～30min，火针留针 5～10min，而针刺麻醉要留针到手术结束。

(2) 起针法。

①捻转起针法。押手轻按穴旁皮肤，刺手持针柄缓缓地捻转针体，随捻转将针体慢慢地退出穴位。

②抽拔起针法。押手轻按穴旁皮肤，刺手捏住针柄，轻快地拔出针体。对不温顺的患病动物，起针时也可不用押手，仅以刺手捏住针柄迅速地拔出针体。

7. 施针时意外情况的处理

(1) 弯针。针身弯曲较小者，可左手按压针下皮肤肌肉，右手持针柄不捻转、顺弯曲方向将针取出；若弯曲较大，刚需轻提轻按，两手配合，顺弯曲方向，慢慢地取出，切忌强力猛抽，以防折针。

(2) 折针。若折针断端尚露出皮肤外面，用左手迅速紧压断针周围皮肤肌肉，右手持镊子或钳子夹住折断的针身用力拔出；若折针断在肌肉层内，则行外科手术切开取出。

(3) 滞针。停止运针，轻揉局部，待动物安静后，使紧张的肌肉缓解，再轻轻地捻转针体将针拔出。

(4) 晕针。立即停针，使患病动物安静，如症状重者，可针分水、水沟等穴。

(5) 血针出血不止。轻者用消毒棉球或蘸止血药压迫止血，或烧烙止血，或针刺断血穴，或用止血钳夹住血管止血；重者施行手术结扎血管。

(6) 局部感染。轻者局部涂擦碘酒，重者根据不同情况进行全身和局部处理。

项目 3.3　常用穴位及针治

问题一：位于马颈胸交界处棘突间凹陷中的穴位是_____。
　　A. 百会穴　　B. 天门穴　　C. 大椎穴　　D. 断血穴　　E. 尾根穴
问题二：位于犬肚脐与剑状软骨连线中点处的穴位是_____。
　　A. 天枢穴　　B. 胃俞穴　　C. 百会穴　　D. 中脘穴　　E. 身柱穴
问题三：位于马尾根与肛门间凹陷中的穴位是_____。
　　A. 尾根穴　　B. 后海穴　　C. 云门穴　　D. 肛脱穴　　E. 阴俞穴
问题四：下列穴位中治疗犬休克首选_____。
　　A. 中脘　　　B. 关元俞　　C. 水沟　　　D. 耳尖　　　E. 百会
问题五：治疗马高热证的穴位是_____。
　　A. 足三里　　B. 曲池　　　C. 大椎　　　D. 断血　　　E. 尾尖
问题六：下列腧穴治疗牛泄泻首选_____。
　　A. 脾俞　　　B. 关元俞　　C. 后海　　　D. 百会　　　E. 胺俞

问题七：三江、蹄头、耳尖、尾尖都可以治疗的证候是_____。
    A. 发热   B. 腹痛   C. 泄泻   D. 咳嗽   E. 黄疸

问题八：治疗前肢风湿的主穴是_____。
    A. 肩井   B. 抢风   C. 肘俞   D. 胸堂   E. 前蹄头

问题九：下列穴位中，能治疗后躯风湿病的是_____。
    A. 百会   B. 抢风   C. 太阳   D. 蹄头   E. 脾俞

问题十：针刺马、牛三江穴主治_____。
    A. 背腰疼痛   B. 心热口疮
    C. 疝痛、肚胀、肝热传眼   D. 抽搐、痉挛
    E. 肺热咳喘

问题十一：马睛俞穴的正确针刺手法为_____。
    A. 下压眼球，毫针沿眼球与额骨之间向内后上方刺入 3cm
    B. 上推眼球，毫针沿眼球与泪骨之间向内下方刺入 3cm
    C. 上推眼球，毫针沿眼球与泪骨之间向内直刺 3cm
    D. 下压眼球，毫针沿眼球与额骨之间向内直刺 3cm
    E. 以上都不是

问题十二：治疗犬呕吐首选针刺_____。
    A. 百会   B. 后三里   C. 水沟   D. 前三里   E. 指间

问题十三：(1~5 题共用下列备选答案)
    A. 关元俞   B. 肺俞   C. 肾俞   D. 胠俞   E. 阴俞
1. 治疗奶牛阴道脱、子宫脱宜选_____。
2. 治疗牛肺热咳喘、感冒宜选_____。
3. 治疗牛急性瘤胃臌气宜选_____。
4. 治疗牛慢草、便结、肚胀、积食、泄泻宜选_____。
5. 治疗牛腰胯风湿、腰背闪伤宜选_____。

问题十四：(1~5 题共用下列备选答案)
    A. 鼻俞   B. 睛俞   C. 脾俞   D. 肘俞   E. 肾俞
1. 治疗牛腰胯风湿、腰背闪伤宜选_____。
2. 治疗牛肺热、感冒、中暑、鼻肿宜选_____。
3. 治疗牛肘部肿胀、前肢风湿、闪伤、麻痹宜选_____。
4. 治疗牛肝经风热、肝热传眼宜选_____。
5. 治疗牛肚胀、积食、泄泻、慢草宜选_____。

问题十五：(1~5 题共用下列备选答案)
    A. 天门   B. 命门   C. 气门   D. 云门   E. 喉门
1. 治疗牛腰痛、尿闭、血尿、胎衣不下、慢草宜选_____。
2. 治疗牛肚底黄、腹水宜选_____。
3. 治疗牛感冒、脑黄、癫痫、眩晕、破伤风宜选_____。
4. 治疗牛喉肿、喉痛、喉麻痹宜选_____。
5. 治疗牛后肢风湿、不孕症宜选_____。

问题十六：（1～5题共用下列备选答案）
　　A. 胗俞　　　B. 带脉　　　C. 百会　　　D. 食胀　　　E. 天平
1. 治疗牛尿血、便血、阉割后出血宜选_____。
2. 治疗牛急性瘤胃臌气宜选_____。
3. 治疗牛腰胯风湿、二便不利、后躯瘫痪宜选_____。
4. 治疗牛宿草不转、肚胀、消化不良宜选_____。
5. 治疗牛肠黄、腹痛宜选_____。

问题十七：（1～2题共用下列备选答案）
　　A. 耳尖　　　B. 天门　　　C. 颈脉　　　D. 苏气　　　E. 天平
1. 治疗牛中暑、感冒、中毒、腹痛宜选_____。
2. 治疗牛中暑、中毒、脑黄、肺风毛燥宜选_____。

问题十八：（1～5题共用下列备选答案）
　　A. 太阳　　　B. 颈脉　　　C. 带脉　　　D. 膝脉　　　E. 三江
1. 治疗马冷痛、肚胀、月盲、肝热传眼宜选_____。
2. 治疗马肝热传眼、肝经风热、中暑、脑黄宜选_____。
3. 治疗马腕关节肿痛、屈腱炎宜选_____。
4. 治疗马脑黄、中暑、中毒、遍身黄宜选_____。
5. 治疗马肠黄、冷痛宜选_____。

问题十九：（1～5题共用下列备选答案）
　　A. 玉堂　　　B. 鼻管　　　C. 姜牙　　　D. 抽筋　　　E. 鼻俞
1. 治疗马冷痛及其他腹痛宜选_____。
2. 治疗马胃热、舌疮、上腭肿胀宜选_____。
3. 治疗马肺把低头难宜选_____。
4. 治疗马肺热、感冒、中暑、鼻肿痛宜选_____。
5. 治疗马异物入睛、肝经风热、睛生翳膜宜选_____。

问题二十：（1～5题共用下列备选答案）
　　A. 天门　　　B. 大椎　　　C. 悬枢　　　D. 百会　　　E. 尾尖
1. 治疗犬风湿病、腰部扭伤、消化不良、腹泻宜选_____。
2. 治疗犬发热、咳嗽、风湿症、癫痫宜选_____。
3. 治疗犬脑卒中、中暑、泄泻宜选_____。
4. 治疗犬腰胯疼痛、瘫痪、泄泻、脱肛宜选_____。
5. 治疗犬发热、脑炎、抽风、惊厥宜选_____。

参考答案：问题一～十二：C、D、B、C、B、A、D、E、B、D、C、B；问题十三：E、B、D、A、C；问题十四：E、B、D、A、C；问题十五：B、D、A、C、E；问题十六：C、D、B、E、A；问题十七：A、C；问题十八：C、A、D、B、E；问题十九：D、A、C、E、B；问题二十：C、B、D、A、E。

>>> 任务83 马的穴位及针治

1. 头部穴位（表3-1、图3-35、图3-36）

表3-1 马的头部穴位及针治

穴名	定位	针法	主治
分水	上唇外面旋毛正中点，一穴	小宽针或三棱针直刺1～2cm，出血	中暑，冷痛，歪嘴风
玉堂	口内上腭第三棱上，正中线旁开1.5cm处，左右侧各一穴	开口拉舌，以拇指顶住上腭，用玉堂钩钩破穴点，出血，然后用盐擦之	胃热，舌疮，上腭肿胀
通关	舌体腹侧面，舌系带两旁的血管上，左右侧各一穴	将舌拉出，向上翻转，以三棱针或小宽针刺入0.5～1cm，出血	木舌，舌疮，胃热，慢草，黑汗风
承浆	下唇正中，距下唇边缘3cm的凹陷中，一穴	小宽针或圆利针向上刺入1cm	歪嘴风，唇龈肿痛
锁口	口角后上方约2cm处，左右侧各一穴	毫针向后上方透刺开关穴，火针斜刺3cm，或间接烧烙3cm长	破伤风，歪嘴风，锁口黄
开关	口角向后的延长线与咬肌前缘相交处，左右侧各一穴	圆利针或火针向后上方斜刺2～3cm，毫针刺入9cm，或向前下方透刺锁口穴，或灸烙	破伤风，歪嘴风，面颊肿胀
姜牙	鼻孔外侧缘下方，鼻翼软骨（姜牙骨）顶端处，左右侧各一穴	将上唇向另一侧拉紧，使姜牙骨充分显露，用大宽针挑破软骨端，或切开皮肤，用姜牙钩钩拉或割去软骨尖	冷痛及其他腹痛
鼻俞	鼻梁两侧，距鼻孔上缘3cm的鼻颌切迹内，左右侧各一穴	小宽针横穿鼻中隔，出血（如出血不止可高吊马头，用冷水、冰块冷敷或采取其他止血措施）	肺热，感冒，中暑，鼻肿痛
三江	内眼角下方约3cm处的血管分叉处，左右侧各一穴	低拴马头，使血管怒张，用三棱针或小宽针顺血管刺入1cm，出血	冷痛，肚胀，月盲，肝热传眼
睛明	下眼眶上缘，两眼角连线的内、中1/3交界处，左右侧各一穴	上推眼球，毫针沿眼球与泪骨之间向内下方刺入3cm，或在下眼睑黏膜上点刺出血	肝经风热，肝热传眼，睛生翳膜
睛俞	上眼眶下缘正中，左右眼各一穴	下压眼球，毫针沿眼球与额骨之间向内后上方刺入3cm，或在上眼睑黏膜上点刺出血	肝经风热，肝热传眼，睛生翳膜
开天	眼球角膜与巩膜交界处，一穴	将头牢固保定，冷水冲眼或滴表面麻醉剂使眼球不动，待虫体游至眼前房时，用三弯针轻手急刺0.3cm，虫随眼房水流出；也可用注射器吸取虫体或注入3%精制敌百虫杀死虫体	浑睛虫病
太阳	外眼角后约3cm处的血管上，左右侧各一穴	低拴马头，使血管怒张，用小宽针或三棱针顺血管刺入1cm，出血；或用毫针避开血管直刺5～7cm	肝热传眼，肝经风热，中暑，脑黄

（续）

穴名	定位	针法	主治
耳尖	耳背侧尖端的血管上，左右耳各一穴	握紧耳根，使血管怒张，小宽针或三棱针刺入1cm，出血	冷痛，感冒，中暑
天门	两耳根连线正中，即枕寰关节背侧的凹陷中，一穴	圆利针或火针向后下方刺入3cm，毫针刺入3～4.5cm	脑黄，黑汗风，破伤风，感冒

2. 躯干部穴位（表3-2、图3-35、图3-36）

表3-2 马的躯干部穴位及针治

穴名	定位	针法	主治
风门	耳后3cm、寰椎翼前缘的凹陷处，左右侧各一穴	毫针向内下方刺入6cm，火针刺入2～3cm，或灸烙	破伤风，颈风湿，风邪证
伏兔	耳后6cm、寰椎翼后缘的凹陷处，左右侧各一穴	毫针向内下方刺入6cm，火针刺入2～3cm，或灸烙	破伤风，颈风湿，风邪证
九委	颈两侧弧形肌沟内，左右侧各九穴。伏兔穴后下方3cm、鬃下缘约3.5cm为上上委，膊尖穴前方4.5cm、鬃下缘约5cm为下下委，两穴之间八等分，分点处为其余七穴	毫针直刺4.5～6cm，火针刺入2～3cm	颈风湿，破伤风
颈脉	颈静脉沟上、中1/3交界处的颈静脉上，左右侧各一穴	高拴马头，颈基部拴一细绳，打活结，用装有大宽针的针锤，对准穴位急刺1cm，出血。术后松开绳扣，血流停止	脑黄，中暑，中毒，遍身黄，破伤风
大椎	第七颈椎与第一胸椎棘突间的凹陷中，一穴	毫针或圆利针稍向前下方刺入6～9cm	感冒，咳嗽，发热，癫痫，腰背风湿
断血	最后胸椎与第一腰椎棘突间的凹陷中，为主穴；向前、后移一脊椎为副穴	毫针、圆利针或火针直刺2.5～3cm	阉割后出血、便血、尿血等各种出血症
关元俞	最后肋骨后缘，距背中线12cm的髂肋肌沟中，左右侧各一穴	圆利针或火针直刺2～3cm，毫针直刺6～8cm，可达肾脂肪囊内，常用作电针治疗	结症，肚胀，泄泻，冷痛，腰脊疼痛
大肠俞	倒数第一肋间，距背中线12cm的髂肋肌沟中，左右侧各一穴	圆利针或火针直刺2～3cm，毫针向上或向下斜刺3～5cm	结症，肚胀，肠黄，冷肠泄泻，腰脊疼痛
脾俞	倒数第三肋间，距背中线12cm的髂肋肌沟中，左右侧各一穴	圆利针或火针直刺2～3cm，毫针向上或向下斜刺3～5cm	胃冷吐涎，肚胀，结症，泄泻，冷痛
肝俞	倒数第五肋间，距背中线12cm的髂肋肌沟中，左右侧各一穴	圆利针或火针直刺2～3cm，毫针向上或向下斜刺3～5cm	黄疸，肝经风热，肝热传眼
胃俞	倒数第六肋间，距背中线12cm的髂肋肌沟中，左右侧各一穴	圆利针或火针直刺2～3cm，毫针向上或向下斜刺3～5cm	胃寒，胃热，消化不良，肠臌气，大肚结

(续)

穴名	定位	针法	主治
胆俞	倒数第七肋间,距背中线12cm的髂肋肌沟中,左右侧各一穴	圆利针或火针直刺2~3cm,毫针向上或向下斜刺3~4cm	黄疸,脾胃虚弱
肺俞	倒数第九肋间,距背中线12cm的髂肋肌沟中,左右侧各一穴	圆利针或火针直刺2~3cm,毫针向上或向下斜刺3~5cm	肺热咳嗽,肺把胸膊痛,劳伤气喘
命门	第二、三腰椎棘突间的凹陷中,一穴	毫针、圆利针或火针直刺3cm	闪伤腰胯,寒伤腰胯,破伤风
小肠俞	第一、二腰椎横突间,距背中线12cm的髂肋肌沟中,左右侧各一穴	圆利针或火针直刺2~3cm,毫针刺入3~6cm	结症,肚胀,肠黄,腰痛
胈俞	胈窝中点处,左右侧各一穴	巧治,剖腹术(左侧);或穿肠放气(右侧),用套管针穿入盲肠放气	盲肠臌气,急腹症手术
百会	腰荐十字部,即最后腰椎与第一荐椎棘突间的凹陷中,一穴	火针或圆利针直刺3~4.5cm,毫针刺入6~7.5cm	腰胯闪伤、风湿,破伤风,便秘,肚胀,泄泻,疝痛
肾俞	百会穴旁开6cm处,左右侧各一穴	火针或圆利针直刺3~4.5cm,毫针刺入6cm	腰痿,腰胯风湿、闪伤
尾根	尾背侧,第一、二尾椎棘突间,一穴	火针或圆利针直刺1~2cm,毫针刺入3cm	腰胯闪伤、风湿,破伤风
胸堂	胸骨两旁,胸外侧沟下部的血管上,左右侧各一穴	拴高马头,用中宽针沿血管急刺1cm,出血	心肺积热,胸膊痛,五攒痛,前肢闪伤
带脉	肘后6cm的血管上,左右侧各一穴	大、中宽针顺血管刺入1cm,出血	肠黄,中暑,冷痛
云门	脐前9cm,腹中线旁开2cm,任取一穴	以大宽针刺破皮肤及腹黄筋膜,插入宿水管放出腹水	宿水停脐(腹水)
阴俞	肛门与阴门(♀)或阴囊(♂)中点的中心缝上,一穴	火针或圆利针直刺2~3cm,毫针直刺4~6cm;或艾卷灸	阴道脱,子宫脱,带下(♀);阴肾黄,垂缕不收(♂)
阴脱	阴唇两侧,阴唇上下联合中点旁开2cm,左右侧各一穴	毫针向前下方斜刺6~9cm,或电针、水针	阴道脱,子宫脱
肛脱	肛门两侧旁开2cm,左右侧各一穴	毫针向前下方刺入4~6cm,或电针、水针	直肠脱
莲花	脱出的直肠黏膜。脱肛时用此穴	巧治。用温水洗净,除去坏死风膜,以2%明矾水或硼酸水冲洗,再涂以植物油,缓缓纳入	脱肛

（续）

穴名	定位	针法	主治
后海	肛门上、尾根下的凹陷中，一穴	火针或圆利针沿脊椎方向刺入6～10cm，毫针刺入12～18cm	结症，泄泻，直肠麻痹，不孕症
尾本	尾腹面正中，距尾基部6cm处血管上，一穴	中宽针向上顺血管刺入1cm，出血	腰胯闪伤，风湿，肠黄，尿闭
尾尖	尾末端，一穴	中宽针直刺1～2cm，或将尾尖十字劈开，出血	冷痛，感冒，中暑，过劳

3. 前肢部穴位（表3-3、图3-35、图3-36）

表3-3 马的前肢部穴位及针治

穴名	定位	针法	主治
膊尖	肩胛骨前角与肩胛软骨结合处，左右侧各一穴	圆利针或火针沿肩胛骨内侧向后下方刺入3～6cm，毫针刺入12cm	前肢风湿，肩膊闪伤、肿痛
膊栏	肩胛骨后角与肩胛软骨结合处，左右侧各一穴	圆利针或火针沿肩胛骨内侧向前下方刺入3～5cm，毫针刺入10～12cm	前肢风湿，肩膊闪伤、肿痛
弓子	肩胛冈后方，肩胛软骨（弓子骨）上缘中点直下方约10cm处，左右侧各一穴	用大宽针刺破皮肤，再用两手提拉切口周围皮肤，让空气进入；或以16号注射器针头刺入穴位皮下，用注射器注入滤过的空气，然后用手向周围推压，使空气扩散到所需范围	肩膊麻木，肩膊部肌肉萎缩
肩井	肩端，臂骨大结节外上缘的凹陷中，左右侧各一穴	火针或圆利针向后下方刺入3～4.5cm，毫针刺入6～8cm	抢风痛，前肢风湿，肩臂麻木
抢风	肩关节后下方，三角肌后缘与臂三头肌长头、外侧头形成的凹陷中，左右侧各一穴	圆利针或火针直刺3～4cm，毫针刺入8～10cm	闪伤夹气，前肢风湿，前肢麻木
膝眼	腕关节背侧面正中，腕前黏液囊肿胀的最低处，左右肢各一穴	提起患肢，中宽针直刺1cm，放出水肿液	腕前黏液囊肿
膝脉	腕关节内侧下方约6cm处的血管上，左右肢各一穴	小宽针顺血管刺入1cm，出血	腕关节肿痛，屈腱炎
前缠腕	前肢球节上方两侧，掌内、外侧沟末端内的血管上，每肢内外侧各一穴	小宽针沿血管刺入1cm，出血	球节肿痛，屈腱炎
前蹄头	前蹄背面，正中线外侧旁开2cm、蹄缘（毛边）上1cm处，每蹄各一穴	中宽针向蹄内刺入1cm，出血	五攒痛，球节痛，蹄头痛，冷痛，结症

4. 后肢部穴位（表3-4、图3-35、图3-36）

表3-4 马的后肢部穴位及针治

穴名	定位	针法	主治
大胯	髋关节前下缘，股骨大转子前下方约6cm的凹陷中，左右侧各一穴	圆利针或火针沿股骨前缘向后下方斜刺3～4.5cm，毫针刺入6～8cm	后肢风湿，闪伤腰胯
小胯	股骨第三转子后下方的凹陷中，左右侧各一穴	圆利针或火针直刺3～4.5cm，毫针刺入6～8cm	后肢风湿，闪伤腰胯
邪气	股二头肌肌沟与肛门水平线相交处，左右侧各一穴	圆利针或火针直刺4.5cm，毫针刺入6～8cm	后肢风湿、麻木，股胯闪伤
汗沟	邪气穴下6cm处的同一肌沟中，左右侧各一穴	圆利针或火针直刺4.5cm，毫针刺入6～8cm	后肢风湿、麻木，股胯闪伤
仰瓦	汗沟穴下6cm处的同一肌沟中，左右侧各一穴	圆利针或火针直刺4.5cm，毫针刺入6～8cm	后肢风湿、麻木，股胯闪伤
牵肾	仰瓦穴下6cm处的同一肌沟中，约在膝盖骨上方水平线上，左右侧各一穴	圆利针或火针直刺4.5cm，毫针刺入6～8cm	后肢风湿、麻木，股胯闪伤
肾堂	股内侧，大腿襞下12cm处的血管上，左右肢各一穴	吊起对侧后肢，以中宽针沿血管刺入1cm，出血	外肾黄，五攒痛，闪伤腰胯，后肢风湿
掠草	膝关节前外侧的凹陷中，左右肢各一穴	圆利针或火针向后上方斜刺3～4.5cm，毫针刺入6cm	掠草痛，后肢风湿
后三里	小腿外侧，腓骨小头下方的肌沟中，左右肢各一穴	圆利针或火针直刺2～4cm，毫针直刺4～6cm	脾胃虚弱，后肢风湿
曲池	跗关节背侧稍偏内的血管上，左右肢各一穴	小宽针直刺1cm，出血	胃热不食，跗关节肿痛
后缠腕	后肢球节上方两侧，跖内、外侧沟末端内的血管上，每肢内外侧各一穴	小宽针沿血管刺入1cm，出血	球节肿痛，屈腱炎
后蹄头	后蹄背面正中，蹄缘（毛边）上1cm处，每蹄各一穴	中宽针向蹄内刺入1cm，出血	五攒痛，球节痛，蹄头痛，冷痛，结症
滚蹄	前、后肢系部，掌/跖侧正中凹陷中，出现滚蹄时用此穴	横卧保定，患蹄推磨式固定于木桩，局部剪毛消毒，大宽针针刃平行于系骨刺入，轻症劈开屈肌腱，重症横转针刃，推动"磨杆"至蹄伸直，被动切断部分屈肌腱	滚蹄（屈肌腱挛缩）

项目 3　针　灸

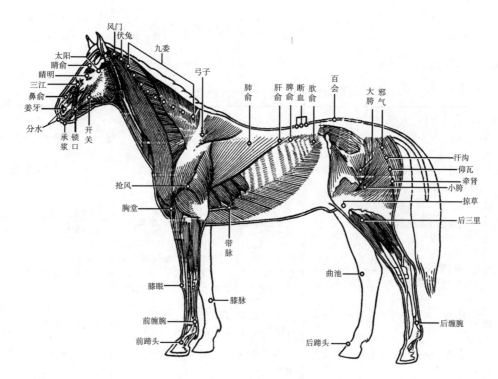

图 3-35　马的肌肉及穴位

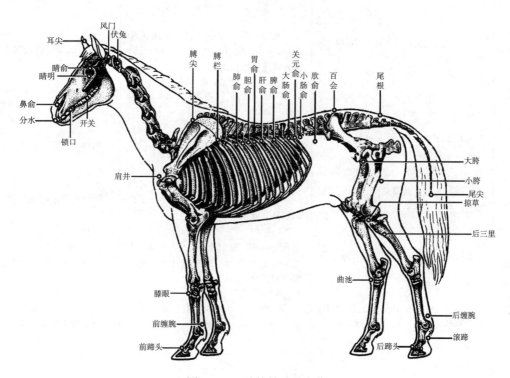

图 3-36　马的骨骼及穴位

>>> 任务84　牛的穴位及针治

1. 头部穴位（表3-5、图3-37、图3-38）

表3-5　牛的头部穴位及针治

穴名	定位	针法	主治
山根	主穴在鼻唇镜上缘正中有毛与无毛交界处，两副穴在左右两鼻孔背角处，共三穴	小宽针向后下方斜刺1cm，出血	中暑，感冒，腹痛，癫痫
鼻中	两鼻孔下缘连线中点，一穴	小宽针或三棱针直刺1cm，出血	慢草，热证，唇肿，衄血，黄疸
顺气	口内硬腭前端，齿板后切齿乳头上的两个鼻腭管开口处，左右侧各一穴	将去皮、节的鲜细柳、榆树条，端部削成钝圆形，徐徐插入20～30cm，剪去外露部分，留置2～3h或不取出	肚胀，感冒，睛生翳膜
通关	舌体腹侧面，舌系带两旁的血管上，左右侧各一穴	将舌拉出，向上翻转，小宽针或三棱针刺入1cm，出血	慢草，木舌
承浆	下唇下缘正中、有毛与无毛交界处，一穴	中、小宽针向后下方刺入1cm，出血	下颌肿痛，五脏积热，慢草
锁口	口角后上方约3cm凹陷处，左右侧各一穴	小宽针或火针向后上方平刺3cm，毫针刺入4～6cm，或透刺开关穴	牙关紧闭，歪嘴风
开关	口角向后的延长线与咬肌前缘相交处，左右侧各一穴	中宽针、圆利针或火针向后上方刺入2～3cm，毫针刺入4～6cm，或向前下方透刺锁口穴	破伤风，歪嘴风，腮黄
鼻俞	鼻孔上方4.5cm处（鼻颌切迹内），左右侧各一穴	三棱针或小宽针直刺1.5cm，或透刺到对侧，出血	肺热，感冒，中暑，鼻肿
三江	内眼角下方约4.5cm处的血管分叉处，左右侧各一穴	低拴牛头，使血管怒张，用三棱针或小宽针顺血管刺入1cm，出血	疝痛，肚胀，肝热传眼
睛明	下眼眶上缘，两眼角内、中1/3交界处，左右眼各一穴	上推眼球，毫针沿眼球与泪骨之间向内下方刺入3cm，或三棱针在下眼睑黏膜上散刺，出血	肝热传眼，睛生翳膜
睛俞	上眼眶下缘正中的凹陷中，左右眼各一穴	下压眼球，毫针沿眶上突下缘向内上方刺入2～3cm，或三棱针在上眼睑黏膜上散刺，出血	肝经风热，肝热传眼
太阳	外眼角后方约3cm处的颞窝中，左右侧各一穴	毫针直刺3～6cm；或小宽针刺入1～2cm，出血；或施水针	中暑，感冒，癫痫，肝热传眼，睛生翳膜
耳尖	耳背侧距尖端3cm的血管上，左右耳各三穴	捏紧耳根，使血管怒张，中宽针或大三棱针速刺血管，出血	中暑，感冒，中毒，腹痛，热性病
天门	两耳根连线正中点后方，枕寰关节背侧的凹陷中，一穴	火针、小宽针或圆利针向后下方斜刺3cm，毫针刺入3～6cm，或火烙	感冒，脑黄，癫痫，破伤风

2. 躯干部穴位（表 3-6、图 3-37、图 3-38）

表 3-6　牛的躯干部穴位及针治

穴名	定位	针法	主治
颈脉	颈静脉沟上、中 1/3 交界处的血管上，左右侧各一穴	高拴牛头，徒手按压或扣颈绳，大宽针刺入 1cm，出血	中暑，中毒，脑黄，肺风毛燥
苏气	第八、九胸椎棘突间的凹陷中，一穴	小宽针、圆利针或火针向前下方刺入 1.5～2.5cm，毫针刺入 3～4.5cm	肺热，咳嗽，气喘
天平	最后胸椎与第一腰椎棘突间的凹陷中，一穴	小宽针、圆利针或火针直刺 2cm，毫针刺入 3～4cm	尿闭，肠黄，尿血，便血，阉割后出血
关元俞	最后肋骨与第一腰椎横突顶端之间的髂肋肌沟中，左右侧各一穴	小宽针、圆利针或火针向内下方刺入 3cm，毫针刺入 4.5cm；亦可向脊椎方向刺入 6～9cm	慢草，便结，肚胀，积食，泄泻
六脉	倒数第一、二、三肋间，髂骨翼上角水平线上的髂肋肌沟中，左右侧各三穴	小宽针、圆利针或火针内下方刺入 3cm，毫针刺入 6cm	便秘，肚胀，积食，泄泻，慢草
脾俞	倒数第三肋间，髂骨翼上角水平线上的髂肋肌沟中，左右侧各一穴	小宽针、圆利针或火针内下方刺入 3cm，毫针刺入 6cm	便秘，肚胀，积食，泄泻，慢草
肺俞	倒数第六肋间，髂骨翼上角水平线上的髂肋肌沟中，左右侧各一穴	小宽针、圆利针或火针内下方刺入 3cm，毫针刺入 6cm	肺热咳喘，感冒
百会	腰荐十字部，即最后腰椎与第一荐椎棘突间的凹陷中，一穴	小宽针、圆利针或火针直刺 3～4.5cm，毫针刺入 6～9cm	腰胯风湿，闪伤，二便不利，后躯瘫痪
肷俞	左侧肷窝部，即肋骨后、腰椎下与髂骨翼前形成的三角区内	套管针或大号采血针向内下方刺入 6～9cm，徐徐放出气体	急性瘤胃臌气
带脉	肘后 10cm 的血管上，左右侧各一穴	中宽针顺血管刺入 1cm，出血	肠黄，腹痛，中暑，感冒
云门	脐旁开 3cm，左右侧各一穴	治肚底黄，用大宽针在肿胀处散刺；治腹水，先用大宽针破皮，再插入宿水管	肚底黄，腹水
阳明	乳头基部外侧，每个乳头一穴	小宽针向内上方刺入 1～2cm，或激光照射	奶黄，尿闭
阴脱	阴唇两侧，阴唇上下联合中点旁开 2cm，左右侧各一穴	毫针向前下方刺入 4～8cm，或电针、水针	阴道脱，子宫脱
肛脱	肛门两侧旁开 2cm，左右侧各一穴	毫针向前下方刺入 3～5cm，或电针、水针	直肠脱

(续)

穴名	定位	针法	主治
后海	肛门上、尾根下的凹陷中，一穴	小宽针、圆利针或火针沿脊椎方向刺入3～4.5cm，毫针刺入6～10cm	久痢泄泻，胃肠热结，脱肛，不孕症
尾根	荐椎与尾椎棘突间的凹陷中，即上下摇动尾巴，在动与不动交界处，一穴	小宽针、圆利针或火针直刺1～2cm，毫针刺入3cm	便秘，热泻，脱肛，热性病
尾本	尾腹面正中，距尾基部6cm处的血管上，一穴	中宽针直刺1cm，出血	腰风湿，尾神经麻痹，便秘
尾尖	尾末端，一穴	中宽针直刺1cm或将尾尖十字劈开，出血	中暑，中毒，感冒，过劳，热性病

3. 前肢部穴位（表3-7、图3-37、图3-38）

表3-7 牛的前肢部穴位及针治

穴名	定位	针法	主治
膊尖	肩胛骨前角与肩胛软骨结合部的凹陷处，左右侧各一穴	小宽针、圆利针或火针沿肩胛骨内侧向后下方斜刺3～6cm，毫针刺入9cm	失膊，前肢风湿
膊栏	肩胛骨后角与肩胛软骨结合部的凹陷处，左右侧各一穴	小宽针、圆利针或火针沿肩胛骨内侧向前下方斜刺3cm，毫针斜刺6～9cm	失膊，前肢风湿
肩井	肩关节前上缘，臂骨大结节外上缘的凹陷中，左右肢各一穴	小宽针、圆利针或火针向内下方斜刺3～4.5cm，毫针斜刺6～9cm	失膊，前肢风湿，肩胛上神经麻痹
抢风	肩关节后下方，三角肌后缘与臂三头肌长头、外头形成的凹陷中，左右肢各一穴	小宽针、圆利针或火针直刺3～4.5cm，毫针直刺6cm	失膊，前肢风湿、肿痛、神经麻痹
膝眼	腕关节背外侧下缘的陷沟中，左右肢各一穴	中、小宽针向后上方刺入1cm，放出黄水	腕部肿痛，膝黄
前缠腕	前肢球节上方两侧，掌内、外侧沟末端内的指内、外侧静脉上，每肢内外侧各一穴	中、小宽针沿血管刺入1.5cm，出血	蹄黄，球节肿痛，扭伤
涌泉	前蹄叉前缘正中稍上方的凹陷中，每肢一穴	中、小宽针沿血管刺入1～1.5cm，出血	蹄肿，扭伤，中暑，感冒
前蹄头	第三、四指的蹄匣上缘正中，有毛与无毛交界处，每蹄内外侧各一穴	中宽针直刺1cm，出血	蹄黄，扭伤，便结，腹痛，感冒

4. 后肢部穴位（表 3-8、图 3-37、图 3-38）

表 3-8　牛的后肢部穴位及针治

穴名	定位	针法	主治
大转	髋关节前缘，股骨大转子前下方约 6cm 处的凹陷中，左右侧各一穴	小宽针、圆利针或火针直刺 3～4.5cm，毫针直刺 6cm	后肢风湿、麻木，腰胯闪伤
大胯	髋关节上缘，股骨大转子正上方 9～12cm 处的凹陷中，左右侧各一穴	小宽针、圆利针或火针直刺 3～4.5cm，毫针直刺 6cm	后肢风湿、麻木，腰胯闪伤
小胯	髋关节下缘，股骨大转子正下方约 6cm 处的凹陷中，左右侧各一穴	小宽针、圆利针或火针直刺 3～4.5cm，毫针直刺 6cm	后肢风湿、麻木，腰胯闪伤
邪气	股骨大转子和坐骨结节连线与股二头肌沟相交处，左右侧各一穴	小宽针、圆利针或火针直刺 3～4.5cm，毫针直刺 6cm	后肢风湿、闪伤、麻痹，胯部肿痛
肾堂	股内侧，大腿褶下方约 9cm 的血管上，左右肢各一穴	吊起对侧后肢，以中宽针顺血管刺入 1cm，出血	外肾黄，五攒痛，后肢风湿
掠草	膝关节前外侧的凹陷中，左右肢各一穴	圆利针或火针向后上方斜刺 3～4.5cm	掠草痛，后肢风湿
后三里	小腿外侧上部，腓骨小头下部的肌沟中，左右肢各一穴	毫针向内后下方刺入 6～7.5cm	脾胃虚弱，后肢风湿、麻木
后缠腕	后肢球节上方两侧，跖内、外侧沟末端内的血管上，每肢内外侧各一穴	中、小宽针沿血管刺入 1.5cm，出血	蹄黄，球节肿痛，扭伤
滴水	后蹄叉前缘正中稍上方的凹陷中，每肢各一穴	中、小宽针沿血管刺入 1～1.5cm，出血	蹄肿，扭伤，中暑，感冒
后蹄头	第三、四趾的蹄匣上缘正中，有毛与无毛交界处，每蹄内外侧各一穴	中宽针直刺 1cm，出血	蹄黄，扭伤，便结，腹痛，中暑，感冒

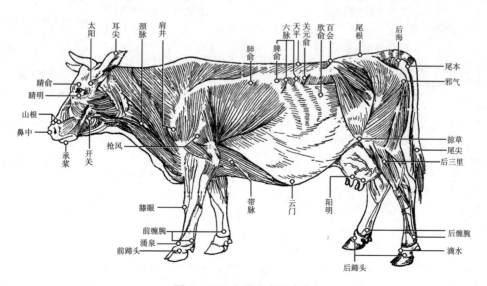

图 3-37　牛的肌肉及穴位

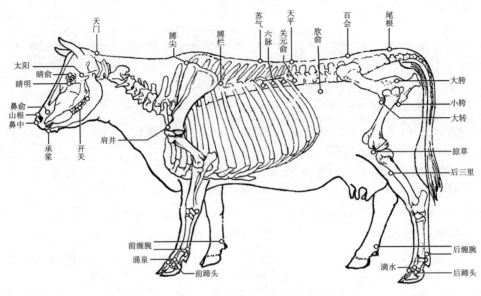

图 3-38 牛的骨骼及穴位

>>> 任务 85 羊的穴位及针治

1. 头部穴位（表 3-9、图 3-39、图 3-40）

表 3-9 羊的头部穴位及针治

穴名	定位	针法	主治
山根	鼻镜正中有毛无毛交界处，一穴	小宽针点刺出血，或毫针直刺1cm	感冒，中暑，腹痛
外唇阴	山根穴下，鼻唇沟正中，一穴	小宽针直刺 0.5cm	口炎，慢草
唇内	上唇内面，唇系带两侧的血管上，左右侧各一穴	外翻上唇，三棱针直刺1cm，出血；或在肿胀处散刺	慢草，腹痛
顺气	口内硬腭前端，切齿乳头两侧的鼻腭管开口处，左右侧各一穴	用去皮、节的鲜细柳、榆树条，徐徐插入至眼下，剪去外露部分，治气胀时待气通后取出	肚胀，感冒，睛生翳膜
玉堂	口内上腭第三棱上，正中线旁开1cm处，左右侧各一穴	三棱针斜刺入 1cm，出血	胃热，慢草，上腭肿胀
通关	舌体腹侧面，舌系带两旁的血管上，左右侧各一穴	将舌拉出，向上翻转，三棱针刺入1cm，出血	慢草，舌疮，心肺积热
鼻俞	鼻孔稍上方凹陷处，左右侧各一穴	掐紧鼻梁，用圆利针或三棱针迅速横刺，穿通鼻中隔，出血	感冒，肺热
开关	口角后上方6cm处，左右侧各一穴	圆利针或火针直刺1cm，毫针向后上方斜刺 2～3cm	破伤风，歪嘴风，颊部肿胀

(续)

穴名	定位	针法	主治
三江	内眼角下方约1.5cm处的血管分叉处，左右侧各一穴	小宽针顺血管刺入1cm，出血	腹痛
睛明	下眼眶上缘皮肤褶正中处，左右眼各一穴	上推眼球，毫针向内下方刺入2～3cm，或三棱针在下眼睑黏膜上散刺，出血	肝经风热，睛生翳膜
睛俞	上眼眶下缘正中的凹陷中，左右眼各一穴	下压眼球，毫针沿眶上突下缘向内上方刺入2～3cm	肝经风热，睛生翳膜
太阳	外眼角后方约1.5cm处的凹陷中，左右侧各一穴	毫针直刺2～3cm，或小宽针直刺1cm出血	暴发火眼，肝经风热，睛生翳膜
龙会	两眶上突前缘连线正中处，一穴	艾灸10～15min	感冒，癫痫
耳尖	耳背侧距尖端1.5cm的血管上，左右耳各三穴	捏紧耳根，使血管怒张，小宽针或三棱针速刺血管，出血	中暑，感冒，腹痛
天门	两角根连线正中后方，即枕寰关节背侧的凹陷中，一穴	圆利针或火针向后下方斜刺1～2cm，毫针刺入2～3cm，或艾炷灸10～15min	感冒，癫痫
风门	耳后1.5cm、寰椎翼前缘的凹陷处，左右侧各一穴	毫针、圆利针或火针向后下方刺入1～1.5cm	感冒，偏头风，癫痫

2. 躯干部穴位（表3-10、图3-39、图3-40）

表3-10 羊的躯干部穴位及针治

穴名	定位	针法	主治
颈脉	颈静脉沟上、中1/3交界处的血管上，左右侧各一穴	小宽针顺血管刺入1cm，出血	脑黄，咳嗽，发热，中暑
鬐甲	第三、四胸椎棘突间的凹陷中，一穴	毫针或圆利针向前下方刺入2～3cm	肚胀，脑黄，咳嗽，感冒
苏气	第八、九胸椎棘突之间的凹陷中，一穴	毫针、圆利针向前下方刺入3～5cm，火针刺入2～3cm	肺热，咳嗽，气喘
关元俞	最后肋骨后缘，距背中线6cm的凹陷中，左右侧各一穴	小宽针或圆利针向椎体方向刺入2～4.5cm，毫针刺入3～6cm	肚胀，泄泻，少食
六脉	倒数第一、二、三肋间，距背中线6cm的凹陷中，左右侧各三穴	小宽针、圆利针或火针斜向内下方刺入2cm，毫针刺入3～5cm	便秘，肚胀，积食，泄泻，慢草
脾俞	倒数第三肋间，距背中线6cm的凹陷中，左右侧各一穴	小宽针、圆利针或火针斜向内下方刺入2cm，毫针刺入3～5cm	便秘，肚胀，积食，泄泻，慢草

（续）

穴名	定位	针法	主治
肺俞	倒数第六肋间，距背中线6cm的凹陷中，左右侧各一穴	毫针、圆利针或小宽针斜向内下方刺入3~5cm，火针刺入1.5cm	感冒，肺热，咳嗽
肷俞	左侧肷窝中部，即肋骨后、腰椎下与髂骨翼前形成的三角区内，一穴	套管针向内下方迅速刺入瘤胃内，徐徐放气	急性瘤胃臌气
百会	腰荐十字部，即最后腰椎与第一荐椎棘突间的凹陷中，一穴	小宽针或火针直刺1.5cm，毫针刺入3cm，或艾灸	后躯风湿，泄泻，尿闭
肾俞	百会穴旁开3cm处，左右侧各一穴	毫针或圆利针直刺2~3cm，火针刺入1.5cm	腰风湿，腰痿，肾经痛
肾棚	肾俞穴前3cm处，左右侧各一穴	毫针或圆利针直刺2~3cm，火针刺入1.5cm	腰风湿，腰痿，肾经痛
肾角	肾俞穴后3cm处，左右侧各一穴	毫针或圆利针直刺2~3cm，火针刺入1.5cm	腰风湿，腰痿，肾经痛
胸堂	胸骨两旁，胸外侧沟下部的血管上，左右侧各一穴	小宽针沿血管急刺0.5~1cm，出血	中暑，热性病，前肢闪伤
脐前	肚脐前3cm，正中一穴	毫针或圆利针直刺1cm，或艾灸10~15min	羔羊寒泻，胃寒慢草
脐中	肚脐正中，一穴	禁针，艾炷灸或隔盐灸、隔姜灸10~15min	羔羊寒泻，肚痛，胃寒慢草
脐旁	肚脐旁开3cm，左右侧各一穴	毫针直刺1~1.5cm，或艾灸10~15min	羔羊泄泻，肚胀
脐后	肚脐后3cm，正中一穴	毫针直刺0.5~1cm，或艾灸10~15min	羔羊泄泻，肚胀
后海	肛门上、尾根下的凹陷中，一穴	毫针、圆利针沿脊椎方向刺入5~6cm，火针刺入3cm	便秘，泄泻，肚胀
尾根	荐椎与尾椎棘突间的凹陷中，一穴	毫针、圆利针向前斜刺0.5~1cm，或艾灸	便秘，泄泻，肚胀，肚痛
尾本	尾腹面正中，距尾基部3cm处的血管上，一穴	小宽针直刺0.5cm，出血	肚痛，中暑，便秘
尾尖	尾末端，一穴	小宽针直刺0.5cm，出血	肚痛，臌气，中暑，感冒

3. 前肢部穴位（表 3-11、图 3-39、图 3-40）

表 3-11 羊的前肢部穴位及针治

穴名	定位	针法	主治
膊尖	肩胛骨前角与肩胛软骨结合处的凹陷中，左右侧各一穴	毫针向后下方刺入 4～5cm，小宽针或火针刺入 2～4cm	闪伤，脱膊，前肢风湿
膊栏	肩胛骨后角与肩胛软骨结合处的凹陷中，左右侧各一穴	毫针向前下方刺入 4～5cm，小宽针或火针刺入 2～4cm	闪伤，脱膊，前肢风湿
肩井	肩关节前上方，臂骨大结节上缘的凹陷中，左右肢各一穴	小宽针、圆利针或火针向内下方斜刺 4～6cm，火针刺入 1.5～3cm	闪伤，前肢风湿，肩膊麻木
抢风	肩关节后下方约 9cm 的凹陷中，左右肢各一穴	小宽针、圆利针或毫针直刺 3～5cm，火针直刺 2cm	闪伤，前肢风湿
肘俞	臂骨外上髁与肘突之间的凹陷中，左右肢各一穴	毫针、圆利针或小宽针直刺 1.5～2.5cm，火针刺入 1cm	肘部肿胀，肘关节扭伤
前三里	前臂外侧，桡骨上、中 1/3 交界处的肌沟中，左右肢各一穴	毫针直刺 2～3cm	脾胃虚弱，前肢风湿
膝眼	腕关节背外侧下缘的陷沟中，左右肢各一穴	小宽针向后上方刺入 0.5～1cm	腕部肿胀
前缠腕	前肢球节上方两侧，掌内、外侧沟末端内的血管上，每肢内外各一穴	小宽针沿血管刺入 0.5～1cm，出血	前肢风湿，球节扭伤
涌泉	前蹄叉背侧正中稍上方的凹陷中，每肢各一穴	小宽针向后下方斜刺 0.5～1cm，出血	热性病，少食，蹄叶炎，感冒
前灯盏	前肢两悬蹄之间后下方正中的凹陷处，左右肢各一穴	小宽针向前下方刺入 0.5～1cm，出血	蹄黄，扭伤
前蹄头	第三、四指的蹄冠缘背侧正中，有毛与无毛交界处稍上方，每蹄内外侧各一穴	小宽针向后下方斜刺 0.5cm，出血	慢草，腹痛，臌气，蹄黄

4. 后肢部穴位（表 3-12、图 3-39、图 3-40）

表 3-12 羊的后肢部穴位及针治

穴名	定位	针法	主治
大胯	股骨大转子前下方的凹陷中，左右侧各一穴	毫针直刺 4cm，圆利针或火针直刺 2cm	后肢风湿，腰胯闪伤
小胯	髋关节下缘，股骨大转子正下方约 3cm 处的凹陷中，左右侧各一穴	毫针直刺 4cm，圆利针或火针直刺 2cm	后肢风湿，腰胯闪伤
邪气	尾根旁开 3cm 的凹陷中，左右侧各一穴	毫针、圆利针或火针直刺 2cm	后肢风湿，腰胯风湿
汗沟	邪气穴下 4.5cm 处的同一肌沟中，左右侧各一穴	毫针、圆利针或火针直刺 2cm	后肢风湿，腰胯风湿

(续)

穴名	定位	针法	主治
仰瓦	汗沟穴下4.5cm处的同一肌沟中，左右侧各一穴	毫针、圆利针或火针直刺2cm	后肢风湿，腰胯风湿
肾堂	股内侧，大腿褶下6cm处的血管上，左右肢各一穴	小宽针顺血管刺入1cm，出血	闪伤腰胯，肾经积热
掠草	膝关节背外侧的凹陷中，左右肢各一穴	圆利针或火针向后上方斜刺1~2cm	膝盖肿痛，后肢风湿
后三里	小腿外侧上部，腓骨小头下方的肌沟中，左右肢各一穴	毫针或圆利针向内后下方刺入2~3cm	脾胃虚弱，后肢风湿
曲池	跗关节背侧稍偏内，趾长伸肌外侧凹陷内的血管上，左右肢各一穴	小宽针直刺0.5~1cm，出血	跗关节肿痛，后肢风湿
后缠腕	后肢球节上方两侧，跖内、外侧沟末端内的血管上，每肢内外侧各一穴	小宽针沿血管刺入0.5~1cm，出血	后肢风湿，球节扭伤
滴水	后蹄叉背侧正中稍上方的凹陷中，每肢各一穴	小宽针向后下方斜刺0.5~1cm，出血	热性病，少食，蹄叶炎，感冒
后灯盏	后肢两悬蹄之间后下方正中的凹陷处，左右肢各一穴	小宽针向前下方刺入0.5~1cm，出血	蹄黄，扭伤
后蹄头	第三、四趾的蹄冠缘背侧正中，有毛与无毛交界处稍上方，每蹄内外侧各一穴	小宽针向后下方斜刺0.5cm，出血	慢草，腹痛，臌气，蹄黄

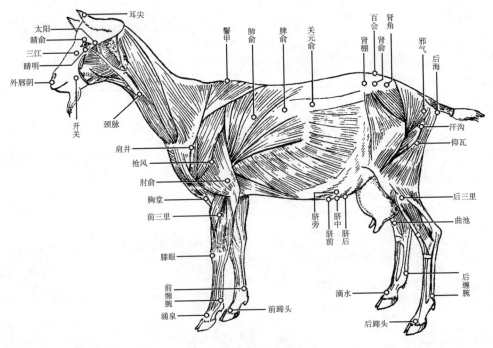

图3-39 羊的肌肉及穴位

项目 3　针　灸

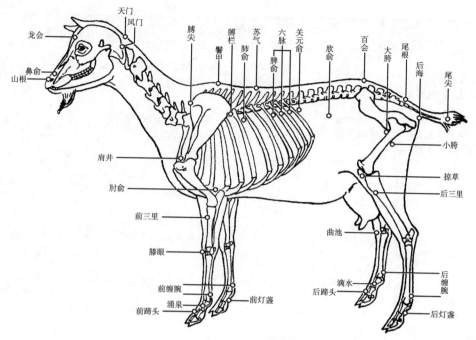

图 3-40　羊的骨骼及穴位

>>> 任务 86　猪的穴位及针治

1. 头部穴位（表 3-13、图 3-41、图 3-42）

表 3-13　猪的头部穴位及针治

穴名	定位	针法	主治
山根	拱嘴上缘弯曲部向后第一条皱纹上，正中为主穴；两侧旁开 1.5cm 处为副穴，共三穴	小宽针或三棱针直刺 0.5～1cm，出血	中暑，感冒，消化不良，休克，热性病
鼻中	两鼻孔之间，鼻中隔正中处，一穴	小宽针或三棱针直刺 0.5cm，出血	感冒，肺热
顺气	口内硬腭前部，第一腭褶前的鼻腭管开口处，左右侧各一穴	用去皮、节的细软榆树、柳树树条，徐徐插入 9～12cm，剪去外露部分，留于穴内	少食，咳喘，发热，云翳遮睛
玉堂	口腔内，上腭第三棱正中线旁开 0.5cm 处，左右侧各一穴	用木棒或开口器开口，以小宽针或三棱针从口角斜刺 0.5～1cm，出血	胃火，食欲不振，舌疮，心肺积热
锁口	口角后方约 2cm 的口轮匝肌外缘处，左右侧各一穴	毫针或圆利针向内下方刺入 1～3cm，或向后平刺 3～4cm	破伤风，歪嘴风，中暑，感冒，热性病
开关	口角后方咬肌前缘，即从外眼角向下引一垂线与口角延长线的相交处，左右侧各一穴	毫针或圆利针向后上方刺入 1.5～3cm，或灸烙	歪嘴风，破伤风，牙关紧闭，颊肿

(续)

穴名	定位	针法	主治
太阳	外眼角后上方、下颌关节前缘的凹陷处,左右侧各一穴	低头保定,使血管怒张,用小宽针刺入血管,出血;或避开血管,用毫针直刺2~3cm	肝热传眼,脑黄,感冒,中暑,癫痫
耳根	耳根正后方、寰椎翼前缘的凹陷处,左右侧各一穴	毫针或圆利针向内下方刺入2~3cm	中暑,感冒,热性病,歪嘴风
卡耳	耳郭中下部避开血管处(内外侧均可),左右耳各一穴	用宽针刺入皮下成一皮囊,嵌入适量白砒或蟾酥,再滴入适量白酒,轻揉即可	感冒,热性病,猪丹毒,风湿症
耳尖	耳背侧,距耳尖约2cm处的三条血管上,每耳任取一穴	小宽针刺破血管,出血,或在耳尖部剪口、断耳放血	中暑,感冒,中毒,热性病,消化不良
天门	两耳根后缘连线中点,即枕寰关节背侧正中点的凹陷中,一穴	毫针、圆利针或火针向后下方斜刺3~6cm	中暑,感冒,癫痫,脑黄,破伤风

2. 躯干部穴位（表3-14、图3-41、图3-42）

表3-14 猪的躯干部穴位及针治

穴名	定位	针法	主治
大椎	第七颈椎与第一胸椎棘突间的凹陷中,一穴	毫针、圆利针或小宽针稍向前下方刺入3~5cm,或灸烙	感冒,肺热,脑黄,癫痫,血尿
身柱	第三、四胸椎棘突间的凹陷中,一穴	毫针、圆利针或小宽针向前下方刺入3~5cm	脑黄,癫痫,感冒,肺热
断血	最后胸椎与第一腰椎棘突间的凹陷中,为主穴,向前、后移一脊椎为副穴,共三穴	毫针或圆利针直刺2~3cm	尿血,便血,衄血,阉割后出血
关元俞	最后肋骨后缘与第一腰椎横突之间的肌沟中,左右侧各一穴	毫针或圆利针向内下方刺入2~4cm	便秘,泄泻,积食,食欲不振,腰风湿
六脉	倒数第一、二、三肋间、距背中线约6cm的肌沟中,左右侧各三穴	毫针、圆利针或小宽针向内下方刺入2~3cm	脾胃虚弱,便秘,泄泻,感冒,风湿症,腰麻痹,膈肌痉挛
脾俞	倒数第二肋间、距背中线6cm的肌沟中,左右侧各一穴	毫针、圆利针或小宽针向内下方刺入2~3cm	脾胃虚弱,便秘,泄泻,膈肌痉挛,腹痛,腹胀
肺俞	倒数第六肋间、距背中线约10cm的肌沟中,左右侧各一穴	毫针、圆利针或小宽针向内下方刺入2~3cm,或刮灸、拔火罐、艾灸	肺热,咳喘,感冒
百会	腰荐十字部,即最后腰椎与第一荐椎棘突间的凹陷中,一穴	毫针、圆利针或小宽针直刺3~5cm,或灸烙	腰胯风湿,后肢麻木,二便闭结,脱肛,痉挛抽搐

(续)

穴名	定位	针法	主治
三脘	胸骨后缘与脐的连线中点为中脘，中脘与胸骨后缘连线中点为上脘，中脘与脐的连线中点为下脘	毫针或圆利针直刺 2~3cm，或艾灸 3~5min	胃寒，腹痛，泄泻，咳喘
阳明	最后两对乳头基部外侧旁开 1.5cm 处，左右侧各二穴	毫针或圆利针向内上方斜刺 2~3cm，或激光灸	乳房炎，不孕症，乳闭
阴脱	母猪阴唇两侧，阴唇上下联合中点旁开 2cm，左右侧各一穴	毫针或圆利针向前下方刺入 2~5cm，或电针、水针	阴道脱，子宫脱
肛脱	肛门两侧旁开 1cm，左右侧各一穴	毫针或圆利针向前下方刺入 2~6cm，或电针、水针	直肠脱
莲花	脱出的直肠黏膜上	温水洗净，去除坏死皮膜，用2%明矾水、生理盐水冲洗，涂上植物油，缓缓整复	脱肛
后海	尾根与肛门间的凹陷中，一穴	毫针、圆利针或小宽针稍向前上方刺入 3~9cm	泄泻，便秘，少食，脱肛
尾尖	尾尖部，一穴	小宽针将尾尖部穿通，或十字切开放血	中暑，感冒，风湿症，肺热，少食，中毒

3. 前肢部穴位（表 3-15、图 3-41、图 3-42）

表 3-15　猪的前肢部穴位及针治

穴名	定位	针法	主治
膊尖	肩胛骨前角与肩胛软骨结合部的凹陷中，左右侧各一穴	毫针向后下方、肩胛骨内侧斜刺 6~7cm，小宽针刺入 2~3cm	前肢风湿，膊尖肿痛，闪伤
膊栏	肩胛骨后角与肩胛软骨结合部的凹陷中，左右侧各一穴	毫针、圆利针向前下方、肩胛骨内侧刺入 6~7cm，小宽针斜刺 2~4cm	肩膊麻木，闪伤跛行
抢风	肩关节与肘突连线近中点的凹陷中，左右侧各一穴	毫针、圆利针或小宽针直刺 2~4cm	肩臂部及前肢风湿，前肢扭伤、麻木
前缠腕	前肢内外侧悬蹄稍上方的凹陷处，每肢内外侧各一穴	将术肢后曲，固定穴位，用小宽针直刺 1~2cm	寸腕扭伤，风湿症，蹄黄，中暑
涌泉	前蹄叉正中上方约 2cm 的凹陷中，每肢各一穴	小宽针向后上方刺入 1~1.5cm，出血	蹄黄，前肢风湿，扭伤，中毒，中暑，感冒
前蹄叉	前蹄叉正上方顶端处，每肢各一穴	小宽针向后上方刺入 3cm，圆利针或毫针向后上方刺入 9cm，以针尖接近系关节为度	感冒，少食，肠黄，扭伤，瘫痪，跛行
前蹄头	前蹄甲背侧，蹄冠正中有毛与无毛交界处，每蹄内外各一穴	小宽针直刺 0.5~1cm，出血	前肢风湿，扭伤，腹痛，感冒，中暑，中毒

4. 后肢部穴位（表 3-16、图 3-41、图 3-42）

表 3-16 猪的后肢部穴位及针治

穴名	定位	针法	主治
大胯	髋关节前缘，股骨大转子稍前下方 3cm 处的凹陷中，左右侧各一穴	毫针或圆利针直刺 2~3cm	后肢风湿，闪伤，瘫痪
小胯	大胯穴后下方，臀端到膝盖骨上缘连线的中点处，左右侧各一穴	毫针或圆利针直刺 2~3cm	后肢风湿，闪伤，瘫痪
汗沟	股二头肌沟中，与坐骨弓水平线相交处，左右侧各一穴	毫针或圆利针直刺 3cm	后肢风湿，麻木
后三里	髌骨外侧后下方约 6cm 的肌沟内，左右肢各一穴	毫针、圆利针或小宽针向腓骨间隙刺入 3~4.5cm，或艾灸 3~5min	少食，肠黄，腹痛，仔猪泄泻，后肢瘫痪
后缠腕	后肢内外侧悬蹄稍上方的凹陷处，每肢内外侧各一穴	将术肢后曲，固定穴位，用小宽针直刺 1~2cm	球节扭伤，风湿症，蹄黄，中暑
滴水	后蹄叉正中上方约 2cm 的凹陷中，每肢各一穴	小宽针向后上方刺入 1~1.5cm，出血	后肢风湿，扭伤，蹄黄，中毒，中暑，感冒
后蹄叉	后蹄叉正上方顶端处，每肢各一穴	小宽针向后上方刺入 3cm，圆利针或毫针向后上方刺入 9cm，以针尖接近系关节为度	感冒，少食，肠黄，扭伤，瘫痪，跛行
后蹄头	后蹄甲背侧，蹄冠正中稍偏外有毛与无毛交界处，每蹄内外各一穴	小宽针直刺 0.5~1cm，出血	后肢风湿，扭伤，腹痛，感冒，中暑，中毒

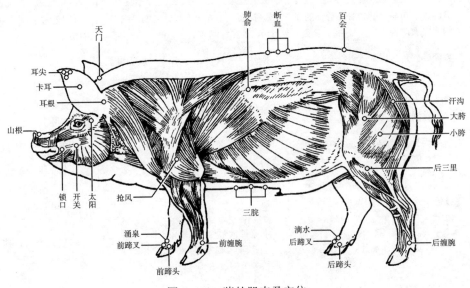

图 3-41 猪的肌肉及穴位

项目 3 针　灸

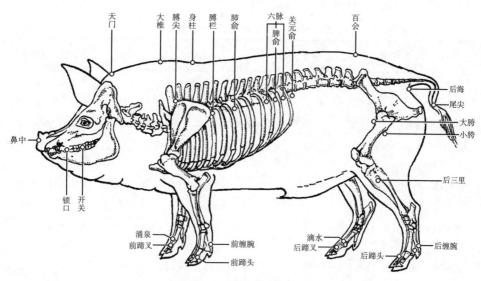

图 3-42　猪的骨骼及穴位

>>> 任务 87　犬的穴位及针治

1. 头部穴位（表 3-17、图 3-43、图 3-44）

表 3-17　犬的头部穴位及针治

穴名	定位	针法	主治
水沟	上唇唇沟上、中 1/3 交界处，一穴	毫针或三棱针直刺 0.5cm	脑卒中，中暑，支气管炎
山根	鼻背正中有毛与无毛交界处，一穴	三棱针点刺 0.2~0.5cm，出血	脑卒中，中暑，感冒，发热
三江	内眼角下的血管上，左右侧各一穴	三棱针点刺 0.2~0.5cm，出血	便秘，腹痛，目赤肿痛
承泣	下眼眶上缘中部，左右侧各一穴	上推眼球，毫针沿眼球与眼眶之间刺入 2~3cm	目赤肿痛，睛生云翳，白内障
睛明	内眼角上下眼睑交界处，左右眼各一穴	外推眼球，毫针直刺 0.2~0.3cm	目赤肿痛，眵泪，云翳遮睛
上关	下颌关节后上方，下颌骨关节突与颧弓之间，张口时出现的凹陷中，左右侧各一穴	毫针直刺 3cm	歪嘴风，耳聋
下关	下颌关节前下方，颧弓与下颌骨角之间的凹陷中，左右侧各一穴	毫针直刺 3cm	歪嘴风，耳聋
翳风	耳基部，下颌关节后下方的凹陷中，左右侧各一穴	毫针直刺 3cm	歪嘴风，耳聋
耳尖	耳郭尖端背面的血管上，左右耳各一穴	三棱针或小宽针点刺，出血	中暑，感冒，腹痛
天门	枕寰关节背侧正中点的凹陷中，一穴	毫针直刺 1~3cm，或艾灸	发热，脑炎，抽风，惊厥

2. 躯干部穴位（表3-18、图3-43、图3-44）

表3-18 犬的躯干部穴位及针治

穴名	定位	针法	主治
大椎	第七颈椎与第一胸椎棘突间的凹陷中，一穴	毫针直刺2~4cm，或艾灸	发热，咳嗽，风湿症，癫痫
身柱	第三、四胸椎棘突间的凹陷中，一穴	毫针向前下方刺入2~4cm，或艾灸	肺热，咳嗽，肩扭伤
悬枢	最后（第十三）胸椎与第一腰椎棘突间的凹陷中，一穴	毫针斜向后下方刺入1~2cm，或艾灸	风湿病，腰部扭伤，消化不良，腹泻
胃俞	倒数第一肋间、距背中线6cm的髂肋肌沟中，左右侧各一穴	毫针沿肋间向下方斜刺1~2cm，或艾灸	食欲不振，消化不良，呕吐，泄泻
脾俞	倒数第二肋间、距背中线6cm的髂肋肌沟中，左右侧各一穴	毫针沿肋间向下方斜刺1~2cm，或艾灸	食欲不振，消化不良，呕吐，贫血
肝俞	倒数第四肋间、距背中线6cm的髂肋肌沟中，左右侧各一穴	毫针沿肋间向下方斜刺1~2cm，或艾灸	肝炎，黄疸，眼病
心俞	倒数第八肋间、距背中线约6cm的肌沟中，左右侧各一穴	毫针沿肋间向下方斜刺1~2cm，或艾灸	心脏疾患，癫痫
肺俞	倒数第十肋间、距背中线约6cm的肌沟中，左右侧各一穴	毫针沿肋间向下方斜刺1~2cm，或艾灸	咳嗽，气喘，支气管炎
百会	腰荐十字部，即最后（第七）腰椎与第一荐椎棘突间的凹陷中，一穴	毫针直刺1~2cm，或艾灸	腰胯疼痛，瘫痪，泄泻，脱肛
三焦俞	第一腰椎横突末端相对的肌沟中，左右侧各一穴	毫针直刺1~3cm，或艾灸	食欲不振，消化不良，呕吐，贫血
肾俞	第二腰椎横突末端相对的肌沟中，左右侧各一穴	毫针直刺1~3cm，或艾灸	肾炎，多尿症，不孕症，腰部风湿、扭伤
大肠俞	第四腰椎横突末端相对的肌沟中，左右侧各一穴	毫针直刺1~3cm，或艾灸	消化不良，肠炎，便秘
关元俞	第五腰椎横突末端相对的肌沟中，左右侧各一穴	毫针直刺1~3cm，或艾灸	消化不良，便秘，泄泻
小肠俞	第六腰椎横突末端相对的肌沟中，左右侧各一穴	毫针直刺1~2cm，或艾灸	肠炎，肠痉挛，腰痛
膀胱俞	第七腰椎横突末端相对的肌沟中，左右侧各一穴	毫针直刺1~2cm，或艾灸	膀胱炎，尿血，膀胱痉挛，尿潴留，腰痛
二眼	荐椎两旁，第一、二背荐孔处，每侧各二穴	毫针直刺1~1.5cm，或艾灸	腰胯疼痛，瘫痪，子宫疾病
中脘	胸骨后缘与脐的连线中点，一穴	毫针向前斜刺0.5~1cm，或艾灸	消化不良，呕吐，泄泻，胃痛
后海	尾根与肛门间的凹陷中，一穴	毫针稍沿脊椎方向刺入3~5cm	泄泻，便秘，脱肛，阳痿
尾根	最后荐椎与第一尾椎棘突间的凹陷中，一穴	毫针直刺0.5~1cm	瘫痪，尾麻痹，脱肛，便秘，腹泻

(续)

穴名	定位	针法	主治
尾本	尾部腹侧正中,距尾根部1cm处的血管上,一穴	三棱针直刺0.5~1cm,出血	腹痛,尾麻痹,腰风湿
尾尖	尾末端,一穴	毫针或三棱针从末端刺入0.5~0.8cm	脑卒中,中暑,泄泻

3. 前肢部穴位(表3-19、图3-43、图3-44)

表3-19 犬的前肢部穴位及针治

穴名	定位	针法	主治
肩井	肩峰前下方、臂骨大结节上缘的凹陷中,左右肢各一穴	毫针直刺1~3cm	肩部神经麻痹,扭伤
抢风	肩关节后方,三角肌后缘、臂三头肌长头和外头形成的凹陷中,左右肢各一穴	毫针直刺2~4cm,或艾灸	前肢神经麻痹,扭伤,风湿症
肘俞	臂骨外上髁与肘突之间的凹陷中,左右肢各一穴	毫针直刺2~4cm,或艾灸	前肢疼痛,神经麻痹
外关	前臂外侧下1/4处的桡、尺骨间隙中,左右肢各一穴	毫针直刺1~3cm,或艾灸	桡神经、尺神经麻痹,前肢风湿,便秘,缺乳
内关	前臂内侧下1/4处的桡、尺骨间隙处,左右肢各一穴	毫针直刺1~2cm,或艾灸	桡神经、尺神经麻痹,肚痛,中风
膝脉	腕关节内侧下方,第一、二掌骨间的血管上,左右肢各一穴	三棱针或小宽针顺血管刺入0.5~1cm,出血	腕关节肿痛,屈腱炎,指扭伤,风湿症,中暑,感冒,腹痛
涌泉	第三、四掌骨间的血管上,每肢各一穴	三棱针直刺1cm,出血	风湿症,感冒
指间	前足背指间,掌指关节水平线上,每足三穴	毫针斜刺1~2cm,或三棱针点刺	指扭伤或麻痹

4. 后肢部穴位(表3-20、图3-43、图3-44)

表3-20 犬的后肢部穴位及针治

穴名	定位	针法	主治
环跳	股骨大转子前方,髋关节前缘的凹陷中,左右侧各一穴	毫针直刺2~4cm,或艾灸	后肢风湿,腰胯疼痛
肾堂	股内侧上部的血管上,左右肢各一穴	三棱针或小宽针顺血管刺入0.5~1cm,出血	腰胯闪伤、疼痛
膝上	髌骨上缘外侧0.5cm处,左右肢各一穴	毫针直刺0.5~1cm	膝关节炎
膝下	膝关节前外侧的凹陷中,左右肢各一穴	毫针直刺1~2cm,或艾灸	膝关节炎,扭伤,神经痛

（续）

穴名	定位	针法	主治
后三里	小腿外侧上1/4处的胫、腓骨间隙内，左右肢各一穴	毫针直刺1~2cm，或艾灸	消化不良，腹痛，泄泻，胃肠炎，后肢疼痛、麻痹
滴水	第三、四跖骨间的血管上，每肢各一穴	三棱针直刺1cm，出血	风湿症，感冒
趾间	后足背趾间，跖趾关节水平线上，每足三穴	毫针斜刺1~2cm，或三棱针点刺	趾扭伤或麻痹

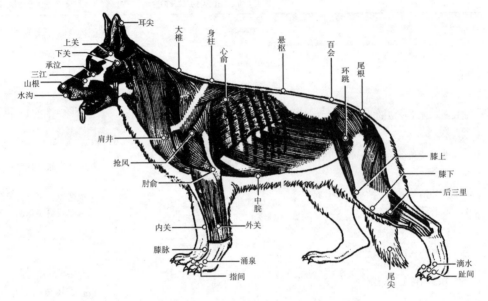

图3-43 犬的肌肉及穴位

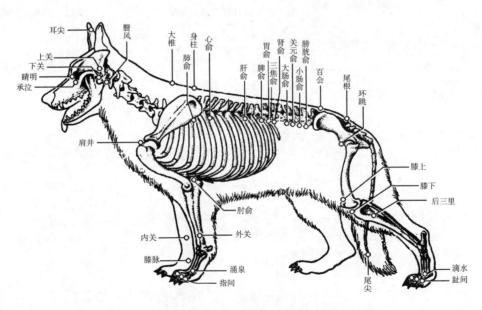

图3-44 犬的骨骼及穴位

项目3.4 针灸技术

问题一：虚寒证应选用_____。
　　A. 毫针　　B. 三棱针　　C. 电针　　D. 艾灸　　E. 以上均可

问题二：以下哪种病证不适合于三棱针放血治疗？_____
　　A. 高热　　　　　　　　B. 兴奋狂躁　　　　　　C. 目赤肿痛
　　D. 急性咽喉肿痛　　　　E. 脑卒中脱症

问题三：灸法具有哪些治疗作用？_____
　　A. 温通经络、行血活血　　B. 祛湿逐寒、消肿散结　　C. 回阳救逆
　　D. 防病保健　　　　　　　E. 以上均是

问题四：电针是针刺腧穴"得气"后，在针上通以微量电流的手法。使用之前，首先应_____。
　　A. 选好波形
　　B. 调到平均所需的电流刻度上
　　C. 将输出电位器调至"0"位
　　D. 将导线正负极分别接在两根针上
　　E. 打开电源开关

问题五：治疗因寒邪所致的呕吐、腹泻、腹痛，常选用_____。
　　A. 隔姜灸　　B. 隔蒜灸　　C. 隔盐灸　　D. 隔附子灸　　E. 瘢痕灸

问题六：下列不属于直接灸的为_____。
　　A. 无瘢痕灸　　B. 温和灸　　C. 温针灸　　D. 回旋灸　　E. 隔盐灸

问题七：不属于拔罐法中的火吸法的有_____。
　　A. 闪火法　　　　　　B. 抽吸空气法　　　　　C. 滴酒法
　　D. 投火法　　　　　　E. 贴棉法

问题八：艾灸治疗当慎用的病证是_____。
　　A. 久病体虚　　　　　B. 阴虚阳亢　　　　　　C. 气虚下陷
　　D. 阳气虚脱之急症　　E. 老龄体弱

问题九：命门火衰宜选用_____。
　　A. 隔姜灸　　B. 隔蒜灸　　C. 隔盐灸　　D. 隔附子灸　　E. 温和灸

问题十：(1~2题共用下列备选答案)
　　A. 解表祛寒、温中止呕　　B. 解表杀虫　　　　　C. 温肾壮阳
　　D. 温中散寒、回阳救逆　　E. 温经散寒、活血行滞
1. 隔蒜灸的作用是_____。
2. 隔盐灸的作用是_____。

参考答案：D、E、E、C、D、B、B、E、D

>>> **任务88 白 针 术**

1. 术前准备 先将动物妥善保定,根据病情选好施针穴位,剪毛消毒。然后根据针刺穴位选取适当长度的针具,检查并消毒针具。

2. 操作方法

（1）圆利针术。

①缓刺法。术者的刺手以拇、食指夹持针柄,中指、无名指抵住针体。押手,根据穴位的不同,采取不同的方法。一般先将针尖刺至皮下,然后调整好针刺角度,捻转进达所需深度,并施以补泻方法使之出现针感（图3-45）。一般需留针10~20min,在留针过程中,每隔3~5min可行针1次,以加强刺激强度。

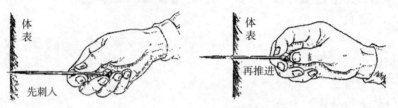

图3-45 圆利针缓刺法

②急刺法。圆利针针尖锋利,针体较粗,具有进针快、不易弯针等特点,对于不温顺的动物或针刺肌肉丰满部的穴位,尤其宜用此法。操作时根据不同穴位,采用执笔式或全握式持针,切穴或不用押手,按穴位要求的进针角度,依照速刺进针法的操作要领刺至所需深度。进针后留针、运针同缓刺法。

退针时,可用左手拇、食指夹持针体,同时按压穴位皮肤,右手捻转或抽拔针柄出针。

（2）毫针术。毫针术的具体操作与圆利针缓刺法相似,但由于毫针针体细、对组织损伤小、不易感染,故同一穴位可反复多次施针;进针较深,同一穴位,入针均深于圆利针、火针等,且可一针透数穴;针刺得气后,根据治疗的需要,可运用提、插、捻、捣等手法,以达到一定的有效刺激量。

3. 注意事项 施针前严格检查针具,防止发生事故;出针后严格消毒针孔,防止感染。

> **相关知识**
>
> 使用圆利针、毫针等,在白针穴位上施针,借以调整机体功能活动,治疗动物各种病证的一种方法,称为白针疗法。

>>> **任务89 血 针 术**

1. 术前准备 根据施针穴位采取不同保定体位,以使血管怒张。如针三江、太阳等穴宜用低头保定法,针刺颈脉穴宜在穴位后方按压或系上颈绳使颈静脉显露（图3-46）。血针因针孔较大,且在血管上施术,容易感染,因此术前应严格消毒,穴位剪毛、涂以碘酊,针具和术者手指,也应严格消毒。此外,还应备有止血器具和药品。

2. 操作方法

（1）宽针术。首先应根据不同穴位，选取规格不同的针具，血管较粗、需出血量大，可用大、中宽针；血管细，需出血量小，可用小宽针。宽针持针法多用全握式、手代针锤式或用针锤持针法。一般多垂直刺入约1cm，以出血为准。

（2）三棱针术。多用于体表浅刺，如三江穴；或口腔内穴位，如通关穴（图3-47）。根据不同穴位的针刺要求和持针方法，确定针刺深度，一般以刺破穴位血管出血为度。

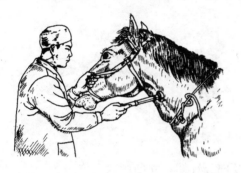

图3-46 颈脉穴针刺法

图3-47 通关穴针刺法

3. 注意事项

（1）三棱针的针尖较细，容易折断，使用时应谨防折针。

（2）宽针施术时，针刃必须与血管平行，以防切断血管（图3-48）。针刺出血，一般可自行止血；或者在达到适当的出血量时，令动物活动或轻压穴位，即可止血。如出血不止时可压迫止血，必要时可用止血钳、止血药或烧烙法止血。

（3）血针穴位以刺破血管出血为度，不宜过深，以免刺穿血管，造成血肿。

（4）掌握泻血量。泻血量直接影响针治效果，泻血量应根据动物体质的强弱、病证的虚实、季节气候及针刺穴位来决定。一般膘肥体壮的动物放血量可大些，瘦弱体小的放血量宜小些；热证、实证放血量应大，寒证、虚证应少放或不放；春、夏季天气炎热时可多放，秋、冬季天气寒冷时宜少放或不放；有些穴位如分水穴，破皮见血即可。体质衰弱、妊娠、久泻、大失血的动物，禁施血针。

图3-48 针刃须与血管平行

（5）施血针后，针孔要防止水浸、雨淋，术部宜保持清洁，以防感染。

相关知识

使用宽针和三棱针等针具在动物的血针穴位上施针，刺破穴部浅表静脉（丛），使之出血，从而达到泻热排毒，活血消肿，防治疾病的目的，称为血针疗法。

>>> 任务90 火针术

1. 术前准备 准备烧针器材，封闭针孔用橡皮膏。其他同白针术。

2. 操作方法

（1）烧针法。

①油火烧针法。先检查针体并擦拭干净，用棉花将针尖及针身的一部分缠成枣核形，长度依针刺深度而定，一般稍长于入针的深度，粗1~1.5cm，外紧内松；然后浸入植物油或石蜡油中，油浸透后取出，将尖部的油略挤掉一些，便于点燃，点燃后针尖先向下、后向上倾斜，始终保持针尖在火焰中，并不断转动，使针体受热均匀。待油尽棉花收缩变黑将要燃尽时，去掉棉花，即可进针（图3-49）。

图3-49 油火烧针法

②直接烧针法。常用酒精灯直接烧红针尖及部分针体，立即刺入穴位。

（2）进针法。烧针前先选定穴位，剪毛，消毒，待针烧透时，术者以左手按压穴旁，右手持针迅速刺入穴位中，刺入后可留针（5min左右）或不留针。留针期间轻微捻转运针。

（3）起针法。起针时先将针体轻轻地左右捻转一下，然后一手按压穴部皮肤，另一手将针拔出。针孔用5%碘酊消毒，并用橡皮膏封闭针孔，以防止感染。

3. 注意事项

（1）火针穴位与白针穴位基本相同，但穴下有大的血管、神经干或位于关节囊处的穴位一般不得施火针。

（2）施针时动物应保定确实，针具应烧透，刺穴要准确。

（3）火针针后会留下较大的针孔，容易发生感染。因此，针后必须严格消毒，并封闭针孔，保持术部清洁，要防止雨淋、水浸和患畜啃咬。

（4）火针对动物的刺激性较强，一般能持续1周以上，10d之后方可在同一穴位重复施针，故针刺前应有全面的计划，每次可选3~5个穴位，轮换交替进行。

相关知识

用特制的针具烧热后刺入穴位，以治疗疾病的一种方法，称为火针疗法。它包括针和灸两方面的治疗作用。由于火针使穴位的局部组织发生较深的灼伤灶，所以能在一定的时间内保持对穴位的刺激作用。火针具有温经通络、祛风散寒、壮阳止泻等作用。主要用于治疗各种风寒湿痹、慢性跛行、阳虚泄泻等证。

>>> **任务91 电针术**

1. 术前准备 圆利针或毫针，电针机及其附属用具（导线、金属夹子），剪毛剪、消毒药品等。

2. 操作方法

(1) 选穴扎针。根据病情,选定穴位(每组2穴),常规剪毛消毒,将圆利针或毫针刺入穴位,行针使之出现针感。

(2) 接通电针机。先将电针机调至治疗档,各种旋钮调至"0"位,将正负极导线分别夹在针柄上;然后打开电源开关,根据病情和治疗需要,以及患病动物对电流的耐受程度来调节电针机的各项参数。

①波形。脉冲电流的波形较多,常见的有矩形波(方波)、尖形波、锯齿波等。临症多用方波,它既能降低神经的感受性,具有消炎、止痛的作用;还能增强神经肌肉的紧张度,从而提高肌腱张力,治疗神经麻痹、肌肉萎缩。复合波形有疏波、密波、疏密波、间断波等。密波、疏密波可使神经肌肉兴奋性降低,缓解痉挛、止痛作用明显;间断波可使肌肉强力收缩,提高肌肉紧张度,对神经麻痹、肌肉萎缩有效。

②频率。电针机的频率范围在10~550Hz。一般治疗时频率不必太高,只在针麻时才应用较高的频率。治疗软组织损伤,频率可稍高;治疗结症则频率要低。

③输出强度。电流输出强度的调节一般应由弱到强,逐渐进行,以患病动物能够安静接受治疗的最大耐受量为度。

各种参数调整妥当后,继续通电治疗。通电时间,一般为15~30min。也可根据病情和动物体质适当调整,对体弱而敏感的动物,治疗时间宜短些;对某些慢性且不易收效的疾病,时间可长些。在治疗过程中,为避免动物对刺激的适应,应经常变换波形、频率和电流。治疗结束前,频率调节应该由高到低,输出电流由强到弱。治疗完毕,应先将各档旋钮调回"0"位,再关闭电源开关,除去导线夹,起针消毒。

电针治疗一般每日或隔日一次,5~7d为1疗程,每个疗程间隔3~5d。

3. 注意事项

(1) 针刺靠近心脏或延脑的穴位时,必须掌握好深度和刺激强度,防止伤及心、脑导致猝死。动物也必须保定确实,防止因动物骚动而将针体刺入深部。

(2) 通电期间,注意金属夹与导线是否固定妥当,若因骚动而金属夹脱落,必须先将电流及频率调至零位或低档,再连接导线。

(3) 在通电过程中,有时针体会随着肌肉的震颤渐渐向外退出,需注意及时将针体复位。

(4) 有些穴位,在电针过程中,呈现渐进性出血或形成皮下血肿,不需处理,几日后即可自行消散。

> **相关知识**
>
> 将毫针、圆利针刺入穴位产生针感后,通过针体导入适量的电流,利用电刺激来加强或代替手捻针刺激以治疗疾病的一种疗法,称为电针疗法。电针疗法刺激强度可控,可通过调整电流、电压、频率、波型等选择不同强度的刺激。适用于多种病证如神经麻痹、肌肉萎缩、急性跛行、风湿症、马骡结症、宿草不转、胃肠臌胀、寒虚泄泻、风寒感冒、垂脱症、不孕症、胎衣不下等的治疗。

>>> 任务92 水针术

1. 术前准备

（1）穴位选择。根据病情可选择白针穴位，或选择疼痛明显处的阿是穴。对一些痛点不明显的病例，可选择患部肌肉的起止点作为注射点。

（2）药物选择。可供肌内注射的中、西药液均能用于穴位注射。临诊可根据病情，酌情选用。例如，治疗肌肉萎缩、功能减退的病证，可选用具有兴奋营养作用的药物，如林格氏液、各种维生素、5%～10%葡萄糖注射液、血清、自家血等；治疗各种炎性疾病、风湿症等，可选用各种抗生素、镇静止痛剂、抗风湿药以及中药注射剂黄连素、穿心莲等；治疗各种跛行、外伤性瘀血肿痛等，可选用红花注射液、复方当归注射液、川芎元胡注射液、镇跛痛注射液等；穴位封闭，可选用0.5%～2%盐酸普鲁卡因注射液；穴位免疫，可选用各种特异性抗原、疫苗等。

2. 操作方法 按毫针进针的方法（包括深度、角度等）将注射针头刺入穴位，待出现针感后再注射药物。穴位注射的剂量通常依药物的性质、注射的部位、注射点的多少、动物的种类、体型的大小、体质的强弱以及病情而定，一般来说，每次注射的总量均小于该药的普通临诊治疗用量。每日或隔日一次，5～7次为一疗程；必要时隔3d后施行第二疗程。

3. 注意事项

（1）严格消毒，防止感染。

（2）关节腔及颅腔内不宜注射，妊娠动物一般慎用，脊背两侧的穴点不宜深刺，防止压迫神经。

（3）有毒副作用的药物不宜选用；刺激性强的药物，药量不宜过大；两种以上药物混合注射，要注意配伍禁忌。

（4）推药前一定要回抽注射器，见无回血时再推注药液。葡萄糖（尤其是高渗葡萄糖）一定要注入深部，不要注入皮下。

（5）注射后若局部出现轻度肿胀、疼痛，或伴有发热，一般无须处理，可自行恢复。

相关知识

水针疗法也称穴位注射疗法，它是将某些中西药液注入穴位来防治疾病的方法。这种疗法将针刺与药物疗法相结合，具有方法简便、提高疗效并节省药物的特点。适用于眼病、脾胃病、风湿症、损伤性跛行、神经麻痹、瘫痪等多种疾病，是兽医临诊应用广泛的一种针刺疗法。若注射麻醉性药液，称穴位封闭疗法；注射抗原性物质，称穴位免疫。

>>> 任务93 埋植术

1. 埋线疗法

（1）术前准备。

①器材。埋线针，可用16号注射针头或皮肤缝合针等；肠线，可用铬制1～3号医用羊

肠线等；持针钳、外科剪及常规消毒用品等。

②穴位。依据病证的不同，选用不同的穴位。猪病常用后海、脾俞、关元俞、后三里、三脘等穴。一般每穴只埋植一次，如需第二次治疗，应间隔一周后，另选穴位埋植。

施术前，先将羊肠线剪成1cm长的小段，或10～15cm长的大段，置灭菌生理盐水中浸泡；动物保定后，穴位剪毛消毒。

（2）操作方法。

①注射针埋线法。将肠线大段穿入16号针头的管腔内，针外留出多余的肠线；将注射针头垂直刺入穴位，随即将针头急速退出，使部分肠线留于穴内；用剪刀贴皮肤剪断外露肠线，然后提起皮肤，使肠线埋于穴内，最后消毒针孔。

②缝合针埋线法。用持针钳夹住带肠线的缝合针，从穴旁1cm处进针，穿透皮肤和肌肉，从穴位另一侧穿出；剪断穴位两边露出的肠线，轻提皮肤，使肠线完全埋进穴位内，最后消毒针孔（图3-50）。

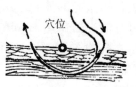 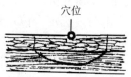

图3-50 埋线法

（3）注意事项。

①操作时应严密消毒，术后加强护理，防止术部感染。

②注意掌握埋植深度，不得损伤内脏、大血管和神经干。

③埋线后局部有轻微炎症反应，或有低热，在1～2d后即可消退，无须处理。如穴位感染，应消炎治疗。

2. 埋药疗法

（1）术前准备。

①器材。手术刀或大宽针，止血钳，镊子，灭菌棉花、纱布，火棉胶等。

②药品。消毒用酒精、碘酊、蟾酥。

③穴位。卡耳（耳郭中、下部，内外侧均可，以外侧多用）穴。

（2）操作方法。患猪耳郭消毒，以大宽针在卡耳穴切开做一皮肤囊，在囊内埋入绿豆大蟾酥1粒，切口用胶布封闭。

（3）注意事项。

①实施埋药疗法时，应注意对所用器材、药品及术部的消毒，严防感染。

②埋植蟾酥后，因药物的刺激作用，可引起局部发炎、坏死，愈合后可能会造成疤痕或缺损。

> **相关知识**
>
> 将羊肠线或某些药物埋植在穴位或患部以防治疾病的方法，称为埋植疗法。由于埋植物在体内有其一定的吸收过程，因此对机体的刺激持续时间长，刺激强烈，从而产生明显的治疗效果。其中，埋线疗法根据埋植穴位的不同，适用于动物的闪伤跛行、神经麻痹、肌肉萎缩、肝火上炎、角膜翳、脾虚泄泻、咳嗽和气喘等；埋药疗法常用于猪的卡耳穴，主治猪支气管炎、猪气喘病、猪肺疫、猪丹毒等。

>>> **任务94　激光针灸术**

1. 术前准备　医用激光器，动物妥善保定，暴露针灸部位。

2. 操作方法

（1）激光针术。一般采用低功率氦氖激光器，波长632.8nm，输出功率2～30mW。施针时，根据病情选配穴位，每次1～4穴。穴位部剪毛消毒，用龙胆紫或碘酊标记穴位，然后打开激光器电源开关，出光后激光照头距离穴位5～30cm进行照射，每穴照射2～5min，一次治疗照射总时间为10～20min。一般每日或隔日照射一次，5～10次为一疗程。

（2）激光灸术。

①激光灸灼。二氧化碳激光的波长10.6μm，兽医临诊常用的输出功率一般为1～5W。施术时，选定穴位，打开激光器预热10min，使用聚焦照头，距离穴位5～15cm，用聚焦原光束直接灸灼穴位，每穴灸灼3～5s，以穴位皮肤烧灼至黄褐色为度。一般每隔3～5d灸灼一次，总计1～3次即可。

②激光灸熨。使用输出功率30mW的氦氖激光器，或5W以上的二氧化碳激光器，以激光散焦照射穴区或患部。治疗时，装上散焦镜头，打开激光器，照头距离穴区20～30cm，照射至穴区皮肤温度升高，动物能够耐受为度。如用计时照射，每区辐照5～10min，每次治疗总时间为20～30min，每日或隔日一次，5～7次为一疗程。由于二氧化碳激光器功率大，辐照面积大，照射面中央温度高，必须注意调整照头与穴区的距离，确保给患部以最适宜的灸熨刺激。当病变组织面积较大时，可分区轮流照射，无需每次都灸熨整个患部。若为开放性损伤，宜先清创后再照射。

③激光烧烙。应用输出功率30W以上的二氧化碳激光器发出的聚焦光束代替传统烙铁进行烧烙。施术时，打开激光器，手持激光烧烙头，直接渐次烧烙术部，随时小心地用毛刷清除烧烙线上的碳化物，边烧烙边喷洒醋液，烧烙至皮肤呈黄褐色为度。烧烙完毕，关闭电源，烧烙部再喷洒醋液一遍，涂以消炎油膏，最后解除动物保定。一般每次烧烙时间为40～50min。

3. 注意事项

（1）所有参加治疗的人员应佩戴激光防护眼镜，防止激光及其强反射光伤害眼睛。

（2）开机严格按照操作规程，防止漏电、短路和意外事故的发生。

（3）随时注意患病动物的反应，及时调节激光刺激强度。灸熨范围一般要大于病变组织的面积。若照射腔、道和瘘管等深部组织时，要均匀而充分。

（4）激光照射具有累积效应，应掌握好疗程和间隔时间。

（5）做好术后护理，防止动物摩擦或啃咬灸烙部位，预防水浸或冻伤的发生。

> **相关知识**
>
> 　　应用医用激光器发射的激光束照射穴位或灸烙患部以防治疾病的方法，称为激光针灸疗法。前者称为激光针术，后者称为激光灸术。激光灸术又包括激光灸灼、激光灸熨和激光烧烙3种。

项目3 针 灸

> 激光针术和激光灸灼适用于各种动物多种疾病的治疗，如肢蹄闪伤捻挫、神经麻痹、便秘、结症、腹泻、消化不良、前胃疾病、不孕症和乳房炎等；激光灸熨适用于大面积烧伤、创伤、肌肉风湿、肌肉萎缩、神经麻痹、肾虚腰胯痛、阴道脱、子宫脱和虚寒泄泻等病证；激光烧烙适用于慢性肌肉萎缩、外周神经麻痹、慢性骨关节炎、慢性屈腱炎、骨瘤、肿瘤等。

>>> 任务95 艾灸术

1. 艾炷灸

（1）直接灸。将艾炷直接置于穴位上，在其顶端点燃，待烧到接近底部时，再换一个艾炷。根据灸灼皮肤的程度又分为无疤痕灸和有疤痕灸两种。

①无疤痕灸。多用于虚寒轻证的治疗。将小艾炷放在穴位上点燃，动物有灼痛感时不待艾炷燃尽就更换另一艾炷。可连续灸3～7壮，至局部皮肤发热时停灸。术后皮肤不留疤痕。

②有疤痕灸。多用于虚寒痼疾的治疗。将放在穴位上的艾炷燃烧到接近皮肤、动物灼痛不安时换另一艾炷。可连续灸7～10壮，至皮肤起水泡为止。术后局部出现无菌性化脓反应，十几天后，渐渐结痂脱落，局部留有疤痕。

（2）间接灸。

①隔姜灸。将生姜切成0.3cm厚的薄片，用针穿透数孔，上置艾炷，放在穴位上点燃，灸至局部皮肤温热潮红为度（图3-51）。利用姜的温里作用，来加强艾灸的祛风散寒功效。

②隔蒜灸。方法与隔姜灸相似，只是将姜片换成用独头大蒜切成的蒜片施灸（图3-51），每灸4～5壮须更换蒜片一次。隔蒜灸利用了蒜的清热作用，常用于治疗痈疽肿毒证。

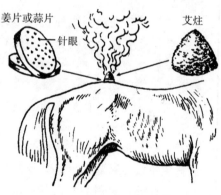

图3-51 隔姜灸、隔蒜灸

2. 艾卷灸

（1）温和灸。将艾卷的一端点燃后，在距离穴位0.5～2cm处持续熏灼，给穴位一种温和的刺激，每穴灸5～10min（图3-52）。适于风湿痹痛等证。

（2）回旋灸。将燃着的艾卷在患部的皮肤上往返、回旋熏灼，用于病变范围较大的肌肉风湿等证。

（3）雀啄灸。将艾卷点燃后，对准穴位，接触一下穴位皮肤，马上拿开，再接触再拿开，如雀啄食，反复进行2～5min（图3-53）。多用于需较强火力施灸的慢性疾病。

3. 温针灸 在针刺留针期间，将艾卷或艾绒裹到针柄上点燃，使艾火之温热通过针体传入穴位深层，而起到针和灸的双重作用（图3-54）。

图3-52 温和灸

图3-53 雀啄灸

图3-54 温针灸

> **相关知识**
>
> 用点燃的艾绒在患病动物体的一定穴位上熏灼，借以疏通经络，驱散寒邪，达到治疗疾病目的所采用的方法，称为艾灸疗法。
>
> 艾绒是中药艾叶经晾晒加工捣碎，去掉杂质粗梗而制成的一种灸料。艾叶性辛温、气味芳香、易于燃烧，燃烧时热力均匀温和，能窜透肌肤直达深部，有通经活络，祛除阴寒，回阳救逆的功效。常用的艾灸疗法分为艾炷灸、艾卷灸以及与针刺结合的温针灸。
>
> 艾炷是用艾绒制成的圆锥形的艾绒团，直接或间接置于穴位皮肤上点燃。前者称为直接灸，后者称为间接灸。艾炷有小炷（黄豆大）、中炷（枣核大）、大炷（大枣大）之分。每燃尽一个艾炷，称为"一炷"或"一壮"。治疗时，根据动物的体质、病情以及施术的穴位不同，选择艾炷的大小和数量。一般来说，初病、体质强壮者，艾炷宜大，壮数宜多；久病、体质虚弱者艾炷宜小，壮数宜少；直接灸时艾炷宜小，间接灸时艾炷宜大。
>
> 艾卷灸是用艾卷代替艾炷施行灸术，不但简化了操作手续，而且不受体位的限制，全身各部位均可施术。具体操作方法可分温和灸、回旋灸和雀啄灸三种。
>
> 温针灸是针刺和艾灸相结合的一种疗法，又称烧针柄灸法。适用于既需留针，又需施灸的疾病。

>>> 任务96 温熨术

1. 醋麸灸 用于马、牛等大动物时，需准备麦麸10kg（也可用醋糟、酒糟代替），食醋3～4kg，布袋（或麻袋）2条。先将一半麦麸放在铁锅中炒，随炒随加醋，至手握麦麸成团、放手即散为度。炒至温度达40～60℃时即可装入布袋中，平坦地搭于患病动物腰背部进行热敷。此时再炒另一半麦麸，两袋交替使用。当患部微有汗出时，除去麸袋，以干麻袋或毛毯覆盖患部，调养于暖厩，勿受风寒。本法可一日一次，连续数日。

2. 醋酒灸 施术时，先将患病动物保定于六柱栏内，用毛刷蘸醋刷湿背腰部被毛，面积略大于灸熨部位，以1m见方的白布或多层纱布（一般以4～8层为宜）浸透醋液，铺于背腰部；然后以橡皮球或注射器吸取60°的白酒或70%以上的酒精均匀地喷洒在白布上，点燃；反复地喷酒浇醋，维持火力，即火小喷酒，火大浇醋，直至动物耳根和肘后出汗为止。在施术过程中，切勿使敷布及被毛烧干。施术完毕，以干麻袋压熄火焰，抽出白布，再换搭毡被，用绳缚牢，将患畜置暖厩内休养，勿受风寒（图3-55）。

3. 软烧法

（1）术前准备。软烧棒，作火把用；长柄毛刷，为蘸醋工具，也可用小扫帚代替；醋椒液：取食醋1L，花椒50g，混合煮沸数分钟，滤去花椒候温备用；60°白酒1L，或用95%酒精0.5L。

（2）操作方法。将患病动物妥善保定于柱栏内，健肢向前方或后方转位保定，以毛刷蘸醋椒液在患部大面积涂刷，使被毛完全湿透。将软烧棒棉槌浸透醋椒液后拧干，再喷上白酒或酒精后点燃。术者摆动火棒，使火苗呈直线甩于患部及其周围。开始摆动宜慢、火苗宜小（文火）；待患部皮肤温度逐渐升高后，摆动宜快、火苗加大（武火）。在燎烤过程中，应随时在患部涂刷醋椒液，保持被毛湿润；并及时在棉槌上喷洒白酒，使火焰不断。每次烧灼持续30~40min（图3-56）。

图3-55 醋酒灸

图3-56 软烧法

（3）注意事项。烧灼时，火力宜先轻后重，勿使软烧棒槌头直接打到患部，以免造成烧伤。术后动物应注意保暖，停止使役，每日适当牵遛运动。术后1~2d患畜跛行有所加重，待7~15d后会逐渐减轻或消失。若未痊愈，1个月后可再施术一次。

> **相关知识**
>
> 温熨，又称灸熨，是指应用热源物对动物患部或穴位进行温敷熨灼的刺激，以防治疾病的方法。温熨包括醋麸灸、醋酒灸和软烧三种。
>
> 醋麸灸是用醋拌炒麦麸热敷患部的一种疗法，主治背部及腰胯风湿等证；醋酒灸俗称火烧战船，是用醋和酒直接灸熨患部的一种疗法，主治背部及腰胯风湿，也可用于破伤风的辅助治疗，但忌用于瘦弱衰老、妊娠动物；软烧法是以火焰熏灼患部的一种疗法，适用于慢性关节炎，屈腱炎，肌肉风湿等体侧部的疾患。

>>> 任务97 按摩术

1. 基本手法

（1）按法。用手指或手掌在穴位或患部由轻到重、由上向下反复地揿压。适用于全身各部，有通经活络、调畅气血的作用。

（2）摩法。用手掌面附着于患部，以腕关节连同前臂做轻缓而有节律的盘旋摩擦。有理气和中、活血止痛、散瘀消积等作用。

（3）推法。术者用手掌根部（必要时戴手套）在动物体穴位处或患部，用力向一定方向反复推动。有疏通经络、行气散瘀等作用（图3-57）。

（4）拿法。用拇指和食、中指或其余四指的指腹，相对用力紧捏筋脉或穴位，如提物状。如用五指捏拿，又称抓法。有疏通经络、镇痉止痛、开窍醒神等作用。

（5）捋法。常用于耳、尾、四肢部穴位。术者以手紧握耳、尾、肢等器官的一端，反复向另一端滑动。有散聚软坚的作用。

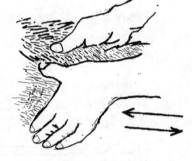

图3-57 指推法

（6）拽法。用手拽拉肢体关节等一定部位，具有活动脉络、排除障碍的功能。

（7）揉法。用拇指指腹或手掌掌面在治疗部位上反复地回旋揉动。用轻缓手法（柔法）为补，重快手法（刚法）为泻。有祛瘀活血、消肿散结等作用（图3-58、图3-59、图3-60）。

图3-58 单指揉

图3-59 双指揉

图3-60 掌揉法

（8）搓法。以两手相对来回搓动患肢。有调和气血等作用。

（9）掐法。用拇指和食指的指甲相对，揿压穴位，为开窍解痉的强刺激手法。

（10）捏法。用拇指和食指的指腹相对，夹提穴位或患部皮肤，双手交替操作，缓缓向前推进，捏至皮肤发热变红为度。有疏通经络、宣通气血的作用（图3-61）。

（11）捶法。手握空拳轻轻捶击患部或穴位处。有宣通气血、祛风散寒的作用。

（12）拍法。用虚掌或平滑鞋底，有节律地平稳拍打动物

图3-61 捏 法

体表的一定部位。有松弛肌肉，调整机能的作用。

（13）分法。用两手拇指的指腹或手掌掌面，反复由穴位中心向两边分开移动。

（14）合法。用两手拇指的指腹或手掌掌面，分别从患部两侧或两个穴位向中间合拢。

（15）滚法。空握掌，手心向上，用手掌背面和指关节突出部在患部来回滚动。有疏松肌肉、行气活血等作用。

2. 注意事项

（1）有传染病、皮肤病者忌用。动物怀孕期间，不能按摩其腹部诸穴。

（2）根据病情选用不同的按摩手法，如瘤胃积食、瘤胃臌气等可选按法；神经麻痹、肌肉劳损可选用捶法等。

（3）按摩时间，一般为每次5~15min，每日或隔日1次，7~10次为一疗程。间隔3~5d进行第二个疗程。

（4）按摩后避免风吹雨淋。

相关知识

按摩又称为推拿，是运用不同手法在患病动物体表一定的经络、穴位上施以机械刺激而防治疾病的方法。其特点是不用针、药和医疗器械，经济简便，疗效确实，治疗范围较广。主要用于中、小动物和幼龄动物的消化不良、泄泻、痹证、肌肉萎缩、神经麻痹、关节扭伤等。

项目 4

中兽医临床

ZHONGSHOUYIXUE

项目 4.1　中兽医保定方法

问题一：猪提耳保定法适用于针刺_____。
　A. 百会穴　　B. 脾俞穴　　C. 后海穴　　D. 中脘穴　　E. 抢风穴
问题二：适用于猪灌药的保定方法是_____。
　A. 侧卧保定　　　　　B. 倒提保定　　　　　C. 仰卧保定
　D. 正提保定　　　　　E. 猪鼻勒保定
问题三：马低头保定法特别适用于针刺_____。
　A. 胸堂穴　　B. 三江穴　　C. 肾堂穴　　D. 蹄头穴　　E. 通关穴
问题四：针刺犬三脘穴，通常采用_____。
　A. 徒手保定　　　　　B. 箍嘴保定法　　　　C. 横卧保定法
　D. 网架保定法　　　　E. 以上都可以
问题五：牛灌药、望口色通常采用的保定方法是_____。
　A. 牛头徒手保定法　　B. 下颌拧紧保定法
　C. 单柱头部保定法　　D. 二道箍倒牛保定法
　E. 三道箍倒牛保定法

参考答案：A C B D A

项目 4.1.1　马的保定方法

>>> **任务 98　耳夹子保定法**

耳夹子用硬质木料制成。使用时，一手先抓住耳壳，另一手持耳夹并使其张开，迅速夹于耳基部握住（图 4-1）。

>>> **任务 99　鼻夹子保定法**

鼻夹子一般为铁制。使用时，左手抓住上唇，右手持夹并使其张开，夹住上唇，握紧夹柄即可。如保定时间不长，可用手固定；如果时间长，可用柄上细绳缠绕固定，则不需用手把持；但要注意，鼻夹绳要系活扣（图4-2）。

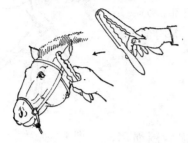

图4-1 马耳夹子保定法

图4-2 鼻夹子保定法

>>> **任务100　低头保定法**

把缰绳的游离端由左向右绕过两前肢的后部，折向前穿过笼头下绊绳，再折向后下方，至两前肢间，绕过两前肢后部的横绳，再折向前（图4-3-1），用力拉紧绳，患畜即可低头（图4-3-2）。适用于针刺头部的三江、太阳、血堂等穴。

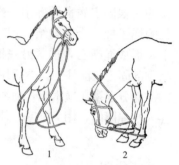

图4-3 马低头保定法
（1、2为操作步骤）

>>> **任务101　单柱头部保定法**

先将马头紧贴立柱或树干，把缰绳的游离端由柱前绕向柱后，经马颈背侧绕向对侧，向下，由马的口内拉回，绕柱，再由头和柱间折向前紧拉游离端，即将头牢固的捆缚于柱上。必要时可再用缰绳的游离端施行缰绳代鼻捻保定法。适用于针烈性马的开天、抽筋等穴（图4-4）。

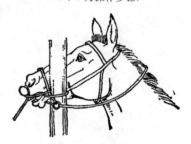

图4-4 马单柱头部保定法

>>> **任务102　屈曲前肢保定法**

用绳拴住系部，打一活结，用一手向对侧推肩部的同时，另一手提绳，迅速提起该肢。然后将绳的游离端越过鬐甲部，交给对侧助手，由助手将绳绕过腋窝，折向后，穿过胸部绳套，由助手拉紧（图4-5-1、图4-5-2）；或将绳端系活结固定于胸部绳套上（图4-5-3）。也可在提起前肢后将绳的游离端绕颈础一周（图4-5-4），或绕胸一周（图4-5-5），但都必须由一助手拉住游离端固定（图4-5）。

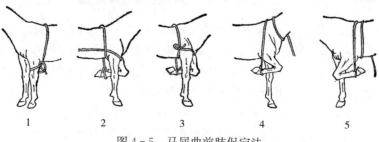

图4-5 马屈曲前肢保定法
（1～5为操作步骤）

>>> **任务 103　前举后肢保定法**

取 4～6m 的长绳一根，一端用活结系于颈础部，另一端向后，通过两后肢间，由内向外绕提举肢系部，折向前，绕腹下绳一周，前引至颈部并穿过颈础绳环，拉紧，后肢则向前高举（图 4-6）。适用于针刺肾堂穴。

>>> **任务 104　二柱栏保定法**

准备直径 2.5cm 的绳索四根，10m 长的一根做围绳用，5m 长的两根（其中一端预先做一个小绳圈）做吊绳用，2m 长的一根固定病畜颈部用。操作时，先将围绳的一端固定在前柱上，将马靠近前柱，用 2m 长的绳子挽一个响马结（把绳对折，绕过柱子，形成绳圈甲，将一根绳头也对折，穿入绳圈甲，形成绳圈乙，抽紧另一根绳头，同时也对折，穿入绳圈乙，抽紧绳圈乙的绳头即可），把马颈部固定在前柱上。然后用长绳连柱带马围绕两周，绳端柱上打结。再将二根吊绳带小绳圈的一端分别搭在横木上，前绳在马肘后、后绳在马胯部，另一端分别从胸、腹下绕过，折向上穿入小绳圈内，用力抽紧，使马体悬吊，最后用绳端横向围绕两侧吊绳打结即可（图 4-7）。

图 4-6　马前举后肢保定法

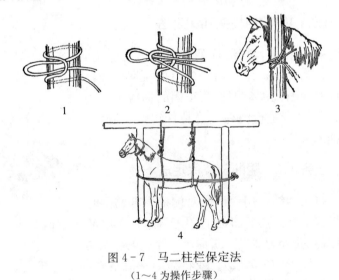

图 4-7　马二柱栏保定法
（1～4 为操作步骤）

>>> **任务 105　双抽筋倒马保定法**

取 10～12m 长绳一根，在绳的中央对折，做双套结，形成两个绳套，一套长，一套短（短套是长套的 1/3）。术者站在马体右侧，将长绳套由颈下部，沿颈左侧向上再绕回颈右侧，使两个绳套端恰好位于右侧颈中部，以别棍结固定；将保定绳的两游离端同时向后穿过两前腿和两后腿之间，由两人牵拉，并分别向外绕过后肢系部，并且由外向上，向内下方绕同侧腹下绳一周，以免滑脱，再将两绳头分别穿过同侧颈部的颈绳。两侧的保定人员各自向后牵拉同侧绳端（图 4-8-1），患畜后腿因被向前牵拉而失去重心，即以犬坐姿势倒卧。

倒卧方向可由保定头部的人员控制，即当倒卧时使马匹的头向右后上方弯曲，左侧就着地；或者拉左侧绳的人用比较大的力量，或在时间上略先于右侧，也可控制倒卧方向，使病畜左侧先着地而倒卧于左侧。反之，则倒卧于右侧。卧倒后，保定头部的人紧按头颈，另二人再用力牵拉二绳头，使两后腿的蹄尖接近两前肢的肘头，将两绳各向外扭转一个绳圈，分别套在同侧后腿的系部，然后将右侧的绳缠绕在颈部的小木棍上。

为了使保定更为牢固，可将左侧的绳向上绕过两后腿管部，通过腹下倒卧侧绕至飞节下部。拉紧绳端即形成腰绳，把两后肢牢固的固定在腹侧，由助手牵拉绳头即可，或将绳头打活结固定在后腿蹄部的绳索上（图4-8-2）。

图4-8　双抽筋倒马保定法
（1、2为操作步骤）

施术完毕后，先松开后腿跗关节上的绳子，然后抽去颈部的木棍，保定绳即松开脱落。

>>> 任务106　单抽筋倒马保定法

用长8～10m的圆绳一根，其一端绕颈础部打结固定。另一端通过两后肢间引向后方，在倒卧对侧的跗关节上方将绳绕后肢向前折转，与腰下本绳平行引向前方，到腹侧时，保定者左手握住这平行的两段绳子，右手将绳的游离端从腰背上扔到对侧腹下，用脚将绳头钩回来，再将绳头引向前方，穿过倒卧对侧颈基部的绳环，同时左手松开，并把背腰上的绳索推到股部，使之滑落到倒卧侧后肢的系部，向后拉紧绳的游离端，即可将倒卧侧后肢提举到腹下，然后术者迅速站于倒卧侧的股部，用力拉绳并向下压，马则失去平衡而倾倒。倒卧后用力抽紧绳子，使倒卧侧后肢充分向前，再回折绳头缠绕住上侧后肢，充分固定即可（图4-9）。

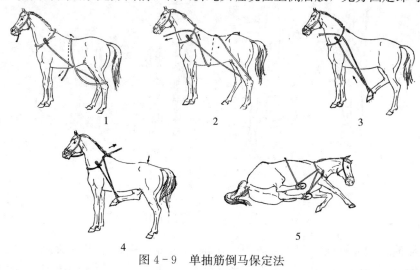

图4-9　单抽筋倒马保定法
（1～5为操作步骤）

项目 4.1.2　牛的保定方法

>>> 任务 107　鼻钳保定法

一手抓住笼头,另一手握牛鼻钳,将鼻钳的两侧嘴抵于两鼻孔,迅速夹紧鼻中隔,并固定牢靠(图 4-10)。

图 4-10　牛鼻钳保定法

>>> 任务 108　牛头徒手保定法

术者站于牛颈部右侧,左手握牛右角,右手拍打牛的左眼,牛则不断眨眼或闭上眼睛,右手趁机自牛两鼻孔捏住鼻中隔,并用力提起,拉向右侧。提拉牛鼻的同时,捉牛角的左手用力前推,术者背靠牛颈,两腿叉开,牛头因同时受到压、提、拉几种力量的作用,向左后方弯曲而被固定(图 4-11)。

图 4-11　牛头徒手保定法

>>> 任务 109　下颌拧紧保定法

用一根小指粗的麻绳做成绳圈,其大小略大于被套入的下颌齿间隙。先将绳圈套入下颌齿间隙,然后用一木棒插入绳圈捻紧即可。但一般不宜过度强捻,以免造成骨折(图 4-12)。

>>> 任务 110　单柱头部保定法

用缰绳将牛角固定在立柱上,使牛紧抵于桩柱,再将缰绳连同牛嘴一起绕柱一周,最后把缰绳穿过柱侧绳圈,牛头即可被牢固的固定(图 4-13-1)。如牛戴有笼头或鼻环,可取长绳一条缚于牛角根部,再做缚角保定(图 4-13-2)。此法只适用于有角牛。

图 4-12　牛下颌拧紧保定法

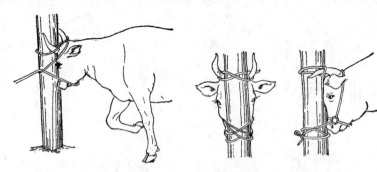

图 4-13　牛单柱头部保定法

>>> 任务 111　放静脉血保定法

将牛头及颈部靠近桩柱,利用牛角缰绳由前向后绕柱侧,至牛颈背侧,再引向颈对侧,由颈下柱后拉回,并用力拉紧,牛被固定的同时,颈静脉怒张,便于针刺。如牛头仍摆动时,可把缰端扭成圈,套在嘴上,用力向后拉紧即可(图 4-14)。

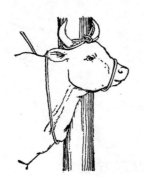 

图 4-14　牛放静脉血保定法

>>> 任务 112　二道箍倒牛保定法

取 6～7m 长绳一根,先把绳双折,使两绳头并齐,双折头搭过腰背由腹下再拉回,然后把双折头的绳子分开,前面的绳子放在胸侧,后面的放在腹侧,两绳之间的横行段,与牛背平行。把两绳头穿入分开的绳子下面,前面的绳头由一助手向前下方拉压,后面的绳头通过背腰部拉回到倒卧侧,向后下方拉压。另一助手妥善保定牛头,防止跳跃,两侧助手同时用力下压,牛则后躯先着地,向倒卧侧躺下(图 4-15)。

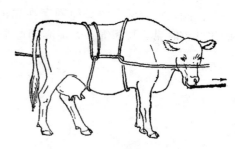

图 4-15　二道箍倒牛保定法

>>> 任务 113　三道箍倒牛保定法

取一根长 8～10m 的绳子,一端以活结固定在颈部,游离端向后,绕胸围一周,于背侧交扭,游离端再向后移于腹部,绕腰与后肋一周,于肷窝部做交扭。这时,一人牵缰向前拉牛,2～3 人向后拉紧后侧绳,牛即倒卧。牛倒卧后,后面拉绳的人勿松拉绳,牛就不能起立(图 4-16)。

>>> 任务 114　十字倒牛保定法

取长绳一条,在 1/3 处双折,双折头搭在倒卧侧并垂至前蹄后面。术者站在倒卧侧,将绳的双折头由牛胸腹下拉回,并回折双折头成圈,套在倒卧侧前肢系凹部。再将绳的长头在腹下和本绳交扭后,交助手拉向倒卧侧的前方。术者一手拉绳的短头,一手把长头在胸部形成的绳圈后移,使之滑落于两后肢的飞节上方。牵牛的人把牛头弯向倒卧对侧的后方,三人同时用力,牛则卧倒。倒卧后将已靠拢的三肢固定即可(图 4-17)。

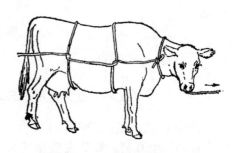

图 4-16　三道箍倒牛保定法

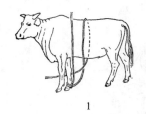

图 4-17 十字倒牛保定法

（1~3 为操作步骤）

项目 4.1.3 猪的保定方法

>>> 任务 115 鼻勒保定法

取一根直径 0.4~1cm，长 3~4m 的结实柔软的细绳，在绳的一端系一"双活结"使成一双活圈，将双活结的长绳圈套在猪的齿槽间隙犬齿的后面，用力拉紧即可（图 4-18）。操作结束时只要拉短绳头，绳圈即可全部松解。

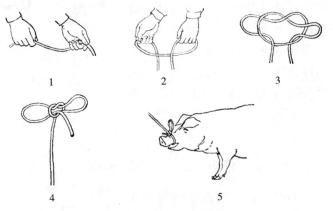

图 4-18 猪鼻勒保定法

（1~5 为操作步骤）

>>> 任务 116 猪提耳保定法

25kg 以内的猪，在针刺时可采用本法保定。保定者两手分别紧握猪的两个耳朵，并骑夹在猪的鬐甲部，两手用力向上提拉猪耳，使猪头高抬，两前肢悬空。同时，保定者用两腿紧紧夹定猪的肩肘部（图 4-19）。

>>> 任务 117 双手横卧保定法

将猪放倒后，速以两手分别提握倒卧侧前后肢的腕部，两臂放置在上侧前后肢之间的胸腹部，两臂同时用力，两手向上提倒卧侧前后肢，两肘向下压（图 4-20）。

图 4-19 猪提耳保定法

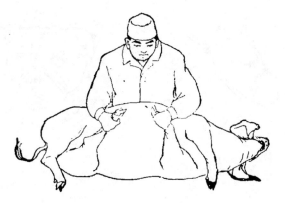

图 4-20 双手横卧保定法

项目 4.1.4 犬的保定方法

>>> 任务 118 徒手保定法

1. 大犬的徒手保定法 用一只手臂环抱犬的头部,术者头面部紧贴犬的肩、背部,另一只手臂紧抱于犬的腹后部,再以前臂和肘部夹住其胸腹部并使其紧靠术者身体(图 4-21)。

2. 小犬的徒手保定法 术者用一只手臂托住犬的胸腹下部,并将大拇指展开,其余四指并拢,夹住犬的肘下方;另一只手臂屈曲紧抱其头部,并将犬紧靠术者身体(图 4-22)。

图 4-21 大犬的徒手保定

图 4-22 小犬的徒手保定

>>> 任务 119 箍嘴保定法

用一条长 1m 左右的绷带,在中间绕两次打一活结套圈,将圈套至犬鼻背中间和下颌中部并拉紧,然后将绷带游离端绕过耳后收紧打活结即可(图 4-23-1),适用于长嘴犬。对于短嘴犬,可在绷带 1/3 处打活结圈,套在嘴后颜面处,于下颌间隙收紧,其两游离端向后拉至耳后枕部打一个结,再将其中一长的游离绷带经额部引至鼻背侧穿过绷带圈,再反转至耳后与另一游离端收紧打结(图 4-23-2)。

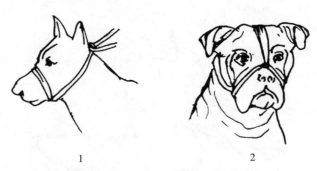

图 4-23 犬箍嘴保定法

>>> 任务 120　横卧保定法

先以绷带保定法将犬嘴扎紧，抚摸并抓住前肢腕部和后肢的足部，沿术者膝下滑倒于地（或手术台），靠近手术者一侧，抓住犬后腿向外伸直，并用前臂和手压住犬的颈部和臀部（图 4-24）。

图 4-24　犬横卧保定法

>>> 任务 121　网架保定法

网架用木质或金属材料制作，网眼结构由质地柔软、结实的材料做成。保定时，将犬置于网架上，并使其四肢陷入网眼悬空即可（图 4-25）。烈性犬要先用箍嘴保定法。

项目 4.1.5　猫的保定方法

图 4-25　犬网架保定法

>>> 任务 122　手抓顶挂皮保定法

一手抓住猫的头顶和颈后的皮肤（俗称"顶挂皮"），另一手将其两后肢拉直游离（图 4-26）。

>>> 任务 123　猫横卧保定法

术者一手抓住猫头部并握紧上下颌，另一只手握住聚拢在一起的四肢，或者直接抓头部和两后肢（图 4-27）。

项目 4　中兽医临床

图4-26　猫手抓顶挂皮保定法

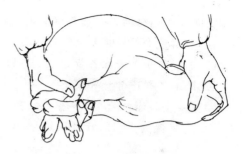
图4-27　猫横卧保定法

>>> **任务 124　猫箍嘴保定法**

在绷带1/3处打活结圈，套在嘴后颜面处，于下颌间隙收紧，其两游离端向后拉至耳后枕部打一个结，再将其中一长的游离绷带经额部引至鼻背侧穿过绷带圈，再反转至耳后与另一游离端收紧打结（图4-28）。

图4-28　猫箍嘴保定法

项目 4.2　四　　诊

项目 4.2.1　望　　诊

> 问题一：下列有病的口色与其主证对应错误的是_____。
>   A. 白色—虚证　　　　　　B. 赤色—热证
>   C. 黄色—寒证　　　　　　D. 青色—主痛、寒
>   E. 黑色—寒极、热极
> 问题二：（1~3题共用下列备选答案）
>   A. 白色　　B. 赤色　　C. 青色　　D. 黄色　　E. 黑色
> 1. 马发生肚腹冷痛时，其口色一般为_____。
> 2. 猪发生较严重的肠道寄生虫病时，其口色一般为_____。
> 3. 母犬发生产后低血钙症时，其口色一般为_____。
> 问题三：舌苔厚腻垢浊，便秘腹胀者，常为_____。
>   A. 心脾火炽　　B. 寒湿内停　　C. 湿热内蕴　　D. 宿食内积　　E. 脾虚失运

问题四：下列哪项是形盛气衰的表现？_____
　　A. 体胖能食，肌肉坚实　　　B. 体胖食少，神疲乏力
　　C. 形瘦能食，舌红苔黄　　　D. 形瘦舌红，皮肤干焦
　　E. 卧地不起，骨瘦如柴
问题五：全目赤肿为_____。
　　A. 脾胃湿热　　B. 肝经风热　　C. 心脾积热　　D. 肺热壅盛　　E. 肾精虚火

参考答案：C C A B D B

>>> **任务125　望整体**

1. 精神状态异常　精神失常主要表现为兴奋和抑制两种类型，具体有下面四种表现：

（1）兴奋。烦躁不安，肉颤头摇，左右乱跌，浑身出汗，气促喘粗等。多见于心热风邪、黑汗风等。

（2）狂躁。狂奔乱走或转圈，向前猛冲，撞壁冲墙，攀蹬饲槽，击物伤人，急吃骤停等。多见于脑黄、心黄、狂犬病等。

（3）沉郁。反应迟钝，头低耳耷，四肢倦怠，行动迟缓，离群独居，两眼半睁半闭等。多见于热证初期，脾虚泄泻，或中毒、中暑等。

（4）昏迷。意识模糊或丧失，神昏似醉，反应失灵，卧地不起，眼不见物，瞳孔散大，四肢划动等。多见于脑黄后期，或中毒病、胎风（产后瘫痪）等。

> **相关知识**
>
> 　　望诊，就是运用视觉有目的地观察患病动物全身和局部的一切情况及其分泌物、排泄物的变化，以获得有关病情资料的一种诊断方法。
>
> 　　望诊时，一般不要急于接近动物，首先应站在距离动物适当的地方（1.5～2m），对动物全身各部做一般性观察，注意其精神、形体、皮毛、动态、呼吸、胸腹、站立姿势等有无异常，然后再由前向后、由左向右，有目的地进行局部望诊。
>
> 　　望诊的内容很多，可概括为望全身和望局部两个方面。察口色本来属于望局部的内容之一，但因其是中兽医诊断疾病的特色之一，内容丰富，故单独叙述。
>
> 　　精神是动物生命活动的外在表现，主要从眼、耳及神态上进行观察。
>
> 　　动物精神的好坏，能直接反映出五脏精气的盛衰和病情的轻重，故有"得神者昌，失神者亡"之说。
>
> 　　动物精神正常则目光灵活，两耳灵活，人一接近马上就有反应，称为有神，一般为无病状态，即使有病，也属正气未衰，病情较轻；反之，若动物精神萎靡，目光晦暗，头低耳耷，人接近时反应迟钝，称为失神，表示正气已伤，病情较重。

2. 形、态异常

（1）一般来说，形体强壮的动物不易患病，一旦发病常表现为实证和热证；形体瘦弱的动物，正气不足较易发病，常表现为虚证和寒证。

项目 4　中兽医临床

（2）患病以后，不同的动物，不同的病证有不同的动态表现。

①猪。患病后首先表现精神不振，呆立一隅，或伏卧不愿起立，喂食时不想吃食，或走到食槽边闻一闻，又无精打采地离去。若突然不食，体表发热，呼吸喘促，眼红流泪，咳嗽，多为感冒；若气促喘粗，咳嗽连声，颌下气肿，口鼻流出黏液，行走不稳，甚至伸头低项，张口喘息，多为锁口风（猪肺疫）；若咳嗽缠绵不愈，鼻乍喘粗，两肷扇动，立多卧少，严重者张口喘息，气如抽锯，多为猪喘气病；若吃食减少，眼红弓背，粪便燥结，粪小成球，或弓腰努责，不见排粪，起卧不安，多为粪便秘结；若疼痛不安，蹲腰弓背，排尿点滴，常做排尿姿势而无尿者，多为尿结石；若卧地不起，四肢划动、冰凉，多属危证。

②牛、羊。患病后表现精神不振，食欲减退或废绝，反刍减少或停止，行走迟缓，两耳不扇。若眼急惊惶，气促喘粗，神昏狂乱，甚至狂奔乱跑，横冲直撞，吼叫如疯，口吐白沫，多为心风狂；若站立时前肢开张，下坡斜走，磨牙吭声，常为心经痛（多见于创伤性心包炎）；若喘息气粗，摇尾踏地，左侧腹胀如鼓，则为肚胀（瘤胃臌气）；若毛焦肷吊，鼻镜干燥，粪球硬小如算盘珠状，多为百叶干（瓣胃阻塞）；若突然气喘，食欲、反刍停止，粪便干燥，有时带血，呻吟战栗，肩部、背部有气肿者，多为黑斑病甘薯中毒；若卧地不起，头贴于地或弯抵于肷部，磨牙呻吟，鼻镜龟裂，多为危重证。

③马。若肠鸣泄泻，连连起卧，回头顾腹，而后呈间歇性腹痛，则为冷痛；若肚腹胀痛，不时起卧，站立不安，摇头摆尾，回头顾腹，粪便难下，多为结症；若睛生翳膜，眵盛难睁，头低耳耷，牵行不动，逢物不见，左右乱撞者，多为肝热传眼；若束步难行，四肢如攒，多为五攒痛（蹄叶炎）；若产后腰胯疼痛，后脚难移，或腰瘫腿瘘，卧地不起，多为胎风；若突然停止采食，烦躁不安，伸头缩项，口鼻反流，或带有草料残渣，咳嗽喘促，则为草噎（食管梗塞）；若精神萎靡，喘息低微，行走蹒跚，张口呼吸，汗出如水，鼻流粪水，多为危重证。

当然，也有不同的动物患同一疾病时，动态也基本一致的情况。如头项僵硬，四肢强直，行步困难，牙关紧闭，口流涎沫，多为破伤风；若腰背板硬，四肢如柱，转弯不灵，拘行束步，多为风湿病等。

🔍 相关知识

形，是指动物外形的肥瘦强弱。健康动物发育正常，气血旺盛，皮毛光润，皮肤富有弹性，肌肉丰满，四肢轻健。

态，是指动物的动作和姿态。正常情况下，各种动物均有其固有的动作和姿态。正常情况下，猪性情活泼，目光明亮有神，鼻盘湿润，被毛光润，不时拱地，行走时不断摇尾，喂食时常应声而来，饱后多睡卧；牛常半侧卧，四肢屈曲于腹下，鼻镜上有四季不干的汗珠，眯眼，两耳扇动，不时反刍，或用舌舔鼻镜或被毛，听到响声或有生人接近时马上起立。起立时，前肢跪地，后肢先起，前肢再起；羊最富于合群性，采食或休息时常喜聚在一起，休息时亦为侧卧，人一接近即行起立；马习惯于多立少卧，站立时前蹄驻地，轮歇后蹄，稍有声响即竖耳静听。有时卧地，但人一接近马上站立。劳役后喜卧地翻转打滚，起立后抖动被毛。

3. 皮毛异常　皮肤焦枯，被毛粗乱无光，冬季绒毛到夏季不退，多为气血虚弱，营养不良；若皮肤紧缩，被毛逆立，常见于风寒束肺；若皮肤瘙痒，或起风疹块，破后流黄色液体，多为肺风毛燥；若被毛成片脱落，脱毛处结成痂皮，奇痒难忍，揩树擦桩，多见于疥癣；若牛背部皮肤有大小不等的肿块，患部脱毛，用力挤压常有牛皮蝇幼虫蹦出，则为蹦虫病；若羊被毛散乱，精神萎靡，在口、眼、鼻及四肢内侧等被毛稀少处皮肤发生红斑或丘疹、水泡、脓疱，最后结成痂皮者，多为羊痘。

汗孔布于皮肤，观察皮毛时还要注意出汗的情况。若轻微使役或运动就出汗，称为自汗，多见于气虚、阳虚；若夜间休息而出汗称为盗汗，多为阴虚内热。若见起卧不安，耳根、胸前、四肢内侧等部位有汗者，多为剧烈疼痛。若在暑热炎天，汗出如油，多为中暑；若动物冷汗不止，浑身震颤，口色苍白，多属内脏器官破裂。

> **相关知识**
>
> 皮毛为一身之表，是机体抵御外邪的屏障。肺合皮毛，观察皮肤和被毛的色泽、状态，可以了解动物营养状况，气血盈亏和肺气的强弱。健康动物皮肤柔软而有弹性，被毛平顺而有光泽，随季节、气候的变化而褪换。

>>> 任务126 望局部

1. 眼异常 若两目红肿，畏光流泪，眵盛难睁，多为肝热传眼；若一侧红肿，畏光流泪，常为外伤或摩擦所致；两目干涩，视物不清或夜盲者，多为肝血不足；眼睑浮肿如卧蚕状，多为水肿；眼窝凹陷，多为津液耗伤；眼睑懒睁，头低耳耷，多为过劳、慢性疾病或重病；若瞳孔散大，多见于脱证、中毒或其他危证。

> **相关知识**
>
> 眼为肝之外窍，五脏六腑之精气皆上注于目，故从眼上不仅可反映出肝经病变，同时可反映出五脏精气的盛衰和精神好坏。健康动物眼珠灵活，明亮有神，结膜粉红，洁净湿润，无眵无泪。

2. 鼻和鼻镜异常 若鼻流清涕，多为外感风寒；鼻液黏稠，多系外感风热；一侧久流黄白色浊涕，味道腥臭，多为脑颡黄；若两侧流出脓性鼻液，下颌淋巴结肿大，多见于腺疫；若鼻浮面肿，松骨肿大，口吐混有涎沫的草团，多为翻胃吐草（骨软症）。

若牛的鼻镜过湿，汗成片状或如水珠下滴者，多为寒湿之证；若汗不成珠，时有时无者，多为感冒或温热病的初期；若鼻镜干燥龟裂，触之冰冷似铁者，多为重证危候。

> **相关知识**
>
> 鼻为肺之外窍，健康动物鼻孔清洁润泽，呼吸平顺，能够分辨出食物和饮水的气味；正常牛的鼻镜保持湿润，并有少许汗珠存在。

3. 耳异常 若两耳下垂,常为肾气衰弱或久病重病;两耳竖立,有惊急之状,多为邪热侵心或破伤风;两耳背部血管暴起并延至耳尖者,常为表热证;两耳凉而背部血管不见者,多为表寒证;一耳松弛下垂兼嘴眼歪斜者,则为歪嘴风(颜面神经麻痹);若呼唤不应,则为耳聋。

> **相关知识**
>
> 耳为肾之外窍,十二经脉皆连于耳。耳的动态除与动物的精神好坏有关外,还与肾及其他脏腑的功能好坏有关。健康动物,双耳灵活,听觉正常。

4. 口唇异常 若津液黏稠牵丝,唇内黏膜红黄而干者,多为脾胃积热;若口流清涎,口色青白滑利者,多为脾胃虚寒;若突然口吐涎沫,其中夹杂饲料颗粒,伸头直项,多为草噎;若口津减少,多为久病、热证引起的津液不足之证。

如塞唇似笑(上唇揭举),多见于冷痛;下唇松弛不收,为脾虚;嘴唇歪斜,多见于歪嘴风;口舌糜烂或口内生疮,多为心经积热。

> **相关知识**
>
> 口唇是脾的外应。健康动物口唇端正,运动灵活,口津分泌正常,一般不流出口外。

5. 饮食异常 望饮食的主要内容有:饮食的多少及采食和饮水的方式,咀嚼、吞咽动作是否正常,以及有无呕吐等。对牛、羊、骆驼等反刍动物,应特别注意观察反刍和嗳气情况。

若食欲减退,多见于疾病的初期;若食草而不食料,多为料伤;若喜食干草干料,多为脾胃寒湿;若喜食带水饲料,多为胃腑积热;若咀嚼缓慢小心,边食边吐,咽下困难,多为牙齿疾病或咽喉肿痛;如嗜食沙土、粪便、毛发等异物者,则为异食癖,常见于缺乏矿物质或微量元素的疾病;若患病动物饮欲逐渐增加,则为疾病好转的象征。

反刍减少或停止,见于感冒、发热、宿草不转、百叶干等。若反刍逐渐恢复,表示预后良好;若反刍一直停止,则表示预后不良。

如嗳气频繁,表示瘤胃中发酵作用增强,产生了多量气体,多见于采食大量易发酵的草料、过食及瘤胃臌气的初期;嗳气减少,则表示前胃机能减弱,多见于前胃疾病、食道不完全阻塞以及热性病、传染病等病程中。

> **相关知识**
>
> 在疾病过程中,食欲的好坏能反映出"胃气"的强弱。健康动物胃气正常,食欲旺盛。如患病以后,病情虽重而食欲尚好,表明胃气尚存,预后良好;草料不进,说明胃气衰微,预后不良。故有"有胃气则生,无胃气则死"之说。
>
> 反刍,俗称"倒嚼"。健康牛采食后0.5~1.5h开始反刍,每次持续时间0.5~1h,每个食团咀嚼40~80次,每昼夜反刍4~8次。
>
> 嗳气,是反刍动物借瘤胃和腹肌的收缩,将瘤胃中产生的气体经口鼻排出的过程,其中常伴有特殊的声响和饲料的清淡气味。牛1h内嗳气数为20~40次。

6. 呼吸异常 望呼吸时，应注意其次数、强度、节律以及姿势的变化。如呼吸缓慢而低微，或动则喘息者，多为虚证寒证；气促喘急，呼吸粗大亢盛，多为实证热证。呼吸时，腹部起伏明显，多见于胸部疼痛；若胸部起伏明显，多为腹部疼痛。若呼气延长而且紧张，在呼气末期腹部强力收缩，沿肋骨端形成一条喘线，呼气时肷部及肛门突出者，见于肺壅、气喘等症；若吸气长而呼气短，表示气血相接，元气尚足，病虽重而尚可治；吸气短而呼气长，则为肺气败绝，多属危证。

> **相关知识**
>
> 呼吸由肺所主，并与肾的纳气作用有关。出气为呼，入气为吸，一呼一吸，谓之一息。健康动物呼吸均匀，胸腹部随呼吸动作而稍有起伏，马的鼻翼微有扇动。健康动物每分钟的呼吸次数为：马、驴、骡8~16，牛10~30，水牛10~40，猪10~20，羊12~20，骆驼5~12，犬10~30，猫10~30。

7. 粪便异常 粪便的异常变化多与胃肠病变有关。胃肠有热，则粪臭而干燥，色呈黄黑，外包黏液；胃肠有寒，则粪稀软带水，颜色淡黄；脾胃虚弱，则粪渣粗糙，完谷不化，稀软带水，稍有酸臭；胃肠湿热，则泻粪如浆，气味腥臭，色黄污秽，脓血混杂，或呈灰白色糊状；排粪少而干小，颜色较深，腹痛不安，卧地四肢伸展者，则为结症；粪便带血，若血色鲜红，先血后便，多为直肠、肛门出血，若血色深褐或暗黑，先便后血或粪血相杂，多为胃肠前段出血。

> **相关知识**
>
> 正常情况下，粪便的数量、颜色、气味、形态等是比较恒定的，因动物种类和饲养管理条件不同，其形态有所变化。健康猪粪便呈稀软条状或圆柱状，多为褐色；牛的粪便比较稀软，落地后平坦散开，或呈轮层状粪堆；马的粪便呈圆球形，落地后部分能碎，一般为浅黄色。同种动物因所吃的饲料和饮水量的不同，粪便也有所变化。如喂干料多，其粪便则硬些，若吃青草，粪便则较软。

8. 尿液异常 观察尿液，应注意其颜色、尿量、清浊程度等方面的变化。尿液混浊多为病态，一般多见于肾、膀胱、尿道及生殖器官的疾病；尿频数而清白者，多为肾阳虚；排尿失禁，多为肾气虚；尿液短少、色深黄或赤黄（称尿短赤）且有臊味者，多为热证或实热证；尿液清长（色淡而多）且无异常气味者，多为寒证或虚寒证；若排尿赤涩淋痛，常见于膀胱积热（膀胱炎）等；久不排尿，或突然排不出尿，时作排尿姿势，且见腹痛不安者，多为尿闭或尿结石；尿液色红带血，若先排血后排尿，多为尿道出血，先排尿而后尿中带血者，多属膀胱内伤。

> **相关知识**
>
> 正常猪、牛的尿液为淡黄色或无色，清亮如水，马的尿液为浊黄色。

9. 二阴异常 若阴囊、睾丸硬肿，如石如冰，为阴肾黄，阴囊热而痛者，为阳肾黄；若阴囊肿大而柔软，或时大时小，常伴有腹痛症状者，多为阴囊疝气；若阴茎勃起，未交配即泄精，称滑精，多属肾气虚精关不固；阴茎萎软，不能勃起，称为阳痿，多属肝肾不足；阴茎长期垂脱于包皮之外，不能缩回，称为垂缕不收，多属肾经虚寒。

检查阴门应注意其形态、色泽及分泌物的变化。动物发情时，阴门略红肿，并有少量黏性分泌物垂出，俗称"吊线"。产后阴门经久排出紫红色或污黑色液体，称为恶露不尽。若妊娠未到产期，阴门虚肿外翻，有黄白色分泌物流出，多为流产前兆；若阴户一侧内陷，有腹痛表现者，多为子宫扭转。

望肛门，应注意其松紧、伸缩和周围情况。若肛门松弛、内陷，多为气虚久泻；若直肠脱出于肛门之外，称为脱肛；若肛门瘙痒，揩树擦桩，尾毛脱落者，常见于马蛲虫病；肛周有紫红色溢血斑点，多为牛环形泰勒虫病；若肛周、尾根及飞节部有粪便污染，常见于泄泻。

> **相关知识**
>
> 二阴即前阴和后阴。前阴指公畜的阴茎（又称肾筋）、睾丸（又称外肾）及母畜的阴门，后阴指肛门。

10. 四肢异常 若一前肢疼痛时，常呈"点头行步"，即当健肢着地时，头低下偏向健侧，当病肢着地时，头向健侧抬起，故有"低在健，抬在患"之说，同样，当后肢有病时，则呈"臀部升降运动"，即"降在健，升在患"；若运步时以抬举和迈步困难为主，其病多在肢体的上部；以踏地小心或不能着地为主者，其病多在肢的下部，即通常所说的"敢抬不敢踏，病必在脚下；敢踏不敢抬，病必在胸怀"。

另外，若四肢关节明显肿大，多为骨质增生或关节黄肿；关节变形，多为久治不愈的风湿病或闪伤重症；膘肥体壮，束步难行，四肢如攒，多为料伤五攒痛（蹄叶炎）。

《元亨疗马集·点痛论》中，对跛行诊断概括得十分简练，如，"仰头点，膊尖痛；平头点，下栏痛；偏头点，乘重痛；低头点，天臼痛；悬蹄点，蹄心痛；直腿行，膝上痛；束脚行，肺把五攒痛；难移前脚抢风痛"。至今仍有很高的临诊参考价值。

> **相关知识**
>
> 望四肢，主要观察四肢站立、走动时的姿势和步态。健康动物四肢强健，运动协调，屈伸灵活有力，各部关节、筋腱和蹄爪形态正常。

>>> 任务127 察口色

1. 察口色的部位 包括望唇、舌、口角、排齿（上下齿龈）和卧蚕（舌下方，舌系带前方两侧，颌下腺开口处的舌下肉阜），其中以望舌为主。脏腑在口色上各有其相应部位，即舌色应心，唇色应脾，金关（左卧蚕）应肝，玉户（右卧蚕）应肺，排齿应肾，口角应三焦。

2. 察口色的方法 察口色一般应在动物来诊稍事歇息，待气血平静后进行。检查时应敏捷，仔细。将舌拉出口外的时间不能过长，不宜紧握，以免人为地引起舌色的变化。猪、羊、犬、猫等中小动物可用开口器或棍棒将口撬开进行观察，但不得施以暴力，最好使其自然张开。

检查马属动物时，右手拉住笼头，左手食指和中指拨开上下嘴角，即可看到唇和排齿的颜色；然后，将这两指从口角伸入口腔，感觉口内温、湿度；再将两指叉开，开张口腔，观察口色、舌态和舌苔；最后将舌拉出口外，仔细观察舌苔、舌体、舌面及卧蚕的细微变化（图4-29）。

检查牛时，应站在牛头侧面，先看鼻镜，然后一手提高鼻圈（或鼻孔），另一手翻开上下唇，看唇和排齿，再用二指从口角伸入口腔，口即张开，即可查看舌面、舌底和卧蚕等（图4-30）。

图4-29 察马口色的方法

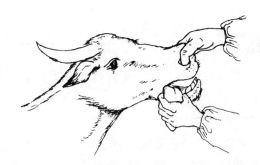

图4-30 察牛口色的方法

3. 有病口色

（1）病色。常见的病色有白、赤、青、黄、黑五种。

①白色。主虚证。是气血不足，血脉空虚的表现。其中淡白为气血虚弱，见于营养不良、贫血等；苍白（淡白无光）为气血虚衰，见于内脏出血和严重虫积等。

②赤色。主热证。因血得热则行，热盛而致气血沸涌，舌体脉络充盈。其中微红为表热，见于温热病初期；鲜红主热在气分；绛红主热邪深入营血，见于温热病后期及喘气病、肠扭转、胃肠臌气等；赤紫为气血瘀滞，见于重症肠黄、中毒等。

③黄色。主湿证。因肝胆疏泄失职，脾失健运，湿热郁蒸，胆汁外溢所致。黄而鲜明为阳黄，多见于急性肝炎、胆道阻塞、血液寄生虫病等；黄而晦暗为阴黄，见于慢性肝炎等。

④青色。主寒、主瘀、主痛。寒性收引，凝滞不通，不通则痛，阳气郁而不宣，故为青色。青白为脏腑虚寒，见于脾胃虚寒、外感风寒等；青黄为内寒挟湿，见于寒湿困脾等；青紫为气滞血瘀的表现。

⑤黑色。主热极或寒极。其中，黑而无津者为热极，黑而津多者为寒极，皆属危重病候。

（2）舌苔。舌苔变化主要包括苔色和苔质两个方面。

①苔色。分白苔、黄苔、灰黑苔三种。

白苔：主表证、寒证。苔白而润，表明津液未伤；苔白而燥，表明津液已伤；苔白而滑，表明寒湿内停。

黄苔：主里证、热证。淡黄苔而润者为表热；苔黄而干者，为里热耗伤津液；苔黄而焦裂者，多为热极。

灰、黑苔：主热证、寒湿证中的重症，多由黄苔转化而来。灰黑而润滑者多为阳虚寒甚；灰黑而干燥者多为热炽伤津。

②苔质。是指舌苔的有无、厚薄、润燥、腐腻等。

有无：舌苔从无到有，说明胃气渐复，病情好转；舌苔从有到无，说明胃气虚衰，预后不良。

厚薄：苔薄，表示病邪较浅，病情轻，常见于外感表证；苔厚，表示病邪深重或内有积滞。

润燥：苔润表明津液未伤；苔滑多主水湿内停；舌苔干燥，表明津液已伤，多为热证伤津或久病阴液耗亏。

腐腻：苔质疏松而厚，如豆腐渣堆积于舌面，可以刮掉，为腐苔，主胃肠积滞、食欲废绝；苔质致密而细腻，擦之不去，刮之不脱，像一层混浊的黏液覆盖在舌面，称腻苔，多主湿浊内停。

（3）口津。若口津黏稠或干燥，多为燥热伤阴；口津多而清稀，口腔滑利，口温低，多为寒证或水湿内停。但若口内湿滑、黏腻，口温高，则为湿热内盛；若口内垂涎，多为脾胃阳虚、水湿过盛或口腔疾病。

（4）舌体形态。若舌淡白胖大，舌边有齿痕，多属脾肾阳虚；舌红、肿胀溃烂，多为心火上炎；苔薄而舌体瘦小，舌色淡白而舌体软绵，多为气血不足；舌质红绛，舌面有裂纹，多为热盛；舌体发硬，屈伸不便或不能转动，多为热邪炽盛、热入心包；若舌体震颤，多为久病气血两虚或肝风内动；若舌淡而痿软，伸卷无力，甚至垂于口外不能自行缩回者，表示气血俱虚，病情重危。

相关知识

察口色，是指观察口腔各有关部位的色泽，以及舌苔、口津、舌形等变化，以诊断病证的方法。口色是气血的外荣，是气血功能活动的外在表现，其变化反映了体内气血盛衰和脏腑虚实，在辨证论治和判断疾病的预后上有重要意义。

动物正常口色为舌质淡红，鲜明光润，舌体不肥不瘦，灵活自如；微有薄白苔，稀疏均匀；干湿得中，不滑不燥。

由于季节及动物种类和年龄等不同，正常口色也有一定的差异。如夏季偏红，冬季偏淡，故有"春如桃花夏似血，秋如莲花冬似雪"之说；猪的正常口色比马、骡红些，牛、羊、驼的口色比马、骡淡些；幼龄动物偏红，老龄动物偏淡。应注意的是，皮肤黏膜的某些固有色素或采食青绿饲料、灌服中草药、戴衔铁等，可引起口腔色染而掩盖真实口色，应注意区别。

察口色，是中兽医诊断动物疾病的特色之一，临诊时，除了进行舌色、舌苔、舌津和舌形等方面内容的检查外，还要注意观察口内的光泽度。有光泽表示正气未伤，预后良好；若无光泽，多表示已伤正气，缺乏生机，预后不良。

项目 4.2.2 闻 诊

问题一：下列不属于闻诊内容的是_____。
  A. 叫声   B. 呼吸音   C. 饮食   D. 肠音   E. 粪便气味

问题二：牛出现体温升高、腹泻、粪便带黏膜、恶臭。中兽医辨证确定的证候为_____。
  A. 寒湿泄泻   B. 湿热泄泻   C. 伤食泄泻   D. 脾虚泄泻   E. 肾虚泄泻

问题三：病犬呼出气有蒜臭气味多见于_____。
  A. 瘟疫发生   B. 疮疡溃腐   C. 脏腑衰败
  D. 肾阳虚衰   E. 有机磷中毒

问题四：寒痰停肺咳嗽的特点是_____。
  A. 咳声轻清低微   B. 咳声重浊紧闷
  C. 咳声不扬痰黄稠   D. 阵发性痉挛性咳嗽
  E. 干咳无痰或少痰

问题五：下列哪一项不属于喘证的临床表现？_____
  A. 呼吸困难   B. 鼻翼扇动   C. 张口呼吸   D. 喉中痰鸣   E. 犬卧呼吸

参考答案：C、B、E、B、D

>>> 任务 128　听 声 音

1. 叫声异常　在疾病过程中，若新病即叫声嘶哑，多为外感风寒；久病失音，多为肺气亏损。若叫声重浊，声高而粗者，多属实证；叫声低微无力者，多属虚证。叫声平起而后延长者，病虽重而有救治的希望；叫声怪猛而短促者，多为热毒攻心，难治；如不时发出呻吟，并伴有空口咀嚼或磨牙者，多为疼痛或病重之征。

2. 呼吸音异常　若呼吸气粗者，为实证、热证；气息微弱者，多见于内伤虚劳；吸气长而呼气短者，正气尚存；吸气短而呼气长者，为正气亏伤，肺肾两虚；呼吸伴有鼻塞音者，为鼻漏过多，或鼻道肿胀、生疮；呼吸时伴有痰鸣音，多为痰饮聚积；若口张鼻乍，气如抽锯，或呼吸深重，鼻脓腥臭者，多属重症，难医。

呼吸时气息急促称为喘。若喘气声长，张口掀鼻者，为实喘；喘息声低，气短而不能接续者，为虚喘。

听肺呼吸音，可用直接听诊法和间接听诊法。现多用听诊器间接听诊，能更准确地判明呼吸音的强弱、性质和病理变化。正常动物肺呼吸音类似轻读"夫、夫"的声音。若肺呼吸音增强，常见于实证、热证和疼痛等；听到"丝丝"音，多为阴虚内热证；若听到水泡破裂音，多为寒湿、痰饮证；若有空瓮音，多见于肺痈等形成的肺空洞；若有捻发音，多为肺壅、或过劳伤肺；若出现类似于手背摩擦音或拍水音，则为前槽水（胸腔积液）、胸膜疾病等。

3. 咳嗽　咳嗽是肺经疾病的重要证候之一。若咳嗽洪亮有力，多为实证，常见于外感风寒或外感风热的初期；咳声低微无力，多为虚证，常见于劳伤久咳；咳而有痰者为湿咳，多见于肺寒或肺痨；咳而无痰者为干咳，常见于阴虚肺燥或肺热初期；咳嗽时伴有伸头直颈、肋胁振动、肢蹄刨地等，多为咳嗽困难或痛苦的征象；如咳嗽连声，低微无力，鼻流浓涕，气如抽锯者，多为重症。

此外，其他脏腑功能活动失调，涉及于肺，也可引起咳嗽，所谓"五脏六腑，皆令兽咳"。

4. 胃肠音异常　若肠音响亮，连绵不断，甚至如雷鸣，数步之外能闻者，称为肠音增强或亢进，常见于冷痛、冷肠泄泻等症；肠音稀少，短促微弱，称为肠音减弱，多为胃肠滞塞不通，常见于胃肠积滞便秘等；肠音完全消失，称肠音废绝，常见于结症、肠变位的后期；经治疗发现肠音逐渐恢复，则为病情好转的象征；如肠音一直不恢复，且腹痛不止，不见排粪，常为病情严重、预后不良的表现。

若瘤胃蠕动音减弱或消失，可见于脾虚不磨、宿草不转、百叶干以及急性瘤胃臌气、真胃阻塞、肠秘结、创伤性网胃-心包炎等。

5. 咀嚼音异常　若咀嚼缓慢小心，声音低，多为牙齿松动、疼痛、胃热等症；若口内无食物而磨牙，多为疼痛所致。

>>> 任务 129　嗅 气 味

1. 口腔气味异常　若口气秽臭，口热，伴食欲废绝者，多为胃肠积热；若口气酸臭，多为胃内积滞；若口内腥臭、腐臭，见于口舌生疮糜烂、牙根或齿槽脓肿等症。

2. 鼻腔气味异常　如鼻流黄色脓涕，气味恶臭，多为肺热；鼻流黄灰色、气味腥臭的鼻液，多见于肺痈；鼻涕呈灰白色豆腐脑样，尸臭气味，多见于肺败；马若一侧鼻孔流出恶臭的脓涕，多为脑颡黄（鼻窦蓄脓）；羊一侧鼻孔流出黏稠腥臭的鼻液，多为羊鼻蝇幼虫病。

3. 粪尿气味异常　若粪便清稀，臭味不重，多属脾虚泄泻；粪便粗糙，气味酸臭者，多为伤食；粪便带血或夹杂黏液，泻下如浆，气味恶臭，多见于大肠湿热证。

若尿液清长如水，无异常臭味，多属虚证、寒证；尿液短赤混浊，臊臭刺鼻，多为实证、热证。

4. 浓汁脓臭味　一般地，良性疮疡的脓汁呈黄白色，明亮，无臭味或略带臭味。若脓汁黄稠、混浊，有恶臭味，多属实证、阳证，为火毒内盛；若脓汁灰白、清稀，气味腥臭，属虚证、阴证，为毒邪未尽，气血衰败。

🔍 相关知识

闻诊包括听声音和嗅气味两个方面。

听声音，是利用听觉以诊察动物的声音变化。健康动物在求偶、呼群、唤仔等情况下，可发出洪亮而有节奏的叫声；一般情况下，健康动物肺气清肃，气道畅通，呼吸平和，不用听诊器听不到声音；健康动物小肠音如流水声，平均每分钟 8～12 次。大肠音如雷鸣声，平均每分钟 4～6 次。健康牛、羊等反刍动物，瘤胃蠕动音呈由弱到强、又由强转弱的沙沙声。瘤胃的蠕动次数，牛每 2min 2～5 次，山羊每 2min 2～4 次，绵羊每 2min 3～6 次，每次蠕动持续的时间为 15～30s。

嗅气味，是通过嗅觉诊察动物分泌物、排泄物的气味变化，从而认识疾病。健康动物口内带有草料气味，无异常臭味；鼻腔无特殊气味；粪便都有一定的臭味；健康马的尿液有一定的刺鼻臭味，其他动物尿的气味较小。

项目 4.2.3 问 诊

问题一：犬，雄性，5岁，体温39.6℃。主诉：精神不振，不食，时而小便，但每次小便量不多，色黄。临床检查，证见腹部膨胀，触诊腹壁紧张；不停作小便姿势，呈滴水状；口色红赤，舌苔黄腻，脉象滑数。若选用中药治疗，应以下述哪个方剂为主进行加减？_____

　　A. 八正散　　B. 藿香正气散　C. 五苓散　　D. 平胃散　　E. 健脾散

问题二：母猪，4岁，营养较差，体温39.0℃。主诉：已产仔10d，生产时有难产症状，乳汁不多；临床检查，母猪食欲不佳，鼻盘较干，阴户不停流出污浊分泌物，腥臭难闻。若选用中药治疗，应以下述哪个方剂为主进行加减？_____

　　A. 通乳散　　B. 白术散　　C. 槐花散　　D. 定痛散　　E. 生化汤

问题三：马，6岁。体温39.3℃。主诉：草料减少，喜欢饮水，大便稀呈糊状约有2月余。临床检查，证见精神倦怠，发热，轻动即汗，口渴喜饮，粪便稀溏，肛门外凸，口色淡白，舌苔薄白。若选用中药治疗，应以下述哪个方剂为主进行加减？_____

　　A. 四物汤　　B. 补中益气汤　C. 百合固金汤　D. 桃红四物汤　E. 归脾汤

问题四：猫，雌性，2岁，体温39.6℃，主诉：前天主人外出，食盘内加放了数条小鱼，昨天回家发现猫不吃，烦躁不安，不停嘶叫，弓腰竖毛，粪便黏腻腥臭。临床检查，鼻镜干燥，口色赤红，舌苔干黄，脉象洪数。该症属于_____。

　　A. 湿热泻　　B. 寒泻　　　C. 疫毒痢　　D. 脾虚泻　　E. 肾虚泻

问题五：猪，体重25kg。精神倦怠，头低耳耷，不食，主诉：一天前突然开始腹泻，粪便稀薄似水样，无异味。临床检查，耳鼻寒冷，偶见寒战，小便清长，口色青白，舌苔薄白，脉象沉迟。该症属于_____。

　　A. 寒泻　　　B. 热泻　　　C. 伤食泻　　D. 虚泻　　　E. 大肠湿热

参考答案：A B B A A

>>> 任务130　问诊方法

1. 问发病情况　主要包括发病时间，病情发展快慢，患病动物的数目及有无死亡等。由此推测疾病新旧、病情轻重和正邪盛衰、预后好坏、有无时疫和中毒等。如初病者，多为感受外邪，病在表多属实；病久者，多为内伤杂证，病在里多属虚；如发病快，患病动物数目较多，病后症状基本相似，并伴有高热者，则可能为时疫流行；若无热，且为饲喂后发病，平时食欲好的病情重、死亡快，可疑为中毒；如发病较慢，数目较多，症状基本相同，无误食有毒饲料者，则应考虑可能为某种营养缺乏症。

2. 问发病及诊疗经过　主要包括发病后的症状、发病过程和治疗情况。要着重询问发病后的食欲、饮水、反刍、排粪、排尿、咳嗽、跛行、疼痛、恶寒与发热、出汗与无汗等情况。如食欲尚好，表示病情较轻；食欲废绝，表示病情较重；若咳嗽气喘，昼轻夜重，多属虚寒；昼重夜轻，多属实火；若病程较长，饮食时好时坏，排粪时干时稀，日渐消瘦，多为脾胃虚弱；若排粪困难，次数减少，粪球干小，多为便秘。若刚运步时步态强拘，随运动量增加而证候减轻者，多为四肢寒湿痹证。

如来诊前已经过治疗,要问清曾诊断为何种病证,采用何种方法、何种药物治疗,治疗的时间、次数和效果等,这对确诊疾病,合理用药,提高疗效,避免发生医疗事故有重要作用。如患结症动物,已用过大量泻下药物,在短时间内尚未发挥疗效,若不询问清楚,盲目再用大量泻下剂,必致过量,产生攻下过度的不良后果。

3. 问饲养管理及使役情况 在饲养管理方面,应了解草料的种类、品质、配合比例,饲养方法以及近期有无改变,饮水的多少、方法和水质情况,圈舍的防寒、保暖、通风、光照等情况。如草料霉败、腐烂,容易引起腹泻,甚至中毒;过食冰冻草料,空腹过饮冷水,常致冷痛;厩舍潮湿,光照不足,日久可发生痹证;暑热炎天,厩舍密度过高,通风不良,易患中暑等。

在使役方面,应了解使役的轻重、方法,以及鞍具、挽具等情况。如长期使役过重,奔走太急,易患劳伤、喘症和腰肢疼痛等;鞍具、挽具不合身,易发生鞍伤、背疮等。使役后带汗卸鞍,或拴于当风之处,易引起感冒、寒伤腰胯等。

4. 问既往病史和防疫情况 了解既往疾病发生情况,有助于现病诊断。如患过马腺疫、猪丹毒、羊痘等疾病,一般情况下,以后不再患此病。做过预防注射的动物,在一定时间内可免患相应的疾病。有些疾病可以继发其他疾病,如结症可继发肠黄,料伤可继发五攒痛等。

5. 问繁殖配种情况 公畜采精、配种次数过于频繁,易使肾阳虚弱,导致阳痿、滑精等症;母畜在胎前产后,容易发生产前不食、妊娠浮肿、胎衣不下、难产等症;母畜在怀孕期间出现不安、腹痛起卧甚或阴门有分泌物流出,则为胎动不安之征,常可发生流产和早产;一些高产奶牛和饲养失宜的母猪,易患产后瘫痪。询问胎前产后情况,不仅有助于诊断疾病,而且对选方用药也有指导意义。如对妊娠动物,应慎用或禁用妊娠禁忌药。

项目 4.2.4 切 诊

问题一:下列脉象与其主证对应错误的是_____。
　A. 浮脉——表证　　　　B. 迟脉——寒证
　C. 数脉——热证　　　　D. 沉脉——里证
　E. 虚脉——里证

问题二:下列不属于切诊内容的是_____。
　A. 切脉　　B. 触皮温　　C. 肿块硬度　　D. 直肠检查　　E. 口气

问题三:(1~2题共用下列备选答案)
　A. 浮脉　　B. 沉脉　　C. 迟脉　　D. 数脉　　E. 滑脉
1. 外感风寒初期,其脉象可见_____。
2. 犬瘟热气分证期,其脉象可见_____。

问题四:正常幼畜脉象平和,较成年家畜_____。
　A. 浮而稍缓　　B. 弦而稍数　　C. 浮而稍弦　　D. 浮而稍数　　E. 软而稍数

问题五:犬,雌性,2岁,体温38.8℃,精神萎靡,不食2d,粪便稀软,酸臭,内见小的牛肉粒。主诉:3d前偷食了放在小桌上的牛肉,约250g。触诊肚腹饱满,有痛感;打开口腔有酸臭味,口腔黏滑,舌苔厚腻,口色红,脉数。该症属于_____。
　A. 脾虚不食　　B. 胃阴虚　　C. 胃肠湿热　　D. 食滞　　E. 大肠湿热

参考答案:E D E A D D

>>> 任务131 切　脉

1. 切脉的部位　因动物种类不同，切脉的部位也不同。马传统上切双凫脉，目前多切颌外动脉；牛、驼切尾动脉；猪、羊、犬等切股内动脉。

2. 切脉的方法　切马颌外动脉时，诊者站在动物侧方，一手抓住笼头，另一手食指、中指、无名指，根据动物体格的大小，放置于适当的位置上，然后采取不同的指力进行触摸、按压，以体察脉象的变化（图4-31）。诊完一侧，再诊另一侧。

切诊牛、驼的尾动脉时，诊者站在动物正后方（诊驼时应先使骆驼卧地），左手将尾略向上举，右手食指、中指、无名指布按于尾根腹面，用不同的指力推压和寻找即得。拇指可置于尾根背面帮助固定（图4-32）。

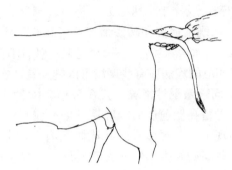

图4-31　马的诊脉部位和方法　　　　图4-32　牛的诊脉部位和方法

切诊猪、羊、犬的股内动脉时，诊者应蹲于动物侧面，手指沿腹壁由前到后慢慢伸入股内，摸到动脉即行诊察，体会脉搏的性状（图4-33）。

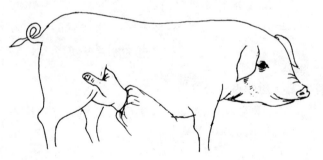

图4-33　猪的诊脉部位和方法

诊脉时，应保持环境安静。待动物停立安静，呼吸平稳，气血调匀后再行切脉。医者也应使自己的呼吸保持稳定，全神贯注，仔细体会。每次诊脉时间，一般不应少于3min。

切脉时常用三种指力，如轻用力，按在皮肤，为浮取（举）；中度用力，按于肌肉，为中取（寻）；重用力，按于筋骨，为沉取（按）。浮、中、沉三种指力可反复运用，前后推寻，以感觉脉搏幅度的大小，流利的程度等，对脉象做出一个完整的判断。

3. 反脉　反脉即反常有病之脉。由于疾病的复杂，脉象表现也相当复杂，现将临床常见脉象归纳如下。

（1）浮脉与沉脉。是脉搏显现部位深浅相反的两种脉象。

项目 4　中兽医临床

脉象：若脉位较浅，轻按即有明显感觉，重按反觉减弱，如水上漂木者，为浮脉；若脉位较深，轻按觉察不到，重按才能摸清，如石沉水者，为沉脉。

主证：浮脉主表证，常见于外感初起。浮数为表热，浮迟为表寒，浮而有力为表实，浮而无力为表虚；沉脉主里证，沉数为里热，沉迟为里寒，沉而有力为里实，沉而无力为里虚。

说明：邪袭肌表，卫阳抵抗外邪，则脉气鼓动于外，应指明显而出现浮脉，主病在表；邪郁在里，气血内滞，正邪相搏于里，故显沉脉，主病在里、在脏腑。

（2）迟脉与数脉。是脉搏快慢相反的两种脉象。

脉象：脉搏减慢，马、骡每分钟少于 30 次，牛每分钟少于 40 次，猪、羊每分钟少于 60 次者，为迟脉；脉来急促，马、骡每分钟超过 45 次，牛、猪、羊每分钟超过 80 次者，为数脉。

主证：迟脉主寒证，迟而有力为实寒，迟而无力为虚寒，浮迟为表寒，沉迟为里寒；数脉主热证，数而有力为实热，数而无力为虚热，浮数为表热，沉数为里热。

说明：寒为阴邪，其性凝滞，易致气滞血瘀，气血不畅，故显迟脉；邪热亢盛，鼓动气血，脉行加速，故令脉数。

（3）虚脉与实脉。是脉搏力量强弱相反的两种脉象。

脉象：若浮、中、沉取时均感无力，按之虚软者，称虚脉；反之，浮、中、沉取时均表现充实有力者，为实脉。

主证：虚脉主虚证，多见于气血两虚；实脉主实证，多见于高热、便秘、气滞、血瘀等。

说明：气不足以运其血，则脉来无力，血不足以充其脉，则按之空虚，故显虚脉；邪盛而正不虚，邪正相搏，脉管满实有力，故显实脉。

以上为最常见的脉象，如果从充盈度、流利度、紧张度和搏动节律等方面分析，又有洪、细、滑、涩、弦、促、结、代脉等脉象。

在临诊上往往由于病情的复杂多变，两种或两种以上的脉象相兼出现，如表热证，脉见浮数，里虚寒证，脉见沉迟无力等，因此，要把各种脉象及主证联系起来，加以综合分析，就能比较正确地判断病情。

4. 易脉　即四时变异之脉，有屋漏、雀啄、釜沸、解索、虾游等，都是脉形大小不等，快慢不一，节律紊乱，杂乱无章的脉象，皆为危亡之绝脉。

相关知识

切脉也称脉诊，是用手指切按动物体一定部位的动脉，根据脉象了解和推断病情的一种诊断方法。体内气血循经脉输布全身，维持机体生命活动。而经脉内联脏腑，外络肢节，将机体连成一个统一的有机整体，当机体某部发生病变时，必然会影响气血的运行，而在脉管上发生相应的变化。因此，通过脉象的变化，可推断疾病的部位，识别病性的寒热、虚实，判断疾病的预后。

脉象，是指脉搏应指的形象。包括脉搏显现部位的深浅、脉跳的快慢、搏动的强弱、流动的滑涩、脉管幅度的大小，以及脉跳的节律等。

健康之脉称为平脉。平脉不浮不沉,不快不慢,不大不小,节律均匀,连绵不断。

平脉受季节变化的影响而发生变化,前人总结为春弦、夏洪、秋毛(浮)、冬石(沉)。此外,还因动物的种类、年龄、性别、体质、劳役、饥饱等不同而略有差异。一般来说,幼龄动物脉多偏数,老弱动物脉多偏虚,瘦弱者脉多浮,肥胖者脉多沉,骑行、劳役后脉多数,久饿脉多虚,饱后脉多洪等。孕畜见滑脉,亦为正常现象。

正常动物每分钟脉搏次数为:马、骡30～45,牛40～80,猪60～80,羊60～80,骆驼30～60,犬70～120,猫110～130。

[附] 其他反脉

其他反脉介绍见表4-1。

表4-1 其他反脉

反脉	细脉	洪脉	滑脉	涩脉	促脉	结脉	代脉
脉象描述	脉象细弱,如丝如线	脉象洪大,如波涛汹涌,来盛去衰	脉象往来流利、如盘走珠,应指圆滑	往来艰涩,如轻刀削竹	数而不规则的间歇	缓而不规则的间歇	缓而有规则的间歇
主证	虚极	热盛	痰饮、食滞、实热。主孕	气滞血瘀、津亏血少	阳盛实热,气滞血瘀	阴盛气结,寒痰瘀血	脏气衰败,痛症,跌打损伤

>>> 任务132 触 诊

1. 触凉热 以手的感觉为标准,触摸动物体表有关部位的凉热,以判断其寒热虚实。

(1) 口温。健康动物口腔温和而湿润。若口温低,口腔滑利,多为阳虚寒湿;口温低,口津干燥,多为气血虚弱;若口温高,伴有口津干燥,多为实热证;口温高,口津黏滑,多为湿热证。

(2) 鼻温。用手掌遮于动物鼻头(或鼻镜下方),感觉鼻端和呼出气的温度。健康动物呼出气均匀和缓,鼻头温和湿润。若鼻头热,呼出气亦热,多为热证;鼻冷气凉,多属寒证。

(3) 耳温。健康动物耳根部较温,耳尖部较凉。若耳根、耳尖均热多属热证,相反则多属寒证;耳尖时冷时热者,为半表半里证。

(4) 角温。健康牛、羊角尖凉,角根温热。检查时四指并拢,小拇指靠近角基部有毛处握住牛、羊角,如小拇指和无名指感热,体温一般正常;如中指也感热,则体温偏高;食指也感热,则属发热。若角根冰凉,多属危证。

(5) 体表和四肢温。健康动物体表和四肢不热不凉,温湿无汗。若体表和四肢有灼热感,乃属热证;皮温不整,多为外感风寒;体表和四肢温度低者,多为阳气不足;若四肢凉至腕（前肢）、跗（后肢）关节以上，称为四肢厥冷，为阳气衰微之征。

现在一般用体温表测定直肠温度，临诊时若能将直肠测温和手感触温结合起来，则更为准确。动物的正常体温（直肠）是：马、骡37.5～38.5℃，牛37.5～39.5℃，猪、羊38.0～39.5℃，骆驼36.0～38.5℃，犬37.5～39.0℃，猫38.5～39.5℃。

2. 触肿胀 主要查明肿胀的性质、大小、形状及敏感度。若肿胀坚硬如石，可见于骨瘤；肿胀柔软而有弹性，压力除去恢复较快者，多为血肿或脓肿；按压肿胀局部如面团样，指下留痕，恢复缓慢者，多为水肿；触压肿处柔软并有捻发音者，为气肿之征；若疮形高肿，灼热剧痛，多属阳证；漫肿平塌，不热微痛者，多属阴证。

3. 触胸腹 叩压胸壁时动物敏感、躲避、咳嗽，则多为肺部或胸壁有病，多见于肺痈、胸膈痛等；仅一侧拒按，不咳嗽者，多为胸壁受伤；病牛拒绝触压剑状软骨部，胸前出现水肿，站立时前肢开张，下坡斜走，多为创伤性网胃-心包炎。

若腹部膨满，叩之如鼓，多为气胀；腹部膨满，按之坚实，多为胃肠积食；右侧胈下腹壁紧张下沉，撞击坚满而打手者，多为真胃阻塞；若两侧腹壁紧张下沉，推摇畜体时有拍水音和疼痛反应者，多为腹膜炎；母畜乳房肿胀，触之坚硬且有热痛感，多见于乳痈。

对猪、羊等动物可令其侧卧，医者的一手掌向上置于腹壁下侧，一手置于上侧，由两侧逐渐紧压，可查明肠管内有无宿粪以及胎儿的情况。

4. 谷道（直肠）入手 谷道（直肠）入手，主要用于马、牛等大动物，是直肠检查和按压破结的手法，尤其是在马属动物结症的诊断和治疗上具有重要意义。

（1）谷道入手准备。四柱栏站立保定，为防卧下及跳跃，在腹下用吊绳及鬐甲部用压绳保定；术者指甲剪短、磨光，戴上一次性长臂薄膜手套，涂肥皂水或石蜡油润滑；腹胀者应先行盲肠穿刺或瘤胃穿刺放气，以降低腹压；腹痛剧烈者，应使用止痛剂；用适量温肥皂水灌肠，可排除直肠内积粪，松弛、润滑肠壁，便于检查。

（2）操作方法。术者站于动物的左后方，右手五指并拢成圆锥形，旋转插入肛门，如遇粪球可纳手掌心取出。如动物骚动不安或努责剧烈时，应暂停伸入，待安静后继续伸入。检手到达玉女关（直肠狭窄部）后，要小心谨慎，用作锥形的手指探索肠腔的方向，同时用手臂轻压肛门，诱使动物做排粪反应，使肠管逐渐套在手上。一旦检手通过玉女关后，即可向各个方向进行检查。在整个检查过程中，术者手臂一定要伸直，手指始终保持圆锥状，不能叉开，以免刮伤肠壁。检查结束后，将手缓缓退出。

（3）马属动物直肠检查及临诊意义。直肠检查应按一定的顺序进行，一般先检查肛门，而后检查直肠，直肠之下即为膀胱。向前在骨盆腔前缘可摸到小结肠。手向左方移到胁腹区的中、下部，可摸到左侧大结肠。向左摸到左腹壁。再伸手向前于最后肋骨处可摸到脾脏。由此翻手向上，在左侧倒数第一肋骨与第一、第二腰椎横突之下可摸到左肾。再沿脊柱之下的后腹主动脉向前伸手，可摸到前肠系膜根部，并能感觉到前肠系膜动脉的搏动。在前肠系膜根部之后，可摸到十二指肠。在十二指肠之前偏左摸到扩张的胃壁。移手向右在最后2～3肋骨至第一腰椎横突之下可摸到右肾。在右肾之下与盲肠底部的前方为胃状膨大部。继续向右下方，可摸到盲肠。最后检查右腹壁。

检查时，若在直肠内有结粪，即为直肠结，若直肠内空虚而干涩，提示前段肠管不通；正常小结肠游离性较大，肠内有成串的鸡蛋大小粪球，若在小结肠内有拳头状结粪，即为小结肠结；若在腹腔左侧中下部摸到状如成人大腿粗样阻塞的肠管，由后向前逐渐变粗，肠袋明显可触，内容物压之成坑，此为左下大结肠结；在腹腔左侧中上部摸到形如粗臂，光滑较硬，肠袋不明显的阻塞肠管，此为左上大结肠结；在骨盆腔前下方，靠左侧摸到长椭圆形双拳头大结粪块所阻塞的肠管，无肠袋，仅能左右移动，内容物硬，并常伴有左下大结肠积粪者，为骨盆曲结；若在体中线右侧，盲肠底部前下方摸到半球形、大如排球的阻塞物，指压成坑，并能随呼吸运动而前后移动者，为胃状膨大部结；若在右腹胁区，骨盆腔口前摸到呈冬瓜样或排球样阻塞的粗大肠管，严重时可移到腹中线左侧，或后退入骨盆腔内，内容物压之成坑者，为盲肠结；若在前肠系膜根部之后，摸到如香肠样阻塞的肠管，则为十二指肠结；在耻骨前缘摸到由右肾后斜向右下方延伸的香肠样阻塞肠管，左端游离可动，右端连接盲肠，位置固定，为回肠结（图4-34）。

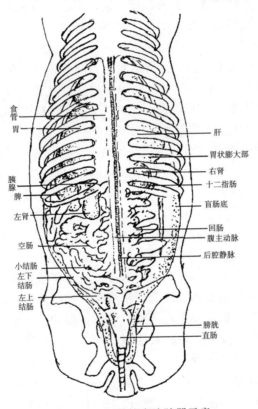

图4-34 马的腹腔脏器示意

《元亨疗马集·起卧入手论》中对结粪破碎的手法等有较详细的描述。如"凡有滑硬如球打手者，则为病之结粪也。得见病粪，休得鲁莽慌忙……须当细意，从容以右手为度，就以大指虎口，或以四肢尖梢，于腹中摸定硬粪，应指无偏，隔肠轻轻按切，以病粪破碎为验，但有一二破碎者，便见其效，无不通利矣。"至今仍对结症的诊断和治疗有现时的指导意义。

此外，本法还可用于肾脏、膀胱、子宫、卵巢的疾病，公畜肠入阴（腹股沟疝气），骨盆和腰椎骨折等的诊断，以及妊娠检查等。如尿闭时，膀胱充满，触之有波动感，若膀胱空虚，触之疼痛，多为膀胱湿热；若触摸肾脏肿大，压之疼痛不安，多为急性肾炎；若感觉子宫中动脉有搏动，则是妊娠的表现；若子宫角及子宫体肿大，子宫壁紧张而有波动，多为子宫蓄脓；若卵巢增大如球，有一个或数个大而波动的卵囊，多为卵巢囊肿。

（4）牛的直肠检查及其临诊意义。术者检手伸入直肠后，向水平方向渐次前进，达骨盆腔前口上界时，手向前下右方即进入结肠的最后端S状弯曲部，此时手可自由移动，检查腹腔脏器。

健康牛的耻骨前缘左侧是瘤胃上下后盲囊，感觉呈捏粉样硬度。当瘤胃上后盲囊抵至骨盆入口甚至进入骨盆腔内，多为瘤胃臌气或积食。

牛肠管位于腹腔右半部，盲肠在骨盆腔口前方，其尖端的一部分达骨盆腔内，结肠盘在右骹部上方，空肠及回肠位于结肠盘及盲肠的下方。若发生肠套叠，则在耻骨前缘、右腹部可发现有硬固的长圆柱体，并能向各方移动，牵拉或压迫时，病牛疼痛不安。

在左侧第3~6腰椎下方，可触到左肾。如肾体积增大，触之敏感，见于肾炎。

此外，母牛还可触摸子宫及卵巢的形态、大小和性状；公牛可触摸骨盆部尿道的变化等。

> **相关知识**
>
> 中兽医诊察疾病的方法主要有望、闻、问、切四种，简称四诊。通过"望其形，闻其声，问其病，切其脉"，以掌握症状和病情，从而为判断和预防疾病提供依据。
>
> 望、闻、问、切四种诊断方法，每一种都有其独特的作用，如通过望诊了解动物的神色、形态、舌苔变化等；通过闻诊了解动物的声音、气味变化等；通过问诊了解动物的发病经过、病后症状、治疗经过等；通过切诊了解动物的脉象、体表变化等。同时，四诊之间又是相互联系、相互补充、相互参合、不可分割的，在诊察疾病过程中，要做到全面运用、综合分析、互相印证，即"四诊合参"，才能全面而系统地了解病情，对疾病做出正确的判断。
>
> 当然，并不是对所有的疾病检查都要面面俱到，详略不分，而必须根据动物的具体情况有重点的检查，要避免无目的的"望"，不必要的"闻"，不当问的"问"，可不切而"切"的现象。

项目4.3　辨　　证

项目4.3.1　八纲辨证

问题一：下列辨证方法主要用于外感温热病的是_____。
  A. 八纲辨证　　　　　　B. 脏腑辨证　　　　　　C. 六经辨证
  D. 卫气营血辨证　　　　E. 气血津液辨证
问题二：下列辨证方法主要用于外感病的是_____。
  A. 八纲辨证　　　　　　B. 脏腑辨证　　　　　　C. 六经辨证
  D. 审因施治　　　　　　E. 气血津液辨证
问题三：辨别疾病性质的纲领是_____。
  A. 表里　　　B. 寒热　　　C. 虚实　　　D. 阴阳　　　E. 气血

问题四：热证临床表现不包括_____。
　　A. 恶热喜冷　　B. 口渴欲饮　　C. 小便清长　　D. 舌红苔黄　　E. 脉数
问题五：半表半里证可见_____。
　　A. 恶寒发热　　B. 但寒不热　　C. 寒热往来　　D. 表寒里热　　E. 表热里寒
问题六：亡阳的汗出特点是_____。
　　A. 汗冷味淡　　B. 汗冷味咸　　C. 汗热而黏　　D. 汗出如油　　E. 汗出恶风
问题七：根据汗出辨别亡阴亡阳的特点是_____。
　　A. 汗之冷热　　B. 汗量多少　　C. 汗出原因　　D. 汗出时间　　E. 汗出部位
问题八：关于表证与里证的区别点，错误的是_____。
　　A. 表证一般脉浮，里证一般脉沉
　　B. 表证病程较短，里证病程较长
　　C. 表证病情较轻，里证病情较重
　　D. 表证恶寒为主，里证发热为主
　　E. 表证苔薄，里证舌苔多有变化
问题九：羊，4月龄。体瘦毛焦，不思草料，腹泻。证见慢草不食，腹痛泄泻，完谷不化，口色淡白，脉象沉细。该病可确诊为_____。
　　A. 风寒感冒　　B. 脾虚泄泻　　C. 湿热泄泻　　D. 肚腹冷痛　　E. 肾虚泄泻
若选用中药治疗，应以下述哪个方剂为主进行加减？_____
　　A. 四逆散　　B. 参附汤　　C. 郁金散　　D. 理中汤　　E. 五苓散
问题十：母犬，8月龄。证见大便秘结，小便短赤，肚腹胀满，疼痛不安，呼吸喘促，口腔干燥，口色赤红，舌苔黄厚，脉象沉实有力。该病可确诊为_____。
　　A. 风热感冒　　　　　　　B. 肺热咳喘　　　　　　　C. 膀胱湿热
　　D. 肚腹冷痛　　　　　　　E. 热结便秘

参考答案：C C A D C；D C D B E

>>> 任务133　表证和里证

1. 表证　是六淫邪气经口鼻、皮毛侵入机体时作用于体表所产生的证候。多见于外感病的初期，常具有起病急、病程短、病位浅的特点。

【主证】发热、被毛逆立、寒战、舌苔薄白、脉浮，并常伴有咳嗽、流涕等症状。

【证候分析】外邪侵于皮毛肌表，阻遏卫气，卫气不得宣发，郁而化热，故而发热。皮毛、肌表失去卫气温煦，故被毛逆立、寒战。病邪尚未入里，脾胃的功能尚未受到影响，故苔薄白。外邪袭表，卫阳奋起抗邪，脉气鼓动于外，正邪相争在表，故脉浮。肺开窍于鼻，外合皮毛，邪气犯肺致肺失宣降，而出现咳嗽、流涕等。

【常见证型】由于感受病邪的性质不同和机体抵抗力的强弱差异，表证又有寒、热、虚、实的不同类型。

(1) 表寒证。表现发热轻，恶寒重，咳嗽，被毛逆立，耳鼻发凉，四肢强拘，口色青白，口腔湿润，舌苔薄白，脉浮紧等。治宜辛温解表。

(2) 表热证。表现发热重，恶寒轻，咳嗽，耳鼻俱温，口干喜饮，口色偏红，舌苔薄白或薄红,脉浮数等。治宜辛凉解表。

(3) 表虚证。表现发热恶风,出虚汗,口色淡白,脉浮而无力等。治宜调和营卫,解肌发汗,益气固表。

(4) 表实证。表现发热恶寒,无汗,脉浮而有力等。治宜发汗解表。

2. 里证 是病邪深入于里,病变部位深在脏腑的一类证候。多见于外感病的中、后期或内伤病。成因有三:一是表邪不解,内传入里,如外感风寒不解而致肺热咳喘;二是外邪直接侵犯脏腑,如马骡暴饮冷水后寒邪直中脾胃;三是由于脏腑功能失调,病从内生,如饥饱劳逸直接损伤脏腑,致使气血逆乱。

【主证】里证的证候依侵犯的脏腑而异,具体内容见脏腑辨证。但常见高热、烦躁神昏、口渴、小便短赤、大便秘结或腹泻、腹痛、苔厚、脉沉等。

【证候分析】热邪入里或寒邪入里化热,里热炽盛,故高热。热邪扰心,初期邪热鼓动心气故而烦躁;后期邪热耗气伤津,神失气的推动和津的滋养故而神昏。热邪伤津则见口渴、小便短赤、大便秘结。若寒邪直中脏腑,寒邪凝滞中焦,气血不畅,故而腹痛。寒湿困阻脾胃,脾胃运化失职,则见腹泻。病邪入里,胃气上逆,熏蒸加剧,故苔厚。正邪相争于里而脉沉。

【常见证型】里证的证候极为复杂,范围甚广,多以脏腑证候为主。里证可分为寒、热、虚、实四种不同类型。

(1) 里寒证。表现为鼻寒耳冷,口流清涎,肠鸣腹泻,口色青白,舌苔白滑,脉象沉迟等。治宜温中。

(2) 里热证。表现为精神倦怠,壮热口渴,大便干燥,小便短赤,呼吸促迫,咳嗽喘息,或咽喉肿痛,口色红燥,舌苔黄,脉象沉数或洪数等。治宜清热。

(3) 里虚证。表现为头低耳耷,倦怠无力,食欲不振,四肢不温,卧多立少,口色淡白,脉象沉细无力等。治宜补虚。

(4) 里实证。表现为大便秘结,小便短赤,肚腹胀满,疼痛不安,呼吸喘促,口腔干燥,口色红赤,舌苔黄厚,脉象沉实有力等。治宜泻实。

相关知识

辨证是中兽医分析和认识疾病的基本理论和方法。"证"即证候,是疾病发展过程中某一阶段的病因、病机、病位、病性以及正邪盛衰等方面的综合概括。辨证,就是辨别疾病的证候,根据脏腑、气血津液、经络、病因等理论,将四诊获得的临床资料进行分析归纳,判断为某种类型的证,从而为下一步论治提供依据。

中兽医的辨证方法有八纲辨证、脏腑辨证、六经辨证和卫气营血辨证等。这些方法各有特点和侧重,但又互相联系,互相补充。八纲辨证是辨证的总纲,脏腑辨证是辨证的基础,六经辨证和卫气营血辨证则主要适用于外感热病的辨证。

八纲,即表、里、寒、热、虚、实、阴、阳。八纲辨证,就是将四诊所搜集到的病情资料进行分析综合,从疾病的部位、性质以及邪正盛衰等方面加以概况,归纳为八类具有普遍性的证候类型。

不论疾病的临床表现如何错综复杂，基本上都可用八纲加以归纳。疾病的类别，不外乎阴证和阳证；病位的深浅，不外乎表证和里证；疾病的性质，不外乎寒证和热证；邪正的盛衰，不外乎虚证和实证。阴阳又为八纲中的总纲，表、热、实证为阳证；里、寒、虚证为阴证。

表证和里证是辨别病位深浅的两个纲领。病邪侵犯肌表而病位浅者为表证，病邪深入脏腑而病位深者为里证。

表里辨证，适应于外感病。表证病浅而轻，里证病深而重。表邪入里为病进，里邪出表为病退。

表证与里证随着病情的发展和机体抵抗力强弱的不同，而呈现出多种复杂的情况。

（1）半表半里证。疾病既不在表，也不在里，而是介于表里之间的一种中间类型，称为半表半里。它是表里转化过程中的一种病证。其主要证候为精神不振，饥不欲食，寒热往来或微热不退，耳尖时热时冷或皮温不整，口色淡红而干，舌苔淡黄或黄白相杂，脉弦等。治疗多用"和解法"，方用小柴胡汤加减。

（2）表里同病。是指表证和里证同时出现。如表证未解，仍有恶寒发热，但又出现咳嗽气喘，粪干尿赤等里热证。又如，胃肠内有积滞，又感风邪，既见发热、汗出、恶风的表虚证，又见肚腹胀满、腹痛起卧、粪便秘结的里实证等等。治疗表里同病的原则，一般是先解表而后攻里或表里双解，但如里证紧急，则又不可拘泥，而须"即当救里"。

>>> **任务134 寒证和热证**

1. 寒证 寒证是阴盛或阳虚或两者同时存在表现的证候。多因外感阴寒邪气，或内伤久病阳气耗伤，机体功能活动衰退；或在阳气内伤的同时又感受了阴寒邪气所致。

【主证】恶寒喜暖，肢冷蜷卧，口润不渴，小便清长，大便稀溏，口色青，舌苔白，脉迟紧。

【证候分析】外感阴寒或机体阳气不足，形体失去温煦，故恶寒喜暖、肢冷蜷卧。阴寒内盛，津液不伤，故口润不渴。阳虚不能温化水液，故小便清长。寒邪伤脾或脾阳久虚，运化失司而见大便稀溏。阳虚不化，寒湿内生，则舌苔白而润滑。阳气虚弱，血脉运行之力不足，加之寒性凝滞、收引，致口色青、脉迟紧。

【常见证型】根据病邪侵犯部位和机体抵抗力强弱，寒证有表寒、里寒、实寒和虚寒四种证型。

（1）表寒证。见表证。

（2）里寒证。见里证。

（3）实寒证。表现耳鼻、四肢末端发凉，肌肤颤抖，口内凉滑，口流清涎，肠鸣腹痛、唧泻，或肚腹胀痛、粪结，舌青苔白，脉沉实等。治宜温阳祛寒。

（4）虚寒证。表现瘦弱倦怠，畏寒喜暖，耳鼻肢端发凉，下唇松弛，口有清涎，食少不化，粪稀尿清，口色青白，脉沉迟无力等。治宜温阳祛寒。

2. 热证 热证是阳盛或阴虚或两者同时存在表现的证候。多因外感火热之邪，或机体功能活动亢盛，或寒邪入里化热，或饮食不节、郁而化热，或久病耗伤阴液而致阴虚阳亢；或阴虚复感热邪所致。

【主证】恶热喜冷，耳鼻四肢温热，口渴喜饮，小便短赤，大便干燥，舌红苔黄，脉数。

【证候分析】阳热偏盛，则恶热喜冷、耳鼻四肢温热。大热伤阴，津液被耗，故小便短赤、大便干燥。津伤则须饮水自救，所以口渴喜饮。舌红苔黄为热象。血遇热则行，阳热亢盛，故脉数。

【常见证型】根据病邪侵犯部位和机体抵抗力强弱，热证又有表热、里热、实热和虚热四种证型。

(1) 表热证。见表证。

(2) 里热证。见里证。

(3) 实热证。表现高热气喘，口渴多饮，粪干尿浓，舌红苔黄，脉洪数有力等。治宜清泻实热。

(4) 虚热证。表现持续发热，气短盗汗，口舌干燥，舌绛，脉细数等。治宜滋阴降火。

相关知识

寒证和热证是辨别疾病性质的两个纲领。寒证与热证反映机体阴阳的偏盛与偏衰。《素问·阴阳应象大论》说："阳盛则热，阴盛则寒。"和《素问·调经论》说"阳虚则外寒，阴虚则内热。"

寒热辨证，在治疗上有重要意义。《素问·至真要大论》说："寒者热之"、"热者寒之"。即寒证要用热剂，热证要用寒剂，二者的治法截然不同。

寒证与热证的关系主要表现以下三种情况：

(1) 寒热转化。指在一定的条件下，寒证可以转化为热证，热证也可以转化为寒证。由寒证转化为热证，是机体正气尚盛；热证转化为寒证，多属邪盛正虚，正不胜邪。

①寒证转为热证。如外感风寒误治、失治，致使寒邪入里化热，而后出现不恶寒，反恶热，口渴贪饮，舌红苔黄，脉数等里热证。

②热证转为寒证。如高热病畜，由于大汗不止，而使阳从汗泄；肠黄者，泄泻过度，而使阳随津脱，最后出现体温突然下降，四肢厥冷，脉微欲绝的虚寒证。

(2) 寒热错杂。就是在同一患畜身上，既有寒证，又有热证，寒证、热证同时存在。

①上寒下热和上热下寒。上寒下热患畜既有胃脘冷痛、草料迟细、口流清涎，又有小便短赤、尿频尿痛的表现，此为寒在胃而热在膀胱；上热下寒患畜既有口舌生疮、牙龈溃烂，又有腹痛起卧、粪便稀薄，是热在心经寒在胃肠。

②表寒里热和表热里寒。表寒里热，常见于先有内热，又外感风寒。或外感风寒未解、病邪入里化热的病证。例如，既有发热、恶寒、被毛逆立的表现，又有气喘、口渴、粪干、尿少、舌红、苔黄的证候；表热里寒，多见于素有里寒而复感风热，或表热证未解，误用下法而致脾胃阳气损伤的病证。例如，患畜素有草料迟细、口流清涎、粪便稀薄的证候，又有外感风热而见发热、咽喉肿痛、咳嗽的证候。

（3）寒热真假。一般情况下，疾病的本质与其所反映的征象是一致的，但当疾病发展到寒极或热极之时，有时会出现一些与疾病本质相反的假象。

①真热假寒。即内有真热而外见假寒的证候，常见于某些急性病的危重阶段。临床表现为四肢下部冰冷，口内凉滑，苔黑，脉沉，似属寒证，但四肢虽凉而体温高，口内凉滑而口渴贪饮，口臭，舌苔黑而干燥，脉虽沉却数而有力，更见尿短赤，粪燥结，舌色深红。此种假寒而真热是由于内热过盛，阴阳之气不相顺接，阳热郁闭于内，不能布达于四肢下部而致。

②真寒假热。即内有真寒而外见假热的证候，见于某些虚寒久泻的患畜的危重阶段。临床表现体表发热，口色红，脉大，似属热证，但体表虽热而不烫手，口色红而不鲜，脉虽大而按之无力，且有小便清长，大便稀薄，口不渴等一派寒象，此种假热而真寒是由于阴盛于内，逼阳于外所致。

>>> 任务135 虚证和实证

1. 虚证　是机体正气虚弱时各种临床表现的概括。虚证形成的原因，有先天和后天两个方面，主要以后天失调为主，如饥饱劳逸、外感六淫、失治误治、久病重病、内外失血等，均可使机体阴精亏虚、阳气受损而致虚证。

【主证】体瘦毛焦，头低耳聋，精神倦怠，行走无力，多卧少立，自汗盗汗，大便稀薄，小便频数，舌淡无苔，脉象细弱。

【证候分析】机体正气虚弱，包括两个方面，一是阴精亏虚，另一是阳气受损，阴精、阴血亏虚，不能濡养、滋润皮毛与肌肉，故体瘦毛焦。气虚血少，不能充养神明，表现精神倦怠，头低耳聋，行走无力，多卧少立。气虚则自汗，阴虚则盗汗。阳虚、气虚脾胃运化功能下降，故大便稀薄。阳虚、气虚，不能温化水液，故小便频数。血少则舌淡，气虚则无苔。气虚血少，故脉象细弱。

【常见证型】虚证常见有气虚、血虚、阴虚和阳虚四种证型。

（1）气虚。表现虚喘，自汗，口色淡白，脉虚无力等。治宜补气。

（2）血虚。表现精神不振，心悸，四肢无力，口色苍白，脉细无力等。治宜养血。

（3）阴虚。表现低热不退，或午后发热，盗汗，口色红或深赤，苔少，脉细数无力等。治宜滋阴。

（4）阳虚。表现形寒肢冷，耳鼻四肢不温，倦怠无力，卧多立少，大便稀溏，小便清长，口色淡白，脉迟细无力等。治宜助阳。

2. 实证　是对机体感受外邪，或体内病理性产物蓄积而正气未衰时产生的各种临床表现的病理性概括。实证形成的原因有两个方面：一是外邪侵入机体，如感受风寒而致的风寒束肺，或风寒入里化热而致的肺经实热等；二是脏腑功能失调，如脾、肺、肾、三焦等脏腑气化功能失常，水液代谢发生障碍，形成痰饮、水湿等病理性产物，或腑气不通而引起的胃食滞、肠粪结等。

【主证】实证包括的范围很广，所以其临床表现多种多样。除了因痰饮、水湿、瘀血、食积、粪结等实邪存在可引起特殊的症状外，还有一般性的实证表现，诸如高热，烦躁，喘息气粗，腹胀疼痛，拒按，小便短少，舌红苔黄，脉沉而有力。

【证候分析】邪气亢盛，正气奋起抗邪，故发热。实邪扰心，故烦躁。邪阻于肺，宣降失常而见喘息气粗。邪积肠胃，腑气不通，故腹胀疼痛、拒按。水湿内停，气化不利，所以小便短少。舌红苔黄是发热的表现。邪正相争于里，搏击有力，故脉沉而有力。

【常见证型】

（1）实热。见热证。

（2）痰饮。体内由津液转化而成的病理性水分，清晰如水者称为饮，黏浊而稠者称为痰。痰证有寒痰、热痰、湿痰、燥痰、风痰（痰证兼有神昏、动风的症状）等，治宜温化寒痰、清化热痰、燥湿化痰、润燥化痰、镇惊息风祛痰。饮证有水肿、胸腔积液、腹水等，治宜利水消肿。

（3）瘀血。表现局部肿胀，疼痛拒按，口色青紫，舌有瘀斑，脉象细涩等。治宜活血祛瘀。

（4）食滞。表现精神倦怠，厌食，肚腹胀满，粪便粗糙或稀软，有时完谷不化，口臭苔腻，脉沉有力。治宜消食导滞。

（5）大肠燥结。食欲废绝，口内酸臭干燥，排粪停止，腹痛起卧滚转，尿少色浓，口色红，苔黄厚燥，脉沉实等。治宜通便攻下，行气止痛。

相关知识

虚证和实证是辨别邪正盛衰的两个纲领。属虚属实是由邪气和正气双方在疾病中所处的地位决定的，《素问·通评虚实论》说："邪气盛则实，精气夺则虚。"邪盛、正不甚虚表现为实证，正虚表现为虚证。虚实辨证是确立扶正或祛邪治疗原则的依据。

虚证与实证的关系主要有以下三个方面：

（1）虚实转化。多见实证转为虚证。如，便秘或结症的家畜本为实证，但由于治疗不当（泻下峻猛）而发生结去后泄泻不止，继而出现体瘦毛焦，倦怠多卧，口色淡白，舌体如绵，脉细而无力，便是由原来的实证转化为虚证。

（2）虚实错杂。虚证与实证同在一个患畜身上出现。一般有三个方面的原因：一是体虚感受外邪，如素体气虚，复感风寒外邪；二是邪气亢盛，损伤机体正气，如结症未除，日久耗伤正气；三是脏腑功能虚衰，使病理性产物留聚体内，如肾虚水泛。

虚实错杂证的治疗，宜攻补兼施。但因其中有虚多实少或实多虚少的变化，所以要分清主次和轻重缓急，分别采取先补后攻或先攻后补或攻补兼施等不同方法。

（3）虚实真假。即真实假虚或真虚假实。

①真实假虚。本质为实，现象属虚。例如，伤食患畜常表现精神倦怠，食欲减退，泄泻等似属脾虚泄泻，若用健脾利湿药物治疗，病情反重。此泄泻之虚象是假，食滞是真。

②真虚假实。本质为虚，现象属实。例如，脾虚患畜出现间歇性肚胀，反而喜按，若行穿刺放气时，仅能放出少量气体，腹胀之实象是假，脾虚是真。

>>> 任务136 阴证和阳证

1. 阴证 是阳虚阴盛，机能衰退，脏腑功能低下的表现。多见于里、虚、寒证。

【主证】体瘦毛焦，倦怠多卧，体寒肉颤，怕冷喜暖，口流清涎，肠鸣腹泻，尿液清长，舌淡苔白，脉沉迟无力。

【证候分析】体瘦毛焦，倦怠多卧，脉象无力是虚证的表现；体寒肉颤，怕冷喜暖，口流清涎，肠鸣腹泻，尿液清长，舌淡苔白，脉沉迟是里寒证的表现。

2. 阳证 是邪气盛而正气未衰，正邪斗争处于亢奋阶段的表现。多见于表、热、实证。

【主证】精神兴奋，狂躁不安，口渴贪饮，耳鼻肢热，口舌生疮，尿液短赤，舌红苔黄，脉象洪数有力，腹痛起卧，气急喘粗，粪便秘结。

【证候分析】精神兴奋，狂躁不安，口渴贪饮，耳鼻肢热，口舌生疮，尿液短赤，舌红苔黄，脉象洪数是热的表现；腹痛起卧，气急喘粗，粪便秘结，脉象有力是实证的表现。

3. 亡阴与亡阳 亡阴是指由于体液大量消耗而表现出阴津衰竭的一系列证候，多见于热盛之病，或阴虚之体，及大吐、大下、大失血时；亡阳是指由于体内阳气严重损耗而表现出阳气将脱的一系列症候，寒盛之病，或阳虚之体，及大汗时易引起亡阳的病变。

由于阴阳互根，阴竭则阳无所依附，阳竭则阴无以化生。所以亡阴可迅速导致亡阳，亡阳之后亦可出现亡阴。亡阴与亡阳都是危重证候，临诊时应注意分清主次，及时救治（表4-2）。

表4-2 亡阴与亡阳鉴别

证别	精神	汗	渴饮口色	耳鼻四肢	呼吸	脉象	治疗
亡阴	兴奋不安	汗出如油	干渴、贪饮、舌红绛而无光泽	温热	气促喘粗	细数无力	益气救阴
亡阳	沉郁痴呆	汗出如水	不渴而润、舌青白而无光泽	发凉	气息微弱	脉微欲绝	回阳救逆

🔍 **相关知识**

阴证和阳证是概括病证类别的两个纲领。一切疾病均可分为阴证和阳证两类。《素问·阴阳应象大论》说："善诊者，察色按脉，先别阴阳。"

项目4.3.2 脏腑辨证

问题一：犬，1岁，体况中等，体温39.3℃。肚腹胀满，呕吐，咳嗽痰多，痰白清稀，舌苔白润。该证属于_____。

  A. 肺燥咳嗽   B. 肺热咳嗽   C. 湿痰咳嗽

  D. 肺虚咳嗽   E. 以上都不是

问题二：马，红色，5岁。证见精神倦怠，壮热口渴，大便干燥，小便短赤，呼吸促迫，咳嗽喘息，口色红燥，舌苔黄，脉象沉数。该病可确诊为_____。

  A. 风热感冒   B. 心热亢盛   C. 肺热咳喘   D. 胃热   E. 热结便秘

问题三：犬，7岁，食欲不佳，精神倦怠，毛发焦枯无光，体形消瘦，喜卧懒动；粪便清稀，内中常夹杂少量未消化完全的肉块；口色淡白，脉象沉细无力。该证属于_____。

　　A. 肺气虚　　B. 脾气虚　　C. 心血虚　　D. 肾阳虚　　E. 肺阴虚

问题四：2015年4月28日，气温18～28.5℃，动物医院接诊一京巴犬，1岁，♂，体况中等，体温39.3℃。主诉：最近发现该犬小便次数增加，颜色发黄，吃食渐少。临诊发现该犬精神委顿，不停弓腰举尾，但仅排出少量黄色尿液，滴水状，混浊；腹胀，触诊腹壁较紧张、神态不安、呻吟；口色红，舌苔黄腻，脉象濡数。该犬的证候可能是_____。

　　A. 寒湿困脾　　B. 膀胱湿热　　C. 肝胆湿热　　D. 脾虚泄泻　　E. 肾阳虚衰

问题五：圣伯纳犬，8岁。证见倦怠神疲，食少毛焦，呼多吸少，二段式呼气，肷肋扇动和息劳沟明显，有时张口呼吸，全身震动，肛门随呼吸而伸缩，静则喘轻，动则喘重。咳嗽连声，声音低弱，日轻夜重，鼻流脓涕。口色暗淡或暗红，脉象沉细。该证属于_____。

　　A. 肺气虚　　B. 脾气虚　　C. 心气虚　　D. 肾气虚　　E. 肝气虚

问题六：马，黑色，4岁。证见精神沉郁，食欲减少，粪便干，口色红黄，鲜明如橘，舌苔黄腻，脉象弦数。该证属于_____。

　　A. 大肠湿热　　B. 肝胆湿热　　C. 膀胱湿热　　D. 肝火亢盛　　E. 肝阴虚

问题七：奶牛，5岁。证见形寒肢冷，小便清长，大便溏泻，腹中隐隐作痛，带下清稀，口色青白，脉象沉迟，情期延长，配而不孕。该证属于_____。

　　A. 肾气虚　　B. 肾不纳气　　C. 肾阴虚　　D. 肾阳虚　　E. 肾虚水泛

问题八：马，5岁，营养中等。就诊当天早晨突然发病，证见寒唇似笑，不时前蹄刨地，回头观腹，起卧打滚，间歇性肠音增强，如同雷鸣，有时排出稀软甚至水样粪便，耳鼻四肢不温，口色青白，口津滑利，脉象沉迟。该病可确诊为_____。

　　A. 风热感冒　　B. 脾虚泄泻　　C. 湿热泄泻　　D. 肚腹冷痛　　E. 热结便秘

参考答案：B；D；C；D；B；D

>>> **任务137　心与小肠的病证**

1. 心气虚　久病体虚，暴病伤正，误治失治，老龄脏气亏虚，或因其他脏腑疾病传变而来。

【主证】心悸，气短乏力，运动后症状加重，自汗，舌淡，脉虚。

【治法】养心益气，安神定悸。

【方药】养心汤（党参、黄芪、炙甘草、茯苓、茯神、川芎、当归、半夏、柏子仁、酸枣仁、远志、五味子、生姜、大枣、肉桂，《证治准绳》）加减。

2. 心阳虚　多在心气虚的基础上发展转变而来。

【主证】具有心气虚的症状，但程度更重，并兼有形寒肢冷，耳鼻四肢不温，舌淡或紫暗，脉细弱或结代。

【治法】温心阳，安心神。

【方药】保元汤（党参、黄芪、肉桂、甘草，《博爱心鉴》）加减。

3. **心血虚** 常因久病体虚，或失血过多，或血的生化不足，或劳伤过度，损伤心血所致。

【主证】心悸，躁动，易惊，口色淡白，脉细。

【治法】补血养心，镇惊安神。

【方药】归脾汤（白术、党参、炙黄芪、龙眼肉、酸枣仁、茯神、当归、远志、木香、炙甘草、生姜、大枣，《济生方》）加减。

4. **心阴虚** 除引起心血虚的病因之外，热证损伤阴津，腹泻日久等均可致病。

【主证】除有心血虚的主证外，尚兼有午后潮热，低热不退，盗汗，舌红少津，脉细数。

【治法】养心阴，安心神。

【方药】补心丹（党参、生地、玄参、丹参、天冬、麦冬、当归、五味子、茯神、桔梗、远志、酸枣仁、柏子仁、朱砂，《世医得效方》）加减。

5. **心热内盛** 多因感受暑热之邪或其他淫邪内郁化热，或过服温补药物而致。

【主证】高热，大汗，精神沉郁，气促喘粗，粪干尿少，口渴，舌红，脉象洪数。

【治法】清心泻火，养阴安神。

【方药】洗心散加减。

6. **痰火扰心** 多因六淫或疫疠之邪，入里化热，或气郁化火，炼液为痰，痰火内盛，上扰心神。

【主证】发热，气粗喘促，眼急惊狂，蹬槽越桩，狂躁奔走，咬物伤人，苔黄腻，脉滑数。

【治法】清心祛痰，镇惊安神。

【方药】朱砂散加减。

7. **痰迷心窍** 多因感受疫疠之气，湿浊内生，气郁化痰，痰浊阻闭心窍所致。

【主证】神志痴呆，行如酒醉，或昏迷嗜睡，口流痰涎或喉中痰鸣，色暗唇紫，苔腻，脉滑。

【治法】涤痰开窍。

【方药】寒痰可用导痰汤（胆南星、枳实、陈皮、半夏、茯苓、炙甘草，《济生方》）加减；热痰可用涤痰汤（石菖蒲、半夏、竹茹、陈皮、茯苓、枳实、甘草、党参、胆南星、生姜、大枣，《济生方》）加减。外用通关散吹鼻配合治疗。

8. **心火上炎** 多因六淫内郁化火而致。

【主证】口舌肿胀，舌尖红，舌体糜烂或溃疡，口流黏涎，口内恶臭，耳鼻温热，躁动不安，口渴喜饮，尿短赤，苔黄，脉数。

【治法】清心泻火，解毒消肿。

【方药】洗心散加减。口衔青黛散。

9. **小肠中寒** 多因外感寒邪或内伤阴冷所致。

【主证】鼻寒耳冷，腹痛起卧，肠鸣，粪便稀薄，口内湿滑，口流清涎，口色青白，脉象沉迟。

【治法】温阳散寒，行气止痛。

【方药】橘皮散加减。

> **相关知识**
>
> 　　脏腑辨证,是中兽医辨证的一个重要方法,是根据脏腑的生理功能、病理变化,对疾病证候进行分析归纳,借以推断与研究病机、病位、病性和正邪盛衰等情况的一种辨证方法。
>
> 　　脏腑辨证是各种辨证方法的基础和核心。在临床实践中,脏腑辨证也必须要与八纲辨证等方法结合起来,才能较全面地概括疾病的情况,为论治提供依据。

>>> 任务138　肝与胆的病证

1. 肝火上炎　多因外感六淫(风热)之邪或疫疠之邪入里而化热,或因暑月炎天,奔走过急,或因过食浓厚饲料,使肝气郁结而化火所致。

【主证】发热,躁动,两目红肿热痛,畏光流泪,睛生翳障,视力障碍,或有鼻血,粪便干燥,尿浓赤黄,口色鲜红,苔黄,脉象洪或弦数。

【治法】清肝泻火,明目退翳。

【方药】决明散加减。

2. 寒滞肝脉　多由外寒客于后肢厥阴肝经,使气血凝滞而成。

【主证】形寒肢冷,耳鼻发凉,外肾硬肿如石如冰,后肢运步困难,口色青,舌苔白滑,脉沉弦或迟。

【治法】温肝暖经,行气破滞。

【方药】茴香散(茴香、肉桂、槟榔、白术、巴戟天、当归、牵牛子、藁本、白附子、川楝子、肉豆蔻、荜澄茄、木通,《元亨疗马集》)加减。

3. 肝血虚　多因脾肾亏虚,生化之源不足,或慢性病耗伤肝血,或失血过多所致。

【主证】眼干,视力减退,甚至夜盲,倦怠多卧,蹄壳干枯皲裂,或眩晕,站立不稳,时欲倒地,或见肢体麻木,震颤,四肢拘挛抽搐,口色淡白,脉弦细。

【治法】滋阴养血,平肝明目。

【方药】四物汤加减。

4. 肝风内动

(1) 热动肝风(热极生风)。多因外感风热之邪,引起肝火过旺,热极生风。

【主证】高热,四肢痉挛抽搐,项强,甚则角弓反张,神志不清,撞壁冲墙,圆圈运动,舌质红绛,脉弦数。

【治法】清热,息风,镇痉。

【方药】羚羊钩藤汤(羚羊片、霜桑叶、川贝母、鲜生地、钩藤、菊花、茯神、生白芍、生甘草、竹茹,《通俗伤寒论》)加减。

(2) 血虚生风。多由急慢性出血过多,或久病血虚或温热病后期阴血耗损所引起。

【主证】站立不稳,时欲倒地,肢体麻木,震颤,四肢拘挛、抽搐,蹄壳干枯皲裂,口色淡白,脉细等。

【治法】养血息风。

【方药】加减复脉汤(炙甘草、生地黄、生白芍、麦冬、阿胶、麻仁,《温病条辨》)加减。

(3) 肝阳化风。多因肝肾之阴久亏，肝阳失潜而暴发。

【主证】神昏似醉，站立不稳，时欲倒地头向左或向右盘旋不停，偏头直颈，歪唇斜眼，肢体麻木，拘挛抽搐，舌质红，脉弦数有力。

【治法】平肝息风。

【方药】镇肝息风汤加减。

5. 肝胆湿热　多因外感湿热之邪入里，或脾胃运化失常，湿邪内生，郁而化热致使肝疏泄失常，胆汁不循常道外溢而发本证。

【主证】黄疸鲜明如橘色，食欲减退，尿液短赤或黄而混浊。母畜带下色黄腥臭，外阴瘙痒，公畜睾丸肿胀热痛，阴囊湿疹，舌苔黄腻，脉弦数。

【治法】清利肝胆湿热。

【方药】茵陈蒿汤加减。

>>> 任务139　脾与胃的病证

1. 脾气虚　多由畜体久病素虚，劳役过度或饮喂失调，内伤脾气，以致脾气虚弱。

(1) 脾不健运。

【主证】草料迟细，体瘦毛焦，倦怠肯卧，肚腹虚胀，肢体浮肿，小便短少，大便稀溏，完谷不化，口色淡黄，舌苔白，脉缓弱。

【治法】益气健脾。

【方药】香砂六君子汤加减。

(2) 脾气下陷。

【主证】体瘦毛焦，倦怠肯卧，多卧少立，草料迟细，久泻不止，脱肛或子宫脱、阴道脱，尿淋漓，口色淡白，苔白，脉虚等。

【治法】补气升提。

【方药】补中益气汤加减。

(3) 脾不统血。

【主证】体瘦毛焦，倦怠肯卧，便血、尿血、皮下出血等慢性出血，口色淡白，脉细弱。

【治法】益气摄血，引血归经。

【方药】归脾汤加减。

2. 脾阳虚　多因脾气虚发展而来，或因过食冰冻草料，暴饮冷水，损伤脾阳所致。

【主证】在脾不健运症状的基础上，同时出现形寒怕冷，耳鼻四肢不温，肠鸣腹痛，泄泻，口色青白，舌苔白，口腔滑利，脉象沉迟。

【治法】温中散寒。

【方药】理中汤加减。

3. 胃寒　多由外感风寒，或饮喂失调，如长期过食冰冻草料，暴饮冷水所致。

【主证】形寒怕冷，耳鼻发凉，食欲减退，粪便稀软，尿液清长，口腔湿滑或口流清涎，口色淡或青白，苔白而滑，脉象沉迟。

【治法】温胃散寒。

【方药】桂心散（桂心、干姜、砂仁、益智仁、肉豆蔻、白术、厚朴、五味子、青皮、陈皮、当归、炙甘草，《元亨疗马集》）加减。

4. 胃热 多由胃阳素强，或外感邪热犯胃，或外邪传内化热，或急性高热病中热邪波及胃脘所致。

【主证】耳鼻温热，草料迟细，粪球干小而尿少，口干舌燥，口渴贪饮，口腔腐臭，齿龈肿痛，口色鲜红，舌苔黄厚，脉象洪数。

【治法】清热泻火，止渴生津。

【方药】白虎汤加减。

5. 胃食滞 多因暴饮暴食，伤及脾胃，食滞不化，或草料不易消化，停滞于胃所致。

【主证】不食，肚腹胀满，嗳气酸臭，气促喘粗，腹痛起卧，粪干或泄泻，矢气酸臭，口色深红而燥，苔厚腻，脉滑实。

【治法】消食导滞。

【方药】曲麦散加减。

>>> 任务 140 肺与大肠的病证

1. 肺气虚 多由久病咳喘伤及肺气，或由其他脏腑病变影响及肺，使肺气逐渐虚弱而成。

【主证】久咳气喘，且咳喘无力，动则喘甚，鼻流清涕，畏寒喜暖，易感冒，容易出汗，日渐消瘦，皮燥毛焦，倦怠肯卧，口色淡白，脉象细弱。

【治法】补肺益气，止咳定喘。

【方药】四君子汤加减。

2. 肺阴虚 多由久病体弱，或邪热久恋于肺，或发汗太过，损伤肺阴所致。

【主证】干咳连声，昼轻夜重，甚则气喘，鼻液黏稠，低热不退，或午后潮热，盗汗，口干舌燥，粪球干小，尿少色浓，口色红，舌无苔，脉细数。

【治法】滋阴润肺。

【方药】百合固金汤（百合、麦冬、生地、熟地、川贝母、当归、白芍、生甘草、玄参、桔梗，《医方集解》）加减。

3. 痰饮阻肺 因脾失健运，湿聚为痰饮，上贮于肺，使肺气不得宣降而发病。

【主证】咳嗽，气喘，鼻液量多色白而黏稠，苔白腻，脉滑。

【治法】燥湿化痰。

【方药】二陈汤加减。

4. 风寒束肺 风寒之邪侵袭于肺，肺气闭郁而不得宣降。

【主证】咳嗽，气喘，发热轻恶寒重，无汗，鼻流清涕，耳凉鼻冷，被毛逆立，口色青白，舌苔薄白，脉浮紧。

【治法】宣肺散寒，祛痰止咳。

【方药】麻黄汤加减。

5. 风热犯肺 多因外感风热之邪，致肺气宣降失常所致。

【主证】咳嗽，鼻流黄涕，咽喉肿痛，触之敏感，耳鼻温热，身热，口干贪饮，口色偏红，舌苔薄白或黄白相间，脉浮数。

【治法】清宣肺热。

【方药】银翘散加减。

6. 肺热咳喘　多因外感风热或风寒之邪郁而化热，致肺气宣降失常。

【主证】高热，咳声洪亮，气喘息粗，鼻煽，鼻流黄黏稠涕或腥臭脓涕，口渴贪饮，耳鼻、四肢、呼吸俱热，喉痛咽干，粪干尿赤，口色赤红，苔黄，脉洪数。

【治法】清肺化痰，止咳平喘。

【方药】麻杏石甘汤或清肺散加减。

7. 燥热伤肺　燥热之邪，耗伤肺津，使肺气不得宣降所致。

【主证】干咳无痰，咳而不爽，被毛焦枯，唇焦鼻燥，口色红而干，苔薄黄少津，脉浮细而数。常伴有发热微恶寒。

【治法】清肺润燥。

【方药】清燥救肺汤［石膏（先煎）100g，桑叶30g，麦冬30g，阿胶（烊化）25g，胡麻仁30g，杏仁30g，枇杷叶（去毛蜜炙）25g，党参25g，甘草15g，《医门法律》］加减。

8. 大肠液亏　内有燥热，使大肠津液亏损，或胃阴不足，不能下滋大肠，均可使大肠液亏。

【主证】粪球干小而硬，或粪便秘结干燥，努责难以排下，舌红少津，苔黄燥，脉细数。

【治法】润肠通便。

【方药】当归苁蓉汤加减。

9. 粪结大肠　多因饲养管理不当，过饥暴食，或草料突换，或久渴失饮，或劳逸失度，或老畜咀嚼不全，致使粪便停于肠中，而成此病。

【主证】粪便不通，肚腹胀满，回头观腹，不时起卧，食欲废绝，口腔干燥酸臭，尿少色浓，口色赤红，舌苔黄厚，脉沉而有力。

【治法】通便攻下，行气止痛。

【方药】大承气汤加减。

10. 大肠湿热　外感暑湿，或感受疫疠之气，或草料、饮水霉败秽浊，或过服攻下药物，损伤肠胃，以致湿热或疫毒蕴结，下注于肠，损伤气血而发病。

【主证】发热，腹痛起卧，泻痢腥臭，甚则脓血混杂，口干舌燥，口渴贪饮，尿液短赤，口色红黄，舌苔黄腻或黄干，脉象滑数。

【治法】清热利湿，调气和血。

【方药】白头翁汤或郁金散加减。

11. 大肠冷泻　多因外感风寒或内伤阴冷（如喂冰冻草料，暴饮冷水）而发病。

【主证】耳鼻寒凉，肠鸣如雷，泻粪如水，或腹痛，尿少而清，口色青黄，舌苔白滑，脉象沉迟。

【治法】温中散寒，行气止痛。

【方药】橘皮散加减。

>>> 任务141　肾与膀胱的病证

1. 肾阳虚

（1）肾阳虚衰。多因素体阳虚，或久病伤肾，或劳损过度，下元亏损，或因年老体弱，肾阳不足，均可导致肾阳虚衰。

【主证】形寒肢冷，耳鼻四肢不温，易汗，腰痿，腰腿不灵，难起难卧，四肢末端浮肿，

项目 4　中兽医临床

粪便稀软或泄泻，小便减少。公畜性欲减退，阳痿不举，垂缕不收；母畜宫寒不孕，口色淡，舌苔白，脉沉迟无力。

【治法】温补肾阳。

【方药】肾气丸加减。

（2）肾气不固。多由肾阳素亏，劳损过度，或久病失养，肾气亏耗，失其封藏固摄之权，而致肾气不固。

【主证】小便频数而清，甚则淋漓失禁，腰腿不灵，难起难卧，公畜滑精早泄，母畜带下清稀，胎动不安，舌淡苔白，脉沉细弱。

【治法】固摄肾气。

【方药】缩泉丸（乌药、益智仁、山药，《妇人良方》）加减。

（3）肾不纳气。劳役过度，伤及肾气，或久病咳喘，肺虚及肾所引起。

【主证】咳嗽，气喘，呼多吸少，动则喘甚，重则咳而遗尿，咳声低微，形寒肢冷，易汗出，口色淡白，脉沉而无力。

【治法】补肾纳气。

【方药】人参蛤蚧散（人参、蛤蚧、杏仁、甘草、茯苓、贝母、桑白皮、知母，《卫生宝鉴》）加减。

（4）肾虚水泛。多由素体虚弱，或久病失调，损伤肾阳，肾阳虚衰不能温化水液，致水邪泛滥而上逆，或外溢肌肤。

【主证】体虚无力，腰脊板硬，耳鼻四肢不温，尿少，四肢腹下浮肿，尤以两后肢浮肿较为多见，重者宿水停脐，或阴囊水肿，或心悸，喘咳痰鸣，舌质淡胖，苔白，脉沉而无力。

【治法】温阳利水。

【方药】肾气丸加减。

2. 肾阴虚　因伤精、失血、耗液而成；或急性热病耗伤肾阴，或其他脏腑阴虚而伤及于肾，或因过服温燥劫阴之药，都可致本证。

【主证】形体瘦弱，腰胯无力，低热不退或午后潮热，盗汗，粪球干小，公畜举阳滑精或精少不育，母畜不孕，视力减退，口干、色红、少苔，脉细数。

【治法】滋阴补肾。

【方药】六味地黄汤加减。

3. 膀胱湿热　由湿热下注膀胱，气化功能受阻所致。

【主证】尿频而急，尿液排出困难，常作排尿姿势，痛苦不安，或尿淋漓，尿色混浊，或有脓血，或有砂石，或为血尿，口色红，苔黄腻，脉滑数。

【治法】清利湿热。

【方药】八正散加减。

项目 4.3.3　六经辨证

问题一：太阳中风证的临床表现是_____。

　　A. 身热，不恶寒，反恶热，汗自出，脉大

　　B. 肚腹胀满，食欲废绝，呕吐，腹泻，腹痛，四肢不温，脉沉细而弱

C. 发热，恶风，汗出，脉浮缓
D. 寒热往来，咽干，烦躁不安，食欲减退，脉弦
E. 消瘦，多饮，多尿，食欲减退，吐蛔

问题二：马，3岁，体温39.5℃，无汗，被毛逆立，鼻流清涕，咳嗽，咳声洪亮，喷嚏，口色青白，舌苔薄白，脉象浮紧。该证属于_____。

A. 太阳伤寒证　B. 太阳中风证　C. 太阴病证　D. 阳明腑证　E. 阳明经证

问题三：4月10日，气温14～24.5℃，兽医院接诊一病马，体温38.9℃。主诉：该马一直采用当地的采割的杂草为主饲喂，精料以玉米粉为主；最近总是刨地，常卧地四肢伸直，精神越来越差，粪便干硬，今晨屡现起卧症状，不吃料草。临检发现该马体况一般，耳鼻四肢温热，举尾呈现排粪姿势，蹲腰努责，但未见粪便排出，腹部臌胀、触诊有痛感，口内干燥，舌苔黄厚，脉象沉实。该病最可能诊断为_____。

A. 太阴病证　B. 阳明经证　C. 阳明腑证　D. 少阳病证　E. 热厥

如用中药治疗，治疗原则选用_____。

A. 温中散寒理气止痛　　　B. 清热燥湿行滞导郁　　　C. 破结通下
D. 消食导滞宽中理气　　　E. 疏肝健脾

如采用中药治疗，可以选用下列哪个方剂为主进行加减？_____

A. 郁金散　B. 大承气汤　C. 生化汤　D. 曲蘖散　E. 理中汤

问题四：2月10日，气温2～14.5℃，兽医院接诊一水牛，体温36.8℃。主诉该牛吃草慢、少，精神较差，粪便长期清稀似水，不成堆。临床检查发现该牛体瘦毛焦，耳鼻四肢不温，皮毛竖立，腹部触诊有痛感，肠鸣音明显，肛门和尾部黏附多量稀粪，口色青白，口腔滑利，脉象沉迟。该病最可能诊断为_____。

A. 少阴虚寒证　　　B. 阳明经证　　　C. 寒厥
D. 太阴病证　　　　E. 太阳伤寒证

如用中药治疗，治疗原则选用_____。

A. 温补肾阳　　　B. 清利大肠湿热　　　C. 温中化湿
D. 温胃散寒　　　E. 清利肝胆湿热

如采用白针治疗，可选用下列哪组穴为主穴？_____

A. 抢风　　　B. 天门　　　C. 肝俞
D. 蹄头　　　E. 脾俞或后三里

如采用中药治疗，可以选用下列哪个方剂进行加减？_____

A. 巴戟散　B. 理中汤　C. 白头翁汤　D. 茵陈蒿汤　E. 决明散

参考答案：C A C B; C A C B; D D E B

>>> 任务142　太阳病证

1. **太阳伤寒证**　是指以寒邪为主的风寒之邪侵犯太阳经脉，导致卫阳被遏，营阴郁滞所表现的证候。

【主证】恶寒，发热，关节肿痛，跛行，无汗，咳嗽，气喘，脉浮紧。
【治法】发汗解表，宣肺平喘。
【方药】麻黄汤加减。

2. **太阳中风证** 是指以风邪为主的风寒之邪侵犯太阳经脉，使卫强营弱二者失调所表现的证候。

【主证】发热，恶风，汗自出，脉浮缓。
【治法】解肌祛风，调和营卫。
【方药】桂枝汤加减。

相关知识

六经辨证，是东汉著名医家张仲景在《素问·热论》六经分证的基础上，结合外感伤寒病的特点而创立的一种辨证方法，主要用于外感病的辨证。

六经是太阳、少阳、阳阴、太阴、少阴、厥阴的总称。六经辨证就是根据机体抵抗力的强弱、病因的属性、病势的进退缓急等因素，将外感病演变过程中所表现的各种证候，归纳为以上六个阶段，并以这六个阶段出现的不同症状和体征作为辨证论治的根据。以此说明病变部位的深浅、病性、正邪的盛衰、病势的趋向，以及六类病证之间的转变关系。

六经病证以阴阳为纲，分为三阳和三阴两大类，太阳、少阳、阳阴为三阳病，太阴、少阴、厥阴为三阴病。六经病证的临床表现，是经络、脏腑病理变化的反映，其中三阳病证以六腑的病变为基础，三阴病证则以五脏的病变为基础。所以说，六经病证实际上基本概括了脏腑和十二经的病变。

一般说来，凡是抵抗力强，病势亢盛的，为三阳病证，凡是抗病力弱，病势衰退的，为三阴病证；从病变部位分，三阳病属表，三阴病属里；从病变的性质分，三阳病多热，三阴病多寒；从正邪的盛衰分，三阳病多实，三阴病多虚；通常病在三阳治疗重在祛邪，病在三阴治疗重在扶正。

六经病证是经络脏腑病理变化的反映，由于畜体是一个有机的整体，故某一经的病变，很可能影响到另一经，所以六经病可相互传变。病邪传变，大多自表而里，由实而虚；然在正复邪衰的情况下，也可由里达表，由危转安。六经的传变规律，主要有以下几种。

(1) 循经传。就是按照六经的次序相传（图4-35）。

(2) 越经传。不按上述循经次序传变，而是隔一经或隔数经相传。如太阳不愈，不经少阳阶段，而进入阳明阶段。有时也不经少阳、阳明两个阶段，进入太阴阶段，或不经少阳、阳明、太阴三个阶段，而出现少阴病（图4-35）。

(3) 表里传。即是互为表里的两经相传。例如太阳传入少阴，阳明传入太阴等（图4-35）。

(4) 直中。起病不见三阳证而直接出现三阴证的情况。如疾病的临床表现一开始就出现太阴、少阴或厥阴的证候。

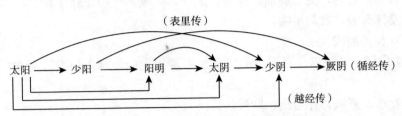

图 4-35 六经传变规律示意

太阳为机体之藩篱，主肌表，外邪侵袭，大多从太阳而入，正气奋起抗邪，正邪交争于肤表浅层，于是首先表现出来的就是太阳病。太阳病病位在表，为表证，是外邪初客于体表的反映。多见于外感病的初期阶段。

太阳病的发生多因早春、晚秋、冬季气候多变，或畜体遭受雨淋，或夜间露宿受到风雪雨霜的侵袭，畜体感受风寒之邪而致病。年老体弱或久患消化不良，因其机体抵抗力较低，更易发生此病。

太阳病的共同表现是恶寒（腰拱、身颤、皮紧、猪喜钻草堆），关节肿痛，跛行，脉浮。兼有发热，精神沉郁，耳鼻或冷或热，鼻流清涕，咳嗽，马属动物喷鼻，牛流眼泪，猪鼻塞发鼾声，食欲降低，舌苔薄白。

由于机体感受病邪的不同（气候变化、病邪盛衰）和机体体质的差异，太阳病又有伤寒和中风的区别。太阳伤寒为表实证，太阳中风为表虚证。

>>> 任务143　少阳病证

多因太阳病失治、误治，病邪传入少阳，或由于体质素虚，病邪亢盛直入少阳而发病，也可由厥阴病转出少阳而成。

【主证】病位不在表，也不在里，而处于表里之间，为半表半里证。表现微热不退，寒热往来（精神时好时坏，寒战时有时无，皮温时高时低，耳鼻发凉转温交替），不欲饮食，脉弦。

【治法】和解少阳。

【方药】小柴胡汤加减。

相关知识

少阳病是外邪侵犯动物体，由表入里，由浅入深的过程中，出现正邪相持，病邪既不能完全入里，正气又不能驱邪完全出表，而介于表里之间的证候。从其病位上，已离太阳之表，而未入阳明之里；既不属于表证，也不属于里证，而属于半表半里的热证。

>>> 任务144　阳明病证

1. 阳明经证　是指阳明病邪热亢盛，弥漫全身，充斥阳明之经，而肠道尚无燥粪内结形成的证候。

【主证】大热,大汗,大渴喜饮,躁动不安,呼吸喘促,口色红,苔黄燥,脉洪大。

【治法】清热生津。

【方药】白虎汤加减。

2. 阳明腑证 是指阳明病邪热内盛阳明之里,与肠中糟粕相搏而成燥粪内结的证候。

【主证】身热,呈日晡热,汗出,肚腹胀满,疼痛拒按,粪便燥结,粪球干小,甚至闭结不通,尿短赤,舌苔多厚黄干燥,脉沉实而有力。

【治法】清热泻下。

【方药】大承气汤加减;阴亏可用增液承气汤(大黄、芒硝、麦冬、生地、元参《温病条辨》)加减。

相关知识

阳明病是指外感病发展过程中,阳热亢盛,胃肠燥热所表现的证候。见于邪正斗争的极期阶段。阳明病病位在里,病性实热,为里实热证。

阳明病的成因有三:一是太阳病未愈,病邪逐渐亢盛,内传阳明化热所致;二是少阳病失治,邪热传入阳明,或误用发汗、利小便等法,以致津伤化热而成;三是燥热之邪直犯阳明而成。

阳明病的共同表现是身热,不恶寒,反恶热,汗自出,脉大。

阳明病有经证与腑证之分。

>>> 任务 145　太阴病证

多由三阳病失治、误治,传变而来,或因畜体素虚,寒邪直中所致。病位在里,病性属脾胃虚寒证。

【主证】腹胀,腹痛,食欲减退,粪便清稀,舌苔白腻,脉沉缓而弱。

【治法】温中散寒,健脾燥湿。

【方药】理中汤加减。

相关知识

太阴为三阴之屏障,病入三阴,太阴首先受邪,太阴病为三阴病之轻浅阶段。太阴与阳明相表里,所以两经见证可以相互转化,如阳明病而中气虚,即可转为太阴;太阴病而中阳渐复,也可转为阳明。

>>> 任务 146　少阴病证

1. 少阴虚寒证 多为少阴阳气不足,病邪入内,从阴化寒,阴寒独盛,故呈现出全身性的虚寒证候。

【主证】恶寒，嗜睡，立少喜卧，耳鼻发凉，四肢厥冷，下利清谷，脉微沉细。

【治法】回阳救逆。

【方药】四逆汤加减。

2. 少阴虚热证　为少阴阴虚阳亢，邪从阳化热所表现的虚热证候。

【主证】口燥，咽痛，烦躁不安，舌红绛，脉细数。

【治法】滋阴泻火。

【方药】黄连阿胶汤（黄连、黄芩、芍药、鸡子黄，阿胶，《伤寒论》）加减。

> **相关知识**
>
> 　　少阴经属心肾，少阴病是指心肾功能衰退的病证。又因心肾是机体的根本，故少阴病实为全身性的虚弱证。
>
> 　　少阴病的形成，或来自传经之邪，或因三阳病、太阴病误治、失治而来，也可因营养不良，劳役过重，病邪直中而来。
>
> 　　因心肾为水火之脏，故少阴病既可以从阴化寒，又可以从阳化热，因而在临床上少阴病有少阴虚寒证、少阴虚热证的两种不同证候。

>>> 任务147　厥阴病证

1. 寒厥

【主证】四肢厥冷，口色淡白，无热恶寒，体温偏低，脉细微。

【治法】回阳救逆。

【方药】四逆汤加减。

2. 热厥

【主证】四肢厥冷，口色红，恶热，口腔干燥，尿短赤。

【治法】清热和阴。

【方药】白虎汤加减。

3. 蛔厥

【主证】寒热交错，四肢厥冷和四肢复温交替，口渴欲饮，呕吐或吐蛔虫，黏膜黄染。

【治法】调理寒热，和胃驱虫。

【方药】乌梅丸（乌梅、细辛、干姜、当归、熟附子、蜀椒、桂枝、黄柏、黄连、党参，《伤寒论》）加减。

> **相关知识**
>
> 　　厥阴病是外感疾病发展到最后的阶段，由于正邪相争于里，病变表现错综复杂。若阴寒由盛转衰，阳气由虚转复，则病情好转；若阴气盛极，阳气衰绝，则病情垂危；若阴寒、阳气力量同等，则呈现阴阳对峙、寒热错杂的证候。

项目4.3.4 卫气营血辨证

问题一：猪，28日龄，体温39.6℃，耳鼻俱热，鼻流黄白色脓涕，咳嗽，咳声不爽，口干渴，舌红苔薄黄，脉浮数，该证属于_____。
　　A. 温热在肺　　B. 热入阳明　　C. 卫分热证　　D. 热伤营阴　　E. 热入心包

问题二：牛，4岁，生病2d，体温39℃，精神倦怠，吃草料明显减少，口渴喜饮，大便干燥，小便短赤，咳嗽，咳声洪亮，气促喘粗，呼出气热，鼻流脓涕，口色赤红，舌苔黄燥，脉象洪数。该证属于_____。
　　A. 卫分热证　　B. 热伤营阴　　C. 血热伤阴　　D. 热结肠道　　E. 温热在肺

问题三：8月10日，气温37℃，兽医院接诊一京巴犬，体温40.5℃。主诉：该犬比较活跃，有啃咬家中物品习惯，因此常关于笼中置于家中南阳台，就诊当日中午回家发现该犬发病。抱出笼时已经开始呼吸困难，站立不稳、摇晃，盲目乱撞。该病最可能诊断为_____。
　　A. 热伤营阴　　B. 热入心包　　C. 血热妄行　　D. 血热伤阴　　E. 肝热动风

如用针灸治疗，配合冷敷和强心补液，一般采用下列哪种针术？_____
　　A. 艾灸　　　　　　　　B. 电针　　　　　　　　C. 血针或白针
　　D. 水针　　　　　　　　E. 火针

如采用白针治疗，常选用_____。
　　A. 抢风　　　　　　　　B. 水沟　　　　　　　　C. 耳尖或尾尖
　　D. 涌泉　　　　　　　　E. 滴水

如用中药治疗，应以下列哪个原则为主组方应用？_____
　　A. 清热泻火药　　　　　B. 清热解毒药　　　　　C. 清热解暑药
　　D. 清热燥湿药　　　　　E. 清热凉血药

使用中药治疗时，中药方剂最好选用下列哪个方剂为主进行加减？_____
　　A. 郁金散　　　　　　　B. 白头翁汤　　　　　　C. 黄连解毒汤
　　D. 白虎汤　　　　　　　E. 香薷散

问题四：奶牛，5岁。证见精神沉郁，食欲、反刍停止，口渴喜饮，鼻镜干燥，排粪带痛，病初粪便干硬，附有血丝或黏液，继而粪便稀薄带血，气味腥臭，甚至全为血水，血色鲜红，小便短赤。口色鲜红，口温高，苔黄腻，脉滑数。该病最可能诊断为_____。
　　A. 血热伤阴　　B. 肝热动风　　C. 气血两燔　　D. 血热妄行　　E. 热入心包

参考答案：C E E C B C E C

>>> 任务148　卫分病证

【主证】发热重，恶寒轻，咳嗽，咽喉肿痛，口干微红，舌苔薄黄，脉浮数。
【治法】辛凉解表。
【方药】银翘散加减。

>>> 任务 149　气分病证

1. 温热在肺
【主证】发热，呼吸喘粗，咳嗽，鼻液黄稠，口色鲜红，舌苔黄燥，脉洪数。
【治法】清热宣肺，止咳平喘。
【方药】麻杏石甘汤加减。

2. 热入阳明
【主证】身热，大汗，口渴喜饮，口津干燥，口色鲜红，舌苔黄燥，脉洪大。
【治法】清热生津。
【方药】白虎汤加减。

3. 热结肠道
【主证】发热，肠燥便干，粪结不通或稀粪旁流，腹痛，尿短赤，口津干燥，口色深红，舌苔黄厚，脉沉实有力。
【治法】滋阴，清热，通便。
【方药】增液承气汤（玄参、生地、麦冬、大黄、芒硝，《温病条辨》）加减。

>>> 任务 150　营分病证

1. 热伤营阴
【主证】高热不退，夜甚，躁动不安，呼吸喘促，舌质红绛，斑疹隐隐，脉细数。
【治法】清营解毒，透热养阴。
【方药】清营汤加减。

2. 热入心包
【主证】高热、神昏，四肢厥冷或抽搐，舌绛，脉数。
【治法】清心开窍。
【方药】清宫汤（玄参、莲子、竹叶心、麦冬、连翘、犀角，《温病条辨》）加减。

>>> 任务 151　血分病证

1. 血热妄行
【主证】身热，神昏，黏膜、皮肤发斑，尿血，便血，口色深绛，脉数。
【治法】清热解毒，凉血散瘀。
【方药】犀角地黄汤加减。

2. 气血两燔
【主证】身大热，口渴喜饮，口燥苔焦，舌质红绛，发斑，衄血，便血，脉数。
【治法】清气分热，解血分毒。
【方药】清瘟败毒饮（石膏、水牛角、生地、黄连、栀子、丹皮、黄芩、赤芍、玄参、知母、连翘、桔梗、竹叶、甘草，《疫疹一得》）加减。

3. 肝热动风
【主证】高热，项背强直，阵阵抽搐，口色深绛，脉弦数。
【治法】清热，平肝，息风。

【方药】羚羊钩藤汤（羚羊片、霜桑叶、川贝、生地、钩藤、菊花、茯神、白芍、生甘草、竹茹，《通俗伤寒论》）加减。

4. 血热伤阴

【主证】低热不退，精神倦怠，口干舌燥，舌红无苔，尿赤，粪干，脉细数无力。

【治法】清热养阴。

【方药】青蒿鳖甲汤加减。

相关知识

卫气营血辨证，是清代著名医家叶天士所创立的一种用于外感温热病的辨证方法。

卫气营血辨证是以卫气营血为纲，将温病的各种证候概括为卫分证、气分证、营分证和血分证四大类型，用以说明病位的深浅、病情的轻重和传变的规律，以指导临床治疗。就病变部位来说，卫分主表，病在肺与皮毛；气分主里，病在肺、肠、胃等脏腑；营分是邪热入于心营，病在心与心包；血分是邪热已深入肝、肾，重在动血耗血。随着病邪侵犯的步步深入，病情逐渐加重。

外感温热病的发展过程，一般按照卫分、气分、营分、血分顺序传变。然而，这种传变规律并不是固定不变的。由于季节气候的不同，病邪盛衰的差异，患畜体质强弱的不同，临床上所见的温热病，有的起病不经卫分，而是从气分、营分或血分开始。传变除由外向内循经而传的情况外，往往也有越经而传的。如卫分病可不经气分而传入营分，气分病不经营分而传入血分，酿成气血两燔。

有时，病变从卫分进入气分、营分、血分的过程中，可能卫分证候尚未完全消除，而气分的证候即已出现，或气分的证候仍然存在，而营分或血分的证候同时出现。因此，在临床辨证时，应根据疾病的不同情况，具体分析，灵活运用，不得生搬硬套。

项目 4.4　防治法则

项目 4.4.1　预　防

问题一：对疾病力求早期诊断、早期治疗的目的是_____。

　A. 提高治愈率　　　　　　B. 尽早确立治疗方法

　C. 提高诊断的正确率　　　D. 中止其病情的发展变化

　E. 以上均不是

问题二：下列不属于既病防变方法的是_____。

　A. 人工免疫　　　B. 早期诊断　　　C. 早期治疗

　D. 先安未受邪之地　　　E. 阻截病传途径

问题三："见肝之病，当先实脾"的治则当属_____。

　A. 早治防变　　　B. 治病求本　　　C. 调理脏腑

　D. 调理气血　　　E. 三因制宜

参考答案：D A A

>>> 任务 152　未病先防

1. 加强饲养管理　中兽医认为，加强饲养管理，合理使役是预防动物疾病发生的关键。正如《元亨疗马集》中所说："冬暖，夏凉，春牧，秋厩，节刍水，知劳役，使寒暑无侵，则马骡无疴瘵也。"另在《三饮三喂刍水论》中记有"尿清粪润号平和，草多耕少大无疴。槽间谷料休多喂，源下清泉少饮过；迎风有汗俱教忌，远骤空肠莫令多；草中毛发宜须择，料间灰土莫容污。泥土妄餐膘易瘦，发毛误食嗽喧多。骑来喘定移时喂，喂后依期饮碧波。饮后徐徐行百步，生料匀匀莫令多。三般饮喂尊先圣，诸病消磨气血和。"指出了在饲养方面过于饥渴时不能暴食暴饮，劳役前后不能饮喂过饱，饮水和草料必须清洁，不能混有杂物；使役或骑乘后不能立即饲喂，饮水后要缓慢运行数步，有汗和料后不能立即饮水等。在管理方面，指出厩舍要冬暖夏凉，经常打扫干净。在使役方面，指出要先慢步，后快步，快慢要交替使用，使役后不可立即卸掉鞍具，以防风邪乘隙侵袭等。

2. 针药调理

（1）针刺六脉穴。是指用针刺眼脉、鹘脉、带脉、胸堂、肾堂、尾本六个穴位，使之出血。放血时要考虑季节气候的变化，并结合动物机体的强弱，来确定穴位，在选穴时一般选1~2个穴，放血量常为50~100mL。放血的主要作用是能调理气血阴阳，疏通经络，并能泻热和增强动物对一些热性病的抵抗力。此外，中国北方有些地区在春天针刺马的玉堂穴，南方一些地区定期给耕牛"开针洗口"（针刺通关穴）预防脾胃经病证等，使动物更好地适应外界环境的变化，以减少疾病发生。

（2）灌四季药。在不同的季节，给动物灌服调理阴阳、扶正抗邪的中药，以预放疾病的发生。《元亨疗马集·四时调理》中有"春灌茵陈与木通，消黄三伏有奇功，理肺散宜秋季灌，茴香冬月莫教空"的记载。意指春季天气由寒变暖，肝火易动，影响脾胃受纳和运化，预防可灌服清心、疏肝、开胃的"茵陈散"；夏季动物易受暑热二邪侵犯而患热证，预防可灌服清热解毒的"消黄散"；秋季气候由热转凉，由湿转燥，燥邪易犯机体而伤肺阴，预防药可灌服清热润肺、止咳化痰的"理肺散"；冬季气候由凉转寒，动物易受风、寒、湿邪侵袭，预防可灌服温里散寒、祛风除湿的"茴香散"。

3. 疫病预防　中兽医对于疫病的认识可见于历代农书和兽医专著，如《元亨疗马集》说："都中战马，遍染瘟疫，……癖瘟癖瘴，不可不御也"；《三农记·卷八》记载："人疫传人。畜疫传畜，染其形似者；豕疫可传牛，牛疫可传豕，当知避焉。"；《陈敷农书》中说："已死之肉，经过村里，其气尚能相染也。欲病之不相染，勿令与不病者相近。"；《三农记》中还说："倘逢天时行灾，重加利剂，宜避疫之药常熏栏中。"；《齐民要术》中还有对羊传染性疫病早期诊断与隔离的记载，指出"羊有病，辄相污。欲令别病，法当栏前作渎，深二尺，广四尺。往还皆跳过者，无病；不能过去，入渎中行，过，便别之。"

从这些记载可以看出，古人很早就对动物的传染性疾病有了一定认识，并根据当时的社会条件和科学技术水平采取了一些力所能及的防治办法，如隔离，预防性给药（利剂的使用、贯仲、苍术等泡水，使动物饮用），药熏（苍术、石菖蒲、艾叶、雄黄等药物燃烟熏棚厩的定期消毒），粪便堆放发酵，以及搞好清洁卫生工作（水洁、料洁、草洁、槽洁、圈洁、动物体洁净等），均是预防动物疫病发生的重要措施。

4. 饲料添加剂的应用 在动物日粮中，添加一定量的中药，以增加动物产品产量，改善产品质量，增强机体抵抗力，预防疾病的发生。如《便民图纂》载有："若遇瘟疫，急用白矾、雄黄、甘草为末，拌饭食之。"《串雅兽医方》载有："鸡瘦，土硫磺研细，拌食，则肥。"《三农记》载有鸡催肥法："以油和面，捻成指尖大块，日食数十枚；或造便饭，用土硫磺，每次半钱许，喂数日即肥。"

>>> 任务153 既病防变

1. 早期诊治 一般来说，疾病之初，病位较浅，病情多轻，病邪伤正程度轻浅，正气抗邪、抗损害和康复能力均较强，因而早期诊治有利于疾病的早日痊愈，防止因病邪深入而加重病情。《素问·阴阳应象大论》说："邪风之至，疾如风雨，故善治者治皮毛，其次治肌肤，其次治筋脉，其次治六腑，其次治五脏，治五脏者，半死半生也。"说明外邪侵入机体后，如果不作及时处理，病邪就有可能逐步深入，由表入里，侵犯脏腑，使病情愈来愈复杂，治疗也愈来愈困难，由此可见早期诊治的重要性。《元亨疗马集》中也有"每遇饮马，就便看验有无病患，交点匹数，每三日一次，……令兽医遍看口色，有病者灌啗，甚者别槽医治"的记载，说明古代兽医就非常重视对病畜的早期发现，及早诊治，防止疾病进一步发展与恶化。

2. 防止传变 动物体的各脏腑之间密切相关，一脏一腑有病，可以影响他脏他腑。因此，治疗时要掌握疾病传变的规律，先安未受邪之地，治其未病之脏腑，以防止疾病的传变。如《难经·七十七难》说："上工治未病，中工治已病者，何谓也？然：所谓治未病者，见肝之病，则知肝当传之于脾，故先实其脾气，无令得受肝之邪，故曰治未病也。中工治已病，见肝之病，不晓相传，但一心治肝，故曰治已病也。"肝属木，脾属土，肝木亢盛，易发生肝木乘脾土的证候，因此，在治疗肝病时应注意调补脾脏，使脾气充实，防止肝病向脾的传变，此为既病防变法则的具体体现。又如温热病伤及胃阴，若病势进一步发展多耗及肾阴，故应在甘寒养胃的方药中加入某些咸寒滋肾之品，以达"先安未受邪之地"的目的。

> **相关知识**
>
> 预防，就是预先采取一定的措施，防止动物疾病的发生和发展。前人称其为"治未病"。
>
> 中兽医学历来重视对疾病的预防，早在《黄帝内经》中就有记载。如《素问·四时调神大论》中指出："是故圣人不治已病，治未病；不治已乱，治未乱。夫病已成而后药之，乱已成而后治之，譬犹渴而穿井，斗而铸锥，不亦晚乎！"这种以预防为主的思想，在指导后世医疗实践中，起着极为重要的作用。在《养耕集·治牛皮风发表针法》中载有"世之善为医者，治病当于未病之先，不治于既病之时也。既病之时，非腠理之灾生，必脏腑之祸作，四体不安，满身欠泰，非真不治也，不过叹其请医之迟，多费一番之手足耳，总不如于未病之先，留心安护，略深表里，得以康健逢吉，不染他灾，故皮风发表之针，不得不预先行之也。"
>
> "治未病"包括未病先防和既病防变两方面的内容。

未病先防，就是在动物未发病之前，采取各种有效措施，预防疾病的发生。疾病的发生，关系到邪正两个方面。邪气侵犯是导致疾病发生的重要条件，而正气不足是疾病发生的内在原因和根据，外邪通过内因而起作用。所以，未病先防，重在培养机体的正气，增强其抗邪能力。

如果疾病已经发生，就应及早诊断和治疗，以防止疾病的进一步发展与传变，称为既病防变。

项目4.4.2 治 则

问题一：不属于治则的是_____。
　　A. 治病求本　　B. 扶正祛邪　　C. 调理气血　　D. 活血化瘀　　E. 调治脏腑

问题二：下列何项属于正治法则？_____
　　A. 标本兼治　　B. 塞因塞用　　C. 寒者热之　　D. 因畜制宜　　E. 寒因寒用

问题三：下列何项不属于逆治法则？_____
　　A. 热因热用　　B. 寒者热之　　C. 热者寒之　　D. 虚者补之　　E. 实则泻之

问题四：攻补兼施适用于何证？_____
　　A. 虚证　　　　　　　　B. 真实假虚证　　　　　　C. 实证
　　D. 真虚假实证　　　　　E. 虚实夹杂证

问题五：真实假虚证治疗原则是_____。
　　A. 祛邪兼扶正　　　　　B. 扶正兼祛邪
　　C. 先祛邪后扶正　　　　D. 单独祛邪
　　E. 通因通用

问题六：通因通用适于下列哪种病证？_____
　　A. 脾虚腹泻　　B. 肾虚泄泻　　C. 食积泄泻　　D. 气虚泄泻　　E. 寒湿泄泻

问题七：素体阳虚又感受寒邪的病畜，治宜助阳解表，应属于_____。
　　A. 先治其标　　　　　　B. 先治其本　　　　　　　C. 标本兼治
　　D. 虚者补之　　　　　　E. 以上均不是

问题八：（1~3题共用下列备选答案）
　　A. 阳虚阴盛，格阳于外的真寒假热证
　　B. 里热盛极，格阴于外的真热假寒证
　　C. 瘀血内阻所致的出血证
　　D. 中气不足所致的肚腹胀满
　　E. 实热壅积的阳明腑实证

1. 通因通用的治则适用于_____。
2. 塞因塞用的治则适用于_____。
3. 寒因寒用的治则适用于_____。

参考答案：D C A E D C C A

项目 4　中兽医临床

>>> 任务 154　扶正与祛邪

1. 祛邪兼扶正　适用于邪盛为主、兼有正衰的病证。处方用药时,在祛邪的方剂中稍加一些补益药。如治年老体虚、久病或产后津枯肠燥便秘,选用当归苁蓉汤。

2. 扶正兼祛邪　适用于正虚为主、兼有留邪的病证。处方用药时,在补养的方剂中稍加一些祛邪药。如治疗奶牛前胃弛缓而有食滞时就应采用此法。

3. 先扶正后祛邪　适用于正虚邪不盛,或正虚邪盛的病证。如先祛邪,反而更伤正气,只有先扶正,待正气增强后再祛邪。如治疗虫积时,先以八珍汤扶正,再用驱虫方驱虫。

4. 先祛邪后扶正　适用于邪盛正不甚虚,或邪盛正虚的病证。如先扶正,反会闭门留寇,故只能先祛邪,然后再扶正。如阳明腑证之热结肠腑,便秘不通,导致化燥化热而阴伤,则须急下存阴,以免热结愈甚而阴津更伤,故应先施以大承气汤泻下热结,待结去后再以养阴生津药物进行调理。

总之,扶正与祛邪是最基本的治则,在临床运用时,要根据病情,灵活掌握,特别是在需要扶正与祛邪同时并用时,应分清主次,有所侧重。

🔍 相关知识

治则,就是治疗动物疾病的法则。它是以四诊所收集的客观资料为依据,在对疾病综合分析和判断的基础上提出的临证治疗规律,是各种证候具体治疗方法的指导原则。包括扶正与祛邪、治标与治本、正治与反治、同治与异治、治常与治变和治疗与护养等方面的内容,对于临床确定治法和处方用药具有重要的指导意义。

正,指动物机体正气;邪,指病邪或邪气。疾病的过程,在一定意义上可以说是正气与邪气双方相互斗争的过程。正邪斗争的胜负,决定着疾病的进退,邪胜于正则病进,正胜于邪则病退。因此,在治疗法则上也就离不开"扶正"和"祛邪"两个方面,即通过扶助正气或祛除邪气,借以改变正邪双方力量的对比,使疾病向痊愈的方向转化。总的来说,各种治疗措施都是根据扶正和祛邪这两个原则而制定的。

扶正,就是使用补益正气的方药及加强病畜护养等方法,以扶助机体正气,提高机体抵抗力,达到祛除邪气,战胜疾病,恢复健康的目的;祛邪,就是使用祛除邪气的方药,或采用针灸、手术等方法,以祛除病邪,达到邪去正复的目的。

扶正与祛邪,虽然方法不同,但二者密切相关,相互为用,相辅相成。扶正,能使正气加强,有助于机体抗御和祛除病邪,也就是说扶正是为了更好地祛邪;祛邪,能够排除病邪的侵害和干扰,使邪去正安,也就是说祛邪是为了促进正气的恢复。但由于在疾病过程中,正气是矛盾的主要方面,任何治疗措施都是通过畜体的生理功能而起作用的,因此中兽医学非常重视机体的内在因素,在扶正与祛邪二者之间尤其强调扶助正气。然而,无论是扶正还是祛邪都要运用适当,做到祛邪而不伤正,扶正又不留邪。

>>> **任务 155　治标与治本**

1. 急则治其标　指疾病过程中标症紧急，若不及时治疗就会危及患畜生命或影响本病治疗时所采取的一种急救方法。例如，马患十二指肠阻塞继发胃扩张时，十二指肠阻塞是本，胃扩张是标，但胃扩张紧急，如不能快速解除，就会危及患畜的生命，同时也影响直肠入手破结，此时的当务之急就应是采取导胃等措施解除胃扩张以治标，待胃扩张缓解后再破结通肠以治本。由此可见，急则治其标仅为权宜急救之法，待危象消除，病势缓解后还必须治本。

2. 缓则治其本　一般情况下，凡病势缓而不急的，皆需从本论治，《素问·阴阳应象大论》说："治病必求于本"，它对指导慢性病的治疗更有意义。如脾虚泄泻之证，若泄泻不甚，无伤津脱液的严重症状，只需健脾补虚，使脾虚之本得治，则泄泻之标自除。

3. 标本兼治　当标本俱重或标本俱急，在时间或条件上又不允许单独治标或单独治本时，应采取标本同治的方法。当然，标本同治，也不是治标与治本不分主次地平均对待，而是仍然要分清主次，有所侧重。例如气虚感冒时，先病正气虚为本，后感外邪为标，单纯益气则表邪难去，仅用发汗解表则更伤正气，所以常采用益气为主兼以解表，标本兼治的原则。

> **相关知识**
>
> 　　治标与治本是指根据病因、病位、病性和证候等因素，分别轻重缓急，抓住主要矛盾进行治疗的原则。
>
> 　　标与本是一组相对的概念，常用来概括说明事物的本质与现象，因果关系以及病变过程中矛盾的主次关系等。从正邪关系而言，正气为本，邪气为标；就病因与症状而言，病因为本，症状为标；以病之先后而言，先病为本，后病为标；原发病为本，继发病为标；就病位表里而言，脏腑病为本，肌表经络病为标。
>
> 　　一般来说，本是疾病的主要矛盾或矛盾的主要方面，起着主导和决定的作用；标是病变的次要矛盾或矛盾的次要方面，处于从属和次要的地位。辨证论治的一个根本原则，就是要抓住疾病的本质，并针对本质进行治疗。例如，马患结症而继发肠臌气时，结症为本，气胀为标；如果病势缓慢，气胀不重，只要破除结症之本，气胀之标也就随之消失。正如《景岳全书·求本论》说："直取其本，则所生诸病，无不随本皆退。"
>
> 　　但是，在疾病过程中矛盾是错综复杂的，在一定条件下是可以转化的。因此，标和本常有主次轻重的不同，治疗也就相应地有了先后缓急的区分。
>
> 　　应当指出，在临床应用时，不能将"急则治其标，缓则治其本"的原则绝对化，急的时候也未尝不可治本。如亡阳虚脱，急用回阳救逆，就是治本；大出血后，气随血脱之时，急用益气固脱也是治本。同样，缓的时候也不是不可以治标，有时治标反更有利于治本。如脾肾虚寒泄泻，后海穴水针注射就是治标。
>
> 　　总之，在辨证论治中，分清疾病的标本缓急，是抓主要矛盾，解决主要问题的一个重要原则。急则先治是基本要求，治病求本才是关键。若标本不明，主次不清，势必影响疗效，甚至延误病机，造成不良后果。

项目 4　中兽医临床

>>> 任务 156　正治与反治

1. 正治　针对寒邪侵犯所致寒证采取温热法治疗，针对热邪侵犯所致热证采取寒凉药物治疗，针对机体物质或能量补充不足或耗损过多所致虚证采取滋补法治疗，针对机体物质能量聚集过多或代谢紊乱所致实证采取清泻法进行治疗。即"寒者热之，热者寒之，虚者补之，实者泻之"。

2. 反治

（1）热因热用。用温热性药物治疗具有热象的病证。主要适用于阴寒内盛，阳气格拒于外的真寒假热证。如有些亡阳虚脱病畜，呈现体表温热，苔黑舌红热象是假，而阳虚寒盛才是其本质，故仍须应用温热性药物进行治疗。

（2）寒因寒用。用寒凉性药物治疗具有寒象的病证。主要适用于里热极盛，格阴于外的真热假寒证。如热厥证，呈现四肢厥冷的寒象是假，而壮热、口渴贪饮、小便短赤的热盛才是其本质，故仍须用寒凉性药物进行治疗。

（3）塞因塞用。用补塞性药物治疗具有闭塞不通的病证。主要适用于因虚而闭塞的真虚假实证。如因中气不足，脾虚不运所致的脘腹胀满，用健脾益气，以补开塞的方法进行治疗。

（4）通因通用。用通利的药物治疗通泄的病证。主要适用于真实假虚证。如由于食积停滞，影响运化所致的腹泻，则不仅不能用止泻药，反而应当用消导泻下药以去其积滞，方能奏效。

🔍 相关知识

正治与反治是根据疾病的本质与表征所采取的总体治疗原则。

在临床上，当疾病的本质与表征一致时，采取与疾病的病因、病性和主要症状完全针锋相对的治疗法则，称为正治。"正"有正常、规范之意，是临床上常用的治疗方法。

正因为这一治疗法则强调与疾病的病因、病机和主要症状完全针锋相对，故又称为逆治。《素问·至真要大论》中所谓"逆者正治"即为此意。

所谓反治，是当疾病的本质与表征不完全一致时，顺从疾病征象而治的一种治疗法则。《素问·至真要大论》中说："从者反治。"正因其所采用方药或针灸手法顺从于疾病征象，故又称为从治。

临床上，有时会因病情复杂或病势严重，机体不能如常地反映出正邪相争的情况，而出现一些与疾病性质不相符合的假象。如寒证出现热象，热证出现寒象，虚证出现实象，实证出现虚象等。在治疗时，就不能简单地见寒治寒，见热治热，而应透过现象，治其本质。因为在此情况下，疾病所表现出的症状与疾病的本质相反，所以采用了和疾病征象性质相同的药物来治疗，但实际上仍是逆着疾病的本质进行的治疗。

此外，还有一种反佐法，也属反治法之范畴。当疾病发展到阴阳格拒的严重阶段而出现假象，或对大寒证、大热证进行治疗时，若单纯以热治寒，或以寒治热，往往会发生药物下咽即吐的格拒现象而影响治疗效果。此时，就要用反佐法以起诱导作用，防止疾病对药物的格拒、对抗作用。反佐法的具体运用有两种，一种是药物反佐，即在临证配方时在大寒剂中佐以少许温热药，或在大热剂中佐以少许寒凉药。如左金丸（黄连、吴茱萸《丹溪心法》），用于治疗肝热犯胃，呃逆呕吐，胁痛不适之证，方中重用黄连苦寒泻心经之火，此即"实则泻其子"之意，少助辛热之吴茱萸，既能疏肝解郁，降逆止呕，又能制黄连过于寒凉。因吴茱萸药性与主药黄连正好相反，故为反佐之药；另一种是服法反佐，就是热证用寒凉药采取温服法，寒证用温热药采取冷服法。

>>> 任务157　同治与异治

1. 异病同治　不同的疾病，由于病机相同或处于同一性质的病变阶段，表现类似的证候，可以采用相同的治疗方法。例如，久泄、久痢、脱肛、阴道脱和子宫脱等病证，凡属中气不足或气虚下陷者，均可用相同的补中益气法治疗。又如，在许多不同的传染病过程中，只要出现气分热证，即大热、大汗、大渴、脉象洪大等，都可以用清热生津法治疗。

2. 同病异治　同一种疾病，由于病因、病机以及发展阶段的不同，而采用不同的治疗方法。例如，同为感冒，由于有风寒和风热的不同病因和病机，治疗就有辛温解表和辛凉解表之分。又如，同属外感温热病，由于有卫、气、营、血四个病变阶段，即证候不同，治疗也相应地有解表、清气、清营和凉血的不同治法。

>>> 任务158　治常与治变

1. 因时制宜　根据不同季节的气候特点来考虑治疗用药的原则。如春夏季节，气候由温渐热，阳气升发，动物腠理疏松开泄，即使是患外感风寒，也不宜过用辛温发散之品，以免开泄太过，耗气伤津；而秋冬季节，气候由凉变寒，阴气日增，动物腠理致密，阳气内敛，此时若非大热之证，就当慎用寒凉之品，以防苦寒伤阳。《素问·六气正纪大论篇》说："用热远热，用温远温，用寒远寒，用凉远凉。"其中"远"为"避"之意，即用温热性药物时，要避开温热的季节，用寒凉性药物时，要避开寒凉的气候。再如，暑邪致病带有明显的季节性，且暑多挟湿，故暑天治病，应注意清暑化湿。

2. 因地制宜　根据不同地区的地理环境特点来考虑治疗用药的原则。如南方气候炎热而潮湿，病多湿热或温热，故多用清热化湿之品；北方气候寒冷而干燥，病多风寒或燥证，故常用温热润燥之剂。即或是同一种疾病，地域不同，采用的治则也可能不同，如同为感冒，在东南地区，以风热为多，常用辛凉解表之法；而在西北地区，则以风寒居多，常用辛温发汗之法。

即使相同的病证，治疗用药也应当考虑不同地域的特点，如外感风寒证，在西北、东北严寒地区，药量可稍重，而在南方温热地区，药量宜稍轻。

3. 因动物制宜　根据动物年龄、性别、体质等不同特点来考虑治疗用药的原则。从年龄上来说，成年动物正气旺盛，体质强健，病多实证，治宜攻邪泻实，药量亦可稍重；老龄动物生机减退，脏腑气血已衰，病多虚证或虚中挟实，治疗时要注意扶正补虚，即令祛邪也勿伤其正；幼龄仔畜生机旺盛，但脏腑娇嫩，气血未充，因而治疗幼仔疾患，忌用峻剂，药量宜轻，此外，幼畜多外感病和胃肠病，故又当重视宣肺散邪和调理脾胃功能。从性别上来说,性别不同,生理、病理特点各异,治疗用药亦各有不同,母畜有经产、妊娠、分娩等特点,治疗时要注意安胎,通经下乳,妊娠禁忌等问题;公畜有精室及性功能等特有病证,治疗多应补肾滋阴。从体质上来说,体质不同,机体的反应性也不相同,病证的属性有别,治法方药也当有所不同。

一般说来,体质强壮者,其病多为实证、热证,其体耐受攻伐,药量稍重亦无妨;体质瘦弱者,其病多为虚证、寒证或虚中挟实,其体不耐克伐,应注意采用温补之剂,即令有邪而挟实,也应攻补兼施。此外,使用针灸治病时,也应因时、因地、因畜制宜。如春夏季节和南方地区多用白针、血针、刮痧等疗法,秋冬季节和北方地区常用火针、艾灸、熨烙等疗法;同为热证,成年动物用血针治疗时,血量可适当多一些,而幼龄和老龄动物血量可少一些等。

> **相关知识**
>
> 治常,是指病证治疗的一般原则和大法。治变,是指灵活变通的随证施治。
>
> 中兽医学认为动物体与外界环境之间有着密切的关系,四时气候、地域环境以及患畜本身的性别、年龄、体质等因素,对于疾病的发生、发展变化与转归,都有着不同程度的影响。因而,在治疗疾病时,除掌握一般的治疗原则和方法外,还必须根据这些具体因素,区别对待,采取相应的治疗措施,切实做到因时制宜、因地制宜和因畜制宜。
>
> 治常与治变的原则,充分体现了中兽医治病的整体观念和在实际应用时的原则性和灵活性。只有把天时气候、地域环境、患畜的年龄、性别、体质等因素,同疾病的病理变化结合起来全面分析,采用适宜的方法,才能取得较好的疗效。

>>> 任务159 治疗与护养

针药治疗与护理调养,是医治动物疾病不可分割的两个方面。"三分治病,七分护养",足见护理工作的重要。经验证明,对病畜护养的好坏,直接影响治疗效果。《三农记》中指出:"人但知药能治病,而不知调护,无药而治也。"《元亨疗马集·七十二症》中,每症也多设有调理一项。例如,提出寒病忌凉,不可寒夜外拴,宜养于暖厩之中;热病忌热,棚内不可过温,宜拴于阴凉之处;伤食者少喂,伤水者少饮,伤热者宜饮凉水,伤冷者宜饮温水;表散之病忌风,勿拴巷道檐下;四肢拘挛,步行艰难之病,则昼夜放纵;低头难者宜用高槽;肩膊痛者宜用低槽;破伤风患畜,背上宜搭毡毯,养于安静光暗之厩舍,时时给以粒状饲料;患腰瘫腿瘓者,必须在卧地多垫软草,不可卧于潮湿之处;患肚痛起卧者,必须专人照料,防止跌滚。

同样,针灸后也应对患畜加强护理,役畜停止使役,休养4～6d。避免雨淋或涉水,特别是针刺背腰部与四肢下部穴位,更应预防感染。治疗颈风湿针刺抽筋穴后,要不断调整饲槽高度,以患畜能勉强够得着为准,以后根据病情好转情况,把饲槽逐渐放低,直至到地面患畜也能采食,则病告痊愈。烧烙术后的"跳痂期",术部发痒,要用"双缰拴马法",防止其啃咬术部。醋酒灸后患畜要加盖毡被,以防汗后再感风寒等。

项目4.4.3 治　　法

问题一：适用于外感表证的治法是_____。
　　A. 汗法　　　B. 和法　　　C. 清法　　　D. 吐法　　　E. 温法
问题二：适用于便秘的治法是_____。
　　A. 汗法　　　B. 和法　　　C. 消法　　　D. 下法　　　E. 补法
问题三：如果毒物尚在胃中，应使用的治法是_____。
　　A. 汗法　　　B. 吐法　　　C. 清法　　　D. 下法　　　E. 消法
问题四：适用于饮食停滞证的治法是_____。
　　A. 和法　　　B. 吐法　　　C. 消法　　　D. 补法　　　E. 清法
问题五：下列方法不属于内治八法的是_____。
　　A. 解表法　　B. 清热法　　C. 补虚法　　D. 攻下法　　E. 口噙法
问题六：（1~3题共用下列备选答案）
　　A. 寒者热之　B. 热者寒之　C. 热因热用　D. 塞因塞用　E. 通因通用
1. 用消积导滞法治疗腹泻病症，其治则应属于_____。
2. 用温热性质的药物治疗寒证的方法，其治则应属于_____。
3. 用温热性质的药物治疗阴盛格阳病证，其治则应属于_____。

参考答案：A D B C E；E A C

>>> **任务160　内治法**

1. 八法

（1）汗法。又称解表法，运用具有解表发汗作用的药物，以开泄腠理，驱邪外出。主要用于治疗表证。外邪致病，大多先侵犯肌表，继则由表及里，当病邪在肌表，尚未传里时，应采取发汗解表法，使表邪从汗而解，从而控制疾病的传变，达到早期治疗的目的。由于表证有表寒、表热之分，汗法又分为辛温解表和辛凉解表两种。

①辛温解表。主要由味辛性温的解表药如麻黄、桂枝、紫苏、生姜等组成方剂，适用于表寒证，代表方为麻黄汤、桂枝汤等。

②辛凉解表。主要由味辛性凉的解表药如薄荷、柴胡、桑叶、菊花等组成方剂，适用于表热证，代表方为银翘散、桑菊饮等。

根据兼证的不同，汗法又有加减之变通。如阳虚者，宜补阳发汗；阴虚者，宜滋阴发汗；兼有湿邪在表的，如风湿证，则应于发汗药中配以祛风除湿药。

【注意事项】

①体质虚弱、下痢、失血、剧烈呕吐、热证后期等津亏液少时，原则上禁用汗法。若确有表邪存在，必须用汗法时，应配伍益气、养阴药物。

②发汗应以汗出邪去为度，不可发汗太过，以防耗散津液，损伤正气。

③夏季或平素表虚多汗者，应慎用辛温发汗之剂。

④发汗后，应系于暖厩之中，忌受寒凉。

（2）吐法。又称涌吐法或催吐法，运用具有涌吐性能的药物，使病邪或有毒物质从口中吐出。主要适用于误食毒物和药物、痰涎壅盛、食积胃脘等证。代表方为瓜蒂散、盐汤探吐方等。

吐法是一种急救方法，用之得当，收效迅速，用之不当，易伤元气，损伤胃脘。因此，如非急证，只是一般性的食积、痰壅，尽可能用导滞、化痰的方法。吐法只适用于猪、犬和猫，牛少用，马属动物禁用。

【注意事项】

①心衰体弱的病畜不可用吐法。

②怀孕或产后、失血过多的动物，应慎用吐法。

（3）下法。又称攻下法或泻下法，运用具有泻下通便作用的药物，攻逐邪实，以排除胃肠积滞和体内积水，解除实热壅结。主要适用于里实证，凡胃肠燥结、水湿内停、虫积、实热等证，均可以用本法治疗。根据病情的缓急和患病动物体质的强弱，以及积滞、积水等不同情况，下法通常分攻下、润下和逐水法三类。

①攻下法。也称峻泻法，使用泻下作用猛烈的药物以攻逐胃肠积滞。适用于膘肥体壮、病情紧急、粪便秘结、腹痛起卧、脉洪大有力的病畜。代表方为大承气汤。

②润下法。也称缓下法，使用泻下作用较缓和的药物，以治疗年老、体弱、久病、产后气血双亏所致津枯肠燥便秘。代表方为当归苁蓉汤。

③逐水法。使用具有攻逐水湿功能的药物，以治疗水饮聚积。常用于胸腔积液、腹水、粪尿不通等实证。代表方为十枣汤。

【注意事项】

①表邪未解不可用下法，以防引邪内陷。

②病在胃脘而有呕吐现象者不可用下法，以防造成胃破裂。

③体质虚弱，津液枯竭的便秘不可峻下。

④怀孕或产后体弱母畜的便秘不可峻下。

⑤攻下法和逐水法，易伤气血，应用时必须根据病情和体质，掌握适当剂量，一般以邪去为度，不可过量使用或长期使用。

（4）和法。又称和解法，运用具有疏通、和解作用的药物，以祛除病邪，扶助正气和调整脏腑间关系。主要应用于和解少阳和调整脏腑气血不和的病证。

①和解少阳。适用于病邪既不在表，又未入里的半表半里证，表现为寒热往来，反胃呕吐，不欲饮食，口苦脉弦。代表方为小柴胡汤。

②调和肝脾。适用于食欲不振、肠鸣粪稀、脉弦细的肝气郁结、肝脾不和之证。代表方为逍遥散。

③调和肝胃。适用于精神烦躁、嗳气、减食、缩腹为主的肝胃不和之证。代表方为柴胡疏肝散。

【注意事项】

①病邪在表，未入少阳经者，禁用和法。

②病邪已入里的实证，不宜用和法。

③病属阴寒，证见耳鼻俱凉，四肢厥逆者，禁用和法。

（5）温法。又称祛寒法或温里法，运用具有温热性药物，以祛除体内寒邪，补益阳气。主要适用于里寒证。根据"寒者热之"的治疗原则，按照寒邪所在的部位及其程度的不同，温法又可分为温中散寒、回阳救逆和温经散寒三种。

①温中散寒。适用于脾胃阳虚所致的中焦虚寒证。代表方为理中汤。

②回阳救逆。适用于肾阳虚衰，阴寒内盛，阳虚欲脱的病证。代表方为四逆汤。

③温经散寒。适用于寒气偏盛，气血凝滞，经络不通，关节活动不利的痹证。代表方为黄芪桂枝五物汤。

【注意事项】

①温法所用药物性多燥热，易伤津耗阴，不可过用、久用。

②素体阴虚，体瘦毛焦，阴液将脱者不用温法。

③热伏于内，格阴于外的真热假寒证禁用温法。

④某些大辛大热药物如附子、肉桂等，妊娠动物慎用。

（6）清法。又称清热法，运用具有寒凉性的药物，以清解体内热邪。主要适用于里热证。因热的程度、所在部位及疾病虚实的不同，临床上常把清法分为清热泻火、清热解毒、清热凉血、清热燥湿、清热解暑五种。

①清热泻火。适用于热在气分的里热证。由于热邪所在部位和脏腑的不同，选择的方剂也不同，如热在气分用白虎汤，热在肺经用麻杏甘石汤，热在肝经用龙胆泻肝汤，热在心经用洗心散等。

②清热解毒。适用于热毒亢盛所致的疮黄肿毒等。代表方有消黄散、黄连解毒汤、真人活命饮等。

③清热凉血。适用于温热病邪已入于营分、血分的病证。代表方有清营汤、犀角地黄汤等。

④清热燥湿。适用于湿热证。根据湿热所在的脏腑不同，选用的方剂也不同，如肝胆湿热用茵陈蒿汤，大肠湿热用白头翁汤，膀胱湿热用八正散等。

⑤清热解暑。适用于暑热证。代表方为香薷散。

【注意事项】

①表邪未解，阳气被郁而发热者禁用清法。

②体质素虚，脏腑本寒，胃火不足，粪便稀薄者禁用清法。

③过劳及血虚引起的虚热证禁用清法。

④阴盛于内，格阳于外的真寒假热证禁用清法。

（7）补法。又称补虚法或补益法，运用具有营养作用的药物，以补益畜体阴阳气血的不足。适用于一切虚证。因临床上虚证有气虚、血虚、阴虚、阳虚四类，故补法亦分为补气、养血、滋阴、助阳四种。

①补气。适用于气虚证。代表方有四君子汤、参苓白术散、补中益气汤等。

②养血。适用于血虚证。代表方为四物汤、当归补血汤等。临证上血虚的病证，多与气虚同时存在，治疗时多用气血双补法，代表方为八珍汤。

③滋阴。适用于阴虚证。代表方为六味地黄丸。

④助阳。适用于阳虚证。代表方为肾气丸。

气血阴阳是相互联系的，气虚常兼血虚，血虚常导致阴虚，气虚亦常导致阳虚，所以在使用补法时，必须针对病情，全面考虑，灵活运用，才能取得较好的疗效。

脾胃乃后天之本，水谷之海，气血生化之源，所以补气血应以补中焦脾胃为主；肾与命门为水火之脏，是真阴真阳化生之源，所以补阴阳应以补下焦肾与命门为主。

通常情况下，补不宜急，"虚则缓补"。但在特殊情况下，如大出血引起的虚脱证，必须用急补法，选人参、附子、麦门冬、黄芪等药治之。

【注意事项】

①使用补法切忌单纯使用补药"纯补"，应于补药之中配合少量疏肝健脾之药，达到补而不腻的目的。否则，易造成脾胃气滞，不仅妨碍食欲，而且对药物的吸收也有影响，降低疗效。

②应注意"大实有虚象"，诊断时必须认清虚实的真假，避免"误补益疾"。

③在邪盛正虚或外邪尚未完全消除的情况下，忌用纯补法，以防"闭门留寇"而致留邪之弊。

（8）消法。又称消导法或消散法，运用具有消散破积作用的药物，以消散体内气滞、血瘀、食积等。临床上常用的有行气解郁、活血化瘀、消食导滞三种。

①行气解郁。适用于气滞证。代表方为越鞠丸。

②活血化瘀。适用于瘀血证。代表方为桃红四物汤。

③消食导滞。适用于胃肠食积，脾胃不磨之证。代表方为曲蘖散。

消法用于食积时，其作用与下法相似，都能驱除有形之实邪，但在临床运用上又有所不同。下法着重解除粪便燥结，猛攻逐下，作用较强，适应急性病证；而消法着重消积运化，渐消缓散，作用缓和，适应慢性病证。消法虽较下法作用缓和，但过度使用也可使患畜气血损耗，因此，当孕畜和虚弱动物患有积食、气滞、瘀血等证时，应配合补气养血药使用，并掌握好剂量。

消法的应用范围很广，除用于消散气滞、血瘀、食积等病证外，临证还用于痰饮、内外痈肿等证的治疗。如痰积于胸膈，可用化痰止咳法，方用二陈汤、止嗽散等；水气外溢，四肢浮肿，可用利水消肿法，方用五皮饮等。

2. 八法并用

（1）下补并用。临床上年老体弱或久病、产后体虚动物所患的结症，属正虚邪实的证候，结症宜下，体虚宜补，但若单纯用补法，会使邪气更加固结；若单纯用攻法，又恐正气不支，造成虚脱。采取攻补并用的治疗方法，既祛邪而又扶正。常用当归苁蓉汤等方剂，以当归、黄芪等药补气血，大黄、芒硝等药攻结粪，以期达到邪去正复的目的。

（2）温清并用。温法和清法本是两种互相对抗的疗法，原则上不能并用。但对上寒下热和上热下寒的寒热错杂病证，如单纯使用温法或清法，皆会偏盛一方，使病情加重。对此，只有采取温清并用的方法，才能温其寒、清其热。例如，伤寒，胸中又热，胃中有邪气，腹中痛，欲呕吐者，黄连汤（黄连、桂枝、炙甘草、干姜、半夏、人参、大枣，《伤寒论》）主治。方中黄连苦寒，以清在上之热，干姜辛热以温在下之寒，桂枝辛温既可散寒又能通上下之阳气，人参、大枣、甘草益胃和中，以复中焦升降之职。半夏降逆和胃，以止呕吐。七味相协，共奏清上温下，补虚泻实，调和阴阳之功。

（3）消补并用。把消导药和补养药结合起来使用。对正气虚弱，复有积滞，或积聚日久，正气虚弱，必须缓治而不能急攻的，皆可采取消补并用的方法进行治疗。如脾胃虚弱所致宿草不转证，单用消导药效果不够显著，最好配合补养药，如用党参、白术以补脾胃，枳实、厚朴以宣气滞，神曲、麦芽、山楂以导积滞，即为消补并用的方法。

（4）汗下清并用。邪在表宜用汗法，邪在里宜用下法，有热邪时宜用清法，如果既有表证，又有里证，表里俱急且又寒热错杂之时，则当汗、下、清三法并用。例如，动物在夏季，内有实火，证见口腔干燥、粪干尿赤、苔黄厚、脉洪数，又外受雨淋，复患风寒感冒，又见发热、恶寒、精神沉郁、食欲不振等表证。对于这种风寒袭于表，蕴热结于里的复杂证候，应当采取汗、下、清三法并用，用麻黄、桂枝等疏散在表之邪，使其从汗而解；又用大黄、芒硝之类通利大肠，使实结从大便而解；更用栀子、黄芩等清除在里之热，共奏解表、泻下、清热之效。防风通圣散（防风、荆芥、连翘、麻黄、薄荷、当归、川芎、炒白芍、白术、炒栀子、酒大黄、芒硝、生石膏、黄芩、桔梗、滑石、甘草，《宣明论》）就是汗、下、清三法并用的方剂。

>>> 任务161 外治法

1. 药物外治法

（1）贴敷法。将新鲜药物洗净后捣烂外敷，或把药物碾成粉末，加水或其他液体调和后敷于患部，使药物在较长时间内发挥作用。凡疮疡初起、肿毒、四肢关节和筋骨肿痛以及体外寄生虫等，均可用不同处方的药物贴敷。

调药之剂，也因病情不同而加以选择。醋调，解毒散瘀；酒调，助行药力；蛋清、蜂蜜调，解毒并缓和药物的刺激性；葱、姜、蒜捣汁调，取其辛香散邪作用；猪胆汁调，清热解毒；植物油类调，润泽病变部的皮肤，保护肉芽生长。在用法上，初起以求肿疡消散，宜敷满整个病变部分；若毒已结聚，或溃后余肿未消，可仅敷患处四周。如《元亨疗马集》雄黄散用醋或水调敷治疗疮疡初起，有清热消肿解毒的功用。

（2）掺药法。将配方中药物研成极细粉末，掺在膏药上，或直接撒布在清理过的疮面上，或将药粉黏附于纸条或纱布条上，插入较深的疮口或瘘管中。根据所用方药的不同，具有消肿散瘀、提脓祛腐、生肌收口、止血敛伤等不同作用。

①消肿散瘀。将其撒在膏药上贴于患处，具有渗透消散作用。方药如冰硼散、九一丹等，多用于疮疡初期脓多之症。

②提脓祛腐。可使内蓄脓毒早日排出，腐肉迅速脱落，方药如九一丹。若疮疡溃后，局部坚硬肿胀、肉色暗红者，应用五五丹。若腐肉难脱，肉芽过度增生或形成瘘管窦道，选用红升丹为宜。

③生肌收口。能促进新肉生长和加速疮面愈合。适用于疮疡溃后久不收口。方药如生肌散。

④止血敛伤。掺撒于出血部位，能收涩凝血。适用于溃疡或创伤出血。方药如桃花散。

（3）点眼法。将极细药物粉末或药液滴入眼内，以明目退翳。适用于治疗各种眼科病证，方药如拨云散。

（4）吹鼻法。将药物研成极细粉末，吹入鼻内，使患畜打喷嚏，以理气辟秽、通关利窍。方药如通关散。

（5）熏烟法。将药物点燃后用烟熏治疗某些疾病。如用硫黄熏治羊疥癣等。

（6）洗涤法。将药物煎熬成汤，趁热擦洗患部，以活血止痛、消肿解毒。常用于治疗跌打损伤、疥癞、脱肛等症。如防风汤，水煎去渣，候温洗涤直肠脱出部。

（7）口噙法。将药物粉末装入长条形纱布袋内，两端系绳噙于口内，以清热解毒、消肿止痛。如将青黛散装入纱布袋，噙于口内，治疗心火舌疮。

2. 针灸 运用各种不同针具，或用艾灸、熨、烙等方法，对动物体表的某些穴位或特定部位施以适当的刺激，以达疏通经络、调整气血、扶正祛邪、治疗疾病的目的。

传统的针灸疗法主要有白针疗法、血针疗法、火针疗法、气针疗法、埋植疗法、艾灸疗法、温熨疗法、烧烙疗法、拔罐疗法、推拿疗法、刮痧疗法等。随着现代科学技术的不断进步，除各种传统针灸疗法本身有所改进和发展外，还创造出一些新的针灸疗法，如水针疗法、耳针疗法、电针疗法、激光针灸疗法、磁针疗法、微波针灸疗法、特定电磁波谱（TDP）辐射疗法等。每种疗法，各具特色，各有一定的适应证。临证时，根据病情需要选用。

3. 推拿 又称按摩，运用不同手法在患畜体表一定的经络、穴位上施以机械刺激而防治疾病。常用于治疗肌肉麻痹、肌肉过劳、关节扭伤、消化不良、泄泻、瘀症、便秘等症。常用的有按法、摩法、推法、拿法、揉法、拍法、捶法、挦法、拽法、掐法、捏法、分法、合法、滚法和搓法等。临证时根据病情选用不同的按摩手法，或多种手法联合应用。推拿要做到轻而不浮，重而不伤，刚柔相济，深透有力。若患病动物有传染病、皮肤病或推拿处有创伤、化脓灶、骨折等不能使用推拿；妊娠动物不能按摩其腹部诸穴。

4. 手术

（1）刀法。肿疡确已成脓，必须切开引流，排出脓液时使用刀法，以防止脓毒内陷，漫浸好肉，甚者烂至筋骨或穿通脏腑。运用刀法时，首先应分辨脓成与否，部位浅深，严格消毒。对切口位置、大小、方向以及开口方法等要做到心中有数，以求既确保脓液排出通畅又不伤及好肉筋络。

（2）针法。用宽针或三棱针浅刺皮肤黏膜出血和散刺黄肿等，目的在于放出肿疡处瘀血、黄液，致使黄肿不再继续扩大和促其消散。如宽针散刺肚底黄证等。

（3）烙法。有火针烙法和烙铁烙法两种。具有排除脓毒，除去肿物和减少出血及止血作用。其中，火针烙法适用于肉厚脓深的肿疡排脓。即将烧红的火针快速直刺入脓已成的肿疡深处，代替刀法切开排脓和防止出血。也可将火针刺入不易消退或难以化脓的坚硬阴肿，有回阳消散之功。烙铁烙法主要用于两个方面，一方面是用烧红的烙铁直接烙切，可以进行剖面止血，另一方面，用刀形烙铁（或激光烧烙切割头）烙除体表肿瘤。

（4）线法。是指用线手法除去肿物的外治方法。有药捻埋置法和结扎法两种。药捻埋置法主要用来除去放线菌肿物或体表肿瘤。先用宽针直刺肿瘤 1~1.5cm 深，将事先制备的细香状砒枣绽，沿针孔埋入 0.5cm 长，相互间隔 1.5~2cm 埋置一个，埋置多少，视肿瘤物大小而定。术后加强护理，防止患畜啃咬术部。半个月后，肿疡物干涸坏死自行脱落。结扎法主要用来摘除体表较小的疣及瘤肿物，如奶牛乳头疣等。方法是，用细丝线结扎疣瘤根蒂部，由于经络阻滞，气血不通，几天之后，疣瘤坏死脱落。

5. 巧治 对穴位给以独特巧妙处置来治疗动物疾病的一类传统针治技术。《元亨疗马集·针灸火烙术》中载有"开凿巧治明堂图"，对巧治术做了较详细的描述。如"通天穴，凿脑门；开天穴，取混睛；喉俞穴，开喉门……"。

现代将传统的巧治法概括为"二十巧治"。即通天穴凿脑门治疗脑颡黄，开天穴取混睛虫，骨眼穴割骨眼，姜牙穴治冷痛，抽筋穴治肺把低头难，鼻管穴治泪道不通，气海穴治先天性鼻道狭窄，槽结穴取槽结（颌下淋巴结摘除），喉俞穴治喉头疾患、呼吸困难，穿黄穴治胸黄，前槽穴治胸腔积液，夹气穴治里夹气痛，肷俞穴放气治胃肠臌胀、剖腹去积，云门穴放腹水，莲花穴治直肠脱，尾端穴治歪尾，弓子穴拽皮补气治肌肉萎缩，垂泉穴治漏蹄，蹄甲穴修蹄甲，千金穴割千金使动物易于驯化、催肥增重、提高品质。

6. 蜡疗法　用熔化后的石蜡液涂于患部的一种热灸疗法。石蜡有良好保温、散热性，又不引起烫伤，敷于肿疡及病变无损处，具有通经活络、消肿除痹之功。常用来治疗慢性肌肉风湿症，关节肿胀，屈腱肿痛等。临证时，患部剃毛消毒，用刷子将温度为65℃左右的石蜡液，直接涂于皮肤上，厚度1.5～2cm，油布覆盖，外加棉花保温。若患部在四肢，可先将患部皮肤涂上2～3层石蜡液，套上事先做好大小适宜的胶布筒，扎住下面胶布筒口，再从上面灌入液体热石蜡，扎好上口，胶套外用棉花等包裹保温，固定，24h后取下胶布筒。

项目 4.5　病证防治

项目 4.5.1　常见证候的辨证施治

问题一：马，红色，3岁。证见发热，咳嗽不爽，声音宏大，鼻流黏涕，呼出气热，口渴喜饮，舌苔薄黄，口红少津，脉象浮数。该病属于_____。

A. 外感风热　　　　　　B. 半表半里发热　　　　　C. 气分热
D. 阴虚发热　　　　　　E. 血分热

该病可首选针刺_____。

A. 玉堂、鼻前　　　　　B. 肺俞、大椎　　　　　　C. 太阳、耳尖
D. 大椎、耳尖　　　　　E. 耳尖、尾尖

若以中药治疗，主要以下列哪个方剂为主进行加减？_____

A. 小柴胡汤　　　　　　B. 白虎汤　　　　　　　　C. 银翘散
D. 清营汤　　　　　　　E. 六味地黄汤

问题二：猪，10头，体重30kg左右。精神倦怠，头低耳耷，不食，2d前突然开始腹泻，粪便稀薄似水样，耳鼻寒冷，偶见寒战，小便清，口色青白，舌苔薄白，脉象沉迟。该症属于_____。

A. 寒泻　　　B. 热泻　　　C. 伤食泻　　　D. 脾虚泻　　　E. 肾虚泻

若以中药治疗，主要以下列哪个方剂为主进行加减？_____

A. 五苓散　　　　　　　B. 郁金散　　　　　　　　C. 曲麦散
D. 补中益气汤　　　　　E. 巴戟散

问题三：奶牛，4岁。证见排尿时拱腰努责，淋漓不畅，表现疼痛，尿量少但频频排尿，尿色赤黄。口色红，苔黄腻，脉滑数。该病最可能诊断为_____。

A. 热淋　　　　　　　　B. 血淋　　　　　　　　　C. 砂淋
D. 膏淋　　　　　　　　E. 以上均不是

若以中药治疗，主要以下列哪个方剂为主进行加减？_____

A. 小蓟饮子　　　　　　B. 八正散　　　　　　　　C. 萆薢分清饮
D. 黄连解毒汤　　　　　E. 犀角地黄汤

该病可首选针刺_____。
A. 肾堂　　B. 百会　　C. 通窍　　D. 尾尖　　E. 肾俞

问题四：奶牛，6岁。证见频频磨牙锉齿，连连口吐白沫，唇沥青涎，沫多涎少，如雪似棉，洒落槽边桩下，唇舌无疮。兼见头低耳耷，精神短少，水草迟细，毛焦肷吊，耳鼻俱凉，口色淡白，舌质绵软，脉象沉细。该病最可能诊断为_____。
A. 胃冷流涎
B. 心热流涎
C. 肺寒吐沫
D. 恶癖吐水
E. 以上均不是

该病可选针刺_____。
A. 承浆　　B. 山根　　C. 鼻中　　D. 锁口　　E. 开关

问题五：萨摩耶犬，2岁，营养中等。证见身热，口渴欲饮，不食，或食而呕吐，遇热即吐，吐势剧烈，吐出物清稀色黄，有腐臭味，吐后稍安，反复发作，喜饮冷水，粪干尿短，口色红黄，少津，舌苔黄腻，脉滑数。该病最可能诊断为_____。
A. 胃热呕吐　B. 虚寒呕吐　C. 伤食呕吐　D. 草噎呕吐　E. 痰湿呕吐

治宜_____。
A. 清热养阴，降逆止吐，方用白虎汤加减
B. 健脾和胃，温中降逆，方用理中汤加减
C. 消食导滞，降气止吐，方用曲麦散加减
D. 燥湿化痰，降逆止呕，方用二陈汤加减
E. 以上均可以

问题六：奶牛，6岁。证见精神短少，蜷腰卧地，食欲、反刍减少，鼻镜干燥，弓腰努责，里急后重，下痢稀糊，呈白色胶冻状，口红脉数。该病最可能诊断为_____。
A. 湿热痢　B. 虚寒痢　C. 疫毒痢　D. 大肠湿热　E. 肾虚泄泻

该病可首选针刺_____。
A. 通关、百会、尾尖
B. 后海、百会、尾本
C. 脾俞、肷俞、关元俞
D. 带脉、蹄头、三江
E. 带脉、后三里、后海

问题七：母猪，6岁，直肠垂脱于肛门之外，直肠黏膜暗红，水肿；食欲不振，精神倦怠，体弱乏力，口色淡白，脉象虚弱。该病可能是_____。
A. 气虚垂脱
B. 湿热垂脱
C. 肾虚垂脱
D. 阴虚垂脱
E. 大肠湿热

该病若以中药治疗，应以下列哪种原则为主？_____
A. 清热利湿举陷
B. 补肾固脱
C. 温补肾阳
D. 滋阴润肠举陷
E. 补中益气升阳举陷

若以中药治疗，主要以下列哪个方剂为主进行加减？_____
A. 四物汤
B. 理中汤
C. 五苓散
D. 金锁固精丸
E. 补中益气汤

问题八：犬，3岁，生病3d，体温39℃，精神倦怠，体瘦毛焦；咳嗽，气喘，喉中痰鸣，痰液白滑；腹部煽动，喜立，不卧；鼻液增多，量多色白而黏稠；胸胁触痛；

口色青白，舌苔白滑；脉滑。该证属于_____。

A. 风寒咳嗽　　B. 风热咳嗽　　C. 肺热咳嗽　　D. 气虚咳嗽　　E. 湿痰咳嗽

若以中药治疗，主要以下列哪个方剂为主进行加减？_____

A. 麻黄汤　　B. 银翘散　　C. 清肺散　　D. 二陈汤　　E. 百合散

参考答案：问题一、二、三、四、A、B、A、D；问题五、六、七、A、A、E、D

>>> 任务162　发　热

发热可见于多种疾病的过程中。中兽医所谓的发热，不仅包括体温高于正常范围，口色赤红、脉数、尿短赤等也属于热，或称为火。

【病因】

1. 外感　如风寒、风热、暑热等。多因气候骤变，劳役出汗，畜体腠理疏泄，外邪乘虚而入而致病。

2. 内伤　常见饲养失宜，劳役过度，机体虚弱，阴虚血亏，或血瘀化热等。

【辨证论治】外感发热多属实热证，主要应辨别证之表里深浅，内伤发热多属虚热证，多见于体质虚弱及慢性病患畜。

1. 外感发热　根据病位的深浅，分为表证发热、半表半里证发热和里证发热。

（1）表证发热。

①外感风寒。

【主证】发热恶寒，且恶寒重，发热轻，无汗，皮紧毛乍，鼻流清涕，口色青白，舌苔薄白，脉浮紧等。

【治法】辛温解表，疏风散寒。

【方药】麻黄汤加减。

②外感风热。

【主证】发热重，微恶寒，耳鼻俱温，体温升高，或微汗，鼻流黄色或白色黏稠脓涕，咳嗽，咳声不爽，咽喉肿痛，口干渴，舌稍红，苔薄白或薄黄，脉浮数。牛鼻镜干燥，反刍减少。

【治法】辛凉解表，宣肺清热。

【方药】银翘散加减。

【针治】马，针肺俞、鼻俞、通关、颈脉、胸堂穴；牛，针苏气、山根、耳尖、尾尖、通关穴；猪，针鼻俞、耳尖、尾尖穴。

③外感暑湿。

【主证】恶寒，高热，汗出而身热不解，口渴，肢体沉重，运步不灵，尿黄赤，舌红苔黄腻，脉濡数。

【治法】涤暑化湿透表。

【方药】香薷散加减。若在夏令发生外感风寒又内伤饮食者，证见发热恶寒，倦怠乏力，食少呕哕，肚腹胀满，肠鸣泄泻，舌淡苔白腻等，治宜祛暑解表和中，方用藿香正气散。

(2) 半表半里发热。

风寒之邪乘虚而入，而邪不太盛不能直入于里，正气不强不能祛邪外出，正邪交争，病在少阳半表半里之间。

【主证】寒热往来、脉弦等。

【治法】和解少阳。

【方药】小柴胡汤加减。

(3) 里证发热。常见的有热在气分，热入营血和湿热蕴结等。

①气分热。

【主证】高热不退，体温升高，出汗，口渴喜饮，呼吸气粗，头低耳耷，食欲废绝，粪干尿赤，口色红，苔黄燥，脉洪数。

【治法】热势弥漫者，清热生津；热结胃肠者，攻下泻热。

【方药】清热生津用白虎汤加减；热结胃肠用大承气汤加减。

【针治】马，针蹄头、颈脉、玉堂、耳尖穴；牛，针山根、通关穴；猪，针耳尖、尾尖、玉堂穴。

②血分热（热入营血）。

【主证】高热，烦躁不安，神昏，抽搐，或见斑疹，出血，口色红绛而干燥，脉象细数。

【治法】清营凉血，散瘀解毒。

【方药】清营汤加减。

【针治】针颈脉、玉堂、耳尖、尾尖穴。抽搐者，针天门、大风门等穴。

③湿热蕴结。

【主证】若湿热结于大肠，证见里急后重，泻痢频繁，或大便带血，发热缠绵，舌质红；若湿热结于膀胱，证见尿淋、尿浊；若湿热侵犯肝胆，证见黏膜黄染，黄色鲜明如橘，精神沉郁，食欲减退，口色红黄，苔黄腻，脉滑数或弦数。

【治法】清热利湿。

【方药】大肠湿热，方用白头翁汤加减；膀胱湿热，方用八正散加减；肝胆湿热，方用茵陈蒿汤加减。

【针治】大肠湿热，针带脉、后三里、后海等穴；膀胱湿热，针尾本、肾堂、肾俞、尾尖等穴；肝胆湿热，针眼脉、玉堂、肝俞等穴。

2. 内伤发热

(1) 阴虚发热。

【主证】低热不退，午后热甚，身热，耳鼻及四肢末端微热；易惊或烦躁不安；皮肤弹力减退；唇干口燥，粪球干小，尿少色黄；口色红或淡红，少苔或无苔，脉细数。

【治法】滋阴清热。

【方药】六味地黄汤加减。

(2) 气虚发热。

【主证】多在劳役过度之后发热，耳鼻四肢末端稍热，神倦乏力，易出汗，食欲减少，有时泄泻；舌质淡红，脉细弱。

【治法】健脾益气。

【方药】补中益气汤。

(3) 血瘀发热。

【主证】常因外伤引起瘀血肿胀，局部疼痛，体表发热，有时体温升高；因产后瘀血未尽者，除有发热之外，常有腹痛及恶露不尽等表现。口色红而带紫，脉弦数。

【治法】活血化瘀。

【方药】桃红四物汤加减。若为产后瘀血者，选用生化汤。

>>> 任务163 流涎与吐沫

流涎与吐沫，是指动物口腔内分泌物过多或性状异常的一类疾病。其中口中排出物呈水样或黏液状称流涎，呈泡沫状称吐沫。

【病因】发病原因，大体分寒热两个方面。一般来说，寒性阴冷，易伤阳气，尤其是脾胃、肺及三焦被寒邪所伤，使津液气化受阻，凝聚潴留而成清涎唾沫；热为阳邪，其性上炎，伤及心、肺、脾、胃，灼伤口舌，蒸津外溢而生黏涎浊液。此外，由于采食粗硬或有芒刺的饲草，或草料中有针、钉等尖锐异物，亦可刺伤口舌或阻于食管，造成肿痛、流涎。

【辨证论治】由于病因、病性以及受邪脏腑不同，症状表现和治疗方法不同，临证常分胃冷流涎、心热流涎、肺寒吐沫、恶癖吐水等四种。

1. 胃冷流涎

【主证】口流大量清涎或黏涎，全身颤抖，毛焦欣吊，运步拘急，精神不振，慢草减食，严重时食欲废绝，耳鼻俱冷，四肢冰凉，体躯蜷缩，恶风恶寒，口腔湿润，口色青黄，舌津滑利，舌苔薄白，脉象沉迟。

【治法】健脾暖胃，温中散寒。

【方药】健脾散加减（当归30g，白术30g，甘草15g，菖蒲25g，泽泻25g，厚朴30g，官桂30g，青皮25g，陈皮30g，干姜30g，茯苓30g，五味子20g，共为末，开水冲，候温加炒盐30g、酒120mL，同调灌服，《元亨疗马集》）。

【针治】火针脾俞穴。

2. 心热流涎

【主证】舌体肿胀或有溃烂，口流黏涎，患畜精神短少，采食困难，口色赤红，脉象洪数。因异物刺伤者，可见到刺伤或钉、针、芒刺等物。

【治法】清热解毒，消肿止痛。

【方药】洗心散。外伤引起的应除去病因。

【针治】针玉堂、通关、颈脉穴等。

3. 肺寒吐沫

【主证】患畜频频磨牙锉齿，连连口吐白沫，唇沥清涎，沫多涎少，如雪似棉，洒落槽边桩下。兼见头低耳聋，精神短少，水草迟细，毛焦欣吊，耳鼻俱凉；或偶有咳嗽。口色淡白或青白，舌质绵软，脉象沉细。

【治法】温化寒痰。

【方药】半夏散（半夏30g，升麻45g，防风25g，枯矾45g，生姜30g，《元亨疗马集》）。食少欣吊者，加苍术、焦山楂、砂仁；沫多湿盛者，加茯苓、牵牛子。

【针治】针刺鼻前、风门、玉堂穴。

4. 恶癖吐水

【主证】歇息时，嘴唇触着外物（如缰、饲槽、桩柱等）时，即不断活动，随之流出大量涎唾，经久不止，至采食或劳役时才停止。病程可达数年之久。

【治法】阻断病因，调整阴阳。

【针治】用95％的酒精10mL注射于承浆穴或下唇两侧的下唇肌肉内。一次不愈，可隔2～3d再重复一次。

>>> 任务164　慢草与不食

慢草与不食是因脾胃功能失调而导致的以少食纳呆或食欲废绝、粪便异常为主要症状的一类病证。各种动物均常发生。

【病因】

1. 内伤阴冷　外感风寒，夜露风霜，久卧湿地，使阴寒传于脾经；或由于过饮冷水，采食冰冻草料等，寒邪直中胃腑；脾胃受寒，阴盛阳衰，脾冷不能运化，胃寒不能受纳，故发生此病。

2. 热积于胃　劳役过度，奔走太急，饮水不足，或乘饥喂谷料过多，饲后立即使役；或暑热炎天，放牧使役不当，热气入胃；或饲养太盛，谷料过多，胃失腐熟，聚而生热；热伤胃津，受纳失职，遂成此病。

3. 脾胃虚弱　劳役过度，耗伤气血；或老弱体虚，久病失治，或饲养不当，草料质劣，缺乏营养；或时饥时饱，劳役不均，损伤脾胃，均能造成脾阳不振，胃气衰弱，运化、受纳功能失常，导致慢草或不食。

4. 草料积滞　偷吃谷料太多，或突然饲喂精饲料太过；或突然更换草料，食之过饱，损伤脾胃，致使腐熟运化功能失常而成此病。

【辨证论治】由于致病原因不同，动物体质强弱各异，可出现各种不同的证候类型。主要有胃寒、胃热、脾虚、食滞四种。

1. 胃寒

【主证】毛焦肷吊，食欲减少，头低耳耷，鼻寒耳冷，寒战，粪稀，尿清长，口色青白或青黄，舌苔淡白，口津滑利，脉象沉迟。

【治法】温中散寒。

【方药】桂心散（桂心20g，干姜25g，砂仁15g，益智仁20g，肉豆蔻15g，白术30g，厚朴20g，五味子15g，青皮15g，陈皮30g，当归20g，炙甘草15g，《元亨疗马集》）加减。食欲大减者，加神曲、麦芽、焦山楂；湿盛者，加半夏、茯苓、苍术；体虚者，加党参、黄芪；因外感寒邪而得者，加细辛、白芷等。

【针治】针脾俞、后三里、三脘等穴。电针取脾俞、胃俞、大肠俞等穴。

2. 胃热

【主证】精神不振，食欲减退，口臭，喜饮冷水，粪便干燥，尿液短赤，鼻镜干燥，口色赤红少津，舌苔黄，口温稍高，脉象洪数。猪多见呕吐。

【治法】清热开胃。

【方药】白虎汤加减。暑热季节可加藿香、佩兰；湿热发黄者加柴胡、茵陈；尿短赤者加滑石、木通；热盛伤津者加芦根、天花粉。

【针治】针玉堂、通关穴。

3. 脾虚

【主证】精神不振,肷吊毛焦;粪便粗糙带水,完谷不化;食欲减退,口内甘臭;舌苔薄白,口色淡,脉无力。

若脾气虚病程迁延日久,内伤脾阳,则发展为脾阳虚。证见畏寒肢冷,食欲减退,肚腹冷痛绵绵,食后痛减,大便清稀,或水泻完谷不化,或久泻久痢,甚或浮肿、小便不利,倦怠神疲,舌质淡胖,舌苔白滑,口吐清涎,脉沉细。

若病情进一步发展,则因中焦清阳下陷而不举呈现中气下陷证,表现为精神倦怠,时作呵欠;消瘦无力,大肉塌陷,毛焦肷吊,皮松无力,下唇松弛;食欲大减,粪便粗糙,完谷不化;严重者,肛门塌陷松弛,久泻脱肛,或直肠、子宫脱垂,口色淡白,苔白腻,脉细弱。

【治法】脾气虚治宜补益脾气;脾阳虚治宜健脾益气,温中散寒;中气下陷治宜健脾益胃,升提中气。

【方药】脾气虚方用四君子汤加减;脾阳虚方用理中汤加减;中气下陷方用补中益气汤加减。

【针治】针后海、脾俞、后三里等穴。

4. 食滞

【主证】精神倦怠,厌食,肚腹饱满;粪便粗糙或稀软,粪味酸臭,有时完谷不化;口色偏红,舌苔厚腻,口臭;脉象沉而有力,猪有时发生呕吐。

【治法】消食导滞。

【方药】曲麦散加减。郁而化热者,加黄连、连翘;肚腹胀痛者,加木香、莱菔子、玄胡、槟榔;食滞较重者,加大黄、枳实、芒硝等。

【针治】针后海、玉堂、脾俞等穴。

>>> 任务165 呕 吐

呕吐是食物由胃吐出的一种病症,为胃失和降,胃气上逆所致。本症以猪、犬、猫多见,牛、羊次之,马属动物一般不发生呕吐,若发生呕吐,常继发引起胃破裂。

【病因】

1. 感受外邪 以暑热或秽浊疫疠之气居多。暑热疫疠侵犯阳明,耗伤胃津,使胃失和降,气逆于上,而发生呕吐。

2. 脾胃虚寒 常见瘦弱动物,再遇久渴失饮,突然饮冷水过多,使寒凝胃腑,胃气不降上逆而致本病。

3. 饮食所伤 过食草料,停于胃中,滞而不化,致使胃气不能下行,遂发呕吐。

【辨证论治】主要有胃热呕吐、虚寒呕吐和伤食呕吐三种。

1. 胃热呕吐

【主证】身热,口渴欲饮,食欲大减或不食,或食而呕吐,遇热即吐,吐势剧烈,吐出物清稀色黄,有腐臭味,吐后稍安,反复发作。喜阴凉、冷饮。粪干尿短,口色红黄,少津,舌苔黄腻,脉洪数或滑数。

【治法】清热养阴,降逆止吐。

【方药】白虎汤加减。粪干者加大黄、芒硝；伤津者加沙参、麦冬。呕吐甚者，加竹茹、藿香；热甚者，加黄连。

【针治】针脾俞、后三里、耳尖、尾尖、蹄头穴，猪还可针三脘穴。

2. 虚寒呕吐

【主证】消瘦，慢草，耳鼻俱凉，有时寒战，常在食后呕吐，吐出物气味不明显，吐后口内多涎；口色淡白，口津滑利，脉象沉迟或弦而无力。

【治法】健脾和胃，温中降逆。

【方药】理中汤加减。呕吐甚者，加半夏、陈皮；寒甚者，加小茴香、肉桂。

【针治】针脾俞、后三里穴，猪可针三脘穴。

3. 伤食呕吐

【主证】精神不振，间有不安，食欲废绝，腹部胀满，嗳气以及呕吐物酸臭，吐后病减，口色稍红，苔厚腻，脉沉而有力。

【治法】消食导滞，降气止吐。

【方药】曲麦散加减。食滞重者加大黄。

【针治】针脾俞、后三里、耳尖、尾尖、蹄头穴，猪还可针三脘穴。

>>> 任务166 腹　　胀

腹胀是肚腹胀满的一类病证，常见的有气胀、实胀和水胀三种。

【病因】

1. 草料发酵　采食易发酵的草料，在胃肠内大量产生气体，造成腹胀。

2. 肠道阻塞　常见于马、骡结症、结粪阻塞肠道，滞而不通，郁气不能下降和排出，造成腹胀。

3. 水饮停聚　多见于老弱家畜，脾胃虚弱，不能运化水湿，水停于肠，或渗于腹腔，造成本病。

【辨证论治】

1. 气胀

【主证】腹胀如鼓，呼吸迫促，起卧不安，肠音减弱，排粪减少或停止；口色青黄，脉象沉紧。

【治法】破气消胀，温中通肠。

【方药】消胀汤［酒大黄35g，醋香附30g，木香30g，藿香15g，厚朴20g，郁李仁35g，牵牛子35g，木通20g，五灵脂20g，青皮20g，白芍25g，枳实25g，当归25g，滑石25g，大腹皮30g，乌药15g，莱菔子（炒）30g，麻油（为引）250g，《中兽医研究所研究资料汇集》］。

【针治】针后海、脾俞、关元俞、大肠俞等穴位，病情紧急的，应迅速于胘俞穴放气。

2. 实胀

【主证】起卧腹痛，肚腹胀满，排粪停止；口色赤红而干燥，舌苔黄厚，口臭。直肠入手，可摸到粪结。

【治法】通肠泻下，理气破滞。

【方药】大承气汤加减。

3. 水胀

【主证】精神倦怠，头低耳聋，水草迟细，日渐消瘦，腹部逐渐膨大而下垂，触动时有拍水音；口色青黄，脉象迟涩。

【治法】健脾暖胃，温脾利水。

【方药】健脾散。寒重者加肉桂、附子。

【针治】宿水停脐者，云门穴放水。

>>> 任务167 腹 痛

腹痛是多种原因导致的胃肠、膀胱及胞宫等腑气血瘀滞不通，发生起卧不安，滚转不宁，腹中作痛的病证。各种动物均可发生，尤其马、骡更为多见。

【病因】

1. 内伤阴冷 外感寒邪传于胃肠，或过饮冷水，采食冰冻草料，阴冷直中胃肠，致使寒凝气滞，气机阻滞，不通则痛。

2. 热积胃肠 暑月炎天，劳役过重，役后乘热急喂草料；或突然更换草料或改变饲养方式；或草料霉烂，谷气料毒积于肠中，郁而化热，损伤肠络，使肠中气血瘀滞而致病。

3. 血瘀作痛 母畜产后瘀血未尽，或胎衣停滞，或产后失于护理，风寒乘虚侵袭，可引起腹痛。

4. 草料所伤 乘饥饮喂太急，采食过多，或骤然更换饲料，或采食发酵饲料，或脱缰偷吃精料，停滞胃肠，不能化导，阻滞气机，引起腹痛。

【辨证论治】临床常见阴寒腹痛、湿热腹痛、血瘀腹痛、食滞腹痛等。

1. 阴寒腹痛

【主证】鼻寒耳冷，口唇发凉，甚或肌肉寒战。阵发腹痛，起卧不安，或刨地蹴腹，或卧地滚转，粪便稀软，肠鸣如雷。口内湿滑，或流清涎，口温较低，口色青，脉沉迟。

【治法】温中散寒，和血顺气。

【方药】橘皮散加减。

【针治】针刺姜牙、分水、三江、蹄头等穴。

2. 湿热腹痛

【主证】体温升高1~2℃，耳鼻发热，精神不振，食欲减退，粪便稀溏，或荡泻无度，粪色深，粪味臭，混有黏液，口渴喜饮，腹痛不安，回头顾腹，胸前出汗，尿浓短黄。口色红黄，苔黄腻，脉滑数。

【治法】清热利湿，活血止痛。

【方药】郁金散加减。

【针治】针刺后海、后三里、尾根、大椎、带脉及尾本等穴。

3. 血瘀腹痛

【主证】产后腹痛者，肚腹疼痛，蹲腰踏地，回头顾腹，不时起卧，形寒肢冷，遇热减轻，食欲减少，神疲力乏，舌质淡红，苔薄白，脉虚细。瘀血寒凝重者，见肢寒耳冷，舌质暗淡，苔白滑，脉沉紧或沉涩。

【治法】补气养血，行瘀散寒。

【方药】生化汤加减。

4. 食滞腹痛

【主证】多于食后不久或饱饲后使役中突然发病。表现急剧腹痛，时起时卧，前肢频频刨地，卧地滚转，腹围不大而气粗喘促；有时倒地仰卧，四肢朝天屈于胸部，口咬胸臆；有时两前肢驻立，后躯卧地，呈犬坐姿势；低头伸颈，两鼻孔内流出水样或稀粥样食物；常发嗳气，有明显的酸臭味；初期尚排粪，但数量少而次数多；后期则排粪停止，口色赤红，脉象沉数，口腔干燥，舌有黄厚苔，口内酸臭。

【治法】消积导滞，宽中理气。急救时先用胃管导胃，以除去胃内一部分积食，然后再选用方药治之。

【方药】曲麦散加减。

【针治】针刺三江、姜牙、分水、蹄头等穴。

>>> 任务 168　泄　泻

泄泻是指排粪次数增多，粪便稀薄，甚至泻粪如水样的一类病证。

【病因】泄泻的主要病变部位在脾胃及大小肠。但其他脏腑疾患，如肾阳不足，也能导致脾胃功能失常，发生泄泻。

1. 湿热内侵　暑热炎天，使役过度，暑湿热毒伤于外，水草不洁，污水霉料伤于内，使湿热蕴结胃肠，脾胃受损，传导失常，湿热下注，而成泄泻。

2. 外感寒湿　外感寒湿，传于脾胃，或内伤阴冷，直中胃肠，致使脾阳不振，运化无力，清浊不分，寒湿下注大肠而泄泻。

3. 脾胃虚弱　长期饮喂失调，草料质劣，或使役过度，脾胃失养而致虚弱。脾虚则不运，胃虚则不化，运化失职，清浊不分而成泄泻。

4. 宿食内停　过食不易消化的饲料或霉败饲料，或饲料更换贪食过多，以至阻塞中焦，气机受阻，饲料宿滞胃肠，腐污而成泄泻。

【辨证论治】

1. 热泻

【主证】精神沉郁，食欲减少或废绝，口渴多饮，有时轻微腹痛，蜷腰卧地，泻粪稀薄、腥臭、黏腻，发热，尿短赤，口色赤红，舌苔黄厚，口臭，脉沉数。

【治法】清肠泄热解毒。

【方药】郁金散加减。

【针治】针带脉、后三里、大肠俞等穴。

2. 寒泻

【主证】多发于寒冷季节。证见泻粪如水，肠鸣如雷，食欲减少，喜饮，尿液短少，头低耳耷，精神倦怠，耳寒鼻冷，间有寒战。口色淡白或青黄，苔薄白，舌津多而滑利，脉象沉迟。

【治法】温中散寒，利湿止泻。

【方药】五苓散加减。

【针治】针后海、后三里、脾俞等穴。

3. 伤食泻

【主证】常见于猪、犬和猫。证见肚腹胀满，粪便稀软酸臭，粪中夹有未消化的谷料，嗳气吐酸，隐隐作痛，痛则即泄，泄后痛减，食欲废绝，常伴呕吐，吐后也痛减。口色红，苔厚腻，脉滑数。

【治法】消积导滞，调和脾胃。

【方药】曲麦散加减。

【针治】针蹄头、脾俞、后三里、关元俞等穴。

4. 虚泻

（1）脾虚泻。

【主证】老弱动物多发。发病缓慢，病程较长，身形羸瘦，毛焦欣吊，病初食欲减少，饮水增多，鼻寒耳冷，腹内肠鸣，不时作泻。粪中带水，粪渣粗大，或完谷不化。舌色淡白，舌面无苔，脉象迟缓。后期，水湿下注，四肢浮肿。

【治法】补脾益气，健脾运湿。

【方药】补中益气汤或参苓白术散（党参45g，白术45g，茯苓45g，炙甘草45g，山药45g，扁豆60g，莲子肉30g，桔梗30g，薏苡仁30g，砂仁30g，《和剂局方》）加减。

【针治】针刺百会、脾俞、关元俞等穴。

（2）肾虚泻。

【主证】精神沉郁，头低耳聋，毛焦欣吊，腰胯无力，卧多立少，四肢厥逆，久泻不愈，夜间泻重，严重时肛门失禁，粪水外溢，腹下或后肢浮肿，口色如绵，脉沉细无力。

【治法】补肾壮阳，健脾固涩。

【方药】巴戟散加减。

【针治】针刺后海、后三里、尾根、百会、脾俞等穴。

>>> 任务169 便　秘

便秘是指粪便秘结不通、粪便艰涩难下的一种病证。马、骡的结症也属于便秘的范畴，但便秘与结症的概念有所不同。便秘是指粪干，排粪困难尚能排出，牛、羊和猪多见。结症是指顽固性便秘，肠道阻塞不通，并伴有明显的腹痛起卧症状，马、骡多见。

【病因】

1. 饲养不当　饲料加工不好，营养单一或突然更换饲料；草料变质或质量低劣，不易消化；饲喂不定时，饥饱不均，或役后急饲，或饱后重役；或采食过急，咀嚼不充分等，使胃肠受伤，津液受损，大肠传导失常，粪便停滞肠道而致病。

2. 热结胃肠　外感病邪，入里化热，或火邪直伤脏腑；或劳役过重，出汗过多，饮水不足，使胃肠燥热；或热病之后，余热未清，耗伤津液，胃肠失于濡润，使肠道干涩，粪便干结，停而不通。

3. 气血亏虚　动物素日体虚，或病后、产后气血不足，气虚则大肠传导无力，血虚津亏则肠道失于濡润，传导失常，使糟粕内停，遂成秘结。

4. 虚寒不运　畜体虚弱，正气不足，真阳亏损，寒从内生，不能温煦脾阳，故运化传导无力，粪便难下。

【辨证论治】

1. 粪结

【主证】腹痛起卧，排粪停止，肚腹胀满，肠音减弱或消失，食欲废绝，口色偏红而干，苔厚，脉象沉涩。大多见于马、骡的结症，病情较危急。

【治法】峻下通肠。
【方药】大承气汤加减。

2. 热秘

【主证】拱腰努责，排粪困难，粪球干硬、色深，或完全不能排粪，或有腹胀，口干喜饮，小便短赤。口色红，苔黄燥，脉数。牛鼻镜干燥或龟裂，反刍停止；猪鼻盘干，有时可在腹部摸到硬粪块。

【治法】清热通便。

【方药】大承气汤加减。肚腹胀满者加槟榔、牵牛子、青皮；粪干者加食用油、火麻仁、郁李仁。

【针治】针后海、关元俞、脾俞、带脉、尾本等穴。

3. 寒秘

【主证】形寒怕冷，耳鼻俱凉，四肢末梢发凉，腹中有流水声，排粪艰涩，小便清长，腹痛，口色青，苔薄白，脉沉涩。

【治法】温通开秘。

【方药】大承气汤加附子、细辛、肉桂、干姜。腹痛甚加白芍、桂枝；积滞重加神曲、麦芽。

【针治】针刺后海、关元俞、百会等穴。

4. 虚秘

【主证】神倦乏力，体虚毛焦，多卧少立，不时拱腰努责，大便排出困难，粪球并不很干硬。口色淡白，脉弱。

【治法】益气通肠。

【方药】当归苁蓉汤加减。倦怠无力者加黄芪、党参；粪干津枯者加玄参、麦门冬。

【针治】针脾俞、关元俞、后三里、后海等穴。

>>> 任务170 痢　　疾

痢疾是粪便如胶冻状，或赤或白，或赤白相杂，并伴有弓腰努责、里急后重和腹痛等为主要症状的一种病证，常发生于夏秋两季。

【病因】

1. 疫毒、湿热内侵　暑热炎天，湿热、疫毒乘虚侵入肠道，致使气血凝滞，传导失职，湿热下注，而发本病。

2. 草料、饮食所伤　采食霉败草料，饮污浊不洁之水，使热毒内侵，郁结熏蒸，化为脓血；或过食谷料，损伤脾胃，湿热内生，使气血郁阻，均可引起本病。

若因久病体虚久泻，正气不足，寒湿内郁大肠，虚寒之邪内生，中阳不振，下元亏虚，胃肠气机衰弱，水谷并下而发虚寒痢。本病应与泄泻相区别。本病有粪下脓血，弓腰努责，排粪痛苦的表现；而泄泻仅是泻粪稀薄，但排粪通畅，无脓血和弓腰努责的现象。

【辨证论治】常见湿热痢、虚寒痢和疫毒痢三种。

1. 湿热痢

【主证】精神短少，蜷腰卧地，食欲、反刍减少，鼻镜干燥，弓腰努责，里急后重，下痢稀糊，赤白相杂，或呈白色胶冻状，口红脉数。如湿重于热，则痢下白多而血少；若热重于湿,则痢下血多而白少。

【治法】清热化湿,行气活血。

【方药】牛患湿热痢用通肠芍药汤(大黄60g,槟榔30g,山楂60g,芍药30g,木香25g,黄连10g,黄芩45g,玄明粉150g,枳实30g,《牛经备要医方》),兼食滞者加麦芽、神曲,马患湿热痢用白头翁汤加减。

【针治】针带脉、后三里、后海等穴。

2. 虚寒痢

【主证】精神倦怠,毛焦体瘦,鼻寒耳冷,四肢凉,食欲、反刍日渐减少,行走无力,泻痢不止,不时努责,时有腹痛,重时肛门失禁,甚或带血;口色淡白或灰白,舌苔白滑,脉象迟细。

【治法】温脾补肾,理气固脱。

【方药】四神丸[补骨脂(炒)120g,肉豆蔻(煨)60g,五味子60g,吴茱萸30g,《证治准绳》]合参苓白术散加减。寒甚加肉桂,腹痛明显加木香,久痢不止加诃子,带血者加血余炭、焦地榆,努责甚加枳壳、青皮。

【针治】针刺脾俞、后海等穴。

3. 疫毒痢

【主证】发病急骤,高热,烦躁不安,食欲减少或废绝,弓腰努责,有时腹痛起卧,泻粪黏腻,夹杂脓血,腥臭难闻,里急后重,口色赤红,脉象洪数或滑数。

【治法】凉血解毒。

【方药】白头翁汤加减。热毒甚者加马齿苋、双花,腹痛明显者加白芍、甘草,若口渴贪饮加麦门冬、沙参。

【针治】针刺带脉、后三里、后海等穴。

>>> 任务171 咳 嗽

咳嗽是指肺失宣降,呼吸不畅,痰涎异物壅滞于肺或喉管而发生的病证。

【病因】

1. 外感 外邪入侵,邪犯肺卫,肺失宣降,气机逆乱而致咳嗽。六淫之邪犯肺,均可使肺失宣降而致咳嗽,其中以风、寒、燥、热之邪侵袭,最易引起咳嗽。

2. 内伤 肺阴虚津液亏耗,肺失清肃,上逆而咳;肺气虚宣肃无力,咳而气短;饲养失节,脾失健运,水湿内停,聚湿生痰,上犯于肺,壅塞肺气而致咳嗽;肾阳虚衰,水湿泛滥,上渍于肺而致咳。或劳伤太过,气血亏损,肾不纳气而致咳喘。

【辨证论治】

1. 外感咳嗽

(1) 风寒咳嗽。

【主证】畏寒,被毛逆立,耳鼻俱凉,鼻流清涕,无汗,咳声洪亮,不喜饮水,小便清长,口淡而润,舌苔薄白,脉象浮紧。牛鼻镜水不成珠,反刍减少。

【治法】疏风散寒,宣肺止咳。

【方药】荆防败毒散(荆芥30g,防风30g,羌活25g,独活25g,柴胡25g,前胡25g,桔梗30g,枳壳25g,茯苓45g,甘草15g,川芎20g,为末,开水冲调,候温灌服,或煎汤灌服,《摄生众妙方》)加减。

【针治】针鼻俞、肺俞、苏气、山根、耳尖、尾尖、大椎等穴。

（2）风热咳嗽。

【主证】体表发热,咳嗽不爽,声音宏大,鼻流黏涕,呼出气热,口渴喜饮,舌苔薄黄,口红少津,脉象浮数。牛鼻镜干燥,反刍减少。

【治法】疏风清热,化痰止咳。

【方药】银翘散加减。痰稠咳嗽不爽加瓜蒌、贝母、橘红,热盛加知母、黄芩、生石膏。

【针治】针玉堂、通关、苏气、山根、尾尖、大椎、耳尖等穴。

（3）肺火咳嗽。

【主证】精神倦怠,饮食欲减少,口渴喜饮,大便干燥,小便短赤,干咳痛苦,鼻流黏涕或脓涕,有时出现气喘,口色红燥,脉象洪数。

【治法】清肺降火,止咳化痰。

【方例】清肺散加减。

【针灸】针胸堂、颈脉、苏气、百会、大椎等穴。

2. 内伤咳嗽

（1）肺气虚咳嗽。

【主证】毛焦肷吊,精神倦怠,动则出汗,久咳不已,咳声低微,鼻流黏涕,食欲减退,日渐消瘦,形寒气短。口色淡白,舌质绵软,脉象迟细。

【治法】益气补肺,化痰止咳。

【方药】四君子汤合止嗽散（荆芥 30g,桔梗 30g,紫菀 30g,百部 30g,白前 30g,陈皮 25g,甘草 15g,《医学心悟》)加减。脾虚痰盛加二陈汤、白芥子、干姜。

【针治】针肺俞、脾俞、百会等穴。

（2）肺阴虚咳嗽。

【主证】频频干咳,昼轻夜重,痰少津干,低烧不退,舌红少苔,脉细数。

【治法】滋阴生津,润肺止咳。

【方药】清燥救肺汤加减。

【针治】针肺俞、脾俞、百会等穴。

>>> 任务172　淋　　症

淋症是排尿困难而疼痛,欲尿不尿或排尿淋漓的一种病症。

【病因】湿热蕴结于下焦,伤及膀胱,膀胱气化失职,以致排尿淋漓涩痛,形成热淋。湿热伤及血络,迫血妄行,随尿排出,形成血淋。湿热流聚膀胱,历时日久,热灼尿液,尿中杂质凝结成块,如砂如石,积于膀胱与尿道,影响尿液排出,遂成砂淋。湿热聚于膀胱,气化不利,清浊相混,脂液失约,形成膏淋。

【辨证论治】根据主证之不同,常分为热淋、血淋、砂淋和膏淋。

1. 热淋

【主证】排尿时拱腰努责,淋漓不畅,表现疼痛,尿量少但频频排尿,尿色赤黄。口色红,苔黄腻,脉滑数。

【治法】清热降火,利湿通淋。

【方药】八正散加减。内热盛者，加蒲公英、金银花等。

2. 血淋

【主证】排尿困难，疼痛不安，尿中带血，尿色鲜红。舌色红，苔黄，脉数。兼血瘀者，血色暗紫有血块。

【治法】清热利湿，凉血止血。

【方药】小蓟饮子（生地黄120g，小蓟60g，滑石60g，炒蒲黄30g，淡竹叶30g，藕节30g，通草20g，栀子20g，炙甘草10g，当归30g，《重订严氏济生方》）。湿热盛者，加知母、黄柏。

3. 砂淋

【主证】常作排尿姿势，尿液混浊。病轻时尿液淋漓，尿中混有细砂状物质或尿中带血；病重时虽见排尿姿势，但排不出尿或排尿中断，痛苦不安，蹲腰踏地，后肢踢腹，欲卧不卧，欲尿无尿。口色微红而干，脉滑数。

【治法】清热利湿，消石通淋。

【方药】八正散加金钱草、海金沙、鸡内金。兼有血尿加大蓟、小蓟、藕节、丹皮。

4. 膏淋

【主证】身热，排尿涩痛、频数，尿液混浊不清，色如米泔，稠如膏糊。口色红，苔黄腻，脉滑数。

【治法】清热利湿，分清化浊。

【方药】萆薢分清饮（川萆薢60g，石菖蒲45g，黄柏45g，白术30g，莲子心20g，丹参40g，车前子45g，《医学心悟》）。

>>> 任务173 尿　　血

尿血是指尿中混有血液或伴有血块夹杂而下的一种病证。

【病因】

1. 热邪内侵　炎天酷热，劳役过重，邪热积于心经，心火亢盛，下移小肠，传于膀胱，血热妄行，迫血外溢，随尿排出。

2. 气不摄血　饮喂失调，使役不当，伤及脾肾，以致中气下陷，脾虚不能统血，肾虚不能固摄而发。或大病久病之后，脾胃气虚，统摄无权，血离经络，下注膀胱而成血尿。

3. 其他　腰部外伤，公畜配种过度，误食毒物，疫病传染等因素，有时亦可发生尿血。

【辨证论治】

1. 实证

【主证】精神倦怠，食欲减少，发热，小便短赤，尿色鲜红，排尿困难，努责弓腰，腹痛。病久，则尿中混血或见血块，毛焦欣吊，日趋瘦弱。口色淡红，脉数。

【治法】清热止血利水。

【方药】秦艽散（秦艽30g，炒蒲黄30g，瞿麦30g，车前子30g，天花粉30g，黄芩20g，大黄20g，红花20g，当归20g，白芍20g，栀子20g，甘草10g，淡竹叶15g，《元亨疗马集》）加减。若因努伤引起者，行走吊腰，用手压迫腰部时疼痛明显，尿中常混有血凝块，可用本方再加乳香、没药等活血祛瘀药。

【针治】针断血穴。

2. 虚证

【主证】精神不振，耳耷头低，四肢无力，食欲减少，小便频数带血，尿色淡红，稀薄。口色淡白，脉象虚弱。

【治法】健脾益气，补肾固摄。

【方药】补中益气汤合肾气丸加减。

【针治】针断血穴。

>>> 任务 174　痹　症

痹是闭塞不通之意，痹症是由于动物体受风寒湿邪侵袭，致使经络阻塞、气血凝滞，引起肌肉关节肿痛，屈伸不利，甚至麻木、关节肿大变形等症状的一类症证。

【病因】本病发生多因动物体阳气不足，卫气不固，再逢气候突变、夜露风霜、阴雨苦淋、久卧湿地、穿堂贼风、劳役过重、乘热渡河、带汗揭鞍等，风寒湿邪便乘虚而伤于皮肤，流窜经络，侵害肌肉、关节、筋骨，引起经络阻塞，气血凝滞，遂成痹证。若风邪偏盛，则成行痹；寒邪偏盛，则成痛痹；湿邪偏盛，则成着痹。

若素体阳气偏胜，内有蕴热，又感风寒湿邪，里热为外邪所郁，湿热壅滞，气血不宣；或痹症迁延，风寒湿三邪久留，郁而化热，壅阻经络关节，均可导致风湿热痹。

【辨证论治】

1. 风寒湿痹

【主证】肌肉或关节肿痛，皮紧肉硬，四肢跛行，屈伸不利，跛行随运动而减轻。重则关节肿大，肌肉萎缩，甚或卧地不起。风邪偏盛者（行痹），疼痛游走不定，常累及各个关节，脉缓；寒邪偏盛者（痛痹），疼痛剧烈，痛处固定，得热痛减，遇冷痛重，脉弦紧；湿邪偏盛者（着痹），疼痛较轻，痛处固定，肿胀麻木，缠绵难愈，易复发，脉沉缓。

【治法】祛风散寒，除湿通络。

【方药】防风散加减（防风 30g，羌活 25g，独活 25g，升麻 25g，柴胡 20g，葛根 20g，山药 25g，制附子 15g，乌药 20g，当归 25g，连翘 15g，甘草 15g，《元亨疗马集》）。前肢痛加桂枝，后肢痛重用牛膝，腰胯痛加续断、杜仲，风盛加羌活、独活、寒甚加附子、肉桂，湿盛加防己、薏苡仁等。转为慢性，可选用独活寄生汤。

【针治】颈风湿，针九委穴；腰背风湿，针百会、肾俞穴，配合醋酒灸；前肢风湿，针抢风、膊尖、膊栏穴；后肢风湿，针百会、邪气、汗沟、大胯、小胯穴；四肢关节风湿，配合软烧法。

2. 风湿热痹

【主证】发病较急，患部肌肉关节肿胀、温热、疼痛，常呈游走性，伴有发热出汗、口干、色红、脉数等症状。

【治法】清热，疏风，化湿。

【方药】白虎汤加桂枝汤加减。

>>> 任务 175　垂　脱　症

垂脱症是指由于中气下陷所致的内脏器官相对位置下垂，甚至部分或全部脱出体外的病证，常见的有直肠脱、阴道脱和子宫脱等。

【病因】本病多发于老弱体虚动物，主因气血不足，中气下陷，不能固摄所致。

1. 直肠脱　多因久泄、久咳，或粪便迟滞过度努责，或负载奔跑用力过度，或伴发于分娩努责时。

2. 阴道脱及子宫脱　多因运动不足，阴道及子宫周围组织迟缓，分娩或胎衣不下时努责过度，或难产救助时强拉硬拽等皆可引起本病。

【辨证论治】

1. 直肠脱

【主证】直肠翻出肛门外，形如螺旋，呈圆柱状，初色淡红，时久色变暗红，水肿，表层肥厚变硬，排粪困难，频频努责，举尾拱腰，如脱出时久则腐烂破溃，食欲减少，口色微黄，脉迟细。

【治法】手术整复，补中益气。

【方药】整复术，补中益气汤。

先将病畜固定于栏内，温水灌肠后，用温开水洗干净脱出肠头，后用防风汤（防风9g，荆芥9g，艾叶9g，川椒9g，蛇床子9g，白矾9g，五倍子9g，煎汤）温洗患部，或用3%明矾温开水冲洗，如有水肿腐烂，即用三棱针散刺水肿部分，后用温药水边洗、边剪掉腐烂部分、边用手捏挤，后将脱出肠头慢慢送入肛门内即可。

若脱出肠头肿大时久，可用"防风汤"边洗边用手将患部肿胀腐烂肉膜捏碎，用消毒过的剪刀剪去瘀膜烂肉，随捏随剪，务必细心剪净，以少出血为佳，剪后用温药水反复冲洗，再用手轻轻地送入肛门内。术毕可在平地牵蹓。

用上法经送入肛门复又脱出的病例，可行肛门烟包缝合（肛门孔，大家畜留二指，小家畜留一指，以便排粪）；或以1%的普鲁卡因酒精溶液（普鲁卡因1g，95%酒精加至100mL）10～30mL注射于肛脱穴1～2cm皮下。整复后如粪便干硬的可服通关散〔郁李仁9g，麻仁30g，桃仁9g，当归9g，防风12g，羌活9g，皂角子（炒）9g，大黄12g，为末，茶油200mL，水煎取汁〕，通利粪便。

2. 阴道脱

【主证】部分阴道脱出到阴户外，呈半圆形。完全脱出，则脱出部大如排球。

【治法】手术整复，补中益气。

【方例】整复术，补中益气汤。

先将患畜固定于前低后高的柱栏内，用温药水（防风汤或明矾水）清洗后，趁患畜不努责时，把脱出的部分慢慢送入阴户，当患畜努责，术者勿强行推送，待努责过后再推送，直至把脱出部分推进骨盆腔内，用手把阴道拨顺，使其完全复位为止。中等家畜阴道手不能入者，可用手拍打阴户使其收缩，或用消毒的擀面棍等内送复位。继用新砖一块烧热垫布熨之。如患畜不断努责，阴道再出时，可仍用前法修复，再用猪尿泡（用热水泡软、洗净、消毒后用）一个，置阴道子宫内，从接尿泡的皮管吹气适量，把口扎紧即可，外面阴户再用竹、柳编的压环（环外要裹棉花、纱布大小式样同阴户外形，丝绳兜紧）压迫固定1～2d，不努责即可除去。若还脱出，继续整复后，做阴唇纽扣状缝合。

【针治】整复后将1%的普鲁卡因酒精液10～30mL注射于两侧阴脱穴。

3. 子宫脱

【主证】部分脱出常在阴道内塞有大小不等的球状物，或部分脱出到阴户外，完全脱出多和阴道一起脱出到阴户外，其状在牛为筒状，在马为袋状，在猪为两个分叉很长的袋状。脱出部分开始时多为鲜明的玫瑰色，随时间的延长和瘀血的发展，表面变为暗红色，水肿，组织脆弱，时间过久则坏死，患畜强烈努责，口色淡白，脉迟细。

【治法】手术整复，补中益气。

【方药】整复术，补中益气汤加益母草 30g 治疗。

有胎膜附着时应先行剥离，如前法将脱出部分洗净，并放于消毒的布片上，助手把持布片两端，缓慢推送或用两手放于子宫两侧交替向阴道内推送，然后术者伸手到子宫内整复至正常位置，整复后进行阴唇纽扣状缝合，为防止子宫再脱出应进行麻醉。

【针治】整复后将1%的普鲁卡因酒精溶液10~30mL 注射于两侧阴脱穴。

>>> 任务 176　疮黄疔毒

疮黄疔毒是皮肤与肌肉组织发生肿胀和化脓性感染的一类病证。疮是局部化脓性感染的总称；黄是皮肤完整性未被破坏的软组织肿胀；疔是以鞍、挽具伤引起皮肤破溃化脓为特征的症状；毒是脏腑毒气积聚外应于体表的症状。

【病因】

1. 疮　"疮者，气之衰也。气衰而血瀋，血瀋而侵于肉理，肉理淹留而肉腐，肉腐者，乃化为脓，故曰疮也"。(《元亨疗马集·疮黄疔毒论》)多因外感六淫侵入经络，阻碍气血运行，致使气血凝滞，形成疮肿。或劳役过度，饮喂失调，畜体衰弱，营卫不和，气血凝结而致疮。有时也可见到由于外伤或外物压迫，肌腠受损，瘀血凝结不散，肉理瘀血腐化而成脓疡。

2. 黄　《元亨疗马集·疮黄疔毒论》中说："黄者，气之壮也，气壮使血离经络，溢于肌腠，肌腠郁结而血瘀，血瘀者，而化为黄水，故曰黄也。"多因劳役过度，饮喂失时，外感病邪，相搏肌肤，卫气受损，经络瘀塞，气血相凝，郁于体表肌腠而成黄肿。

3. 疔　《元亨疗马集·疮黄疔毒论》中说："疔毒者，疮黄之异名，虽形殊各异，其理一也。"多因负重远行或骑乘急骤，时间过久，鞍、挽具失于解卸，瘀汗沉于毛窍，瘀久化热，败血凝注皮肤肌腠；或因鞍、挽具装置或结构不良，磨破擦烂动物体皮肤，邪毒侵入引起。

4. 毒　《元亨疗马集·疮黄疔毒论》中说："夫毒者即疮也，乃六腑之中毒、气、血而凝也。"根据病性及体表部位阴阳属性的不同主要有阴毒和阳毒。

【辨证论治】

1. 疮

【主证】初起患部肿胀，灼热疼痛。重者发热，精神不振，食欲减退，脉洪数。若局部按之柔软，为脓已成。随后皮肤逐渐变薄，破溃后流出稠厚黄色或绿色脓液，或夹杂血丝血块。若患畜出现壮热口渴，气息喘粗，食欲废绝，便干尿赤，烦躁不安，神志昏迷，舌红脉数等症状，为疮毒内陷，病情危急。

【治法】初起促进肿胀消退，脓成促进肿胀破溃，脓溃促进脓液排出，脓毒内陷，应凉血解毒，清心开窍。

【方药】初起内服真人活命饮［金银花90g，当归25g，陈皮25g，防风20g，白芷20g，甘草15g，浙贝母20g，天花粉20g，乳香15g，没药15g，皂角刺15g，穿山甲（蛤粉炒）30g，《医方集解》］；脓成迟缓者内服透脓散（黄芪60g，当归45g，甲珠、川芎、皂角刺各30g，《外科正宗》）；气血虚弱者用八珍汤；若疮毒内陷，内服清营汤加赤芍、丹皮等。

外治，初起用雄黄散（雄黄、白及、白蔹、龙骨、大黄各等份，《痊骥通玄论》）。已成脓者，应及时切开引流。疮肿已溃，可用防风汤洗患部；或10%浓盐水或3%明矾水、0.1%高锰酸钾液冲洗，然后撒布提脓去腐药，如九一丹（煅石膏450g，红升丹50g，共为细末，混匀，《医宗金鉴》）。疮疡溃破，腐肉脱落，脓汁将尽时，治宜生肌收口，选用生肌散（枯矾500g，陈石灰500g，熟石膏400g，没药400g，血竭250g，乳香250g，黄丹50g，冰片50g，轻粉50g，共为极细末，混匀，《中兽医诊疗》）撒布创面或填塞创腔。

2. 黄

【主证】初起患部肿硬，疼痛，局部发热，继而扩大而软，有的出现波动，刺之流出黄水。常见的有腮黄、胸黄、肘黄、腕黄、肚底黄等。

(1) 腮黄。腮部一侧或双侧发生肿胀，初期肿胀较小且硬，以后逐渐肿大，可由一侧肿胀扩大到两侧。若向前肿胀至食槽，则口内流涎，水草难进，咀嚼困难；若向颈部蔓延则颈部肿胀，影响颈部活动；若波及咽喉则出现呼吸困难，严重时可引起窒息。

(2) 胸黄。病初胸前发生肿胀，较硬，热痛，继之扩大变软，甚至布满胸膛，无痛，针刺流出黄水，口色鲜红，脉洪大。

(3) 肘黄。初期患部肿胀无痛，后肿胀渐大，时有发热疼痛。站立时前肢前伸，运步时呈现跛行，口色鲜红，脉洪大。

(4) 腕黄。病初证见微肿发热，稍有疼痛，亦有软肿而不发热者。行走时患肢不灵活，站立时患肢伸向前方，不敢负重，频频提踏。以后肿胀渐大，疼痛加剧，屈伸不利，起卧困难，行走迟缓。

(5) 肚底黄。湿热型证见肿势发展迅速，身有微热，肿胀界限不明，初如碗口，后渐增大，布满肚底。重者肿胀蔓延至前胸和会阴部，不热不痛，或稍有痛感，指压成坑。患病动物精神不振，水草减少，行走困难，不能卧地，四肢开张，口色微黄或鲜红，脉象洪大。脾虚型证见肿势发展缓慢，肿渐增大，精神倦怠，水草减少，耳鼻四肢稍凉，小便短少，口色淡红，舌津滑利，脉象正常或虚弱无力。

【治法】清热解毒，消肿散瘀。

【方药】初起内服消黄散［知母、大黄各25g，黄药子、白药子、山栀、黄芩、贝母各20g，连翘、荆芥、薄荷各30g，黄连、郁金、甘草各15g，苦参45g，芒硝60g（后下），共研水，开水冲，加蜂蜜120g，鸡蛋清4个，同调灌服］。

【针治】腮黄针刺开关穴，肘黄针刺肘俞穴，腕黄针刺膝眼穴，胸黄针刺穿黄穴，肚底黄针刺黄水穴。

3. 疔

【主证】由于病情轻重、病变深浅及患部表现不同，疔分为黑疔、筋疔、气疔、水疔、血疔五种。

(1) 黑疔。皮肤浅层组织受伤，疮面覆盖有血样分泌物，后则变干，形成黑色痂皮，坚硬色黑，形似钉盖。

(2) 筋疗。脊间皮肤组织破溃，疮面溃烂无痂，显露出灰白色而略带黄色的肌膜，渗出黄水。

(3) 气疗。疮面溃烂，不易收口，排出带有泡沫状的脓汁，或流出黄白色的渗出物。

(4) 水疗。患部红肿疼痛，局部漫肿无头，光亮多水，严重者伴有全身症状。

(5) 血疗。皮肤组织破溃，久不结痂，色赤常流血水。

【治法】外治为主。已溃者，局部处理后，根据情况用药，干则润之，湿则燥之，肿则消之，腐则脱之，毒则解之。

【方药】黑疗先揭去疗盖，用防风汤洗，然后撒布生肌散；筋疗外用丹矾散（诃子9g、黄丹15g、枯矾30g，研末用，《元亨疗马集》）；气疗内服真人活命饮，外用生肌散；水疗内服消黄散，外敷雄黄拔毒散（雄黄15g、龙骨30g、大黄30g、白矾30g、黄柏60g、透骨草60g、樟脑15g，研末用，《河北验方》）；血疗外用葶苈散（草乌、穿山甲、虻虫、硇砂、葶苈子、龙骨各等分，共为细末，《元亨疗马集》）。

4. 毒

【主证】阴毒多在胸腹下或四肢内侧发生瘰疬结核，累累相连，肿硬如石，不发热，不易化脓，难溃难敛，或敛后复溃；阳毒多于两前膊、梁头、脊背及四肢外侧发生肿块，大小不等，发热疼痛，脓成易溃，溃后易敛。

【治法】阴毒宜消肿解毒，软坚散结；阳毒宜清热解毒，软坚散结。

【方药】阴毒内服阳和汤加黄芪、忍冬藤、苍术，外用斑蝥酒（斑蝥10个，研末，加白酒30mL）涂擦。阳毒内服昆海汤（昆布30g、海藻30g、酒黄芩20g、金银花30g、连翘30g、酒黄连15g、蒲公英30g、酒知母30g、酒黄柏30g、酒栀子20g、桔梗25g、木通15g、荆芥12g、防风12g、薄荷15g、大黄30g、芒硝60g、甘草15g，研末，加麻油120mL，调灌，隔日一剂，民间验方），外敷雄黄散。

项目 4.5.2 常见病证防治

问题一：2016年6月28日，气温24～35.5℃，动物医院接诊一京巴犬，1岁，体况中等，体温39.6℃。主诉：近日较忙，昨天中午给小狗的食物较多，没吃完，放在盘中未清理，晚上就在里面加了一些汤继续饲喂，结果小狗将其吃光了。今晨发现厕所有较多稀糊糊样大便。早上喂蛋糕也不吃，没精神，喜欢饮水，到现在已经喝光大半瓶矿泉水。临诊发现该犬鼻镜干，精神委顿，不停起卧，口色红黄，舌苔黄腻，脉象滑数。触诊腹壁较紧张、显出不安神态、呻吟；肛温表上黏附粪便腥臭、稀糊状、颜色正常。该犬的证候可能是_____。

    A. 寒湿困脾   B. 大肠湿热   C. 肝胆湿热
    D. 脾虚泄泻   E. 肾阳虚衰

如果该犬还有呕吐，大便腥臭暗红色。免疫学检查结果显示呈细小病毒病阳性。治疗宜采用的治法是_____。

    A. 清热燥湿、解毒凉血   B. 清热解毒、涩肠止泻
    C. 消积导滞   D. 温补脾肾、涩肠止泻
    E. 温中散寒、利水止泻

若采用中药治疗,目前对该犬最恰当中药方剂是_____。
　　A. 郁金散或白头翁汤　　　　B. 补中益气汤或四君子汤
　　C. 六味地黄汤　　　　　　　D. 理中汤
　　E. 白虎汤
若采用水针治疗,可选用下列哪组穴位为主最好?_____
　　A. 抢风和带脉　　　　　　　B. 天门和身柱
　　C. 后海和后三里　　　　　　D. 蹄头和百会
　　E. 肝俞和肾俞

问题二:2015年2月10日,气温2~14.5℃,兽医院接诊一水牛,体温36.8℃。主诉:该牛吃草慢、少,精神较差,粪便长期清稀似水,不成堆。临检发现该牛体瘦毛焦,耳鼻四肢不温,皮毛竖立,腹部触诊有痛感,肠鸣音明显,肛门和尾部黏附多量稀粪;口色青白,口腔滑利,脉象沉迟。该病最可能诊断为_____。
　　A. 肾阳虚　　B. 脾阳虚　　C. 大肠湿热　　D. 胃寒　　E. 肝胆湿热
如采用白针治疗,可选用下列哪组穴为主穴?_____
　　A. 抢风　　　　　　　　　　B. 天门
　　C. 脾俞或后三里　　　　　　D. 蹄头
　　E. 肝俞
如采用中药治疗,可以选用下列哪个方剂进行加减?_____
　　A. 巴戟散　　B. 理中汤　　C. 白头翁汤　　D. 茵陈蒿汤　　E. 决明散

问题三:种公牛,4岁,证见阴茎频频勃起,流出精液,遇见母牛加重,或配种未交,精液早泄。口色淡红,苔少或无,舌津干少,脉细数。该病可首选_____。
　　A. 血针尾尖穴　　　　　　　B. 火针百会穴　　　　　　　C. 白针通窍穴
　　D. 水针百会穴　　　　　　　E. 艾灸肾俞穴

问题四:2011年7月10日,气温29~35.5℃,兽医院接诊一病猪,体温39.8℃。主诉:该猪昨晚吃食正常,今天早上发现不吃,精神较差,躺卧不动,不时饮水,未见小便。临检发现该猪呼吸急促,鼻盘翕动,肋胁部不停煽动,鼻流大量略稠鼻液,时而咳嗽;口色赤红,舌苔黄染,脉象洪数。该病最可能诊断为_____。
　　A. 风寒咳嗽　　B. 湿痰咳嗽　　C. 阴虚咳嗽　　D. 肺虚喘　　E. 肺热气喘
治疗宜采用的治法是_____。
　　A. 疏风散寒止咳平喘　　　　B. 燥湿化痰止咳平喘
　　C. 滋阴生津润肺止咳　　　　D. 补气降逆平喘
　　E. 宣肺泄热止咳平喘
如采用中药治疗,可以选用下列哪个方剂进行加减?_____
　　A. 荆防败毒散　　　　　　　B. 二陈汤　　　　　　　C. 百合固金汤
　　D. 四君子汤和止咳散　　　　E. 麻杏石甘汤

问题五:母马,2岁。证见口流黏涎,舌体肿胀,溃烂,精神短少,采食困难,口色赤红,脉象洪数。该病可首选针刺_____。
　　A. 大椎　　B. 耳尖　　C. 玉堂　　D. 山根　　E. 鼻中

问题六：黄牛，2岁，营养良好。2009年7月15日因偷吃谷类而发病就诊。证见精神倦怠，不食，反刍停止，口内酸臭，瘤胃蠕动音弱，每3min 1次，触诊瘤胃内容物坚实，未见排粪，腹痛，口腔黏滑，苔厚，口色红，脉数。该病可首选_____。

 A. 电针关元俞、食胀 B. 白针脾俞、抢风
 C. 水针肷俞、后海 D. 火针脾俞、食胀
 E. 肷俞穴穿刺放气

问题七：奶牛，5岁，营养中等。证见腹胀如鼓，呼吸迫促，起卧不安，肠音减弱，排粪减少或停止，口色青黄，脉象沉紧。该病可首选针刺_____。

 A. 脾俞 B. 蹄头 C. 三江
 D. 山根 E. 肷俞穴

问题八：马，3岁，红色。证见站立时腰曲头低，运步时步幅短促，卧多立少，气促喘粗，口色偏红，体温升高。头颈低下，尽力伸向前方，腹部向上蜷缩，后肢屈曲，以蹄踵负重，患肢前壁敏感。该病可首选_____。

 A. 血针尾尖、肾堂 B. 血针膝脉、前蹄头
 C. 血针颈脉、胸堂 D. 血针肾堂、后蹄头
 E. 水针大椎、百会

问题九：奶牛，5岁。证见形寒肢冷，小便清长，大便溏泻，腹中隐隐作痛，带下清稀，口色青白，脉象沉迟，情期延长，配而不孕。该病可首选_____。

 A. 电针百会、后海、雁翅 B. 激光针后海、肾俞
 C. 白针后海、苏气 D. 血针尾尖、肾堂
 E. 艾灸肾俞、百会

参考答案：问题一、二、三、B C B D；问题四、五、六、七、C；问题八、九、E E A。

>>> 任务177 口舌生疮

口舌生疮是心脾积热上攻口舌，造成口舌肿胀或破溃的一种疾病。

【病因】

1. 心经积热 暑热炎天，劳役过重，心经积热，舌为心之苗，心热上攻口舌，致舌体溃烂成疮。

2. 胃火熏蒸 久渴失饮，饲草霉败，或趁热吃热草、热料等，使邪热积于胃腑，胃火熏蒸，导致口唇腐烂成疮。

3. 虚火上浮 热病后期，久病伤阴；长期泄泻，阴液亏损；体质素虚，肾阴不足，致使阴虚火旺，虚火上炎导致本病。

4. 异物损伤 饲料中混有木刺、铁丝等刺伤口舌；齿病或误食刺激性药品等，也可导致本病。

【辨证论治】

1. 心经积热

【主证】身热口渴，精神短少，病初唇舌红赤，口内流涎。继则唇舌肿胀溃烂，口臭，

流带血黏液，采食咀嚼困难，粪干或秘结，尿短赤，口色赤红，脉象洪数。

【治法】清心解毒，散瘀消肿。

【方药】洗心散加减，粪便干燥者加枳实、大黄、芒硝。口噙青黛散。

【针治】针通关、玉堂、唇内穴。

2. 胃火熏蒸

【主证】精神稍差，食欲不振，口流涎沫，粪便干燥，饮水较多，口臭难闻，唇颊、牙龈肿胀或有烂斑，舌面有绿豆大灰白色小泡或溃疡面，口温高，口色红，脉象洪数。

【治法】清胃火，解热毒。

【方药】白虎汤加味（生石膏、知母、甘草、香薷、佩兰、朱砂、郁金、石菖蒲）。粪干者加大黄、芒硝，津亏者加生地、麦冬、天花粉。

【针治】针通关、玉堂、唇内穴。

3. 虚火上炎

【主证】口腔黏膜有散在的溃疡面，不肿，常反复发作，连绵不愈，体弱形亏。一般不发热，重者可有低热，脉细弱。

【治法】滋阴降火。

【方药】知柏地黄汤加减。久病不愈者可加肉桂以引火归原。

【针治】针通关、玉堂、唇内穴。

4. 异物损伤

【主证】突然发病，采食小心，咀嚼缓慢，甚至吐草，流涎，口温高，口内黏膜潮红肿胀、水泡或溃疡，口内有伤或异物。

【治法】除去异物，冲洗口腔，清热解毒。

【方药】用2%～3%明矾水冲洗口腔，口噙青黛散。

【针治】针通关、玉堂、唇内穴。

>>> 任务178 草　噎

草噎又称为食管阻塞或食管梗阻，是饲料团块、异物阻塞于食管而发生的一种急性阻塞性疾病，一年四季均可发生。

【病因】本病多因饲养管理不当，乘饥喂食粗、硬、块状饲料，如玉米秆、胡萝卜、甘薯、豆饼等，或突然改换可口饲料，动物急于抢食，咀嚼不全，口中津液不足，以致草料相缠，阻塞食管而成本病。此外，饲料中混有毛球、骨片等异物，被动物吞下，也可发生。阻塞物的大小和形状不同，阻塞程度也不一样，如有的水和液状饲料尚能通过，嗳气也能排出，称为不完全阻塞；水草均不能通过，称为完全阻塞。当完全阻塞时常出现饮食、反刍停止，瘤胃臌气。阻塞物刺激食道壁，可反向性地引起肌肉痉挛性收缩，而有吞咽动作，腹痛不安、精神紧张等表现。

【主证】突然停止采食，紧张不安，伸头缩颈，流涎，有时为白色泡沫，频频吞咽，欲吐而吐不出，欲吞又吞不下。反刍、饮食停止，空口咀嚼，咳嗽，肚胀不安。有时在左侧颈部可触到梗阻物，并有疼痛，但梗阻部位越下越难触及，在梗阻物的上方，有时呈现液体波动，严重时呼吸困难，张口伸舌，胸前出汗，口色暗紫，窒息死亡。

【治法】排出阻塞物，通畅食管。在牛、羊，若瘤胃臌胀严重，首先应欣俞穴穿刺放气，然后再排除阻塞物。

【方药】

1. 直接掏取法 若阻塞物在近咽部，妥善保定后，开口器打开口腔，用胃管灌入液状石蜡100～300mL，一人用双手在食管两侧将堵塞塞物推至咽部，另一人将手或钝钳伸入咽内取出。

2. 胃管推送法 先用胃管将液状石蜡或豆油150～200mL、2%盐酸普鲁卡因注射液30mL，投入到阻塞部，10～15min后用胃管推送阻塞物至胃内。

3. 打气法 站立保定。将胃管插入食管，其外端接上打气筒，一人握住胃管将其顶到阻塞物上，助手猛打气三五下，术者趁势推动胃管，有时可将阻塞物推至胃中。注意打气不可过多、过猛，否则易造成食管破裂。

4. 手术疗法 若上述方法无效时，可切开食管取出阻塞物或异物。术后常规护理。

>>> 任务179 宿草不转

宿草不转又称瘤胃积食，是因过食草料或脾胃虚弱，腐熟运化失职，大量草料停滞胃中，使瘤胃壁扩张，容积增大，左腹胀满，触如面团样的病证。主发于牛，羊次之，老龄体瘦的耕牛最为多发。常见于冬春季节。

【病因】

1. 过食伤胃 使役或饥饿后，一次贪食过多的粗硬或易于膨胀的草料，诸如稻草、麦秸、豆角皮、花生秧、豆饼、玉米、大豆、豌豆等；或食后大量饮水、运动不足；或饲料骤变，突然改饲可口饲料或脱缰偷食精料等，致使胃纳太过，脾胃受伤，无力腐熟运化而发病。

2. 脾虚积食 长期的饲养管理不当，饲料单纯，久喂粗硬干草，或饮水不足，或使役过度，或久病体虚，均可使畜体羸瘦，脾胃虚弱，腐熟运化无力，宿草难消，停于胃中而患本病。

【辨证论治】

1. 过食伤胃

【主证】发病较急，左肷膨大，按压坚硬。嗳气酸臭，有时空嚼，偶见喷出食团。背部拱起，回头顾腹或后肢蹴腹。或呆立不动，或卧少立多。粪便干硬，色黯量少，外附黏液。宿食挤压膈膜而气促喘粗，四肢张开。鼻镜少汗或无汗，口色赤红或赤紫，舌津少而黏，脉滑数。病至后期，痛苦呻吟，卧地难起，或昏迷不醒。过食豆谷引起者，可见视力障碍，盲目直行或转圈，甚则狂躁，冲墙撞壁，攻击人畜。

【治法】消积导滞、攻下通便。

【方药】消积导滞散（神曲、麦芽、山楂、枳实、厚朴各60g，大黄90～120g，芒硝250～500g，槟榔30g。共为末，开水冲，候温灌服）。

【针治】针刺脾俞、百会、山根、滴明等穴。电针两侧关元俞穴。

2. 脾虚积食

【主证】发病缓慢，病势较轻；左腹胀满，上虚下实，腹痛不明显；呆立拱背，神疲乏力，肢体颤抖，或卧地呻吟。粪干量少，间有腹泻。口色稍红，口津少黏，脉细数。

【治法】补脾健胃，消积导滞。

【方药】曲麦散。

【针治】针刺脾俞、百会、山根、滴明等穴。电针两侧关元俞穴。

>>> 任务180　瘤胃臌胀

瘤胃臌胀是瘤胃内积聚大量的气体，致使瘤胃容积增大，胃壁扩张，并呈现反刍和嗳气障碍的一种疾病。多发生于牛和绵羊。

【病因】常见于采食大量的紫云英、苜蓿等豆科牧草，或过食了萝卜叶、马铃薯叶、野豌豆、白菜叶以及青贮料、酒糟等多汁而易发酵的饲料，特别是放牧或饲喂上述饲料前未给予干草，在短时间内产生大量气体，导致瘤胃内气体生成和气体嗳出之间的不平衡状态，从而造成瘤胃内气体积聚过多而致病。此外，采食雨后的青草，或经霜、露、冰冻过的牧草，发霉腐烂的牧草等，也可引起瘤胃臌胀。或继发于草噎、脾胃虚弱、百叶干等。

【辨证论治】

1. 实胀

【主证】肚腹迅速膨胀，尤以左肷明显，按压紧张，叩之如鼓，肚腹胀痛，食欲反刍停止，呼吸急促，四肢张开，站立不安，回头顾腹，不断流涎；严重者呼吸极度困难，肌肉颤抖，步态蹒跚，伸舌吭叫，血脉怒张，眼球突出，肛门外翻，口色青紫，脉象结代。

【治法】排气消胀。

【方药】大承气汤加莱菔子、青皮、木香、乌药、六曲、山楂等。

【针治】肷俞穴穿刺放气。

2. 虚胀

【主证】病势缓慢，病程较长，时胀时消，反复发作，食欲、反刍减少，常在食后胀气，数小时后可自消。动物逐渐消瘦，口色淡白，脉象沉细。严重者衰竭而死。

【治法】补脾健胃，顺气消胀。

【方药】四君子汤减茯苓、甘草，加槟榔、枳壳、厚朴、醋香附、木香、青皮。

【针治】针肷俞、脾俞、顺气、后三里、关元俞等穴。

>>> 任务181　百　叶　干

百叶干又称瓣胃阻塞，多为劳伤过甚，饲养失宜，致使食物不能运转而停留于百叶内，发生干涸阻滞的一种慢性疾病。

【病因】长期喂红薯藤、豆秸、麦秸等粗糙干硬、富含粗纤维的饲料，或长期饲喂粉碎过细及混有大量泥沙的饲料，或长期劳役过重，喂饮不调等诸因素，均可导致气血不足，脾胃虚弱，脾气不升，胃失和降，后送无力，食物停滞于间，胃津耗竭，干涸成疾。此外，热病伤津，汗出伤阴，真胃阻塞，以及宿草不转等亦可继发本病。

【主证】初期精神不振，鼻镜干燥，被毛粗乱，干枯乏光，食欲减退，反刍减少，口津缺乏，粪球干硬色黑，呈算盘珠样。病情继续发展，反刍停止，鼻镜干裂，空嚼磨牙，触压瓣胃疼痛，饮食、反刍和泌乳停止。发热，呼吸喘促，尿少色深或无尿，舌干色暗，脉细数。

【治法】润燥通便，消积导滞。

【方药】猪膏散（猪脂250g，滑石30g，牵牛子30g，大黄60g，官桂15g，甘遂15g，大戟 15g，续随子 20g，白芷 10g，地榆皮 12g，甘草 25g，共为末，开水冲调或稍煎，热调猪油 250g，蜂蜜 100g，《元亨疗马集》）一次灌服。

>>> 任务182 肠　黄

肠黄是热毒积于肠间，引起以发热、泄泻、腹痛为主的疾病。

【病因】暑月炎天，动物负重过度，奔走太急，感受暑湿之邪；或乘饥食谷料过多，饲料霉变，饮水不洁；或误食有毒物质，致使热毒积于肠内，脏腑壅热，升降失常，清浊不分，酿成其患。

【辨证论治】

1. 急肠黄

【主证】发热神倦，饮食、反刍停止，腹痛不安，荡泻腥臭或有脓血，以后泻粪如水，有的先便秘，粪球干小，被覆黏液，很快转为腹泻，喜饮冷水，尿少色黄，口色红紫带黄，口臭，脉洪数。

【治法】清热解毒，燥湿止泻。

【方药】郁金散加减。有脓血者，去白芍，加赤芍、槐花米、侧柏叶；泄泻不止者，去大黄，加诃子、石榴皮；开始便秘而后腹泻者，重加大黄，再加芒硝、槟榔；伤津舌燥者，加玄参、麦冬、石斛；腹痛严重者，加元胡、姜黄。

【针治】针后海、带脉、脾俞、大肠俞、关元俞、小肠俞等穴。

2. 慢肠黄

【主证】由急肠黄转变而来。患畜神差，毛焦欣吊，轻者腹微痛，水草减少，粪便稀薄。重者不时起卧，泻粪如水或有少量粪渣，颜色棕黑，气味腥臭，口渴多饮，舌红苔黄。

【治法】清热解毒，健脾利湿。

【方药】郁金散加焦三仙、乳香、青皮、陈皮、连翘、生甘草。

【针治】针后海、带脉、脾俞、大肠俞、关元俞、小肠俞等穴。

>>> 任务183 感　冒

感冒是由外邪伤及肺卫引起的以发热恶寒、咳嗽流涕、脉浮等为特征的疾病，常称为"伤风"或"上呼吸道感染"。四季均可发生，但以冬春气候骤变、冷热变化剧烈时常见。

【病因】

1. 外感风寒　多因气候突变，圈舍不温，贼风吹袭或遭雨淋，风寒之邪伤及肺卫，使外卫不固，腠理失疏，肺失宣发，风寒束表而发病。

2. 外感风热　风热之邪侵袭肌表，致腠理毛窍开阖失常，邪热内壅不得外泄而致病。

【辨证论治】

1. 风寒感冒

【主证】恶寒重，发热轻，无汗，耳鼻发凉，拱背毛乍，皮温不均，鼻流清涕，口色淡白，舌苔薄白，脉浮紧等。

【治法】辛温解表，疏风散寒。

【方药】荆防败毒散加减。

【针治】猪，针山根、鼻中、耳尖、苏气、尾尖等穴；牛，针通关、山根、耳尖、肺俞等穴；马，针玉堂、耳尖、尾尖等穴。

2. 风热感冒

【主证】发热重，恶寒轻，汗出或无汗，口渴喜饮，气促喘粗，鼻涕黏稠，口色偏红，舌苔黄白，粪干尿赤，脉象浮数。

【治法】辛凉解肌，兼清里热。

【方药】银翘散加减。

【针治】猪，针山根、鼻中、耳尖、尾尖等穴；马，针鼻前、玉堂、耳尖、大肠俞等穴。

>>> 任务184 肺 黄

肺黄为热毒侵肺，肺内生黄的一种病证。

【病因】多因畜体正气不固，肺卫不能御外，外感风热或风寒之邪郁而化热，肺失清肃，病初出现表证症状，若病邪不解，继续传里，热邪壅肺，灼伤肺津而成痰，痰络壅闭，肺络受伤，肺气上逆而致咳喘。若进而正虚不能克邪，则出现汗出如油、四肢厥冷、脉微欲脱之象。

【辨证论治】

1. 风热犯肺期

【主证】发病急剧。发热恶寒，咳重于喘，身疲毛乍，鼻液量少黏白，口舌色红，舌苔薄白，脉象浮数。

【治法】辛凉解表，清肺化痰。

【方药】银翘散加减。热甚者，加黄芩、石膏、花粉；咳重者，加白前、冬花、瓜蒌仁。

【针治】针苏气、大椎、风池、山根、尾尖、耳尖穴。

2. 肺经热盛期

【主证】高热不退，喘重于咳，鼻流脓性鼻液，其色灰黄，或为铁锈色，精神沉郁，食欲大减甚至废绝，粪干尿黄，口渴贪饮，口色燥红，舌苔黄厚，脉洪数。

【治法】清热解毒，宣肺平喘。

【方药】麻杏石甘汤加减。热重加双花、大青叶、连翘、黄芩；喘促者加白前、枳壳、瓜蒌；粪干者加大黄、芒硝、麻仁；津伤口渴者加玄参、麦冬、生地。

【针治】针颈脉、大椎、胸堂穴。

3. 正虚欲脱期

【主证】病势恶化，突然浑身肉颤，汗出如油，四肢厥冷，口色青紫，脉细无力。

【治法】回阳救逆。

【方药】四逆汤加减。

【针治】针水沟、尾尖、耳尖、苏气穴。

4. 邪去正衰期

【主证】气虚见反复发热，动则汗出，咳喘声微，口色淡白，脉沉无力；阴虚见低热不退，干咳，舌质红赤，口干舌燥，脉虚数。

【治法】益气养阴，清热化痰。

【方药】款冬花散加减。气虚加黄芪、党参等。

>>> 任务 185　中　　暑

中暑是由高温环境或暑天感受暑邪所致，为心肺热极之证。

【病因】

（1）多因暑热炎天，役畜负重长途运输，奔走太急，或烈日当空，使役过重，上受烈日的暴晒，下受暑气的熏蒸而致中暑。

（2）由于天气闷热，厩舍、车舟狭窄，通风不良，动物失于饮水，使暑热之邪由表入里，卫气被遏，内热不得外泄，热毒积于心肺，致成本病。

【辨证论治】

1. 伤暑

【主证】发病较快，精神倦怠，头低耳耷，四肢无力，呆立如痴，两目昏蒙，闭而不睁，身热气喘，粪便干燥或泄泻，尿液短黄。口色初期鲜红，后期暗紫，口津干涩，脉象洪数；牛鼻镜干燥，水草不进，身颤出汗。

【治法】清暑化湿。

【方药】香薷散。

【针治】针颈脉、耳尖、胸堂、大椎穴。

2. 中暑

【主证】猝然发病，病程短快，高热神昏，行如酒醉，汗出如油，目瞪头低，卧地不起，气促喘粗，肢体抽搐，虚脱而死。口色赤紫，唇干舌燥，脉象洪数或细数无力；猪常见高热气喘，便秘，抽搐。

【治法】清热解暑，宁心镇惊。

【方药】白虎汤加味。

【针治】针颈脉、太阳、通关、胸堂、耳尖、尾尖穴。

>>> 任务 186　不　　孕

不孕症，是指繁殖适龄母畜屡经健康公畜交配而不受孕，或产1~2胎后不能再怀孕者。临床以马、牛多见，猪也常患此病。

【病因】

1. 肾气虚损　多因使役过度，或长期饲养管理不当，如饲料品质不良，挤奶期过长等，引起肾气虚损，气血生化之源不足，致使气血亏损，命门火衰，冲任空虚，不能摄精成孕。

2. 肾阳虚衰　多因畜体素虚，或受风寒，客居胞中；或阴雨苦淋，久卧湿地；或饮喂冰冻水草，寒湿注于胞中；或劳役过度，伤精耗血，损伤肾阳，失于温煦，冲任气衰，胞脉失养，不能摄精成孕。

3. 痰湿阻滞　多因管理性因素造成体质肥胖，痰湿内生，气机不畅，影响发情，故不成孕；或脂液丰满，阻塞胞宫，不能摄精成孕。

4. 气滞血瘀　多因舍饲期间，运动不足；或长期发情不配；或胞宫原有痼疾，致使气机不畅，胞宫气滞血凝，形成肿块而不能摄精成孕。

【辨证论治】

1. 虚弱不孕

【主证】形体消瘦，精神倦怠，口色淡白，脉象沉细无力，或见阴门松弛等症。

【治法】益气补血，健脾温肾。

【方药】复方仙阳汤（淫羊藿、补骨脂各120g，阳起石、枸杞子、当归各100g，菟丝子、赤芍各80g，熟地黄60g，益母草150g，煎服。马、牛500~800g，猪、羊100~200g，《中兽医学》）。

2. 宫寒不孕

【主证】形寒肢冷，小便清长，大便溏泻，腹中隐隐作痛，带下清稀，口色青白，脉象沉迟，情期延长，配而不孕。

【治法】暖宫散寒，温肾壮阳。

【方药】艾附暖宫丸（艾叶、吴茱萸、川芎、肉桂各20g，醋香附、当归、续断、白芍、生地黄各30g，炙黄芪45g，为末，开水冲调，候温灌服。马、牛280~350g，猪、羊60~100g，《寿世保元》）。

3. 肥胖不孕

【主证】患畜体肥膘满，动则易喘，不耐劳役，口色淡白，带下黏稠量多，脉滑。

【治法】燥湿化痰。

【方药】启宫丸加减（制香附、苍术、炒神曲、茯苓、陈皮各40g，川芎、制半夏各20g，为末，开水冲调，候温加适量黄酒灌服。马、牛200~350g，猪、羊60~100g，《医方集解》）。

4. 血瘀不孕

【主证】发情周期反常或长期不发情，或过多爬跨，有"慕雄狂"之状。直肠检查，易发现卵巢囊肿或持久黄体。

【治法】活血化瘀。

【方药】促孕灌注液（《中华人民共和国兽药典》二部，2015年版），子宫内灌注，马、牛60~100mL，猪、羊20~40mL。或生化汤加减。

【针治】

（1）电针疗法。电针雁翅、百会、后海、肾俞等穴，每次20~30min，每日或隔日一次，连用3~5次。

（2）激光疗法。用氦氖激光照射阴蒂及交巢穴，治疗卵巢静止、卵泡发育滞缓、卵巢囊肿、持久黄体、慢性子宫内膜炎等引起的不孕症。应用原光束连续直接照射，光距40~50cm，功率4~6mW，每日一次，每次确保15min，每日1次，连用7次。

（3）穴位注射疗法。于母畜发情后24h内，用当归或丹参注射液，百会穴注射10mL，10~30min后输精配种。

（4）穴位埋药疗法。在奶牛的风门穴皮下埋入3mg诺甲醋孕酮植入片，并配合孕马血清和阿尼前列素。

>>> 任务187 胎　　动

胎动，又称胎动不安，是指母畜妊娠期未满，出现腹痛蹲腰，从阴道中流出黏液的一种先兆性流产的病症。多见于牛、马、羊，猪发生较少。

【病因】妊娠期间，饲养管理不善，劳役过度，致使气血虚损，冲任不固，胎失所养；或闪挫滑跌，外伤击打，惊跳奔跑，腹痛起卧；或食草霉变，过饮冷水，兼感外邪；或误投大热、攻下、破血药物等均可导致本病。

【辨证论治】

1. 体虚胎动

【主证】马多见于妊娠后半程，牛多在临产前3~4周内发生。证见患畜站立不安，努责蹲腰，间有回头顾腹或起卧，频频排出少量尿液，并有黏液从阴道流出，继则腹痛加剧，阴道黏液增多，触摸右侧下腹部可感受到胎儿动荡不安，甚至流产。口色淡白绵软，脉象虚弱。

【治法】益气、养血、安胎。

【方药】泰山磐石散（熟地黄45g，当归45g，白芍45g，黄芪45g，党参45g，白术45g，川断45g，川芎45g，炙甘草30g，砂仁30g，黄芩30g，糯米120g，水煎服，或共为末，开水冲调，候温灌服，《景岳全书》）。

2. 血热胎动

【主证】因损伤或误投伤胎药物而引起者，多表现剧烈腹痛，起卧不安，口色青紫，脉弦而数。因血热妄行而造成的胎动，则腹痛稍轻。呼吸急促，口色鲜红，脉象洪数。

【治法】清热解毒，止痛安胎。

【方药】清热止痛安胎散（酒知母、酒黄柏、酒黄芩、鹿角霜、续断、熟地各30g，当归、川芎、乳香、没药、地榆、生地、桑寄生、茯苓、乌药各20g，血竭、木香、生甘草各15g，水煎，候温加童便1碗灌服，《中兽医学》）。

>>> 任务188　胎　　气

胎气又称妊娠浮肿，是指母畜妊娠中后期，四肢、乳房、腹下及会阴等部位出现水肿，而无其他征象的一种病证。多发生于马、牛等大家畜。

【病因】多因孕畜脾胃素虚，饲养不当，损伤脾阳，运化失司，致使水湿停聚肌肤；或因营养不足，劳役过度，肾气衰弱，致使肾不能化气行水，水湿泛滥而为水肿；或妊娠后期，劳役、运动不足，气机不畅，胎儿过大，挤压阻滞气机升降，致使肺气不宣，通调水道失司而成水肿。

【主证】浮肿首先发生在后肢下端，渐渐发展至四肢、乳房、外阴部及下腹部，严重者甚至可达胸前。按压肿处，无热无痛，软而易陷，恢复缓慢；并有精神倦怠，食欲减退，脉象缓弱无力，舌苔淡薄而润等症状。

【治法】病势轻者，加强护理，改善饲养，适当运动，产后数日即可自愈。病势重者，治宜健脾渗湿，理气安胎。

【方药】四物汤加枳实、青皮、红花等。

【针治】针脾俞、肾俞等穴。

>>> 任务189　胎衣不下

胎衣不下是母畜分娩之后，胎衣不能在正常时间内自行排出。一般认为马经过1.5h，牛经过12h，羊经过4h，猪经过1h，胎衣未能全部排出，便认为是胎衣不下。各种动物都能发生本病，但牛较多见。

【病因】

1. 气虚 多因孕期饲喂管理不当，营养不良，或劳役过度，体质瘦弱，元气受损；或产程过长，过度努责，产后出血过多；或胎儿过大，羊水过多，长期压迫胞宫，均可致使气血运行不畅，胞宫收缩力减弱，无力排出胎衣而成病。

2. 气血凝滞 生产过程中护理不当，感受寒邪，从而因寒凝血滞，使气血运行不畅，血道闭塞，亦能导致胎衣滞留不能排出。

【辨证论治】

1. 气虚型

【主证】精神沉郁，毛焦体瘦，倦怠喜卧，形寒怕冷，努责无力，胎衣不能正常排出，阴道流出较多量血水，口色淡白，脉象虚弱。

【治法】补气、养血、行瘀。

【方药】八珍汤加红花、桃仁、黄酒。

2. 气血凝滞型

【主证】频频努责，回头顾腹，有时呻吟，胎衣不下，恶露较少，其色黯红，间有血块，口色青紫，津液滑利，脉象沉弦。

【治法】活血化瘀。

【方药】生化汤加减，有寒象者，加肉桂、艾叶；有瘀血化热者，加金银花、连翘、紫花地丁、蒲公英。

>>> 任务190 乳　痈

乳痈是动物乳房呈现硬、肿、热，并拒绝幼畜吮乳或人工挤乳的一种疾病。常发生于产后母畜哺乳期间。此外，在妊娠后期临产之前亦偶见发生。多发生于乳用家畜，其他动物也有发生。

【病因】

1. 胃热壅盛 母畜使役负重太过，奔走太急，或食精饲料过多，致使胃热壅盛，气血凝滞；乳房乃胃之经脉所过之处，故胃热过盛，壅滞乳房，脉络受阻，遂成本病。

2. 气血瘀滞 母子分离等刺激因素，致使肝气郁结，气机不舒，气滞血凝，乳头乃肝经所过，故肝气郁结，乳房经气阻塞，遂成乳痈；或由于乳孔闭塞，乳汁蓄积；或乳汁分泌过盛，幼畜吮乳量少，或产后幼畜死亡，乳汁未能消散，积聚于乳房之内，郁结而成本病。

3. 外邪入侵 圈舍不洁，卫生不良，或产乳动物饲养人员挤乳技术不佳，操作失误，再加上动物产后正气虚弱，或高产奶牛消耗过度，外邪乘虚而入，致使乳房热毒壅盛，气、血、乳三者不通，遂成乳痈。

4. 外伤 乳房受到创伤、压伤、咬伤、踢伤、打伤等，亦常发生本病。

【辨证论治】

1. 热毒壅盛型

【主证】乳房肿大，红肿热痛，拒绝幼畜吮乳或人工挤乳，不愿卧地和行走，两后肢张开站立。乳量减少,乳汁变性,呈淡棕色或黄褐色,甚至乳中出现白色絮状物,并带血丝。如已成脓,触之有波动感,日久破溃出脓。严重者发热,水草迟细。口色赤红,苔黄,脉象洪数。

【治法】初期消肿止痛,通经解毒;成脓期清热解毒,消肿排脓;脓肿破溃后宜气血双补。

【方药】

(1)初期。内服瓜蒌牛蒡汤(瓜蒌60g,牛蒡子、花粉、连翘、金银花各30g,黄芩、陈皮、栀子、皂角刺、柴胡各25g,生甘草、青皮各15g,《医宗金鉴》)加减。哺乳期间乳汁壅滞者,宜通乳,加漏芦、王不留行、木通、路路通等;断乳后乳房肿胀者,宜回乳,加焦山楂、焦麦芽;新产母畜恶露未净者,宜祛瘀,加当归、川芎、益母草;有肿块者,宜调和营血,加当归、赤芍;恶寒者,加荆芥、防风。

同时,用手轻揉乳房,慢慢挤出乳汁,再外敷金黄散(南星、陈皮、苍术、厚朴各25g,甘草15g,黄柏、姜黄、白芷、大黄、花粉各30g,共研末,醋调或水调,《医宗金鉴》)。

(2)成脓期。脓成未溃可穿刺排脓,内服透脓散加金银花、连翘、蒲公英。外治用艾叶、葱、防风、荆芥、白矾各30g,煎水去渣,用药液洗患处。

(3)脓肿破溃。用八珍汤。久不收口者,可服内托生肌散(生黄芪120g,花粉100g,生杭芍、甘草各60g,乳香、没药各45g,丹参30g,《医学衷中参西录》)加减。

【针治】针肾堂、尾本穴;氦氖激光照射阳明、乳基等穴。

2. 气血瘀滞型

【主证】乳房内有大小不等的硬块,皮色不变,触之不热或微热,乳汁不畅,若延误不治,肿块往往溃烂,或成为永久性硬块,使乳房不能产乳。病畜躁动不安,口色黄,苔黄,脉弦数。

【治法】舒肝解郁,清热散结。

【方药】初期,内服逍遥散(柴胡30g,当归30g,白芍30g,白术30g,茯苓30g,炙甘草20g,煨生姜20g,薄荷15g,《和剂局方》)加枳壳、香附、青皮、瓜蒌、花粉等;外敷冲和膏(炒紫荆皮150g,独活90g、炒赤芍60g、白芷120g、石菖蒲45g,用葱汤、酒调敷,《外科正宗》)。

溃后,气血双虚者用八珍汤。久不收口者,可服内托生肌散(黄芪30g,白芍30g,乳香45g,没药45g,丹参45g,天花粉30g,甘草25g,《医学衷中参西录》);外敷防腐生肌散。

【针治】针肾堂、尾本穴;氦氖激光照射阳明、乳基等穴。

>>> 任务191 缺 乳

缺乳是指母畜产后乳汁减少或完全无乳。各种母畜均可发生,主要见于初产母畜及老龄母畜。

【病因】乳汁为血所化生,赖气以运行,血虚则乳汁无所化生,气虚则乳汁难以运行,而气血的产生又赖脾胃水谷精微的化生。气血不足或瘀滞,均可导致缺乳。

1. 气血虚弱 多因产前劳役过度,饮喂失调,致使脾胃虚弱,营养不良,或老龄体弱,或分娩失血过多，气随血耗，导致气血两亏，使乳汁化生无源。

2. 气血瘀滞　产前喂养过盛，运动和劳役不足，以致气机不畅，乳络运行受阻而致乳汁分泌受阻。

【辨证论治】

1. 气血虚弱型

【主证】乳少或全无，乳房缩小而柔软，外皮皱褶，触之不热不痛，幼畜吸吮有声，不见下咽，口色淡白，舌绵无苔，脉细弱。

【治法】补血益气，活血通乳。

【方药】通乳散加减（黄芪、当归、阿胶、王不留行各60g，党参40g，川芎、通草、白术、川断、山甲珠各30g，木通、杜仲、甘草各20g，为末，开水冲调，候温加适量黄酒灌服，江西省中兽医研究所方）。

2. 气血瘀滞型

【主证】乳汁不行，乳房肿满，触之胀硬或有肿块，用手挤之有少量乳汁流出，食欲减退，舌苔薄黄，脉弦而数。

【治法】理气、活血、通乳。

【方药】下乳涌泉散加减（当归、白芍、生地、柴胡、花粉、炮山甲各30g，川芎、漏芦、桔梗、通草、白芷、甘草、青皮、木通各20g，王不留行60g，为末，开水冲调，候温灌服，《清·太医院配方》）。

>>> 任务192　牛腐蹄病

牛腐蹄病是以牛蹄角质腐败分解，蹄底腐烂为特征的病症。

【病因】多因畜舍不洁，长期被粪水侵蚀，环境泥泞，久立湿地，久不修蹄，刺伤蹄底，或过削蹄底，湿毒侵害蹄底，瘀血凝滞，日久腐烂成漏而致病。长期营养不良，饲料中缺少矿物质、维生素等也可引起本病发生。

【主证】跛行，虚行下地，敢抬不敢踏，行动困难。特别是硬地行走时症状加重。局部检查，发现蹄叉和蹄底腐烂，削蹄后蹄底见有漏洞，并流出腐臭的灰黑色液体，钳压蹄叉或蹄底有压痛。

【治法】修蹄，防腐，生肌。

【方药】首先修削蹄底，除去腐烂组织，排净脓汁，用消毒液清洗患部，漏洞内填充防腐生肌散，再用黄蜡封口；若脓汁不多者，也可单用"血竭粉"封蹄，在填此粉时，立即用烧热的烙铁头轻轻向四周烙之，以使药物与周围组织融合在一起；化脓严重，腐肉不易脱落者，可用石膏、黄丹，填塞漏洞。经上述方法封口后，用棉花浸松馏油包在蹄外，最后用蹄绷带包扎。

>>> 任务193　皮肤瘙痒

皮肤瘙痒症，是以皮肤瘙痒为特征的皮肤病。此病症在临床较为多见，根据致病原因不同，主要分为肺风毛燥型、湿毒型、遍身黄型、疥癣型。

【病因】

1. 心肺积热　由心肺积热，毛窍迷塞，荣卫壅极，皮毛失去营养所致，由于肺主皮毛，肺热生风,皮肤瘙痒,皮毛脱落,故名"肺风毛燥"。

2. 湿热熏蒸 多因暑月炎天,使役出汗过多,失于刷洗,尘垢瘀塞毛孔,湿热熏蒸,积于皮毛,致成其患;或因饲养管理不善,阴雨苦淋,畜舍潮湿,久卧湿地,复感风邪,风湿之邪,侵入皮肤,郁于皮毛,久之化热,湿热熏蒸,遂成此病。

3. 风邪伤卫 本病多因劳役过度,汗出当风,腠理疏泄,外邪贼风,乘虚而入,正邪相搏,卫气被郁,营卫不和,遂成此病;或因料毒积于中焦或素有湿热郁结,又复感风邪,卫气被郁,以致内不得疏泄,外不得透达,上熏心肺,外郁皮毛腠理之间所致。

4. 疥虫侵袭 疥虫是由疥螨或痒螨侵袭动物的皮肤而引起的以皮肤奇痒、成片脱毛、结痂为特征的一种寄生虫病。本病传染性强、传播极快,一年四季均可发生,尤以秋、冬季节传播最广。多因动物直接接触病畜而发病,螨虫到动物体表后,因吸食动物体内的淋巴液以及其他组织液,而穿破皮肤,使动物发生奇痒,形成丘疹及水疱,被毛成片脱落,破溃后形成痂皮。

【辨证论治】

1. 肺风毛燥型

【主证】遍身瘙痒,被毛脱落,皮破成疮,皮肤变色,并附有许多痂膜,不断用嘴啃咬。肥壮动物,脉洪大,唇舌鲜红;老瘦动物,脉沉细,口色淡红。

【治法】分别虚实治疗。

【方药】临床上一般肥胖热燥者,内服五参散(党参、苦参、元参、紫参、沙参、秦艽、何首乌各30g。酸浆水一盏,皂角一挺捣碎,取汁半盏为引。共为末,开水冲,候温一次性灌服,《元亨疗马集·马患肺风毛燥第二十五》),外用甘草汤(甘草、藜芦、防风、荆芥、皂角、苦参、黄柏、薄荷、臭椿皮各20g,煎煮去渣带热洗患处,《中兽医学》)外洗;老弱劳伤者,服用肺风散(蔓荆子30g,威灵仙30g,何首乌50g,玄参30g,苦参30g。共为末,引用砂糖50g,开水冲,候温灌服,《元亨疗马集·中药篇·治肺部》)并用甘草汤减黄柏、薄荷煎汤外洗。

【针治】针颈脉穴。

2. 湿毒型

(1) 风热型。

【主证】起初皮肤湿热,继而出现红斑,血疹如粟或如豆大,遍发全身,患畜瘙痒不安,到处磨蹭,致使鬃毛脱落,皮肤成疮。

【治法】清热祛风。

【方药】消风散加减(荆芥、防风、牛蒡子各24g,蝉蜕20g,苦参20g,生地24g,知母24g,生石膏50g,木通15g。共为细末,开水冲服,《外科正宗》)。

(2) 湿热型。

【主证】皮肤出现丘疹、水疱、皮流黄水味腥而黏,数日后结痂,或逐渐糜烂。患畜瘙痒不安,到处磨蹭。日久转为慢性,皮肤增厚而粗糙,皮肤纹理加深,被毛脱落。

【治法】清热渗湿。

【方药】清热渗湿汤加减(黄芩、黄柏、苦参各24g,生地30g,白鲜皮24g,滑石24g,车前子24g,板蓝根30g。共为细末,开水冲服,《金匮翼》)。渗出较重者用生地、地榆煎水或甘草煎水洗后冷敷。

3. 遍身黄型

【主证】本病发生前，在马和牛有时表现消化紊乱、乏力和发热。但大多数病畜没有先驱症状，常突然发生丘疹块，此疹呈圆形或半球形，指头大至核桃大，迅速增多变大，遍布全身，甚至相互融合而形成大面积肿胀。疹块发生迅速，消散也快，消散后不留痕迹，常可复发。由于丘疹部剧痒，病畜揩擦，啃咬，呈现不安。若口腔、鼻腔及眼部发生病变时，则口、鼻、眼虚肿。除上述症状，尚有风热和风寒两种证形。

（1）风热型。丘疹遇热加重，遇冷则退。尿短赤，粪便干燥。口色红燥，脉象数大。

（2）风寒型。丘疹遇冷加重，口腔湿润，口色淡，脉迟。

【治法】风热型疏风清热；风寒型散寒疏风。

【方药】风热型方用消黄散加减；风寒型方用荆防败毒散。

4. 疥癣型

【主证】瘙痒不安，不断啃咬或摩擦患部。首先出现皮肤红肿、丘疹，继而出现水疱，水疱破溃后流出黄水，最后结痂脱毛，皮肤出现硬固的皱褶。严重的病例食欲减少，日渐消瘦。侵袭的面积过大，可造成动物的死亡。

【治法】杀虫止痒，消肿散结。以外治为主。

【方药】先剪毛去痂，用温水刷洗患处，待干后涂用以下药物。狼毒120g，硫黄（煅）90g，白胡椒45g。共为细末，每次取药30g，加入烧开的植物油750mL中搅匀，待凉后用毛刷涂于患部。

>>> 任务194 虫　积

主要是指寄生于家畜胃肠道的各种寄生虫所致的疾病而言，常见的有瘦虫（马胃蝇幼虫）、蛔虫、蛲虫、绦虫等。

【病因】由于家畜寄生虫的种类不同，进入机体的途径也各异。如瘦虫，当幼虫在马皮肤移行时，引起发痒，马啃痒则大量幼虫侵入马的牙齿、嘴唇及舌上，由口进入胃肠。蛔虫、蛲虫、绦虫等则系食入污染有虫卵或幼虫的生水、草料、泥秽而进入畜体，虫邪进入畜体后，吸取家畜的津、血生长繁育而使家畜致病。

此外，厩舍不洁，管理不善，脾胃虚弱，湿热内蕴，也为虫积症的发生创造了条件。

【主证】诸虫初起，症状不显，天长日久，虫吸营养，脾胃受损，耗精伤血，则证见精神倦怠，行动无力，食欲减少，毛焦肷吊，形体消瘦，常表现泄泻、浮肿、口色淡白，脉象沉细，吃料不长膘等。

上述为一般症状，虫邪的种类不同，尚有特异表现。

（1）瘦虫。临床常见喷嚏，有时在咳嗽时喷出幼虫，在肛门上或粪便中常见到红色如蜂蛹样的幼虫，有时呈现腹痛。

（2）蛔虫。消瘦，发育不良，泄泻或便秘，偶见咳嗽或腹痛。小牛或小猪有时因蛔虫虫体过多纠缠成团，阻塞肠管，引起剧烈腹痛，甚至引起肠破裂。如上行胆道，还可引起黄疸。

（3）蛲虫。肛门奇痒，常在墙壁与树桩上擦痒，尾根部被毛脱落，肛门和会阴周围有时可见到黄白色小虫体。

（4）绦虫。精神不振，腹泻与便秘交替，粪便中混有成熟的节片。

【治法】 驱虫与扶正兼顾，同时还应根据虫邪的种类，证情变化，分别选用和配伍适当的药物。

【方药】 瘦虫用贯众散（贯众60g，使君子、鹤虱、芜荑各30g，大黄20g。共为末，开水冲服，《中兽医治疗学》）；蛔虫、蛲虫用化虫散（鹤虱、使君子、槟榔、芜荑、雷丸、榧子、乌梅、诃子肉、大黄、百部各30g，炮干姜、附子、木香各15g，贯众60g，共为末，蜂蜜250g为引，开水冲调，空腹灌服。服后1h再灌服麻油或石蜡油500mL，《中兽医方药与针灸》）；绦虫用万应散。如有积滞者，可配消导药；脾胃虚弱者兼补脾胃；体虚者，应先补后攻，或攻补兼施；腹痛较剧者，安虫止痛后，再行驱虫；驱虫以后根据情况给予补虚、健脾、化湿之品，如"参苓白术散"，同时加强饲养管理，以达到扶正祛邪的目的。

参考文献 《中兽医学》

姜聪文,陈玉库,2016. 中兽医学[M]. 3版. 北京:中国农业出版社.
中国兽药典委员会,2016. 中华人民共和国兽药典二部[M]. 北京:中国农业出版社.
国家药典委员会,2015. 中华人民共和国药典一部[M]. 北京:中国医药科技出版社.
胡元亮,2013. 兽医处方手册[M]. 3版. 北京:中国农业出版社.
胡元亮,2006. 中兽医学[M]. 北京:中国农业出版社.
胡元亮,2004. 实用动物针灸手册[M]. 北京:中国农业出版社.
中国农业科学院中兽医研究所,2015. 元亨疗马集选释[M]. 北京:中国农业出版社.
中国农业百科全书总编辑委员会,1991. 中国农业百科全书中兽医卷[M]. 北京:农业出版社.
于船,2002. 中兽医学大辞典[M]. 成都:四川科学技术出版社.
于船,1984. 中国兽医针灸学[M]. 北京:农业出版社.
杨宏道,李世俊,1983. 兽医针灸手册[M]. 2版. 北京:农业出版社.
刘钟杰,许剑琴,2012. 中兽医学[M]. 4版. 北京:中国农业出版社.
张泉鑫,朱印生,2007. 畜禽疾病中西医防治大全 猪病[M]. 北京:中国农业出版社.
江苏新医学院,1977. 中药大辞典[M]. 上海:上海人民出版社.
许济群,1985. 方剂学[M]. 上海:上海科学技术出版社.
张克家,2009. 中兽医方剂大全[M]. 2版. 北京:中国农业出版社.
周浩良,1997. 比较针灸学[M]. 北京:中国农业出版社.
杨英,2006. 兽医针灸学[M]. 北京:中国农业出版社.
何静荣,1993. 中兽医方剂学[M]. 北京:北京农业大学出版社.

读者意见反馈

亲爱的读者：

感谢您选用中国农业出版社出版的职业教育教材。为了提升我们的服务质量，为职业教育提供更加优质的教材，敬请您在百忙之中抽出时间对我们的教材提出宝贵意见。我们将根据您的反馈信息改进工作，以优质的服务和高质量的教材回报您的支持和爱护。

地　　址：北京市朝阳区麦子店街 18 号楼（100125）
　　　　　中国农业出版社职业教育出版分社
联系方式：QQ（1492997993）

教材名称：_____　**ISBN：**_____

个人资料

姓名：_____ 所在院校及所学专业：_____
通信地址：_____
联系电话：_____ 电子信箱：_____
您使用本教材是作为：□指定教材□选用教材□辅导教材□自学教材
您对本教材的总体满意度：
　　从内容质量角度看□很满意□满意□一般□不满意
　　改进意见：_____
　　从印装质量角度看□很满意□满意□一般□不满意
　　改进意见：_____
本教材最令您满意的是：
□指导明确□内容充实□讲解详尽□实例丰富□技术先进实用□其他_____
您认为本教材在哪些方面需要改进？（可另附页）
□封面设计□版式设计□印装质量□内容□其他_____
您认为本教材在内容上哪些地方应进行修改？（可另附页）
_____
_____

本教材存在的错误：（可另附页）
第_____页，第_____行：_____应改为：_____
第_____页，第_____行：_____应改为：_____
第_____页，第_____行：_____应改为：_____
您提供的勘误信息可通过 QQ 发给我们，我们会安排编辑尽快核实改正，所提问题一经采纳，会有精美小礼品赠送。非常感谢您对我社工作的大力支持！

欢迎访问"全国农业教育教材网"http://www.qgnyjc.com（此表可在网上下载）
欢迎登录"中国农业教育在线"http://www.ccapedu.com 查看更多网络学习资源

图书在版编目（CIP）数据

中兽医学/陈玉库，刘根新主编．—4 版．—北京：中国农业出版社，2020.8（2024.7重印）
"十二五"职业教育国家规划教材．经全国职业教育教材审定委员会审定．高等职业教育农业农村部"十三五"规划教材

ISBN 978-7-109-27109-8

Ⅰ.①中… Ⅱ.①陈…②刘… Ⅲ.①中兽医学－高等职业教育－教材 Ⅳ.①S853

中国版本图书馆 CIP 数据核字（2020）第 132736 号

中国农业出版社出版
地址：北京市朝阳区麦子店街 18 号楼
邮编：100125
责任编辑：徐 芳 文字编辑：马晓静
版式设计：王 晨 责任校对：周丽芳
印刷：中农印务有限公司
版次：2001 年 8 月第 1 版 2020 年 8 月第 4 版
印次：2024 年 7 月第 4 版北京第 8 次印刷
发行：新华书店北京发行所
开本：787mm×1092mm 1/16
印张：20
字数：480 千字
定价：48.00 元

版权所有·侵权必究
凡购买本社图书，如有印装质量问题，我社负责调换。
服务电话：010-59195115 010-59194918